洪錦魁簡介

　　一位跨越電腦作業系統與科技時代的電腦專家，著作等身的作家。2023 年 12 月獲選博客來 10 大暢銷華文作家，是多年來唯一電腦書籍作者獲選者。

- ❏ DOS 時代他的代表作品是「IBM PC 組合語言、C、C++、Pascal、資料結構」。
- ❏ Windows 時代他的代表作品是「Windows Programming 使用 C、Visual Basic」。
- ❏ Internet 時代他的代表作品是「網頁設計使用 HTML」。
- ❏ 大數據時代他的代表作品是「R 語言邁向 Big Data 之路」。
- ❏ AI 時代他的代表作品是「機器學習 Python 實作」。
- ❏ 通用 AI 時代，國內第 1 本「ChatGPT、Bing Chat + Copilot」作品的作者。

　　作品曾被翻譯為簡體中文、馬來西亞文，英文，近年來作品則是在北京清華大學和台灣深智同步發行：

1：C、Java、Python、C#、R 最強入門邁向頂尖高手之路王者歸來
2：OpenCV 影像創意邁向 AI 視覺王者歸來
3：Python 網路爬蟲：大數據擷取、清洗、儲存與分析王者歸來
4：演算法邏輯思維 + Python 程式實作王者歸來
5：Python 從 2D 到 3D 資料視覺化
6：網頁設計 HTML+CSS+JavaScript+jQuery+Bootstrap+Google Maps 王者歸來
7：機器學習基礎數學、微積分、真實數據、專題 Python 實作王者歸來
8：Excel 完整學習、Excel 函數庫、Excel VBA 應用王者歸來
9：Python 操作 Excel 最強入門邁向辦公室自動化之路王者歸來
10：Power BI 最強入門 – AI 視覺化 + 智慧決策 + 雲端分享王者歸來

　　他的多本著作皆曾登上天瓏、博客來、Momo 電腦書類，不同時期暢銷排行榜第 1 名，他的著作特色是，所有程式語法或是功能解說會依特性分類，同時以實用的程式範例做說明，不賣弄學問，讓整本書淺顯易懂，讀者可以由他的著作事半功倍輕鬆掌握相關知識。

全彩 x 最新 x 最全 x 最強
Excel 公式 + 函數
創意實例
第 2 版序

　　這是一本適用有基礎 Excel 觀念的讀者閱讀的書籍，當讀者瞭解基礎 Excel 的操作後，下一步是了解 Excel 的函數庫，從函數庫中可以輕鬆完成職場上人力資源、業務管理、財務會計、秘書助理、投資理財、機器學習、決策分析等工作。相較於第 1 版，這個版本增加下列內容：

- 新增約 390 個 Excel 學習檔案，全書超過 1410 個 Excel 學習檔案。
- 最新 Microsoft 365、Excel 2021/2019/2016、2007 ... 等全部適用。
- 即時股市數據、貨幣與匯率資訊、地理資訊、Web 服務數據。
- 儲存格內嵌入 Google 地圖服務。
- 機率分佈函數與創意實例：金融風險、品質控制、分析新品上市受歡迎程度、咖啡銷售量分析、手機電池壽命分析、不同地區的降雨量分析、顧客購買行為分析、郵件行銷案例分析、不良產品檢測分析、銷售員的成功率、抽獎機率分析、客服中心來電數量分析、股票收益分析、保險理賠分析保險理賠分析、市場滲透率分析、設備故障時間分析、材料斷裂分析
- LAMBDA 自訂函數。
- 債券函數與創意實例：魔法學校債券、科幻城市的能源債券、仙境農場的水果債券、未來城市的太空探險債券、魔法森林的綠色債券、環保債券、高科技公司的債券、藝術家的債券投資、教育科技創新的債券投資。
- 數學與三角函數。
- CUBE 家族函數。

　　本書是目前 Excel 函數庫解說最新、最完整，實例最豐富的書籍，所有函數，不論是單一或組合函數，皆有語法、功能、創意實例解說、易讀易懂。完整創意實例描述職場、商業、個人理財、企業財務投資 ... 等應用，本書包含下列主題。

- ❏　函數基本概念
  - 複習 Excel 基礎知識
  - 認識相對參照與絕對參照對公式的影響、
  - 解說陣列公式
- ❏　表格的基本運算
  - 出差費、保險費給付計算、超商來客數累計、找出優秀的業務

- 操作不同工作表的數據，例如：連鎖店業績總計
- 資料庫的函數運算，例如：計算男性或女性會員消費或其他統計資訊

❑ 基礎數值計算
- 發票含稅與未稅計算
- 貨幣計算
- 外銷裝箱計算

❑ 條件判斷與邏輯函數
- 網路購物
- 仲介房屋搜尋
- 健康檢查表
- 是否符合退休資格、業務獎金或中秋節獎金計算
- 汽車駕照考試
- 血壓檢測

❑ 序列與排序的應用
- 羅馬數字的應用
- 業務員業績排名、企業費用支出排名
- 職棒金手套獎排名
- 智力測驗排名、優秀排名使用醒目提示

❑ 文字字串操作
- 餐廳的美食評比、星級評價

❑ 日期與時間的應用
- 商業往來支票兌現日期、應收帳款日期
- 辦公室租約起租日的日期處理
- 計算網購到貨日期、信用卡交易與付款日計算
- 計算工作日的天數、員工年資計算、加班時數與金額計算
- 月曆的製作、手機通話費用計算

❑ 表格檢索
- 客服評比
- 庫存檢索、賣場商品檢索
- 所得稅率檢索

❑ 超連結應用
- 圖像嵌入儲存格
- Google 地圖嵌入儲存格
- 網路即時貨幣資料

- ❑ **Excel 在統計上的應用**
  - 位數、眾數、四分位數、變異數、標準差
  - 計算平均年終獎金、年資的眾數
  - 新進員工智力測驗分佈
  - 業績考核
- ❑ Excel 函數在迴歸上的應用
  - 機器學習基礎知識
  - 建立迴歸直線
  - 銷售數據預測
- ❑ 機率分佈
  - 常態、t、卡方、F 分佈：金融風險 ... 顧客購買行為等創意
  - 離散型分佈：硬幣投擲分析、郵件行銷 ... 顧客到達時間分析等創意
- ❑ Excel 財務應用
  - 房貸、投資、折舊、退休計畫、儲蓄型保單 ... 等財務計算與應用
  - 規劃存款第一桶金的計畫書
  - 機器設備每年折舊金額
  - 債券投資分析與創意債券
- ❑ CUBE 函數家族

  樞紐分析表模擬多維數據

　　寫過許多的電腦書著作，本書沿襲筆者著作的特色，程式實例豐富，相信讀者只要遵循本書內容必定可以在最短時間更加活用 Microsoft Excel 功能，編著本書雖力求完美，但是學經歷不足，謬誤難免，尚祈讀者不吝指正。

洪錦魁 2024-06-30

jiinkwei@me.com

讀者資源說明

　　為了增加閱讀效率，與實作經驗，每個實例均附有解說與檔案。讀者可以到深智公司官方網站下載此書所有實例。

https://deepwisdom.com.tw

臉書粉絲團

　　歡迎加入：王者歸來電腦專業圖書系列

　　歡迎加入：iCoding 程式語言讀書會 (Python, Java, C, C++, C#, JavaScript, 大數據，人工智慧等不限)

目錄

第二章 表格的基本運算

第三章　基礎數值運算應用在 Excel 表格

第四章　條件判斷與邏輯函數

第五章　序列與排序的應用

第六章　文字字串

第七章　日期與時間的應用

第八章　完整解說表格檢索

第十一章　Excel 函數應用在迴歸分析

第十二章　機率分佈

第十三章　Excel 在財務上的應用

第十四章　數學與三角函數

第十五章　CUBE 函數家族

附錄 A　函數索引表

第 1 章

Excel 函數基本觀念

1-0　建議閱讀書籍

建議讀者在閱讀此書之前有 Excel 基礎知識，下列是筆者的 Excel 書籍，這本書也曾經登上博客來暢銷排行榜第一名，歡迎參考。

1-1　認識 Excel 的函數庫

在 Excel 視窗點選公式可以看到 Excel 所有公式類別。

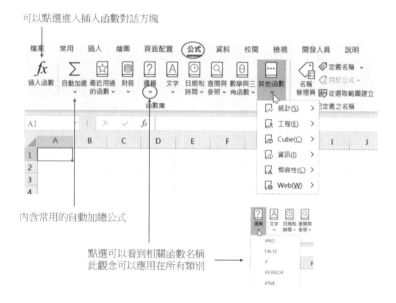

從上述可以看到下列 12 大類的函數庫。

函數庫名稱	說明
財務	可以計算利息、折舊、貸款、收益，… 等。
邏輯	可以回傳 True 或 False，然後可以依此做進一步運算。
文字	可以執行文字替換、大小寫轉換、全形半形轉換，… 等。
日期和時間	現在日期和時間或是轉成序列數字。
查閱與參照	可以依條件取得相關儲存格資料。
數學與三角函數	常用的數學與三角函數。
統計	與統計有關的函數。
Cube	會依要求傳回 Cube 成員相關資料。
工程	工程或是計算機應用相關的函數。
資訊	取得儲存格或是相關位置的資訊確認。
相容性	這些函數目前已經有新函數，部分雖然仍可以和舊版 Excel 相容，但是強烈建議使用新函數。
Web	可以回傳與 Web 有關的資料，例如：URL 編碼字串。

1-2　認識公式

　　公式是由等號 (=)、數值、儲存格，運算子，例如：+、-、*、/，… 等所組成，然後可以執行相關計算。

實例 ch1_1.xlsx：認識公式與資料編輯列。

在輸入公式時必須遵守基礎四則運算，所以也可以使用小括號，然後不論是數值或是儲存格的英文字母，必須使用半形符號，下列是公式的基本結構：

公式開頭是用等號

$$=(B2+B3+B4)/3$$

遵守四則運算規則，同時使用半形

1-3　認識函數

　　函數可以說是公式的擴充，Excel 內部已經將常用的公式計算寫成函數，我們可以很方便地使用，例如：若是以 ch1_1.xlsx 而言，假設要計算 B2 至 B4 儲存格的總和，如果仍使用公式就不太方便，這時可以使用函數，這也是本書的主題。

實例 ch1_2.xlsx：認識資料編輯列與函數。

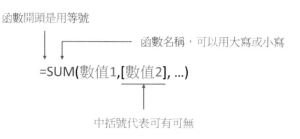

| B5 | | × | ✓ | f_x | =SUM(B2:B4) ← 資料編輯列顯示函數 |

	A	B	C	D	E
1	地區	業績			
2	台北市	560000			
3	新北市	420000			
4	高雄市	368000			
5	總計	1348000			← 作用儲存格顯示函數的計算結果

　　在輸入函數時必須以等號 (=) 開頭，然後輸入函數名稱，此名稱可以用大寫或小寫，緊接著是小括號，小括號內部則是與此函數有關的引數，若是以上述為例，引數就是「B2:B4」儲存格區間，須留意引數必須使用半形符號，下列是函數的基本結構：

函數開頭是用等號

函數名稱，可以用大寫或小寫

$$=SUM(數值1,[數值2], ...)$$

中括號代表可有可無

上述數值可以是數值、單一儲存格或連續的儲存格區間。

$$=SUM(B2:B4)$$

這是引數，目前是指一個儲存格區間，引數需使用半形

如果函數內的引數有多個時，各引數間須使用半形的逗號 (,) 分隔。

實例 ch1_3.xlsx：認識半形的逗號。

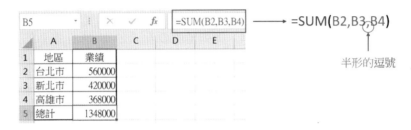

1-4 認識運算子

Excel 試算表內有下列 4 大類的運算子。

1： 算術運算子，下列是假設 A1=10，A2=5 的算術運算子說明與計算結果。

算術運算子	說明	公式實例	結果
+	加法	=A1+A2	15
-	減法	=A1-A2	5
*	乘法	=A1*A2	50
/	除法	=A1/A2	2
%	百分比	=A1%	0.1
^	次方	=A1^A2	100000

2：　比較運算子，下列是假設 A1=10，A2=5 的比較運算子說明與計算結果。

比較運算子	說明	公式實例	結果
=	等於	=A1=A2	FALSE
>	大於	=A1>A2	TRUE
<	小於	=A1<A2	FALSE
>=	大於或等於	=A1>=A2	TRUE
<=	小於或等於	=A1<=A2	FALSE
<>	不等於	=A1<>A2	TRUE

3：　文字運算子，可以連結多個字串，下列是假設 A1= 台北，A2= 東京的文字運算子說明與計算結果。

文字運算子	說明	公式實例	結果
&	字串連結	=A1&A2	台北東京

4：　參照運算子，可以設定參照的儲存格範圍。

參照運算子	說明	公式實例	結果
:	連續的儲存格	A1:A5	A1 至 A5 儲存格區間
,	連結不連續的儲存格	A1:A5,C1:C5	A1:A5 和 C1:C5 儲存格區間
半形空白	產生 2 個連續儲存格的交集	A1:C5 B2:C6	B2:C5 儲存格區間

實例 ch1_4.xlsx：加總 A1:A5 和 C1:C5。

實例 ch1_5.xlsx：加總 A1:C5 和 B2:C6 的交集儲存格區間。

1-5 運算子計算的優先順序

運算子計算的優先順序大致和一般數學運算相同，不過在 Excel 內多了逗號、冒號、與半形空格。

優先順序 (由高往低)	運算子符號	說明
1	, (逗號)、: (冒號)、半形空格	參照運算子
2	-	負號
3	%	百分比
4	^	次方或稱乘冪
5	*、/	乘號、除號
6	+、-	加號、減號
7	&	字串連結
8	=、>、<、>=、<=、<>	比較運算子

實例 ch1_6.xlsx：認識運算子符號的優先順序。

1-6 輸入公式技巧

1-6-1 直接輸入公式

實例 ch1_7.xlsx 和 ch1_7_out.xlsx：可以直接在儲存格輸入公式。

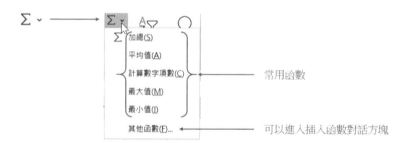

ch1_7.xlsx ch1_7_out.xlsx

註 ch1_7.xlsx 是原始檔案，ch1_7_out.xlsx 是實例後的檔案，未來實例將比照此觀念。

1-6-2 常用 / 編輯∑˅鈕

點選常用 / 編輯的 ∑ ˅，可以看到下列幾個常用功能鈕。

實例 ch1_8.xlsx 和 ch1_8_out.xlsx：使用加總功能輸入公式。

1：　將作用儲存格移至 B5，執行常用 / 編輯的 ∑ ˅ 內的加總。

2： Excel 會智慧判斷使用 SUM 函數，同時自動填上加總區間的引數，如果所加總空
間不是你所要的，可以拖曳選取所要加總的儲存格區間。如果此處是我們想要的，
就可以直接按 Enter。

1-6-3 公式 / 函數庫的插入函數鈕 *fx*

點選公式 / 函數庫 / 插入函數鈕 *fx* 可以看到插入函數對話方塊，可以在此選擇想
要使用的函數類別、也可以輸入需求功能讓 Excel 智慧提供建議。

實例 ch1_9.xlsx 和 ch1_9_out.xlsx：使用插入函數鈕插入加總公式。

1：　將作用儲存格移至 B5。

2：　執行公式 / 函數庫 / 插入函數鈕 fx，或是直接點選工作表上方的 fx 鈕。

3：　出現插入函數對話方塊，在搜尋函數欄位輸入 SUM，按開始鈕就可以在選取函數欄位看到所選取的函數 SUM。

4： 按插入函數對話方塊下方的確定鈕，可以看到函數引數對話方塊。

5： 上述引數區間是 B2:B4，這也是我們所要的，請按確定鈕。

1-7 公式的修訂

若是想修訂公式，可以有下列 3 種方法。

❑ 在儲存格內修訂

❏　在資料編輯列修訂

SUM	▼ ┆	×	✓	f_x	=SUM(B2:B4)

←　2：出現垂直插入線即可修改
3：完成後按Enter鍵

	A	B	C	D	E
1	品項	銷售金額			
2	滑鼠	6000			
3	鍵盤	3000			
4	USB	4200			
5	小計	B4)			

←　1：按一下儲存格

❏　拖曳修改引數範圍的儲存格區間

有時候會發生 Excel 智慧判斷的加總儲存格區間不是我們想要的儲存格區間，這時可以使用滑鼠拖曳修訂區間。

實例 ch1_10.xlsx 和 ch1_10_out.xlsx：使用滑鼠拖曳修訂儲存格區間。

1：　開啟 ch1_10.xlsx，將作用儲存格移至 E5。

作用儲存格

2：　執行加總功能，可以看到系統自動加總空間是 E2:E4 儲存格區間。

3： 假設我們要修訂的儲存格區間是 C2:E4，可以拖曳此儲存格區間，完成後可以按 Enter 鍵，就可以得到下列執行結果。

	A	B	C	D	E
1	部門	員工姓名	薪資	交通費	通訊費
2	業	洪雨星	36000	5500	2100
3	務	洪冰雨	32000	5500	1000
4	部	洪星宇	30000	5500	1000
5	總計				118600

1-8 公式的複製

使用 Excel 時，聰明的使用公式的複製功能可以增進工作效率。

1-8-1 基本相鄰儲存格的公式複製

實例 ch1_11.xlsx 和 ch1_11_out.xlsx：水果銷售數據的公式複製。

1： 開啟 ch1_11.xlsx 檔案，將作用儲存格放在 E4。

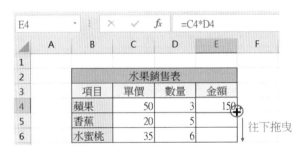

2： 將滑鼠游標放在 E4 儲存格右下角，當滑鼠游標以 ✚ 顯示時，往下拖曳。

1-8-2　公式複製同時保留原先儲存格的格式

實例 ch1_12.xlsx 和 ch1_12_out.xlsx：公式複製，但是保留原先格式。

1：　開啟 ch1_12.xlsx 檔案，將作用儲存格放在 E4。

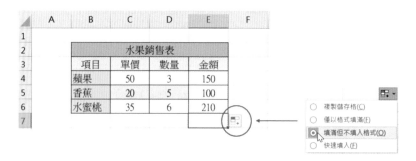

2：　當滑鼠游標以 **＋** 顯示時，往下拖曳後可以看到原先 E5 儲存格的淺綠色底的格式被修改了。

3：　請點選智慧標籤，然後選取填滿但不填入格式選項，就可以復原格式。

1-8-3 公式複製但是不複製格式

實例 ch1_13.xlsx 和 ch1_13_out.xlsx：公式複製，但是不複製格式。

1： 開啟 ch1_13.xlsx 檔案，選取 E4:E6 儲存格區間，執行複製鈕的複製功能。

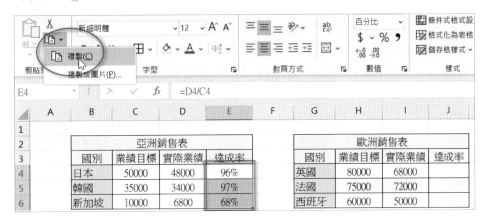

2： 將作用儲存格移至 J4，然後執行貼上鈕選取公式與數字設定鈕 。

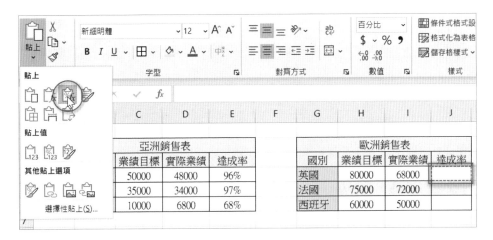

3： 可以得到下列公式已經被複製的結果。

	A	B	C	D	E	F	G	H	I	J
1										
2			亞洲銷售表					歐洲銷售表		
3		國別	業績目標	實際業績	達成率		國別	業績目標	實際業績	達成率
4		日本	50000	48000	96%		英國	80000	68000	85%
5		韓國	35000	34000	97%		法國	75000	72000	96%
6		新加坡	10000	6800	68%		西班牙	60000	50000	83%

1-8-4　複製不相鄰儲存格公式的值

實例 ch1_14.xlsx 和 ch1_14_out.xlsx：複製 E4:E6 的公式值到 H4:H6。

1：　開啟 ch1_14.xlsx 檔案，選取 E4:E6 儲存格區間，執行複製鈕的複製功能。

2：　將作用儲存格移至 H4，然後執行貼上鈕選取值鈕。

3：　可以得到下列值已經被複製的結果。

1-9 相對參照與絕對參照

1-9-1 基本觀念

Excel 在預設環境對於儲存格的內容是相對參照的觀念,但是在 Excel 內基本上可以看到下列 3 種位址參照的觀念。

❑ 相對參照

在公式的應用中,直接以欄列名稱所表達的儲存格位址觀念,皆算是相對參照。例如:對 A 欄 1 列儲存格,其表達方式是 A1。參照位址的觀念主要是指從包含公式的儲存格位址出發,執行複製時新儲存格也是參考相對位置的儲存格,以便尋找與公式有關其它儲存格的資料。

實例 ch1_15.xlsx 和 ch1_15_out.xlsx:假設 A3 儲存格的公式是 A1+A2 的總和,相當於 A3 是它上方兩個儲存格相加的結果。若將 A3 儲存格公式拷貝至 B3,則可得到 B3 儲存格是它上方兩個儲存格相加的結果,也就是 B3 是 B1+B2 的總和。

實例 ch1_15_1.xlsx 和 ch1_15_1_out.xlsx:請計算每位業務員的業績總計。

1: 請開啟 ch1_15_1.xlsx,然後將作用儲存格移至 G4。

2: 請輸入 =SUM(C4:F4)。

3：　拖曳 G4 儲存格的填滿控點到 G6，可以得到下列結果。

| G4 | ▾ | ⋮ | ✕ | ✓ | fx | =SUM(C4:F4) |

	A	B	C	D	E	F	G
1							
2			深智業務業績表				
3		姓名	第一季	第二季	第三季	第四季	總計
4		許家禎	88000	68000	88560	58000	302560
5		黃清元	98010	77000	88900	90000	353910
6		葉家家	78000	56000	75400	48000	257400

上述將 G4 儲存格公式拷貝至 G5:G6 時，因為是相對參照的觀念，所以相當於 G5 儲存格的公式是 =SUM(C5:F5)，若是將作用儲存格放在 G5 即可驗證結果。

| G5 | ▾ | ⋮ | ✕ | ✓ | fx | =SUM(C5:F5) |

	A	B	C	D	E	F	G
1							
2			深智業務業績表				
3		姓名	第一季	第二季	第三季	第四季	總計
4		許家禎	88000	68000	88560	58000	302560
5		黃清元	98010	77000	88900	90000	353910
6		葉家家	78000	56000	75400	48000	257400

G6 儲存格的公式是 =SUM(C6:F6)，可以將作用儲存格放在 G6 即可驗證結果。

| G6 | ▾ | ⋮ | ✕ | ✓ | fx | =SUM(C6:F6) |

	A	B	C	D	E	F	G
1							
2			深智業務業績表				
3		姓名	第一季	第二季	第三季	第四季	總計
4		許家禎	88000	68000	88560	58000	302560
5		黃清元	98010	77000	88900	90000	353910
6		葉家家	78000	56000	75400	48000	257400

❑　絕對參照

在公式的應用中，將欄和列左邊各加上 $ 符號以表達儲存格位址觀念，皆算是絕對參照。例如，對 A 欄 1 列儲存格，其表達方式是 $A$1。當在執行公式拷貝時，若原公式所含的儲存格是絕對參照位址，則被拷貝的儲存格與原儲存格有相同的結果。

實例 ch1_16.xlsx 和 ch1_16_out.xlsx：例如：假設 A3 儲存格的公式是 $A$1+$A$2 的總和，若將 A3 儲存格公式拷貝至 B3，則 B3 儲存格的內容也將會是 $A$1+$A$2 的總和。

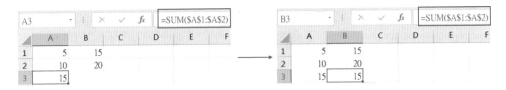

絕對參照一般是應用在，不同儲存格的公式必須參考到相同的儲存格時使用，例如：ch1_17.xlsx 或 ch2_14.xlsx，其實第 2 章起的內容就會有這方面的實例應用。

❏　混合參照

在公式的應用中，欄或列一定有一個且僅有一個左邊加上 $ 符號，其表達方式是 $A1(A 欄是絕對參照，1 列是相對參照) 或是 A$1(A 欄是相對參照，1 列是絕對參照)。

要想更改參照位址的類型，可以將作用儲存格移至指定位址，在資料編輯列選取公式所含欲更改參照的位址，再按 F4 鍵，其更改順序如下：

或是你也可以將作用儲存格移至指定位址，然後再直接更改資料編輯列的參照格式。

1-9-2　複製絕對參照的公式

實例 ch1_17.xlsx 和 ch1_17_out.xlsx：假設 D4 儲存格是 =C4/$C$7，這相當於分母是絕對參照位址 C7，將 D4 儲存格的公式拷貝至 D5:D6。

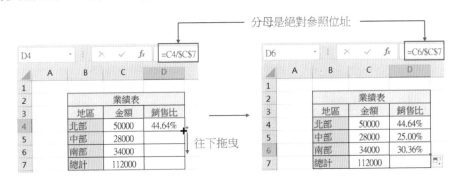

註 D4:D7 儲存格筆者事先設為百分比格式。上述因為分母是使用絕對參照，所以若是將作用儲存格放在 D5 和 D6，接著可以看到分母一定是 $C$7，可以參考下列結果。

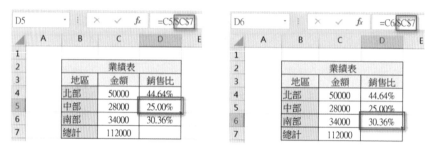

實例 ch1_17_1.xlsx 和 ch1_17_1_out.xlsx：年終獎金計算，其中年終獎金的基數是在 G2 設定，所以年終獎金的儲存格 (D4:D6) 皆是參考此獎金基數的儲存格 G2，所以 G2 可以用絕對參照位置觀念處理，至於薪資則是使用相對參照位置設定。

1：　請開啟 ch1_17_1.xlsx，然後將作用儲存格移至 D4。

2：　請輸入 =C4*$G$2。

3：　拖曳 D4 儲存格的填滿控點到 D6，可以得到下列結果。

上述將 D4 儲存格拷貝至 D5:D6 時，相當於 D5 儲存格的公式是 =C5*$G$2，D6 儲存格的公式是 =C6*$G$2，所以可以得到上述結果。

1-10 將公式的計算結果以值的方式儲存

實例 ch1_18.xlsx 和 ch1_18_out.xlsx：將公式的計算結果以值的方式儲存。

1： 請開啟 ch1_18.xlsx，然後將作用儲存格移至 C7。

	A	B	C	D
1				
2		業績表		
3		地區	金額	
4		北部	50000	
5		中部	28000	
6		南部	34000	
7		總計		

2： 請在資料編輯列輸入 =SUM(C4:C6)。

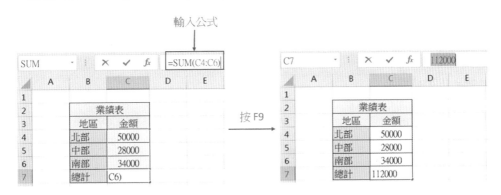

輸入公式

按 F9

3： 按 F9 鍵，將作用儲存格移至 C7，可以在資料編輯列看到數值。

顯示的是數值

C7	fx	112000

	A	B	C	D	E
1					
2		業績表			
3		地區	金額		
4		北部	50000		
5		中部	28000		
6		南部	34000		
7		總計	112000		

1-11　將公式計算結果顯示在圖形內

如果想要將公式的計算結果顯示在圖形內，可以先將公式的計算結果以字串方式儲存在某一個儲存格，然後在圖形內參照該儲存格即可。

實例 ch1_19.xlsx 和 ch1_19_out.xlsx：將公式計算結果顯示在儲存格內。

1：　請開啟 ch1_19.xlsx，請將作用儲存格放在 E7 儲存格，這個儲存格雖是字串但是也隱含了 C7 儲存格的計算結果。

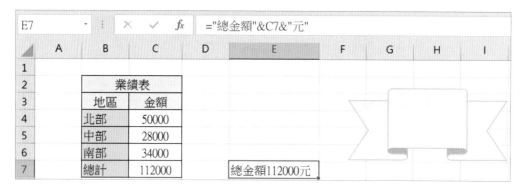

註　E7 儲存格是公式，& 符號可以將字串組合。

2：　選取圖形，然後在資料編輯列輸入 =E7，按一下上下置中鈕和左右置中鈕，可以得到下列結果。

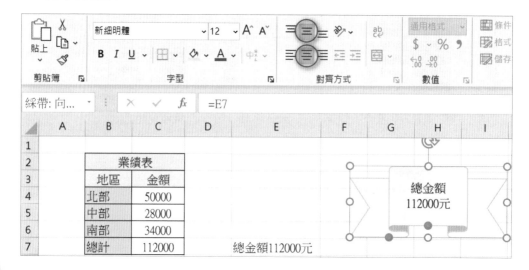

實例 ch1_19_1.xlsx：更動儲存格內容，在圖形內的金額也將同步更新。

1： 沿用 ch1_19_out.xlsx，請將 C4 儲存格的內容更改為 60000，可以得到下列結果。

1-12 篩選不重複的資料

　　對於一家超商而言，每天可能會銷售一個品項多次，因此產生一個長串的品項工作表，這一節的主題是計算某一天銷售的品項。

實例 ch1_20.xlsx 和 ch1_20_out.xlsx：列出超商銷售的品項。

1： 開啟 ch1_20.xlsx，選取 B3:B8 儲存格區間。

2：　執行資料 / 排序與篩選 / 進階，請參考下列進階篩選對話方塊執行設定。

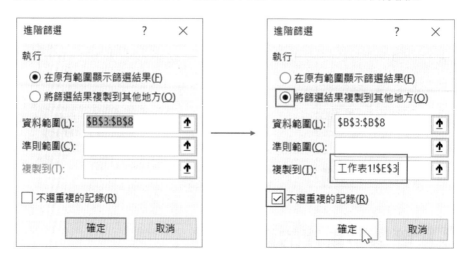

3：　上述是將篩選結果設定到 $E$3 儲存格，按確定鈕，可以得到下列結果。

	A	B	C	D	E
1					
2		1月1日超商銷售表			
3		品項	數量		品項
4		可樂	1		可樂
5		冰棒	2		冰棒
6		泡麵	2		泡麵
7		可樂	2		
8		泡麵	1		

1-13　保留標題和公式但是刪除其他數值資料

　　有時候你可能要做年度的營業計畫工作表，為了方便可以將去年的工作表重新命名，然後將銷售數據資料刪除，但是保留工作表標題和各欄位的公式，這時可以使用本節的內容。

實例 ch1_21.xlsx 和 ch1_21_out.xlsx：保留標題和公式，但是刪除數值資料。

1： 開啟 ch1_21.xlsx 和將作用儲存格放在表單任意位置，此例放在 B3。

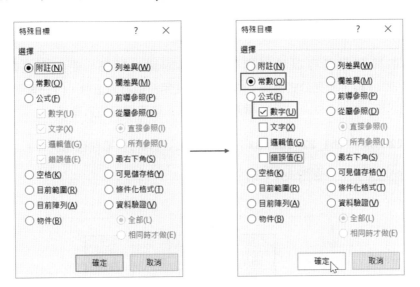

	A	B	C	D	E
1					
2		2022年深智營業計劃書			
3			單位	悲觀計畫	樂觀計畫
4		毛利	元	2400000	6300000
5		銷售數量	件	1200	3000
6		單品售價毛利	元	2000	2100
7		費用	元	1500000	2040000
8		薪資	元	800000	1200000
9		雜費	元	240000	360000
10		辦公室租金	元	360000	360000
11		電腦軟體租金	元	100000	120000
12		稅前獲利	元	900000	4260000

2： 執行常用 / 編輯 / 尋找與選取 🔍 ⌄，然後執行特殊目標。

3：　返回 Excel 視窗，按 Del 鍵，可以得到下列結果。

1-14 陣列公式的應用

1-14-1　輸入陣列公式

Excel 的 陣 列 公 式 可 以 執 行 複 數 儲 存 格 的 資 料 計 算，使 用 方 式 是 同 時 按 Ctrl+Shift+Enter 鍵，陣列公式會被 { } 框起來。使用時讀者需留意，{ } 是陣列公式，此公式必須由同時按 Ctrl+Shift+Enter 鍵產生，不可以使用鍵盤輸入產生。

實例 ch1_22.xlsx 和 ch1_22_out.xlsx：使用陣列公式執行複數儲存格計算。

1：　開啟 ch1_22.xlsx，選取 E4:F6 儲存格。

2: 在資料編輯列輸入 =，然後選取單價欄位的 C4:C6 儲存格，此時公式變成 =C4:C6。

C4		× ✓ f_x	=C4:C6

	A	B	C	D	E
1					
2			銷售表		
3		商品	單價	數量	金額
4		鉛筆	10	3	=C4:C6
5		原子筆	15	2	
6		橡皮擦	5	2	

3: 在資料編輯列輸入 * ，然後選取數量欄位的 D4:D6 儲存格，此時公式變成 =C4:C6*D4:D6。

D4		× ✓ f_x	=C4:C6*D4:D6

	A	B	C	D	E
1					
2			銷售表		
3		商品	單價	數量	金額
4		鉛筆	10	3	*D4:D6
5		原子筆	15	2	
6		橡皮擦	5	2	

4: 然後同時按 Ctrl+Shift+Enter 鍵，這時公式將被 { } 框住，同時 E4:E6 也將顯示計算結果。

E4		× ✓ f_x	{=C4:C6*D4:D6}

	A	B	C	D	E
1					
2			銷售表		
3		商品	單價	數量	金額
4		鉛筆	10	3	30
5		原子筆	15	2	30
6		橡皮擦	5	2	10

1-14-2　修改陣列公式

　　有時候工作表已經有陣列公式了，我們想將此公式修訂，這時可以使用本小節的功能。例如：我們稍微修改 ch1_22_out.xlsx 改為 ch1_23.xlsx，主要是將金額改為打 8 折。

實例 ch1_23.xlsx 和 ch1_23_out.xlsx：將銷售金額以 8 折計算。

1：　開啟 ch1_23.xlsx，然後選取 E4:E6 儲存格。

E4			fx	{=C4:C6*D4:D6}
	A	B	C	D	E

	A	B	C	D	E
1					
2		銷售表			
3		商品	單價	數量	折扣後的金額
4		鉛筆	10	3	30
5		原子筆	15	2	30
6		橡皮擦	5	2	10

2：　將滑鼠游標移至資料編輯列，然後按一下，此時 { } 將不見，請在公式右邊輸入 *0.8。

SUM			fx	=C4:C6*D4:D6*0.8

	A	B	C	D	E
1					
2		銷售表			
3		商品	單價	數量	折扣後的金額
4		鉛筆	10	3	0.8
5		原子筆	15	2	30
6		橡皮擦	5	2	10

3：　同時按 Ctrl+Shift+Enter 鍵，這時公式將被 { } 框住，我們可以在公式內看到多了 *0.8 的公式，同時 E4:E6 也將顯示新的計算結果。

1-14-3 將陣列公式應用在函數內

Excel 已允許在將陣列公式應用在函數內,這將是本節的主題。

實例 ch1_24.xlsx 和 ch1_24_out.xlsx:將使用陣列公式與函數計算銷售總金額。

1: 開啟 ch1_24.xlsx,然後在 G2 儲存格輸入 =SUM(C4:C6*D4:D6)。

2: 同時按 Ctrl+Shift+Enter 鍵,這時公式將被 { } 框住,同時可以在 G2 儲存格看到執行結果。

1-15 公式顯示與評估

1-15-1 顯示公式

原則上 Excel 的儲存格會顯示公式的計算結果，但是我們可以使用顯示功能讓含有公式的儲存格改為顯示公式，這個功能的優點是可以方便檢查公式是否正確。

實例 ch1_25.xlsx 和 ch1_25_out.xlsx：將含有公式的儲存格改為顯示公式。

1：　開啟 ch1_25.xlsx。

2：　執行公式 / 公式稽核 / 顯示公式，此時內含公式的儲存格將以公式顯示。

　　如果將作用儲存格移至某一個公式，與該公式相關的儲存格會被色彩框框起來供參閱，上述是將作用儲存格移至 D12 的結果，可以看到 D4 與 D7 儲存格被框起來了。重複執行公式 / 公式稽核 / 顯示公式可以恢復顯示公式的執行結果。

1-15-2　評估值公式

　　評估值公式鈕主要是可以一步一步的檢查公式，以便確認整個公式是否符合我們的預期結果。特別是發生所設計的公式不符合我們的預期時，可以使用這個方法做檢查。

實例 ch1_26.xlsx：這是一個篩選房屋物件的公式，我們期待可以篩選屋齡小於 10 年，坪數大於或等於 50 坪的房屋，E4:E7 的儲存格公式則是此條件的設定。

1：　開啟 ch1_26.xlsx，同時將作用儲存格放在 E4。

2：　執行公式 / 公式稽核 / 評估值公式，這時會出現評估值公式對話方塊，在評估欄位可以看到此儲存格的公式，同時最先會被評估的部分會含有底線，此例是 C4。

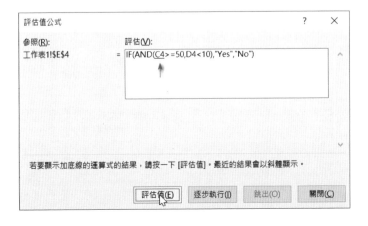

3： 點選評估值鈕後，含底線的內容會被執行，同時可以看到接下來被執行的內容將含有底線，用這方式可以一步一步確認執行過程，完成後可以按關閉鈕。

1-16 公式錯誤標記的隱藏與認識錯誤標記

1-16-1 公式錯誤標記的隱藏

在建立 Excel 的工作表時，Excel 會有智慧型判斷功能，這個功能會提醒公式可能有問題，Excel 判斷有問題的公式會在儲存格左上角加註綠色錯誤標記。如果我們覺得公式是正確的，可以將此錯誤標記隱藏。

實例 ch1_27.xlsx 和 ch1_27_out：將 Excel 智慧判斷可能有問題公式標記隱藏。

1： 開啟 ch1_27.xlsx，可以在 H4:H5 儲存格左上方看到可能有問題的錯誤標記。

2： 選取 H4:H5 儲存格區間，按滑鼠右鍵，同時執行 ! ▼ 鈕的略過錯誤。

3： 可以得到儲存格左上方的錯誤標記已經被隱藏。

	目標	第一季	第二季	第三季	第四季	總計
			深智公司業績表			
書籍	3000	600	500	900	500	2500
國際證照	1000	200	300	180	300	980

1-16-2 認識 Excel 的錯誤值

輸入 Excel 公式後，如果有錯誤，會產生下列表格的錯誤訊息。

錯誤訊息	說明
######	如果數值或是日期資料超出儲存格寬度。
#NULL!	參照運算子錯誤。
#DIV/0!	除法運算時分母為 0 所產生的錯誤。
#VALUE!	儲存格的資料格式錯誤。
#REF!	公式參照的儲存格內容錯誤時。
#NAME?	函數名稱錯誤。
#NUM!	數值太大、太小超出 Excel 可以處理的範圍時，所產生的錯誤。
#N/A	引數的數值無法搜尋到或是未輸入時所產生的錯誤。
#GETTING_DATA	資料獲取中

實例 1_28.xlsx：###### 的錯誤實例，在日期欄位輸入負數值 -5。

實例 ch1_29.xlsx：#NULL! 的錯誤實例。

E3	▼	:	×	✓	f_x	=C3 D3

	A	B	C	D	E
1					
2		產品	定價	數量	金額
3		鉛筆	30	⬥	#NULL!

實例 ch1_30.xlsx：#DIV/0! 的錯誤實例。

D3	▼	:	×	✓	f_x	=B3/C3

	A	B	C	D	E
1					
2		總獎金	人數	每人可得	
3		100000	(⬥	#DIV/0!	

實例 ch1_31.xlsx：#VALUE! 的錯誤實例。

C2	▼	:	×	✓	f_x	=B2*10

	A	B	C	D	E
1					
2		深智⬥	#VALUE!		

實例 ch1_32.xlsx：#REF! 的錯誤實例，原先使用 VLOOKUP( ) 參照範圍只有一欄，欄編號卻輸入 2。

D4	▼	:	×	✓	f_x	=VLOOKUP(B4,I4:I6,2,FALSE)

	A	B	C	D	E	F	G	H	I	J	K
1											
2			銷售報表							產品列表	
3		ID	品項	單價	數量	小計			ID	品項	單價
4		A001	滑⬥	#REF!					A001	滑鼠	300
5		B002	充電器						B001	鍵盤	600
6		A001	滑鼠						B002	充電器	750

實例 ch1_33.xlsx：#NAME? 的錯誤實例，這是函數名稱 AVERAGE 輸入錯誤。

E4 … =AVERAG(C4:D4)

地區	第一季	第二季	平均
北部	6000	80	#NAME?
中部	3000	2700	
南部	3500	4200	

銷售表

實例 ch1_34.xlsx：#NUM! 的錯誤實例，這是輸入超出 Excel 可以處理範圍的錯誤。

B3 … 地區

銷售表

地區	單價	數量	金額
北部	6000	8000	48000000.00
中部	3000	2700	8100000.00
南部	3500	1.01E+306	#NUM!

實例 ch1_35.xlsx：#N/A 的錯誤實例，在 VLOOKUP 函數的第一個引數位置輸入搜尋值 B3，在參照範圍找不到。

D4 … =VLOOKUP(B3,I4:K6,2,FALSE)

銷售報表

ID	品項	單價	數量	小計
A001	滑	#N/A		
B002	充電器			
A001	滑鼠			

產品列表

ID	品項	單價
A001	滑鼠	300
B001	鍵盤	600
B002	充電器	750

1-16-3　ERROR.TYPE 錯誤代碼回傳值

語法英文：ERROR.TYPE(error.value)

語法中文：ERROR.TYPE(錯誤內容)

上一小節筆者介紹了 Excel 會出現的錯誤代碼，其實可以使用 ERROR.TYPE 函數獲得這些代碼的回傳值。

實例 ch1_36.xlsx 和 ch1_36_out.xlsx：列出 Excel 錯誤代碼。

1： 開啟 ch1_36.xlsx，將作用儲存格放在 D4。

2： 輸入 =ERROR.TYPE(C4)，可以在 D4 得到 #NULL! 的錯誤代碼。

3： 拖曳 D4 填滿控點到 D10，可以得到 C4:C10 所有錯誤訊息的錯誤代碼。

1-16-4 NA 生成錯誤值 #N/A

語法英文：NA()

這個函數沒有參數，一般是應用在表格有缺失值時，在缺失值的儲存格輸入「=NA( )」，可以生成錯誤值「#N/A」。在生成圖表時，Excel 將不會繪製包含 #N/A 的數據點，使圖表更加清晰。

1-17 LAMBDA 自訂函數

1-17-1 LAMBDA 自訂函數基礎應用

語法英文：LAMBDA(parameter1, parameter2, ..., calculation)

語法中文：LAMBDA(參數1, 參數2, ..., calculation)

❑ parameter1, parameter2, ... ：必要，自定義函數的參數名稱。

❑ calculation：必要，包含計算或公式的表達式。

LAMBDA 函數是一個強大的工具，可以讓您定義和創建自定義函數，這些函數可以在工作表中的其他地方重複使用。這使得公式更加靈活和可重用，尤其適合於處理複雜計算和數據處理任務。

實例 ch1_37.xlsx 和 ch1_37_out.xlsx：計算產品售價。

1： 開啟 ch1_37.xlsx，將作用儲存格放在 D2。

2： 在此儲存格輸入 =LAMBDA(定價 , 稅率 , 定價 *(1+ 稅率))(B2,C2)。

3： 上述公式已經計算 iPhone 的售價了，現在拖曳 D2 右下方的填滿控點至 D5，可以得到所有產品售價的結果。

	A	B	C	D	E	F	G
				fx	=LAMBDA(定價,稅率,定價*(1+稅率))(B2,C2)		
1	產品	定價	稅率	售價			
2	iPhone	36000	5%	37800			
3	iWatch	20000	5%	21000			
4	iPad	8000	5%	8400			
5	Python王者歸來	1200	0%	1200			

在上述公式中，「定價是 parameter1」、「稅率是 parameter2」、「定價 *(1+ 稅率) 是 calculation」。(B2,C2) 中 B2 是定價的值，C2 是稅率的值。

我們也可以將上述 LAMBDA 所定義的公式，正式定義為 Excel 的函數名稱。

實例 ch1_38.xlsx 和 ch1_38_out.xlsx：定義函數 MYPRICE，計算產品售價。

1：　開啟 ch1_38.xlsx，執行公式 / 已定義名稱 / 定義名稱。

2：　出現新名稱對話方塊，請設定如下：

3：　將作用儲存格放在 D2，輸入 =MYPRICE(B2,C2)，下列是輸入過程，可以看到自定義的函數 MYPRICE 在輸入過程，與一般函數一樣會跳出參數說明。

	A	B	C	D	E
1	產品	定價	稅率	售價	
2	iPhone	36000	5%	=MYPRICE(B2,B3	
3	iWatch	20000	5%	MYPRICE(定價, 稅率)	
4	iPad	8000	5%		
5	Python王者歸來	1200	0%		

SUM　fx　=MYPRICE(B2,B3

4: 請完成輸入公式,請拖曳 D2 右下方的填滿控點至 D5。

1-17-2 MAP 應用 LAMBDA 建立動態陣列

語法英文:MAP(array1, [array2], ..., lambda_function)

語法中文:MAP(陣列1, [陣列2], ..., lambda_function)

❏ array1, [array2], ... :必要,要映射的陣列,至少需要一個陣列。

❏ lambda_function:必要,一個 LAMBDA 函數,用於定義對陣列每個元素應用的操作。

　　MAP 函數是一個強大的動態陣列函數,允許您將自定義的 LAMBDA 函數應用於一個或多個陣列的每個元素,並返回一個新陣列。

實例 ch1_39.xlsx 和 ch1_39_out.xlsx:將售價打 9 折,列出新產品售價。

1: 開啟 ch1_39.xlsx,將作用儲存格放在 F2。

2: 在此儲存格輸入 =MAP(B3:C5, LAMBDA(x, x*0.9))。

1-17-3　BYROW 每一列應用 LAMBDA 建立動態陣列

語法英文：BYROW(array, lambda_function)

語法中文：BYROW(陣列, lambda_function)

❑ array：必要，要對其每一列應用 LAMBDA 函數的陣列或範圍。

❑ lambda_function：必要，應用於陣列每一列的計算或操作的 LAMBDA 函數。

　　BYROW 函數是一個動態陣列函數，用於對陣列或範圍中的每一列應用 LAMBDA 函數，並回傳一個新陣列。

實例 ch1_40.xlsx 和 ch1_40_out.xlsx：每位員工業績加總。

1：　開啟 ch1_40.xlsx，將作用儲存格放在 D2。

2：　在此儲存格輸入 =BYROW(B2:C4, LAMBDA(x, SUM(x)))。

D2		f_x	=BYROW(B2:C4,LAMBDA(x,SUM(x)))			
	A	B	C	D	E	F	G
1	姓名	第1季業績	第2季業績	加總			
2	洪錦魁	87000	35000	122000			
3	陳家駒	77000	33000	110000			
4	李天仁	62000	46000	108000			

　　上述 SUM 函數是計算總和，未來 2-1-1 節會做更完整的說明。

1-17-4　BYCOL 每一欄應用 LAMBDA 建立動態陣列

語法英文：BYCOL(array, lambda_function)

語法中文：BYCOL(陣列, lambda_function)

❑ array：必要，要對其每一欄應用 LAMBDA 函數的陣列或範圍。

❑ lambda_function：必要，應用於陣列每一欄的計算或操作的 LAMBDA 函數。

　　BYCOL 函數是一個動態陣列函數，用於對陣列或範圍中的每一欄應用 LAMBDA 函數，並回傳一個新陣列。

實例 ch1_41.xlsx 和 ch1_41_out.xlsx：計算各科最高分。

1: 開啟 ch1_41.xlsx，將作用儲存格放在 B2。

2: 在此儲存格輸入 =BYCOL(B3:D5, LAMBDA(x, MAX(x)))。

上述 MAX 函數是計算最大值，未來 2-4-1 節會做更完整的說明。

1-17-5 SCAN/REDUCE 應用 LAMBDA 累加建立動態陣列

語法英文：SCAN([initial_value], array, lambda(accumulator, value))

語法中文：SCAN([初始值], 陣列, lambda(accumulator, value))

❏ initial_value：必要，初始值或累加的初始值。如果未指定，預設為 0。

❏ array：必要，要處理的陣列或範圍。

❏ lambda：必要，應用計算或操作的 LAMBDA 函數。

❏ accumulator：必要，累加器，用於保存計算的中間結果。

❏ value：必要，當前處理的陣列元素。

　　SCAN 函數對陣列的每個元素應用 LAMBDA 函數，並回傳應用該函數後的所有中間結果。

註 REDUCE 函數參數與 SCAN 函數相同，但是只回傳最後結果。

實例 ch1_42.xlsx 和 ch1_42_out.xlsx：超商累積每天客戶人數。

1: 開啟 ch1_42.xlsx，將作用儲存格放在 B2。

2: 在此儲存格輸入 =SCAN(0,B3:B7, LAMBDA(x, y, x+y))。

3： 將作用儲存格放在 F2，輸入 =REDUCE(0,B3:B7, LAMBDA(x, y, x+y))。

1-17-6　MAKEARRAY 應用 LAMBDA 自定義陣列

語法英文：MAKEARRAY(rows, cols, lambda(row, col))

語法中文：=MAKEARRAY(rows, cols, lambda(row, col))

❑ rows：必要，陣列的列數。

❑ cols：必要，陣列的欄數。

❑ lambda：必要，接受 2 個參數，定義 LAMBDA 函數定義每個元素的值。

❑ row：必要，元素的列索引。

❑ col：必要，元素的欄索引。

SCANMAKEARRAY 函數是一個動態陣列函數,用於創建並填充一個自定義大小的陣列。您可以指定陣列的列數和欄數,並使用 LAMBDA 函數來定義每個元素的值。

實例 ch1_43.xlsx:建立一個 3x3 數字遞增的陣列。

1: 開啟空白活頁簿,將作用儲存格放在 A1。

2: 在此儲存格輸入 =MAKEARRAY(3, 3, LAMBDA(row, col, row))。

實例 ch1_44.xlsx:建立一個 5x5 的乘法表陣列。

1: 開啟空白活頁簿,將作用儲存格放在 A1。

2: 在此儲存格輸入 =MAKEARRAY(5, 5, LAMBDA(row, col, row*col))。

1-17-7 ISOMITTED 檢查是否 LAMBDA 參數不足

語法:ISOMITTED(value)

參數 value 是要檢查的值是否存在。如果 value 被省略,ISOMITTED 函數返回 TRUE。如果 value 沒有被省略,ISOMITTED 函數返回 FALSE。

實例 **ch1_45.xlsx**：定義函數 MySum，計算 a + b，如果輸入少一個參數，輸出 a。

1：　請開啟空白的 Excel，執行公式 / 以定義名稱 / 定義名稱。

2：　出現新名稱對話方塊，請設定如下：

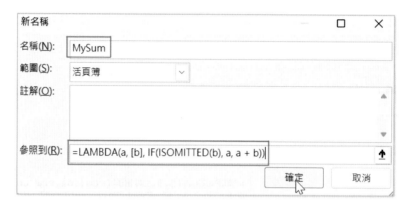

3：　將作用儲存格放在 A1，輸入 =MySum(5, 10)，可以得到 15。

4：　將作用儲存格放在 A2，輸入 =MySum(5)，可以得到 5。

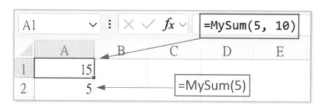

1-18 INFO 查詢 Windows 和 Excel 的版本

語法英文：INFO(type_text)

語法中文：INFO(類型文字)

INFO 函數會依據引數內容回傳訊息，內容如下：

Type_text	回傳內容
directory	目前資料夾內容
numfile	開啟活頁簿使用中的工作表數量
origin	回傳視窗最上方最左方顯示的絕對儲存格參照，文字前會有 $A:
osversion	顯示目前作業系統版本
reclac	目前重算模式，回傳自動或手動
release	Microsoft Excel 的版本
system	Windows 回傳 pcdos，Macintosh 回傳 mac

實例 **ch1_46.xlsx** 和 **ch1_46_out.xlsx**：列出 Excel 相關訊息。

1： 開啟 ch1_37.xlsx，將作用儲存格放在 C4。

2： 輸入 =INFO(C4)。

3： 拖曳 C4 填滿控點到 C8，可以得到 B4:B8 儲存格的相關訊息。

第 2 章

表格的基本運算

2-1 SUM 系列與 DGET/GETPIVOTDATA

2-1-1　SUM 基礎解說

語法英文：SUM(number1, [number2], …)

語法中文：SUM(數值1, [數值2], …)

❏ number1：必要，第一組數據以陣列、名稱參照或儲存格區間表示，如果陣列內含文字、邏輯以及空白儲存格，這些會被忽略。

❏ [number2]：選用，第二組數據以陣列、名稱參照或儲存格區間表示。

　　SUM 可以說是 Excel 內最常使用的函數，主要是可以執行加總。

2-1-1-1　薪資加總

實例 ch2_1.xlsx 和 ch2_1_out.xlsx：薪資加總。

1：　請開啟 ch2_1.xlsx，將作用儲存格放在 F4，輸入 =SUM(D4:E4)，可以得到。

2： 將 F4 儲存格複製至 F5 儲存格，可以得到。

	A	B	C	D	E	F	G
1							
2				深智數位			
3		部門	姓名	底薪	加班費	薪資總額	
4		業	洪冰儒	60000	8000	68000	
5		務	洪雨星	50000	3000	53000	
6			部門小計				
7		部門	姓名	底薪	加班費	薪資總額	
8		財	洪星宇	48000	4500		
9		務	洪冰雨	36000	2000		
10			部門小計				
11			總計				

3： 將作用儲存格移至 F6，輸入 =SUM(F4:F5)，可以得到。

F6 =SUM(F4:F5)

	A	B	C	D	E	F	G
1							
2				深智數位			
3		部門	姓名	底薪	加班費	薪資總額	
4		業	洪冰儒	60000	8000	68000	
5		務	洪雨星	50000	3000	53000	
6			部門小計			121000	
7		部門	姓名	底薪	加班費	薪資總額	
8		財	洪星宇	48000	4500		
9		務	洪冰雨	36000	2000		
10			部門小計				
11			總計				

4： 將作用儲存格移至 F8，輸入 =SUM(D8:E8)。

5： 將 F8 儲存格複製至 F9 儲存格，可以得到。

6：　將作用儲存格移至 F10，輸入 =SUM(F8:F9)。

7：　請將作用儲存格移至 F11，然後輸入 =SUM(F6,F10)，這是執行非連續儲存格的加
　　法。

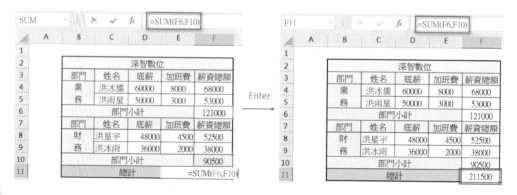

2-1-1-2　快速加總業績總和

實例 ch2_2.xlsx 和 ch2_2_out.xlsx：一次加總各地區業績小計與總體業績總計。

1：　請開啟 ch2_2.xlsx，然後選取 C4:G7 儲存格。

	A	B	C	D	E	F	G	H
1								
2					深智數位業績表			
3		地區	第一季	第二季	第三季	第四季	小計	
4		北區	60000	70000	65000	72000		
5		中區	32000	35000	38000	45000		
6		南區	35000	41000	38000	32000		
7		總計						

2：　執行常用 / 編輯 / 加總的加總鈕。

3：　可以一次獲得所有欄與列的加總結果。

	A	B	C	D	E	F	G	H
1								
2					深智數位業績表			
3		地區	第一季	第二季	第三季	第四季	小計	
4		北區	60000	70000	65000	72000	267000	
5		中區	32000	35000	38000	45000	150000	
6		南區	35000	41000	38000	32000	146000	
7		總計	127000	146000	141000	149000	563000	

2-1-1-3　加總不同工作表

實例 ch2_3.xlsx 和 ch2_3_out.xlsx：有一個 8-11 連鎖店試算表檔案，此試算表含有 3 個分店與總計共 4 個工作表。

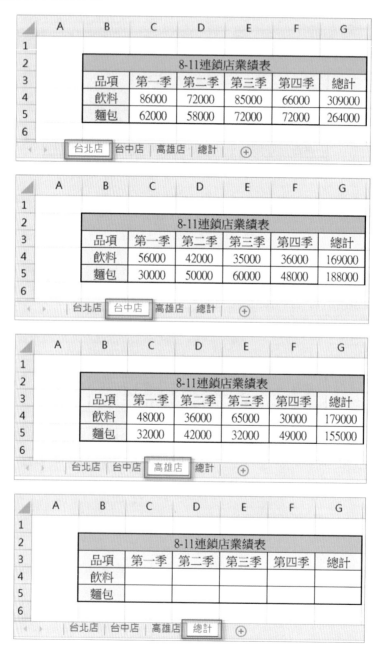

現在我們要將各分店業績加總到總計工作表。

1： 將作用儲存格放在總計工作表的 C4 儲存格，輸入下列資料。

=SUM(台北店:高雄店!C4)

2： 按 Enter 鍵，將作用儲存格移回 C4，可以得到。

3： 拖曳 C4 的填滿控點至 C5，可以得到。

4： 選取 C4:C5。

5：　拖曳 C5 的填滿控點至 G5，可以得到。

	A	B	C	D	E	F	G
1							
2		8-11連鎖店業績表					
3		品項	第一季	第二季	第三季	第四季	總計
4		飲料	190000	150000	185000	132000	657000
5		麵包	124000	150000	164000	169000	607000

2-1-1-4　自動加總追加資料

Excel 也允許將 SUM 的引數設定為整個欄，這樣在未來在更新欄位內容時，加總的結果也會自動更新。

實例 ch2_4.xlsx 和 ch2_4_out.xlsx：加總費用支出，同時未來若有更新明細，加總費用可以自動更新。

1：　開啟 ch2_4.xlsx，同時將作用儲存格移至 F3。

	A	B	C	D	E	F
1						
2		深智費用支出				小計
3		日期	類別	金額		
4		1月1日	交通費	800		
5		1月1日	餐費	600		
6		1月3日	餐費	350		
7		1月4日	文具費	120		

2：　在 F3 儲存格輸入 =SUM(D:D)，按 Enter，下列是筆者將作用儲存格移回 F3，方便讀者瞭解此儲存格的公式。

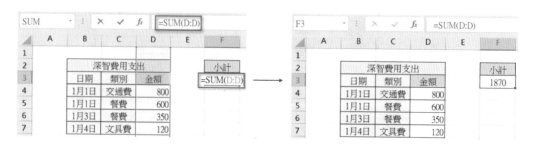

3: 未來在 D 欄位增加費用支出，F3 儲存格將自動更新。

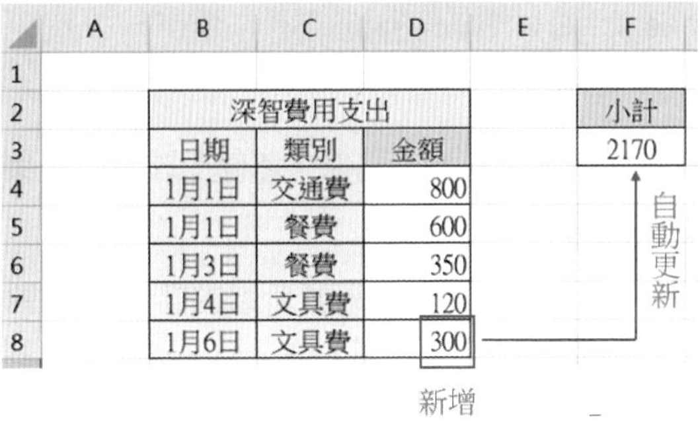

2-1-1-5　每隔幾列執行一次加總

在使用 Excel 時常需要每隔幾列執行一次加總，這時可以使用此功能。

實例 ch2_5.xlsx 和 ch2_5_out.xlsx：集團業績總計，每隔 2 列加總一次的應用。

1: 將作用儲存格放在 E5，輸入 = SUM(D4:D5)，按 Enter 鍵，下列右圖是將作用儲存格移回 E5 方便讀者瞭解此儲存格的公式。

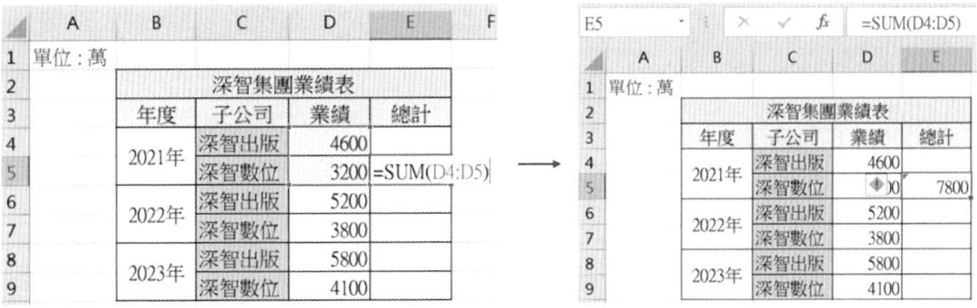

2: 選取 E4:E5 儲存格區間。

3: 拖曳 E5 儲存格的填滿控點到 E9。

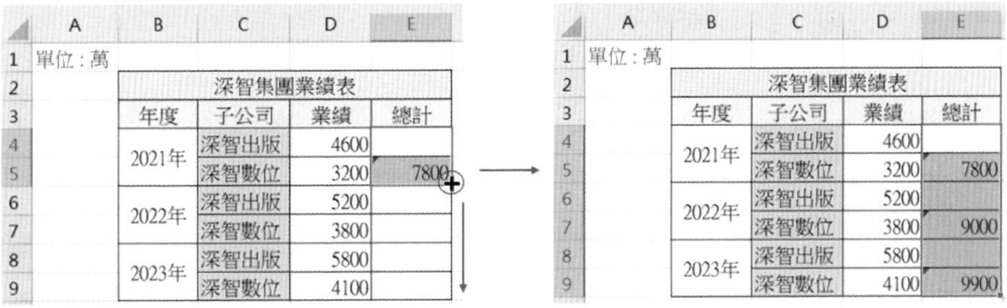

2-1-2　SUMIF 加總符合條件的資料

語法英文：SUMIF(range, criteria, [sum_range])

語法中文：SUMIF(條件區間, 條件, [合計區間])

❑ range：必要，數據以陣列、名稱參照或儲存格區間表示，如果陣列內含文字、邏輯以及空白儲存格，這些會被忽略。

❑ criteria：必要，條件定義，可以由此定義要新增加儲存格的準則。

❑ [sum_range]：選用，這是合計區間，如果省略則使用第 1 引數的儲存格，若設定可以由此定義要計算總和的儲存格。

　　條件區間是指條件判斷的儲存格區間。條件是指搜尋的條件。合計區間如果省略則是和條件區間相同，如果存在則是合計的區間。SUMIF 函數最後可以加總符合條件的資料。

2-1-2-1　計算消費大於特定值的總和。

實例 ch2_6.xlsx 和 ch2_6._out.xlsx：計算天空 Spa 銷售金額大於 5000 的總和。

1：　開啟 ch2_6.xlsx，將作用儲存格放在 E3。

2：　在此儲存格輸入 =SUMIF(C4:C7,">5000")。

3：　可以得到下列結果。

2-1-2-2 計算會員消費的總和

實例 ch2_7.xlsx 和 ch2_7_out.xlsx：計算天空 Spa 會員銷售的總和。

1： 開啟 ch2_7.xlsx，將作用儲存格放在 F3。

2： 在此儲存格輸入 =SUMIF(C4:C7,"是",D4:D7)。

3： 可以得到下列結果。

2-1-2-3 計算大於特定年齡的消費總和

實例 ch2_8.xlsx 和 ch2_8_out.xlsx：計算天空 Spa 大於 30 歲顧客的銷售總和。

1： 開啟 ch2_8.xlsx，將作用儲存格放在 F3。

2： 在此儲存格輸入 =SUMIF(C4:C7,">30",D4:D7)。

3： 可以得到下列結果。

2-1-2-4　計算大於特定儲存格年齡的消費總和

前一小節的內容雖然好用，但是如果我們想要統計不同年齡層的消費資料，必須修改公式，另一種更好的方法是將年齡層定義在儲存格，未來可以使用此儲存格定義年齡層。

實例 ch2_9.xlsx 和 ch2_9_out.xlsx：計算天空 Spa 大於 30 歲顧客的銷售總和。

1：　開啟 ch2_9.xlsx，將作用儲存格放在 F6。

2：　在此儲存格輸入 =SUMIF(C4:C7,">"&F3,D4:D7)。

3：　可以得到下列結果。

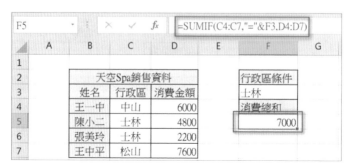

2-1-2-5　計算特定行政區的消費總和

實例 ch2_10.xlsx 和 ch2_10_out.xlsx：計算天空 Spa 顧客住在士林區的銷售總和。

1：　開啟 ch2_10.xlsx，將作用儲存格放在 F5。

2：　在此儲存格輸入 =SUMIF(C4:C7,"="&F3,D4:D7)。

3：　可以得到下列結果。

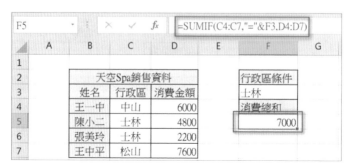

2-1-2-6 使用萬用字元計算消費

使用 SUMIF 函數時，也可以使用萬用字元 * 設定條件。

實例 ch2_11.xlsx 和 ch2_11_out.xlsx：搜尋姓氏為王的消費。

1: 開啟 ch2_11.xlsx，將作用儲存格放在 F5。

2: 在此儲存格輸入 =SUMIF(B4:B7,"*"&F3&"*",D4:D7)。

3: 可以得到下列結果。

F5				fx	=SUMIF(B4:B7,"*"&F3&"*",D4:D7)	
	A	B	C	D	E	F	G
1							
2		天空Spa銷售資料				姓氏條件	
3		姓名	行政區	消費金額		王	
4		王一中	中山	6000		消費總和	
5		陳小二	士林	4800		13600	
6		張美玲	士林	2200			
7		王中平	松山	7600			

2-1-2-7 計算某年齡區間的銷售資料

實例 ch2_12.xlsx 和 ch2_12_out.xlsx：計算 30(不含) 至 40(含) 歲之間的消費金額，碰上這類的問題，可以分開計算，觀念如下：

30 歲以上的消費金額減去 40 歲以上的消費金額

1: 開啟 ch2_12.xlsx，將作用儲存格放在 F5，在此儲存格輸入下列公式。

=SUMIF(C4:C7,">"&F3,D4:D7) − SUMIF(C4:C7,">"&G3,D4:D7)

2: 可以得到下列結果。

F5				fx	=SUMIF(C4:C7,">"&F3,D4:D7) - SUMIF(C4:C7,">"&G3,D4:D7)			
	A	B	C	D	E	F	G	H	I	J
1								
2		天空Spa銷售資料				以上	未滿	
3		姓名	年齡	消費金額		30	40	
4		王一中	32	6000		消費金額		
5		陳小二	41	4800		13600		
6		張美玲	29	2200				
7		王中平	38	7600				

2-1-2-8　計算跨區的消費金額

實例 ch2_13.xlsx 和 ch2_13_out.xlsx：計算士林區和中山區的消費金額。

1：　開啟 ch2_13.xlsx，將作用儲存格放在 F5，在此儲存格輸入下列公式。

　　=SUMIF(C4:C7,F3,D4:D7)+SUMIF(C4:C7,G3,D4:D7)

2：　可以得到下列結果。

F5				fx	=SUMIF(C4:C7,F3,D4:D7)+SUMIF(C4:C7,G3,D4:D7)				
	A	B	C	D	E	F	G	H	I
1									
2		天空Spa銷售資料				行政區	行政區		
3		姓名	行政區	消費金額		士林	中山		
4		王一中	中山	6000		消費總和			
5		陳小二	士林	4800		13000			
6		張美玲	士林	2200					
7		王中平	松山	7600					

2-1-2-9　製作不同商品在一段時間的銷售總計

實例 ch2_14.xlsx 和 ch2_14_out.xlsx：計算不同 Apple 公司產品在一段時間的銷售統計。

1：　開啟 ch2_14.xlsx，將作用儲存格放在 G4。

2：　在此儲存格輸入 =SUMIF($C$4:$C$8,F4,$D$4:$D$8)。

G4				fx	=SUMIF($C$4:$C$8,F4,$D$4:$D$8)			
	A	B	C	D	E	F	G	H
1								
2		大開資訊廣場				產品銷售統計表		
3		日期	品項	數量		品項	數量	
4		4月1日	iPhone	3		iPhone	9	
5		4月1日	iPad	2		iPad		
6		4月2日	iPhone	2		iWatch		
7		4月3日	iPhone	4				
8		4月3日	iWatch	1				

3： 上述公式已經統計了 iPhone 的銷售數量，現在拖曳 G4 右下方的填滿控點至 G6，
可以得到所有產品銷售總量的結果。

	A	B	C	D	E	F	G	H
1								
2		大開資訊廣場				產品銷售統計表		
3		日期	品項	數量		品項	數量	
4		4月1日	iPhone	3		iPhone	9	
5		4月1日	iPad	2		iPad	2	
6		4月2日	iPhone	2		iWatch	1	
7		4月3日	iPhone	4				
8		4月3日	iWatch	1				

2-1-3 SUMIFS 加總符合多個條件的資料

語法英文：SUMIFS(sum_range, criteria_range1, criteria1, [criteria_range2, criteria2], …)

語法中文：SUMIFS(合計區間, 條件區間1, 條件1, [條件區間2, 條件2], …)

❏ sum_range：必要，要加總的儲存格範圍。

❏ criteria_range1：必要，條件定義要測試的範圍。

❏ criteria1：必要，條件定義，可以由此定義要新增加儲存格的準則。

❏ [criteria_range2, criteria2]：選用，其他範圍和準則。

SUMIFS 函數會使用 criteria_range1 和 criteria1 組成一組配對，然後在儲存格範圍中搜尋，最後加總 sum_range 中對應儲存格的值。criteria_range2 和 criteria2 則是第二組的配對，可以將此觀念類推至更多組配對。

實例 ch2_15.xlsx 和 ch2_15_out.xlsx：基本上是使用 SUMIFS 函數重新設計 ch2_12.xlsx，計算 30(不含) 至 40(含) 歲之間的消費金額。

1： 開啟 ch2_15.xlsx，將作用儲存格放在 F5，在此儲存格輸入下列公式。

=SUMIFS(D4:D7,C4:C7,">"&F3,C4:C7,"<="&G3)

2： 可以得到下列結果。

2-1-4　DSUM 計算資料庫中滿足條件的加總

語法英文：DSUM(database, field, criteria)

語法中文：DSUM(資料庫, 欄位, 條件)

❑ database：必要，要加總的資料清單或是資料庫的儲存格範圍，清單的第一列是資料欄的欄位名稱。

❑ field：必要，指資料庫的資料欄。可以用號碼，例如：1 代表第一欄。如果是文字的欄位名稱須使用雙引號，例如：" 姓名 "、" 出生年月日 "。

❑ criteria：必要，條件定義，可以由此定義要新增加儲存格的準則。

　　DSUM 函數可以在資料庫中計算符合條件的加總。

實例 ch2_16.xlsx 和 ch2_16_out.xlsx：使用 DSUM 函數計算 30 歲以上的消費金額加總。

1：　開啟 ch2_16.xlsx，將作用儲存格放在 F3，在此儲存格輸入 >30。

2：　將作用儲存格放在 F6，在此輸入 =DSUM(B3:D7,D3,F2:F3)。

3：　可以得到下列結果。

　　上述資料庫必須涵蓋資料庫整個區間，可以參考上列實例的第一個引數 B3:D7。另外，第二個引數此例用 D3 也可以直接使用 " 消費金額 "。此外，對於資料庫而言所使用的儲存格區間需要包含欄位名稱，因為欄位可以和資料庫做關聯，這個觀念可以應用在往後的資料庫內容擷取與計算。

> 註　DSUM 類似的函數是 DPRODUCT，語法相同，功能是在資料庫中計算符合條件的項目相乘，不過商業上實用性不高。

2-1-5　DGET 從符合條件的數據中擷取單一值

語法英文：DGET(database, field, criteria)

語法中文：DGET(資料庫, 欄位, 標準)

❑ database：必要，表示包含數據的範圍，包括列標題。

❑ field：必要，指定要返回的欄，可以是欄標題（以雙引號括起來）或欄號。

❑ criteria：必要，包含條件的範圍，必須包含至少一欄標題和一欄條件。

　　DGET 函數用於從符合條件的資料庫或清單中提取單個值。它是一個強大的工具，可以用來從大量數據中根據特定條件篩選出唯一的數據。如果沒有找到符合條件的記錄，或找到多個符合條件的記錄，則返回錯誤值 #NUM!。

實例 ch2_16_1.xlsx 和 ch2_16_1_out.xlsx：圖書館管理系統，假設您在管理一個圖書館的書籍數據庫，並且需要根據多個條件（例如：書名、作者、出版年份等）來查找特定書籍的狀態（例如：是否被借出）。

1：　開啟 ch2_16_1.xlsx，將作用儲存格放在 H5。

2：　在此輸入 =GET(A1:E5, " 狀態 ", G1:I2)。

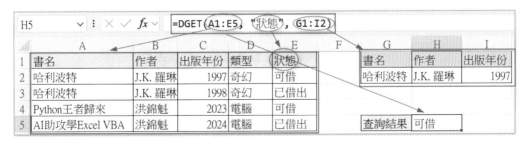

實例 ch2_16_2.xlsx 和 ch2_16_2_out.xlsx：管理借還書紀錄，此實例可以追蹤每本書的借出次數和最後借出日期。這個實例是查詢借出次數。

1：　開啟 ch2_16_2.xlsx，將作用儲存格放在 F7。

2：　在此輸入 =GET(A1:G5, " 借出次數 ", A7:C8)。

2-1-6　GETPIVOTDATA 從樞紐分析表中取得數據

語法英文：GETPIVOTDATA(data_field, pivot_table, [field1, item1, field2, item2], …)

語法中文：GETPIVOTDATA(資料欄位, 樞紐分析表, [欄位1, 項目1, 欄位2, 項目2], …)

❏ data_field：必要，指定要提取的資料欄位，必須用雙引號括起來，例如 "Sales"。

❏ pivot_table：必要，引用包含樞紐分析表的任意儲存格或一個範圍。

❏ [field1, item1, field2, item2]：選用，成對出現的欄位名稱和項目名稱，用於指定要提取數據的列或欄。。

　　AVERAGE 這個函數特別有用，因為它能確保提取到的數據是精確且一致的，即使樞紐分析表的結構發生變化。

實例 ch2_16_3.xlsx 和 ch2_16_3_out.xlsx：擷取樞紐分析表資料。

1：　開啟 ch2_16_3.xlsx，將作用儲存格放在 G6。

2：　在此輸入 =GETPIVOTDATA($A$3, " 年度 ", G3, " 業務員 ", G4, " 產品 ", G5)。

上述若是將作用儲存格放在 G4，輸入「=」，然後點選 B7 儲存格，也可以自動產生 GETPIVOTDATA 公式：

=GETPIVOTDATA($A$3," 年度 ","2021"," 業務員 "," 周慧敏 "," 產品 "," 白松沙士 ")

2-1-7 FILTER 篩選數據

語法英文：FILTER(array, include, [if_empty])

語法中文：FILTER(陣列, 布林陣列, [找不到時])

❏ array：必要，要篩選的範圍或陣列。

❏ include：必要，定義篩選條件的布林陣列，其大小與 array 相同。

❏ [if_empty]：選用，如果沒有符合條件的數據，返回的值。預設是返回一個空陣列。

AVERAGE 這個函數可以幫助您從一個範圍或陣列中，提取符合特定條件的數據並返回結果。

實例 ch2_16_4.xlsx 和 ch2_16_4.out.xlsx：篩選年齡大於 25 的員工數據。

1： 開啟 ch2_16_4.xlsx，將作用儲存格放在 E2。

2： 輸入 =FILTER(A2:C5, B2:B5>25)。

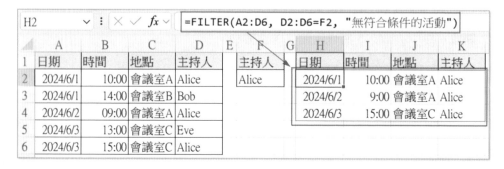

實例 ch2_16_5.xlsx 和 ch2_16_5.out.xlsx：篩選年齡大於 25 且薪水大於 50000 的員工數據。

1： 開啟 ch2_16_5.xlsx，將作用儲存格放在 E2。

2： 輸入 =FILTER(A2:C5, (B2:B5>25)*(C2:C5>50000))。

實例 ch2_16_6.xlsx 和 ch2_16_6.out.xlsx：動態日程安排表，假設我們有一個日程表，其中包含多個活動和相應的日期、時間、地點和主持人。我們可以使用 FILTER 函數來根據特定條件（例如：日期或主持人）動態篩選和顯示這些活動。

1： 開啟 ch2_16_6.xlsx，將作用儲存格放在 F2，輸入 Alice。

2： 將作用儲存格放在 H2，輸入 =FILTER(A2:D6, D2:D6=F2, " 無符合條件的活動 ")。

註　上述步驟 2 完成後需要調整 H2:H4 的儲存格格式為日期格式，與 I2:I4 的儲存格格式為適當的時間格式。

實例 ch2_16_7.xlsx 和 ch2_16_7.out.xlsx：篩選出 Alice 在會議 A 的所有活動。

1：　開啟 ch2_16_7.xlsx，將作用儲存格放在 F2，輸入 Alice。

2：　將作用儲存格放在 F5，輸入會議室 A。

3：　輸入 =FILTER(A2:D6, (D2:D6=F2)*(C2:C6=F5), " 無符合條件的活動 ")。

H2		✓ : × ✓ fx ✓			=FILTER(A2:D6, (D2:D6=F2)*(C2:C6=F5), "無符合條件的活動")							
	A	B	C	D	E	F	G	H	I	J	K	L
1	日期	時間	地點	主持人		主持人		日期	時間	地點	主持人	
2	2024/6/1	10:00	會議室A	Alice		Alice		2024/6/1	10:00	會議室A	Alice	
3	2024/6/1	14:00	會議室B	Bob				2024/6/2	9:00	會議室A	Alice	
4	2024/6/2	09:00	會議室A	Alice		地點						
5	2024/6/3	13:00	會議室C	Eve		會議室A						
6	2024/6/3	15:00	會議室C	Alice								

註　上述步驟 2 完成後需要調整 H2:H4 的儲存格格式為日期格式，與 I2:I4 的儲存格格式為適當的時間格式。

2-2　AVERAGE 系列和 DAVERAGE

2-2-1　AVERAGE 計算平均忽略字串

語法英文：AVERAGE(number1, [number2], …)

語法中文：AVERAGE(數值1, [數值2], …)

❑ number1：必要，第一組數據以陣列、儲存格區間或名稱參照表示，如果陣列內含文字、邏輯以及空白儲存格，這些會被忽略。如果數據內有是無法轉換成數字的文字，則會產生錯誤。

❑ [number2]：選用，第二組數據以陣列或儲存格區間或名稱參照表示。

　　AVERAGE 函數可以計算數據的平均。

實例 ch2_17.xlsx 和 ch2_17_out.xlsx：計算新進員工的數學測驗。

1：　開啟 ch2_17.xlsx，將作用儲存格放在 C9。

2：　輸入 =AVERAGE(C4:C8)。

3：　可以得到下列結果。

2-2-2　AVERAGEA 計算平均字串會被視為 0

語法英文：AVERAGEA(value1, [value2], …)

語法中文：AVERAGEA(數值1, [數值2], …)

❑ value1：必要，第一組數據以陣列、儲存格區間或名稱參照表示，如果陣列內含文字、邏輯以及空白儲存格，這些會被視為 0。如果數據內有 TRUE 會被視為 1，FALSE 會視為 0。

❑ [value2]：選用，第二組數據以陣列或儲存格區間或名稱參照表示。

　　使用 AVERAGEA( ) 函數計算平均時，儲存格區間若是有字串，字串會被視為 0，所以會影響平均值。

實例 ch2_18.xlsx 和 ch2_18_out.xlsx：計算新進員工的數學測驗。

1：　開啟 ch2_18.xlsx，將作用儲存格放在 C10。

2：　輸入 =AVERAGEA(C4:C8)。

3：　可以得到下列結果。

2-2-3 AVERAGEIF 計算含條件的平均

語法英文：AVERAGEIF(range, criteria, [average_range])

語法中文：AVERAGEIF(範圍, 條件, [平均範圍])

❏ range：必要，數據以陣列、名稱參照或儲存格區間表示，如果陣列內含文字、邏輯以及空白儲存格，這些會被忽略。如果數據內有是無法轉換成數字的文字，則會產生錯誤。

❏ criteria：必要，條件定義，可以由此定義要新增加儲存格的準則。

❏ [average_range]：選用，如果省略則使用第 1 引數的儲存格，若設定可以由此定義要計算平均值的儲存格。

　　AVERAGEIF 函數可以計算含條件的平均值。

實例 ch2_19.xlsx 和 ch2_19_out.xlsx：計算會員的平均消費。

1： 開啟 ch2_19.xlsx，將作用儲存格放在 F3。

2： 輸入 =AVERAGEIF(C4:C7,"會員",D4:D7)。

3： 可以得到下列結果。

| F3 | ▾ | ⋮ | × | ✓ | *f*x | =AVERAGEIF(C4:C7,"會員",D4:D7) |

	A	B	C	D	E	F	G
1							
2		客戶銷售表				會員消費平均	
3		姓名	資格	消費金額		8500	
4		陳東雨	會員	8800			
5		許阿三	非會員	3600			
6		張家瑜	會員	7600			
7		章校譽	會員	9100			

2-2-4　AVERAGEIFS 計算含多個條件的平均

語法英文：AVERAGEIFS(average_range, criteria_range1, criteria1, [criteria_range2, criteria2], ...)

語法中文：AVERAGEIFS(平均範圍, 條件範圍1, 條件1, [條件範圍2, 條件2], …)

❑ average_range：必要，要計算平均的儲存格範圍。

❑ criteria_range1：必要，條件定義要測試的範圍。

❑ criteria1：必要，條件定義，可以由此定義要新增加儲存格的準則。

❑ [criteria_range2, criteria2]：選用，其他範圍和準則。

　　AVERAGEIFS 函數會使用 criteria_range1 和 criteria1 組成一組配對，然後在儲存格範圍中搜尋，最後平均 average_range 中對應儲存格的值。criteria_range2 和 criteria2 則是第二組的配對，可以將此觀念推導到更多的配對。

實例 ch2_20.xlsx 和 ch2_20_out.xlsx：計算女性會員的平均消費。

1：　開啟 ch2_20.xlsx，將作用儲存格放在 G3。

2：　輸入 =AVERAGEIFS(E4:E8,C4:C8,"女",D4:D8,"會員")。

3：　可以得到下列結果。

| G3 | | ▼ | ⋮ | × | ✓ | fx | =AVERAGEIFS(E4:E8,C4:C8,"女",D4:D8,"會員") |

	A	B	C	D	E	F	G	H
1								
2		客戶銷售表					女性會員消費平均	
3		姓名	性別	資格	消費金額		7800	
4		陳東雨	男	會員	8800			
5		許阿三	男	非會員	3600			
6		張家瑜	女	會員	7600			
7		章玉女	女	會員	9100			
8		洪冰潔	女	會員	6700			

2-2-5 DAVERAGE 計算資料庫中符合條件的平均

語法英文：DAVERAGE(database, field, criteria)

語法中文：DAVERAGE(資料庫, 欄位, 條件)

❑ database：必要，要計算平均的資料清單或是資料庫的儲存格範圍，清單的第一列是資料欄的欄位名稱。

❑ field：必要，指資料庫的資料欄。可以用號碼，例如：1 代表第一欄。如果是文字的欄位名稱須使用雙引號，例如："姓名"、"出生年月日"。

❑ criteria：必要，條件定義，可以由此定義要新增加儲存格的準則。

DAVERAGE 函數可以在資料庫中計算符合條件的平均。

實例 ch2_21.xlsx 和 ch2_21_out.xlsx：使用 DSUM 函數計算 2021 年 1 月 1 日以後加入會員的平均消費金額。

1： 開啟 ch2_21.xlsx，將作用儲存格放在 F3，在此儲存格輸入 >2021/1/1。

2： 將作用儲存格放在 F5，在此輸入 =DAVERAGE(B3:D8,D3,F2:F3)。

3： 可以得到下列結果。

2-3　PRODUCT 連乘和 SUMPRODUCT 連乘加總

2-3-1　PRODUCT 連乘

語法英文：PRODUCT(number1, [number2], …)

語法中文：PROFUCT(數值1, [數值2], …)

❏ number1：必要，第一組數據以陣列、儲存格區間或名稱參照表示，如果陣列內含文字、邏輯以及空白儲存格，這些會被忽略。如果數據內有是無法轉換成數字的文字，則會產生錯誤。

❏ [number2]：選用，第二組數據以陣列或儲存格區間或名稱參照表示。

　　PRODUCT 函數可以計算儲存格連續相乘，如果儲存格內有空白或是字串會被視為 1。

實例 ch2_22.xlsx 和 ch2_22_out.xlsx：計算科大電子賣場各產品的銷售金額。

1：　開啟 ch2_22.xlsx，將作用儲存格放在 F4。

2：　輸入 =PRODUCT(C4:E4)。

| F4 | ▼ | : | × | ✓ | fx | =PRODUCT(C4:E4) |

	A	B	C	D	E	F	G
1							
2		科大電子賣場					
3		商品	定價	數量	折扣	金額	
4		充電座	500	3	0.9	1350	
5		電源線	250	5	0.8		
6		iPhone	25000	1	沒有折扣		
7		Mac Air	32000	2			

3： 拖曳 F4 右下方的填滿控點至 F7，可以得到下列結果。

| F4 | ▼ | : | × | ✓ | fx | =PRODUCT(C4:E4) |

	A	B	C	D	E	F	G
1							
2		科大電子賣場					
3		商品	定價	數量	折扣	金額	
4		充電座	500	3	0.9	1350	
5		電源線	250	5	0.8	1000	
6		iPhone	25000	1	沒有折扣	25000	
7		Mac Air	32000	2		64000	

註 對於上述儲存格 F4，雖然讀者可以使用 = C4*D4*E4 公式執行計算，但是直接使用 =PRODUCT(C4:E4) 公式整個比較簡潔易懂。

2-3-2 SUMPRODUCT 連乘後再加總

語法英文：SUMPRODUCT(array1, [array2], [array3], …)

語法中文：SUMPROFUCT(數值區間1, [數值區間2], [數值區間3], …)

❏ array1：必要，要計算乘積和的第 1 組數據，數據會以陣列、儲存格區間或名稱參照表示。

❏ [array2]：選用，要計算乘積和的第 2 組數據。

SUMPRODUCT 函數可以計算儲存格連續相乘，然後將相乘結果相加，如果儲存格內有空白或是字串會被視為 0。

實例 ch2_23.xlsx 和 ch2_23_out.xlsx：直接計算科大電子賣場的銷售總計。

1： 開啟 ch2_23.xlsx，將作用儲存格放在 E8。

2： 輸入 =SUMPRODUCT(C4:C7,D4:D7,E4:E7)。

3： 可以得到下列結果。

E8		×	✓	fx	=SUMPRODUCT(C4:C7,D4:D7,E4:E7)		

	A	B	C	D	E	F	G	H
1								
2			科大電子賣場					
3		商品	定價	數量	折扣			
4		充電座	500	3	0.9			
5		電源線	250	5	0.8			
6		iPhone	25000	1	1			
7		Mac Air	32000	2	1			
8			銷售加總		91350			

2-3-3　SUMPRODUCT 函數應用在符合銷售條件的總計

實例 ch2_24.xlsx 和 ch2_24_out.xlsx：將符合士林區，女性的消費做總計。

1： 開啟 ch2_24.xlsx，將作用儲存格放在 G5。

2： 輸入 =SUMPRODUCT((C4:C8=G3)*(D4:D8=H3),E4:E8)。

3： 可以得到下列結果。

G5		×	✓	fx	=SUMPRODUCT((C4:C8=G3)*(D4:D8=H3),E4:E8)		

	A	B	C	D	E	F	G	H	I
1									
2			天空Spa銷售資料				性別	行政區	
3		姓名	性別	行政區	消費金額		女	士林	
4		王一中	男	中山	6000		消費總和		
5		陳筱兒	女	士林	4800		7000		
6		張美玲	女	士林	2200				
7		洪冰儒	男	士林	9200				
8		王中平	男	松山	7600				

我們可以使用下列圖代表上述實作觀念。

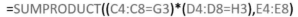

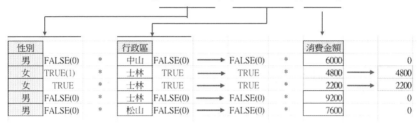

上述如果符合條件則該數值區間元素是 1，否則是 0，最後將屬於 1 的部分做加總。

2-3-4　建立交叉統計表

所謂的交叉統計表就是使用 SUMPRODUCT 函數建立以欄標題和列標題當作條件，然後建立此交叉統計表。

實例 ch2_25.xlsx 和 ch2_25_out.xlsx：建立每個業務員對於每個產品的銷售統計表。

1：　開啟 ch2_25.xlsx，將作用儲存格放在 G4。

2：　輸入公式 =SUMPRODUCT(($B$4:$B$9=$F4)*($C$4:$C$9=G$3),$D$4:$D$9)。

3：　可以得到下列結果。

| G4 | : | × ✓ fx | =SUMPRODUCT(($B$4:$B$9=$F4)*($C$4:$C$9=G$3),$D$4:$D$9) |

	A	B	C	D	E	F	G	H	I	J	K
1											
2		銷售統計表					交叉統計表				
3		商品	姓名	金額		商品	洪冰儒	洪星宇			
4		iPhone	洪冰儒	25000		iPhone	56000				
5		Mac	洪冰儒	32000		Mac					
6		Mac	洪冰儒	32000		iPad					
7		iPad	洪星宇	12000							
8		iPhone	洪星宇	31000							
9		iPhone	洪冰儒	31000							

4：　拖曳 G4 的填滿控點到 H4。

G4	▼ ⋮ × ✓ fx	=SUMPRODUCT(($B$4:$B$9=$F4)*($C$4:$C$9=G$3),$D$4:$D$9)

	A	B	C	D	E	F	G	H	I	J	K
1											
2		銷售統計表					交叉統計表				
3		商品	姓名	金額		商品	洪冰儒	洪星宇			
4		iPhone	洪冰儒	25000		iPhone	56000	31000			
5		Mac	洪冰儒	32000		Mac					
6		Mac	洪冰儒	32000		iPad					
7		iPad	洪星宇	12000							
8		iPhone	洪星宇	31000							
9		iPhone	洪冰儒	31000							

5：　拖曳 H4 的填滿控點到 H6。

	A	B	C	D	E	F	G	H
1								
2		銷售統計表					交叉統計表	
3		商品	姓名	金額		商品	洪冰儒	洪星宇
4		iPhone	洪冰儒	25000		iPhone	56000	31000
5		Mac	洪冰儒	32000		Mac	64000	0
6		Mac	洪冰儒	32000		iPad	0	12000
7		iPad	洪星宇	12000				
8		iPhone	洪星宇	31000				
9		iPhone	洪冰儒	31000				

2-4　MAX/DMAX/MAXIFS

2-4-1　MAX 計算極大值

語法英文：MAX(number1, [number2], …)

語法中文：MAX(數值1, [數值2], …)

❑ number1：必要，陣列、名稱參照或儲存格區間表示的數值，數值以外的文字、邏輯值和空白儲存格會被忽略。

❑ number2：選用，數值觀念和 number1 相同。

　　上述如果儲存格區間包含字串、邏輯值或空白儲存格會被忽略,最後回傳數值區間的最大值。

實例 ch2_26.xlsx 和 ch2_26_out.xlsx:計算最高業績。

1: 開啟 ch2_26.xlsx,將作用儲存格放在 C7。

2: 輸入公式 =MAX(C4:C6)。

3: 按 Enter 鍵,然後將作用儲存格移至 C7,可以得到下列結果。

	A	B	C	D	E	F
			=MAX(C4:C6)			
1						
2		深智業績表				
3		姓名	業績			
4		洪冰儒	98000			
5		洪雨星	87600			
6		洪星宇	125600			
7		最高業績	125600			
8		最低業績				

實例 ch2_26_1.xlsx 和 ch2_26_1_out.xlsx:醫療費用申請,假設醫療保險的自付額是 20000 元,超過此自付額則由保險公司支付,下列是醫療費用申請表,我們必須計算補助金額。

1: 開啟 ch2_26_1.xlsx,將作用儲存格放在 D5。

2: 輸入公式 =MAX(C5-$C$3,0)。

3: 可以得到下列結果。

	A	B	C	D	E
				=MAX(C5-$C$3,0)	
1					
2		醫療補助費用申請表			
3		自付額最高限金額	20000		
4		姓名	醫療金額	補助金額	
5		陳京蓉	32800	12800	
6		章雨方	24500		
7		洪金雄	1200		

4：　拖曳 D5 的填滿控點到 D7，可以得到下列結果。

D5			×	✓	f_x	=MAX(C5-$C$3,0)	

	A	B	C	D	E
1					
2		醫療補助費用申請表			
3		自付額最高限金額	20000		
4		姓名	醫療金額	補助金額	
5		陳京蓉	32800	12800	
6		章雨方	24500	4500	
7		洪金雄	1200	0	

2-4-2　DMAX 計算資料庫符合條件的極大值

語法英文：DMAX(database, field, criteria)

語法中文：DMAX(資料庫, 欄位, 標準)

❏ database：必要，要找出最大值的資料清單或是資料庫的儲存格範圍，清單的第一列是資料欄的欄位名稱。

❏ field：必要，指資料庫的資料欄。可以用號碼，例如：1 代表第一欄。如果是文字的欄位名稱須使用雙引號，例如：" 姓名 "、" 出生年月日 "。

❏ criteria：必要，條件定義，可以由此定義要新增加儲存格的準則。

　　上述如果儲存格區間包含字串、邏輯值或空白儲存格會被忽略，如果引數不包含數字會回傳 0。

實例 ch2_27.xlsx 和 ch2_27_out.xlsx：計算個人客戶的最高業績。

1：　開啟 ch2_27.xlsx，將作用儲存格放在 F4，在此儲存格輸入 =" 個人 "，須留意輸入是 =" 個人 "，但是儲存格最後顯示 " 個人 "。

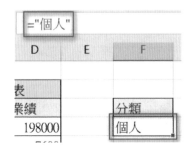

2： 將作用儲存格放在 H6，在此輸入 =DMAX(B3:D7,D3,F3:F4)。

3： 可以得到下列結果。

2-4-3 MAXIFS 計算資料庫符合條件的最大值

語法英文：MAXIFS(max_range, criteria_range1, criteria1, [criteria_range2, criteria2], ...)

語法中文：MAXIFS(最大值範圍, 條件範圍1, 標準1)

- max_range: 必需。需要查找最大值的範圍。
- criteria_range1: 必需。需要應用條件的第一個範圍。
- criteria1: 必需。需要應用於 criteria_range1 的條件。
- [criteria_range2, criteria2], ...: 可選。其他需要應用的範圍和條件，可以有多個。

MAXIFS 是 Excel 2016 和更高版本中可用的一個函數，用於返回滿足一個或多個條件的範圍中的最大值。

實例 ch2_27_1.xlsx 和 ch2_27_1_out.xlsx：計算北區業務部門的最高業績。

1： 開啟 ch2_27.xlsx，將作用儲存格放在 F3，輸入「北區」。

2： 將作用儲存格放在 F6，輸入「=MAXIFS(D4:D4, B4:B7,F3)」。

3： 可以得到下列結果。

2-5 MIN/DMIN/MINIFS

2-5-1　MIN 計算極小值

語法英文：MIN(number1, [number2], …)

語法中文：MIN(數值1, [數值2], …)

❑ number1：必要，陣列、名稱參照或儲存格區間表示的數值，數值以外的文字、邏輯值或空白儲存格會被忽略。

❑ number2：選用，數值觀念和 number1 相同。

　　上述如果儲存格區間包含字串、邏輯值或空白儲存格會被忽略，最後回傳數值區間的最小值。

實例 ch2_28.xlsx 和 ch2_28_out.xlsx：計算最低業績。

1： 開啟 ch2_28.xlsx，將作用儲存格放在 C8。

2： 輸入公式 =MIN(C4:C6)。

3： 按 Enter 鍵，然後將作用儲存格移至 C8，可以得到下列結果。

實例 ch2_28_1.xlsx 和 ch2_28_1_out.xlsx：業務交際費申請，深智數位公司一位業務每個月可以申請最多 3000 元交際費用，下列是業務員交際費申請表。

1： 開啟 ch2_28_1.xlsx，將作用儲存格放在 D5。

2： 輸入公式 =MIN($C$3,C5)。

3： 可以得到下列結果。

4： 拖曳 D4 的填滿控點到 D7，可以得到下列結果。

2-5-2　DMIN 計算資料庫符合條件的極小值

語法英文：DMIN(database, field, criteria)

語法中文：DMIN(資料庫, 欄位, 標準)

❑ database：必要，要找出最小值的資料清單或是資料庫的儲存格範圍，清單的第一列是資料欄的欄位名稱。

❑ field：必要，指資料庫的資料欄。可以用號碼，例如：1 代表第一欄。如果是文字的欄位名稱須使用雙引號，例如："姓名"、"出生年月日"。

❑ criteria：必要，條件定義，可以由此定義要新增加儲存格的準則。

　　上述如果儲存格區間包含字串、邏輯值或空白儲存格會被忽略，最後回傳最小值。

實例 ch2_29.xlsx 和 ch2_29_out.xlsx：計算公司客戶的最低業績。

1：　開啟 ch2_29.xlsx，將作用儲存格放在 F4，在此儲存格輸入 = 公司，須留意輸入是 =" 公司 "，但是儲存格最後顯示 " 公司 "。

2：　將作用儲存格放在 H7，在此輸入 =DMIN(B3:D7,D3,F3:F4)。

3：　可以得到下列結果。

	A	B	C	D	E	F	G	H
1								
2		深智客戶業績表						
3		客戶名稱	分類	業績		分類		
4		博客來	公司	198000		公司		
5		洪星宇	個人	7600				
6		MOMO	公司	125600		最高業績		
7		洪錦魁	個人	6000		最低業績		125600

H7 　=DMIN(B3:D7,D3,F3:F4)

2-5-3 MINIFS 計算資料庫符合條件的最小值

語法英文：MINIFS(min_range, criteria_range1, criteria1, [criteria_range2, criteria2], ...)

語法中文：MINIFS(最小值範圍, 條件範圍1, 標準1)

- min_range：必需。需要查找最小值的範圍。
- criteria_range1：必需。需要應用條件的第一個範圍。
- criteria1：必需。需要應用於 criteria_range1 的條件。
- [criteria_range2, criteria2], ...：可選。其他需要應用的範圍和條件，可以有多個。

MINIFS 是 Excel 2016 和更高版本中可用的一個函數，用於返回滿足一個或多個條件的範圍中的最小值。

實例 ch2_29_1.xlsx 和 ch2_29_1_out.xlsx：計算北區業務部門的最低業績。

1： 開啟 ch2_29_1.xlsx，將作用儲存個放在 F3，輸入「北區」。

2： 將作用儲存個放在 F6，輸入「=MINIFS(D4:D4, B4:B7,F3)」。

3： 可以得到下列結果。

F6		× ✓ fx	=MINIFS(D4:D7, B4:B7, F3)		
	A	B	C	D	E	F

	A	B	C	D	E	F
1						
2		深智客戶業績表				條件
3		業務部門	員工	業績		北區
4		北區	陳添發	198000		
5		中區	張家居	227600		最低業績
6		北區	李明	125600		125600
7		中區	許凱	6000		

2-6　COUNT 系列 /DCOUNT 系列 /COUNTBLANK

2-6-1　COUNT 計算營業天數

語法英文：COUNT(number1, [number2], …)

語法中文：COUNT(數值1, [數值2], …)

❏ number1：必要，第一組數據以陣列、儲存格區間或名稱參照表示，如果陣列內含數字、日期、數字的文字格式皆會被計算。如果數據內有是無法轉換成數字的文字，則會不計算。

❏ [number2]：選用，第二組數據以陣列或儲存格區間或參照表示。

　　計算有數值資料或日期資料的儲存格數量。

實例 ch2_30.xlsx 和 ch2_30_out.xlsx：計算營業天數。

1：　開啟 ch2_30.xlsx，將作用儲存格放在 E3。

2：　輸入公式 =COUNT(C4:C9)。

3：　可以得到下列結果。

2-6-2　COUNTA 計算申請表數量

語法英文：COUNTA(number1, [number2], …)

語法中文：COUNTA(數值1, [數值2], …)

❑ number1：必要，第一組數據以陣列、儲存格區間或名稱參照表示，如果陣列內含數字、日期、數字的文字格式皆會被計算。如果數據內有是無法轉換成數字的文字，或是邏輯值也會計算，不過空白儲存格則不計算。

❑ [number2]：選用，第二組數據以陣列或儲存格區間或參照表示。

計算非空白的儲存格數量，如果是文字、邏輯值或 #DIV/0!，也會被當作儲存格數量。

實例 ch2_31.xlsx 和 ch2_31_out.xlsx：計算完成申請人數。

1：　開啟 ch2_31.xlsx，將作用儲存格放在 F3。

2：　輸入公式 =COUNTA(D4:D7)。

3：　可以得到下列結果。

2-6-3　COUNTIF 計算會員數與其他應用

語法英文：COUNTIF(range, criteria)

語法中文：COUNTIF(範圍, 條件)

❑ range：必要，數據以陣列、儲存格區間或名稱參照表示，如果陣列內含數字、日期、數字的文字格式皆會被計算。如果數據內有是無法轉換成數字的文字，則會不計算。

❑ criteria：必要，條件定義，可以由此定義要新增加儲存格的準則。

　　這個功能可以依據條件在範圍內找出符合條件的個數，這個函數在使用時如果條件是數字可以直接輸入此數字，如果是字串或日期時必須使用半形，同時加上雙引號。

2-6-3-1　計算會員人數

實例 ch2_32.xlsx 和 ch2_32_out.xlsx：計算會員人數。

1：　開啟 ch2_32.xlsx，將作用儲存格放在 E3。

2：　輸入公式 =COUNTIF(C4:C7,"會員")。

3：　可以得到下列結果。

2-6-3-2　計算不滿 30 歲的會員人數

　　前一個實例的條件是字串，我們也可以用數字做條件。

實例 ch2_33.xlsx 和 ch2_33_out.xlsx：計算不滿 30 歲的會員人數。

1：　開啟 ch2_33.xlsx，將作用儲存格放在 E3。

2：　輸入公式 =COUNTIF(C4:C7,"<30")。

3：　可以得到下列結果。

2-6-3-3 計算購買手機的人數

前面的實例的條件是數字與字串，我們也可以用萬用字元加上字串做條件。

實例 ch2_34.xlsx 和 ch2_34_out.xlsx：計算購買手機的人數。

1： 開啟 ch2_34.xlsx，將作用儲存格放在 E5。

2： 輸入公式 =COUNTIF(C4:C7,"*"&E3&"*")。

3： 可以得到下列結果。

2-6-3-4 計算成績高於平均分數的人數

實例 ch2_35.xlsx 和 ch2_35_out.xlsx：計算成績高於或等於平均分數的人數。

1： 開啟 ch2_35.xlsx，將作用儲存格放在 E3。

2： 輸入公式 =COUNTIF(C4:C8,">="&AVERAGE(C4:C8))。

3：　可以得到下列結果。

2-6-4　COUNTIFS 計算男性會員人數與其他應用

語法英文：COUNTIFS(criteria_range1, criteria1, [criteria_range2, criteria2], …)

語法中文：COUNTIFS(範圍1, 條件1, [範圍2, 條件2], …)

❏ criteria_range1：必要，要計算個數的儲存格範圍。

❏ criteria1：必要，條件定義，可以由此定義要新增加儲存格的準則。

❏ [criteria_range2, criteria2]：選用，其他範圍和準則。

　　這個功能可以依據多個條件在多個範圍內找出符合條件的個數，這個函數在使用時可以設定 1 ～ 127 個範圍與條件。

2-6-4-1　計算男性的會員人數

實例 ch2_36.xlsx 和 ch2_36_out.xlsx：計算男性的會員人數。

1：　開啟 ch2_36.xlsx，將作用儲存格放在 F5。

2：　輸入公式 =COUNTIF(C4:C7,F3,D4:D7,G3)。

3：　可以得到下列結果。

2-6-4-2 計算 70 分以上不到 90 分的人數

在使用 COUNTIFS 時,也可以將多個條件範圍指定相同的儲存格區間。

實例 ch2_37.xlsx 和 ch2_37_out.xlsx:計算 70 分以上不到 90 分的人數。

1: 開啟 ch2_37.xlsx,將作用儲存格放在 E5。

2: 輸入公式 =COUNTIF(C4:C8,">="&E3,C4:C8,"<"&F3)。

3: 可以得到下列結果。

2-6-5 COUNTBLANK 計算尚未繳交簡報人數

語法英文:COUNTBLANK(range)

語法中文:COUNTBLANK(範圍)

❏ range：必要，要計算空白儲存格的數據，數據以陣列、名稱參照或儲存格區間表示。

COUNTBLANK 函數可以計算空白儲存格的數量。

實例 ch2_38.xlsx 和 ch2_38_out.xlsx：計算尚未繳交銷售簡報人數。

1： 開啟 ch2_38.xlsx，將作用儲存格放在 F3。

2： 輸入公式 =COUNTBLANK(D4:D8)。

3： 可以得到下列結果。

2-6-6　DCOUNT 計算資料庫內符合條件的資料筆數

語法英文：DCOUNT (database, field, criteria)

語法中文：DCOUNT (資料庫, 欄位, 標準)

❏ database：必要，要計算的資料清單或是資料庫的儲存格範圍，清單的第一列是資料欄的欄位名稱。

❏ field：必要，指資料庫的資料欄。可以用號碼，例如：1 代表第一欄。如果是文字的欄位名稱須使用雙引號，例如："姓名"、"出生年月日"。

❏ criteria：必要，條件定義，可以由此定義要新增加儲存格的準則。

DCOUNT 函數可以在資料庫中計算符合條件的儲存格數量，此條件可以是計算依特定準則有數值資料或日期資料的儲存格數量。

實例 ch2_39.xlsx 和 ch2_39_out.xlsx：計算支出筆數。

1： 開啟 ch2_39.xlsx，將作用儲存格放在 G4，在此儲存格輸入 >2022/5/8。

2： 將作用儲存格放在 G7，在此輸入 =DCOUNT(B3:E9,E3,G3:G4)。

3： 可以得到下列結果。

2-6-7　DCOUNTA 計算資料庫內符合條件的非空白資料筆數

語法英文：DCOUNTA (database, field, criteria)

語法中文：DCOUNTA (資料庫, 欄位, 標準)

❑ database：必要，要計算的資料清單或是資料庫的儲存格範圍，清單的第一列是資料欄的欄位名稱。

❑ field：必要，指資料庫的資料欄。可以用號碼，例如：1 代表第一欄。如果是文字的欄位名稱須使用雙引號，例如：" 姓名 "、" 出生年月日 "。

❑ criteria：必要，條件定義，可以由此定義要新增加儲存格的準則。

　　計算符合條件下非空白儲存格的數量。

實例 ch2_40.xlsx 和 ch2_40_out.xlsx：計算 10000001 發票後已收款的筆數。

1： 開啟 ch2_40.xlsx，將作用儲存格放在 F4，在此儲存格輸入 >10000001。

2： 將作用儲存格放在 F7，在此輸入 =DCOUNTA(B3:D9,D3,F3:F4)。

3： 可以得到下列結果。

2-7 SUBTOTAL 計算篩選的值

2-7-1 基本用法

語法英文：SUBTOTAL(function_num, ref1, [ref2], …)

語法中文：SUBTOTAL(小計方法, 範圍1, [範圍2], …)

❑ function_num：必要，可以依指定的方法計算範圍內的小計，如果範圍內的儲存格是 SUBTOTAL 公式時此公式會被忽略 (此觀念可以參考下列實例步驟 8 和 9)，第一個引數的小計方法觀念如下：

小計方法 含隱藏儲存格的值	小計方法 不含隱藏儲存格的值	函數名稱	說明
1	101	AVERAGE	平均
2	102	COUNT	資料數值個數
3	103	COUNTA	空白以外數值個數
4	104	MAX	最大值
5	105	MIN	最小值
6	106	PRODUCT	計算乘積
7	107	STDEV	標準差
8	108	STDEVP	總體標準差
9	109	SUM	總合
10	110	VARS	變異數
11	111	VARP	總體變異數

❑ ref1：必要，取得小計的第 1 個儲存格範圍或是參照。

❑ ref2：選用，取得小計的第 2 個儲存格範圍或是參照。

實例 ch2_41.xlsx 和 ch2_41_out.xlsx：計算台北市和新北市的營業額小計。

1： 開啟 ch2_41.xlsx，將作用儲存格放在 D7。

2： 輸入公式 =SUBTOTAL(9,D4:D6)。

3： 可以得到下列結果。

4： 將作用儲存格放在 D10。

5： 輸入公式 =SUBTOTAL(9,D8:D9)。

6： 可以得到下列結果。

7：　將作用儲存格放在 D11。

8：　輸入公式 =SUBTOTAL(9,D4:D10)。

9：　可以得到下列結果。

上述 D7 和 D10 因為是 SUBTOTAL 公式，所以可以忽略，因此上述 D11 是計算 D4:D7 和 D8:D9 儲存格的小計。

2-7-2　使用篩選功能

實例 ch2_42 和 ch2_42_out.xlsx：篩選北區與花東區的業績。

1：　開啟 ch2_42.xlsx，將作用儲存格放在 C8。

2：　輸入公式 =SUBTOTAL(9,C4:C7)。

3：　可以得到下列結果。

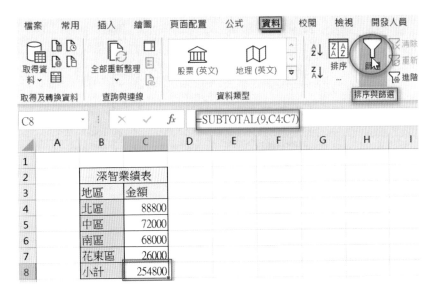

4：執行資料 / 排序與篩選 / 篩選功能。

5：點篩選鈕 ▼。

6：　勾選北區和花東區，按確定鈕。

	A	B	C	D
1				
2		深智業績表 ▼		
4		北區	88800	
7		花東區	26000	
8		小計	114800	

2-7-3　小計值不含隱藏列

在 2-7-1 節筆者有說明 SUBTOTAL 函數的第一個引數在 101 ～ 111 之間，可以讓所計算的小計不含隱藏列，可以參考下列實例。

隱藏列選取步驟如下：

1： 選取要隱藏的列。

2： 在列編號按一下滑鼠右鍵。

3： 出現快顯功能表時，執行隱藏。

取消隱藏列步驟如下：

1： 選取被隱藏列的上下列。

2： 在列編號按一下滑鼠右鍵。

3： 出現快顯功能表時，執行取消隱藏。

實例 ch2_43.xlsx 和 ch2_43_out.xlsx：計算不含隱藏列的小計值，第 5 和 6 列是被隱藏。

1： 將作用儲存格放在 C8。

2： 輸入 =SUBTOTAL(109,C4:C7)。

3： 可以得到下列結果。

2-8 AGGREGATE 計算錯誤值以外的總計

2-8-1 引用錯誤的儲存格造成 SUBTOTAL 公式結果是錯誤

AGGREGATE 函數基本上是 SUBTOTAL 函數的擴充，如果所加總的儲存格發生錯誤時，此時如果使用 SUBTOTAL 函數，所得到的結果會以錯誤顯示，可以參考下列實例。

實例 ch2_44.xlsx：引用錯誤的儲存格造成 SUBTOTAL 公式結果是錯誤。

2-8-2　AGGREGATE 函數可以接受錯誤的儲存格

語法英文：AGGREGATE(function_num, options, ref1, …)

語法中文：AGGREGATE(小計方法, 忽略方法, 範圍1, …)

上述是參照形式，如果是陣列語法如下：

語法英文：AGGREGATE(function_num, options, array, [k])

❏ function_num：必要，可以依指定的方法計算範圍內的小計，如果範圍內的儲存格是 SUBTOTAL 公式時此公式會被忽略，第一個引數的小計方法可以參考下列表格。

小計方法 含隱藏儲存格的值	函數名稱	說明
1	AVERAGE	平均
2	COUNT	資料數值個數
3	COUNTA	空白以外數值個數
4	MAX	最大值
5	MIN	最小值
6	PRODUCT	計算乘積
7	STDEV	標準差
8	STDEVP	總體標準差

小計方法 含隱藏儲存格的值	函數名稱	說明
9	SUM	總合
10	VARS	變異數
11	VARP	總體變異數
12	MEDIAN	中位數
13	MODE.SNGL	頻率最大值
14	LARGE	第 k 個最大值
15	SMALL	第 k 個最小值
16	PERCENTILE.INC	K 百分點值 (含 0 和 1)
17	QUARTILE.INC	四分位點 (含 0 和 1)
18	PERCENTILE.EXC	K 百分點值 (不含 0 和 1)
19	QUARTILE.EXC	四分位點 (不含 0 和 1)

❑ options：必要，這是一個數值，可以決定要忽略哪些值，可參考下列表格解說。

忽略方法	說明
0 或省略	忽略嵌套 SUBTOTAL 和 AGGREGATE 函數
1	忽略隱藏列、嵌套 SUBTOTAL 和 AGGREGATE 函數
2	忽略錯誤值、嵌套 SUBTOTAL 和 AGGREGATE 函數
3	忽略隱藏列、錯誤值、嵌套 SUBTOTAL 和 AGGREGATE 函數
4	忽略空值
5	忽略隱藏列
6	忽略錯誤值
7	忽略隱藏列和錯誤值

❑ ref1：必要，取得小計的第 1 個儲存格範圍或是參照。

實例 ch2_45.xlsx 和 ch2_45_out.xlsx：表格內含有錯誤值，使用 AGGREGATE 函數執行小計。

1： 開啟 ch2_45.xlsx，將作用儲存格放在 D7。

2： 輸入公式 =AGGREGATE(9,2,D4:D6)。

3： 可以得到下列結果。

4： 將作用儲存格放在 D10。

5： 輸入公式 =AGGREGATE(9,2,D8:D9)。

6： 可以得到下列結果。

7： 將作用儲存格放在 D11。

8： 輸入公式 =AGGREGATE(9,2,D4:D10)。

9： 可以得到下列結果。

上述 D7 和 D10 因為是 AGGREGATE 函數，所以可以忽略，因此上述 D11 是計算 D4:D6(扣除錯誤的 D5) 和 D8:D9 儲存格的小計。

2-9 表格基本運算的綜合應用

2-9-1 來客數的累積應用

實例 ch2_46.xlsx 和 ch2_46_out.xlsx：超商來客數累積的應用。

1： 開啟 ch2_46.xlsx。

2： 將作用儲存格放在 D4，輸入公式 =C4。

3： 將作用儲存格放在 D5，輸入公式 =D4+C5。

4：　拖曳 D5 的填滿控點到 D8，在 D 欄位可以得到每天的來客數累計。

2-9-2　使用 SUBTOTAL 累計來客數

實例 ch2_47.xlsx 和 ch2_47_out.xlsx：使用 SUBTOTAL 累計超商來客數。

1：　開啟 ch2_47.xlsx。

2：　將作用儲存格放在 D4，輸入公式 =SUBTOTAL(9,$C$4:C4)。

3： 拖曳 D4 的填滿控點到 D8，在 D 欄位可以得到每天的來客數累計。

| D4 | | | × | ✓ | fx | =SUBTOTAL(9,$C$4:C4) |

	A	B	C	D	E	F
1						
2		超商來客數統計				
3		日期	來客數	累計來客數		
4		2022/1/1	113	113		
5		2022/1/2	121	234		
6		2022/1/3	98	332		
7		2022/1/4	109	441		
8		2022/1/5	144	585		

在使用上述公式累計來客數時，會在中間儲存格左上方看到錯誤符號，可以參考 1-16-1 節。如果參考 2-7-2 和 2-7-3 節使用篩選功能時，累計來客數將不包含隱藏列的來客數，可以參考 ch2_48.xlsx。

實例 ch2_48.xlsx：累計來客數不包含隱藏列的值。

| D8 | | | × | ✓ | fx | =SUBTOTAL(9,$C$4:C8) |

	A	B	C	D	E	F
1						
2		超商來客數統計				
3		日期	來客數	累計來客數		
4		2022/1/1	113	113		
7		2022/1/4	109	222		
8		2022/1/5	144	366		

2-9-3　使用 SUM 累積來客數

實例 ch2_49.xlsx 和 ch2_49_out.xlsx：使用 SUM 累計超商來客數。

1： 開啟 ch2_49.xlsx。

2： 將作用儲存格放在 D4，輸入公式 =SUM($C$4:C4)。

3：　拖曳 D4 的填滿控點到 D8，在 D 欄位可以得到每天的來客數累計。

2-9-4　計算相同地區不同分店的超商來客累積數

實例 ch2_50.xlsx 和 ch2_50_out.xlsx：使用 SUMIF 函數累計相同地區不同超商的來客數累計。

1：　開啟 ch2_50.xlsx。

2：　將作用儲存格放在 E4，輸入公式 =SUMIF($B$4:B4,B4,$D$4:D4)。

3：　可以得到下列結果。

4: 拖曳 E4 的填滿控點到 E9，在 E 欄位可以得到相同地區不同超商的來客數累計。

E4			⋮	×	✓	*fx*	=SUMIF($B$4:B4,B4,$D$4:D4)	
	A	B	C	D	E	F	G	

			各地區超商來客數統計		
	地區	分店	來客數	累計來客數	
	台北市	中正	113	113	
	台北市	天母	121	234	
	台中市	大雅	98	98	
	台中市	豐原	109	207	
	高雄市	左營	144	144	
	高雄市	鳳山	88	232	

2-9-5 計算業績大於平均業績的人數

實例 ch2_51.xlsx 和 ch2_51_out.xlsx：使用 COUNTIF 和 AVERAGE 函數計算業績大於或等於平均業績的人數。

1: 開啟 ch2_51.xlsx。

2: 將作用儲存格放在 E4，輸入公式 =COUNTIF(C4:C8,">="&AVERAGE(C4:C8))。

$$=COUNTIF(\underline{C4:C8},\underline{">="\&AVERAGE(C4:C8)})$$

條件範圍　　　平均業績以上

3: 可以得到下列結果。

E3			⋮	×	✓	*fx*	=COUNTIF(C4:C8,">="&AVERAGE(C4:C8))
	A	B	C	D	E	F

		業績表			業績大於或等於平均的人數	
		姓名	金額		2	
		張家瑜	88000			
		許承雲	72000			
		劉邦誌	91000			
		彭慧昌	76000			
		宏嘉祥	80000			

2-9-6 連鎖店業績加總

實例 ch2_52.xlsx 和 ch2_52_out.xlsx：使用 SUM 函數計算 3C 連鎖賣場總業績，各賣場分別使用獨立的工作表。可以參考下列總公司、台北店、新竹店、台中店、高雄店工作表：

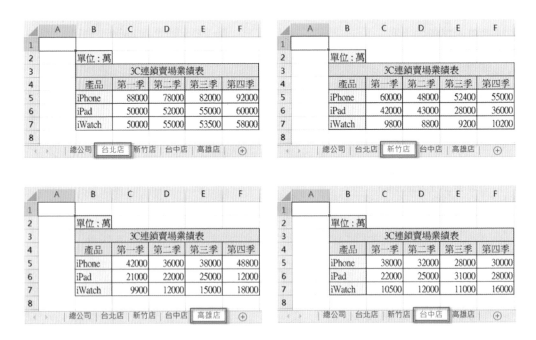

1： 開啟 ch2_52.xlsx，將作用儲存格放在總公司的 C5。

2： 輸入公式 =SUM(台北店:高雄店!C5)。

3：　可以得到下列結果。

4：　拖曳 C5 的填滿控點至 C7，可以得到。

5：　拖曳 C7 的填滿控點至 F7，可以得到。

2-9-7　計算會員人數

實例 ch2_53.xlsx 和 ch2_53_out.xlsx：計算男性與女性會員人數，同時計算身高 165 公分以上的會員人數。

1：　開啟 ch2_53.xlsx，將作用儲存格放在 H3。

2：　輸入公式 =COUNTIFS(C4:C10,G3,E4:E10,"會員")。

3：　拖曳 H3 的填滿控點至 H4，可以得到女性會員人數。

4：　將作用儲存格放在 G7。

5： 輸入公式 =COUNTIF(D4:D10,">165")。

G7			▾ ⋮	× ✓	fx	=COUNTIF(D4:D10,">165")		
	A	B	C	D	E	F	G	H	I

	A	B	C	D	E	F	G	H
1								
2		天空SPA客戶資料					性別	人數
3		姓名	性別	身高	身份		男	3
4		洪冰儒	男	170	會員		女	3
5		洪雨星	男	165	會員			
6		洪星宇	男	171	非會員		身高165公分以上的人數	
7		洪冰雨	女	162	會員		4	
8		郭孟華	女	165	會員			
9		陳新華	男	178	會員			
10		謝冰	女	166	會員			

2-9-8 計算會員平均身高

實例 ch2_54.xlsx 和 ch2_54_out.xlsx：計算男性會員平均身高，同時計算士林區女性會員的平均身高。

1： 開啟 ch2_54.xlsx，將作用儲存格放在 I5。

2： 輸入公式 =DAVERAGE(B3:F10,E3,H4:H5)。

I5			▾ ⋮	× ✓	fx	=DAVERAGE(B3:F10,E3,H4:H5)		
	A	B	C	D	E	F	G	H	I	J

	A	B	C	D	E	F	G	H	I	J
1										
2		天空SPA客戶資料								
3		姓名	地區	性別	身高	身份				
4		洪冰儒	士林	男	170	會員		性別	平均身高	
5		洪雨星	中正	男	165	會員		男	171	
6		洪星宇	信義	男	171	非會員				
7		洪冰雨	信義	女	162	會員		地區	性別	平均身高
8		郭孟華	士林	女	165	會員		士林	女	
9		陳新華	信義	男	178	會員				
10		謝冰	士林	女	166	會員				

3： 將作用儲存格放在 J8。

4：　**輸入公式** =DAVERAGE(B3:F10,E3,H7:I8)。

| J8 | | | | f_x | =DAVERAGE(B3:F10,E3,H7:I8) |

	A	B	C	D	E	F	G	H	I	J
1										
2				天空SPA客戶資料						
3		姓名	地區	性別	身高	身份				
4		洪冰儒	士林	男	170	會員		性別	平均身高	
5		洪雨星	中正	男	165	會員		男	171	
6		洪星宇	信義	男	171	非會員				
7		洪冰雨	信義	女	162	會員		地區	性別	平均身高
8		郭孟華	士林	女	165	會員		士林	女	165.5
9		陳新華	信義	男	178	會員				
10		謝冰	士林	女	166	會員				

2-9-9　AREAS 回傳參照區域數量

語法英文：AREAS(reference)

語法中文：AREAS(reference)

❑ reference：必要，一個或多個範圍的引用，可以是多個非連續範圍的組合。

　　假設我們希望生成一個動態報表，其中包含多個非連續的數據範圍，我們可以使用 AREAS 函數來確定有多少個範圍。下列是實例可以回傳 1。

=AREAS(A1:A10)

下列是實例可以回傳 2。

=AREAS((A1:A10, C1:C10))

第 3 章

基礎數值運算應用在 Excel 表格

3-1 ABS/INT/FIXED

3-1-1　ABS 計算盤點誤差

語法英文：ABS(number)

語法中文：ABS(數值)

❑ number：必要，要計算絕對值的實數。

　　一家公司常在每年年底做盤點，有些商品盤點會較實際數量多，有些會較少，假設我們設定只要盤點誤差超過 5 個，該商品必須重盤，這時可以使用這個功能。

實例 ch3_1.xlsx 和 ch3_1_out.xlsx：以絕對值列出盤點誤差。

1：　開啟 ch3_1.xlsx，將作用儲存格放在 F4。

2：　輸入公式 =ABS(E2)。

3：　可以得到下列結果。

4：　拖曳 F4 的填滿控點到 F6，可以得到下列結果。

3-1-2 INT 使用整數計算商品售價

語法英文：INT(number)

語法中文：INT(數值)

❑ number：必要，要將小數部分捨去的實數。

下列是捨去小數點後的數值變化：

相當於假設數值是 -1.3，捨去後是 -2，如果數值是 1.7，捨去後是 1。

實例 ch3_2.xlsx 和 ch3_2_out.xlsx：列出商品銷售總計。

1： 開啟 ch3_2.xlsx，將作用儲存格放在 G4。

2： 輸入公式 =INT(F4)。

3： 可以得到下列結果。

G4			f_x	=INT(F4)			
	A	B	C	D	E	F	G	H
1								
2			天母水果行					
3		品項	單價	數量	折扣	售價	整數售價	
4		香蕉	18	6	0.8	86.4	86	
5		蘋果	45	3	0.7	94.5		
6		柿子	12	5	0.9	54		

4： 拖曳 G4 的填滿控點到 G6，可以得到下列結果。

G4			f_x	=INT(F4)			
	A	B	C	D	E	F	G	H
1								
2			天母水果行					
3		品項	單價	數量	折扣	售價	整數售價	
4		香蕉	18	6	0.8	86.4	86	
5		蘋果	45	3	0.7	94.5	94	
6		柿子	12	5	0.9	54	54	

3-1-3　FIXED 格式化含小數的金額

語法英文：FIXED(number, [decimals], [no_commas])

語法中文：FIXED(數值, [位數], [邏輯值])

❑ number：必要，主要是要格式化的數字或儲存格。

❑ [decimals]：選用，如果省略則預設是 2，指定位數則用四捨五入處理，例如：

　　輸入 2，取到小數第 2，例如：912.436 可得到 912.44。

　　輸入 1，取到小數第 1，例如：912.436 可得到 912.4。

　　輸入 0，取到個位數，例如：912.436 可得到 912。

　　輸入 -1，取到十位數，例如：912.436 可得到 910。

　　輸入 -2，取到百位數，例如：912.436 可得到 900。

❑ [no_commas]：選用，這是邏輯值：如果是 TRUE 會阻止數字中含逗號。如果省略或 FALSE 則回傳的千位數會含逗號。

　　需特別留意是這個 FIXED 函數的回傳結果是一個字串，所以若是要向數字一樣靠右對齊，必須要先設定儲存格內容靠右對齊。

實例 ch3_3.xlsx 和 ch3_3_out.xlsx：列出商品銷售總計。

1： 開啟 ch3_3.xlsx，將作用儲存格放在 F9。

2： 輸入公式 =FIXED(F7+F8,0)。

3： 可以得到下列結果。

3-2 ROUND/ROUNDUP/ROUNDDOWN

3-2-1 ROUND 四捨五入到指定位數

語法英文：ROUND(number, num_digits)

語法中文：ROUND(數值, 位數)

❑ number：必要，要計算四捨五入的數值。

❑ num_digits：必要，進位的位數。

數值與位數的觀念可以參考 3-1-3 節，不過這個函數的傳回值是數值。

實例 ch3_4.xlsx 和 ch3_4_out.xlsx：列出商品銷售總計，這個實例取到十位數。

1： 開啟 ch3_4.xlsx，將作用儲存格放在 G4。

2： 輸入公式 =ROUND(F4,-1)。

3： 可以得到下列結果。

4： 拖曳 G4 的填滿控點到 G6，可以得到下列結果。

3-2-2　ROUNDUP 無條件進位

語法英文：ROUNDUP(number, num_digits)

語法中文：ROUNDUP(數值, 位數)

❏ number：必要，要無條件進位的數值。

❏ num_digits：必要，進位的位數。

數值與位數的觀念可以參考 3-1-3 節，不過這個函數的傳回值是數值。

實例 ch3_5.xlsx 和 ch3_5_out.xlsx：列出商品銷售總計，這個實例取到個位數。

1： 開啟 ch3_5.xlsx，將作用儲存格放在 G4。

2： 輸入公式 =ROUNDUP(F4,0)。

3： 可以得到下列結果。

4： 拖曳 G4 的填滿控點到 G6，可以得到下列結果。

在台灣一般商品標價皆是含稅價格，如果你是公司會計常需要依據含稅價格計算營業稅，下面是這方面的實例。

實例 ch3_5_1.xlsx 和 ch3_5_1_out.xlsx：ROUNDUP 另一個常見的應用是從銷售商品的含稅價格中，計算該商品的未稅價格。

1： 開啟 ch3_5_1.xlsx，將作用儲存格放在 D5。

2： 輸入公式 =ROUNDUP(C5/(1+$E$3),0)。

3： 拖曳 D5 的填滿控點到 D6，可以得到下列結果。

4： 將作用儲存格放在 E5，輸入 =C5-D5。

5： 拖曳 E5 的填滿控點到 E6，可以得到下列結果。

3-2-3　ROUNDDOWN 無條件捨去

語法英文：ROUNDDOWN(number, num_digits)

語法中文：ROUNDDOWN(數值, 位數)

❏ number：必要，要無條件捨去的數值。

❏ num_digits：必要，捨去的位數。

數值與位數的觀念可以參考 3-1-3 節，不過這個函數的傳回值是數值。

實例 ch3_6.xlsx 和 ch3_6_out.xlsx：列出商品銷售總計，這個實例取到個位數。

1：　開啟 ch3_6.xlsx，將作用儲存格放在 G4。

2：　輸入公式 =ROUNDDOWN(F4,0)。

3：　可以得到下列結果。

4：　拖曳 G4 的填滿控點到 G6，可以得到下列結果。

實例 ch3_6_1.xlsx 和 ch3_6_1_out.xlsx：ROUNDDOWN 另一個常見的應用是從銷售商品的未稅價格中，計算該商品的含稅價格和營業稅金額。

1：　開啟 ch3_6_1.xlsx，將作用儲存格放在 D5。

2：　輸入公式 =ROUNDDOWN(C5*(1+$E$3),0)。

3：　拖曳 D5 的填滿控點到 D6，可以得到下列結果。

4： 將作用儲存格放在 E5，輸入 =D5-C5。

5： 拖曳 E5 的填滿控點到 E6，可以得到下列結果。

3-3 TRUNC 無條件捨去指定位數

語法英文：TRUNC(number, [num_digits])

語法中文：TRUNC(數值, [位數])

❑ number：必要，要取至整數的數值。

❑ [num_digits]：選用，要捨去的位數，預設值是 0。

　　上述可以無條件捨去指定位數的值，有關位數的觀念可以參考 3-1-3 節，如果省略位數可以回傳整數。

實例 ch3_7.xlsx 和 ch3_7_out.xlsx：列出商品銷售總計，這個實例取整數。

1： 開啟 ch3_7.xlsx，將作用儲存格放在 G4。

2： 輸入公式 =TRUNC(F4)。

3：　可以得到下列結果。

4：　拖曳 G4 的填滿控點到 G6，可以得到下列結果。

3-4　CEILING 系列 /FLOOR 系列 /MROUND

3-4-1　CEILING 以基準值的倍數進位

語法英文：CEILING(number, significance)

語法中文：CEILING(數值, 基準值)

❑　number：必要，要進位的數值。

❑　significance：必要，進位的倍數。

　　CEILING 函數將數值向上取整到最接近的指定倍數，例如：「=CEILING(2.5,1)」回傳 3，「=CEILING(-2.5,-1)」回傳 -2。一家公司的產品部門在為新產品訂價格時，由於要給通路毛利，同時又要給消費者打折，所以一般是依照產品成本的 5 倍定價，對於業務部門而言有時為了方便經過初步定價後，可能依照 100 或 1000 元當做整數進位，此時可以參考此功能。

實例 ch3_8.xlsx 和 ch3_8_out.xlsx：將初步定價改為以 100 做單位進位。

1： 開啟 ch3_8.xlsx，將作用儲存格放在 D4。

2： 輸入公式 =CEILING(C4,100)。

3： 可以得到下列結果。

4： 拖曳 D4 的填滿控點到 D5，可以得到下列結果。

實例 ch3_9.xlsx 和 ch3_9_out.xlsx：台灣產品外銷海關會要求需要註明每個箱子內所包含產品數量與品項，我們可以使用 CEILING 函數計算每個箱子如果要放滿，此訂單單項產品的不足數量。

1： 開啟 ch3_9.xlsx，將作用儲存格放在 E5。

2： 輸入公式 =CEILING(C5,D5)。

3： 拖曳 E5 填滿控點到 E6 可以得到下列每個產品裝箱數量的結果。

4：　將作用儲存格放在 F5。

5：　輸入公式 =E5/D5。

6：　拖曳 F5 填滿控點到 F6 可以得到下列箱子數量結果。

7：　將作用儲存格放在 G5。

8：　輸入公式 =E5-C5。

9：　拖曳 G5 填滿控點到 G6 可以得到下列結果。

上述相當於列出如果要裝滿每一箱，最好每個品項需增加訂購數量結果。

3-4-2　新版 CEILING.MATH

語法英文：CEILING(number, [significance], [mode])

語法中文：CEILING(數值, 基準值, 模式)

❑ number：必要，要進位的數值。

❑ significance：必要，進位的倍數，預設是 1。

❑ mode：選用，控制負數取整方向。預設是 0。

　　CEILING.MATH 函數是 CEILING 函數的新版，提供了更多選項來控制取整行為，尤其是對負數的處理。當省略 mode 時，前一小節適用 CEILING 函數觀念皆可以應用在此函數。請參考實例 ch3_9.xlsx，可以得到下列結果 ch3_9_1_out.xlsx。

下列是其他實例：

● =CEILING.MATH(2.5, 1)　　　　回傳 3

● =CEILING.MATH(-2.5, 1)　　　　回傳 -2

● =CEILING.MATH(-2.5, 1, 1)　　　回傳 -3

3-4-3　CEILING.PRECISE

語法英文：CEILING.PRECISE(number, [significance])

語法中文：CEILING.PRECISE(數值, [基準值])

❑ number：必要，要進位的數值。

❑ significance：選用，進位的倍數。

CEILING.PRECISE 函數與 CEILING 函數類似，但它在處理負數和零的方式上更為靈活和一致。下列是實例：

● =CEILING.PRECISE(2.5, 1)　　　回傳 3

● =CEILING.PRECISE(-2.5, 1)　　　回傳 -2

● =CEILING(-2.5, 1)　　　回傳錯誤，因為 significance 須是負數

3-4-4　FLOOR 無條件捨去至基準數

語法英文：FLOOR(number, significance)

語法中文：FLOOR(數值, 基準值)

❏ number：必要，要捨去的數值。

❏ significance：必要，要捨位的倍數。

有的新興店家或是新的網路賣家為了吸引消費者，在為新產品訂銷售價格時，會依照原先產品定價，可能依照 100 或 1000 元當做整數捨去尾數，此時可以參考此功能。

實例 ch3_10.xlsx 和 ch3_10_out.xlsx：將初步定價改為以 1000 做單位捨去尾數。

1：　開啟 ch3_10.xlsx，將作用儲存格放在 D4。

2：　輸入公式 =FLOOR(C4,1000)。

3：　可以得到下列結果。

4：　拖曳 D4 的填滿控點到 D5，可以得到下列結果。

D4		▼	⋮	×	✓	fx	=FLOOR(C4,1000)	

	A	B	C	D	E
1					
2		大賣家科技廣場			
3		品項	原廠定價	大賣家定價	
4		筆電	32600	32000	
5		手機	22500	22000	

實例 ch3_11.xlsx 和 ch3_11_out.xlsx：台灣產品外銷海關會要求需要註明每個箱子內所包含產品數量與品項，我們可以使用 FLOOR 函數計算每個箱子如果要放滿，此訂單單項產品的剩餘數量。

1： 開啟 ch3_11.xlsx，將作用儲存格放在 E5。

2： 輸入公式 =FLOOR(C5,D5)。

3： 拖曳 E5 填滿控點到 E6 可以得到下列每個產品裝箱數量的結果。

E5		▼	⋮	×	✓	fx	=FLOOR(C5,D5)	

	A	B	C	D	E	F	G
1							
2		深智數位外銷管理					
3		產品	訂購數量	每箱數量	裝箱數量		剩餘數量
4					數量	箱數	
5		DM2039	30	20	20		
6		DM1931	126	24	120		

4： 將作用儲存格放在 F5。

5： 輸入公式 =E5/D5。

6： 拖曳 F5 填滿控點到 F6 可以得到下列箱子數量結果。

F5		▼	⋮	×	✓	fx	=E5/D5	

	A	B	C	D	E	F	G
1							
2		深智數位外銷管理					
3		產品	訂購數量	每箱數量	裝箱數量		剩餘數量
4					數量	箱數	
5		DM2039	30	20	20	1	
6		DM1931	126	24	120	5	

7：　將作用儲存格放在 G5。

8：　輸入公式 =C5-E5。

9：　拖曳 G5 填滿控點到 G6 可以得到下列訂單剩餘數量結果。

G5		:	×	✓	fx	=C5-E5	
	A	B	C	D	E	F	G
1							
2		深智數位外銷管理					
3		產品	訂購數量	每箱數量	裝箱數量		剩餘數量
4					數量	箱數	
5		DM2039	30	20	20	1	10
6		DM1931	126	24	120	5	6

　　這時可以考慮將剩餘不同產品數量放在同一個箱子，然後再箱子外面加註產品類別就可以滿足海關的檢查。

3-4-5　新版 FLOOR.MATH

語法英文：FLOOR.MATH(number, [significance], [mode])

語法中文：CEILING(數值, 基準值, 模式)

❑ number：必要，要進位的數值。

❑ significance：必要，進位的倍數，預設是 1。

❑ mode：選用，控制負數取整方向。預設是 0。

　　FLOOR.MATH 函數是 FLOOR 函數的新版，提供了更多選項來控制取整行為，尤其是對負數的處理。當省略 mode 時，前一小節適用 FLOOR 函數觀念皆可以應用在此函數。請參考實例 ch3_10.xlsx，可以得到下列結果 ch3_10_1_out.xlsx。

D4		∨	:	×	✓	fx	∨	=FLOOR.MATH(C4,1000)	
	A	B		C		D		E	F
1									
2		大賣家科技廣場							
3		品項		原廠定價		大賣家定價			
4		筆電		32600		32000			
5		手機		22500					

下列是其他實例：

- =FLOOR.MATH(2.5, 1)　　　　回傳 2
- =FLOOR.MATH(-2.5, 1)　　　　回傳 -3
- =FLOOR.MATH(-2.5, 1, 1).　　回傳 -2

3-4-6　FLOOR.PRECISE

語法英文：FLOOR.PRECISE(number, [significance])

語法中文：FLOOR.PRECISE(數值, [基準值])

❑ number：必要，要進位的數值。

❑ significance：選用，進位的倍數。

FLOOR.PRECISE 函數與 FLOOR 函數類似，但它在處理負數和零的方式上更為靈活和一致。下列是實例：

- =FLOOR.PRECISE(2.5, 1)　　　回傳 2
- =FLOOR.PRECISE(-2.5, 1)　　　回傳 -3
- =FLOOR(-2.5, 1)　　　　　　　回傳錯誤，因為 significance 須是負數

3-4-7　MROUND 依照基準值四捨五入

語法英文：MROUND(number, multiple)

語法中文：MROUND(數值, 倍數值)

❑ number：必要，要四捨五入的數值。

❑ multiple：必要，要四捨五入數字的倍數。

使用一個基準值讓數值四捨五入，例如若是基準值是 1000，則大於 500(含) 的會被計算為 1000，小於 500 會被捨去。

實例 ch3_12.xlsx 和 ch3_12_out.xlsx：將初步定價改為以 1000 做單位進位。

1：　開啟 ch3_12.xlsx，將作用儲存格放在 D4。

2：　輸入公式 =MROUND(C4,1000)。

3：　可以得到下列結果。

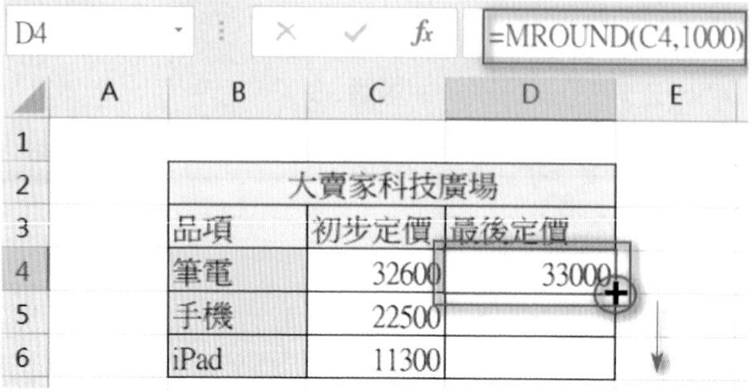

4：　拖曳 D4 的填滿控點到 D6，可以得到下列結果。

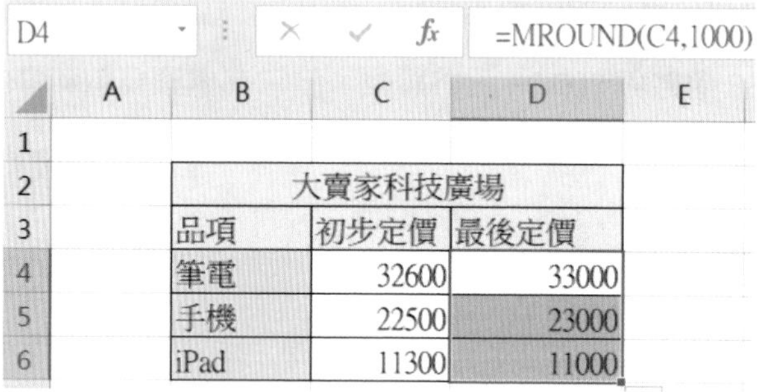

3-5　EVEN/ODD/SIGN

3-5-1　EVEN 進位到絕對值最接近偶數整數

語法英文：EVEN(number)

語法中文：EVEN(數值)

❏ number：必要，要進位至偶數的數值。

　　EVEN 函數可以回傳進位後的最接近偶數整數 (絕對值)。

　　例如：0 < x <= 2，回傳 2

　　例如：0 > x >= -2，回傳 -2

實例 **ch3_13.xlsx** 和 **ch3_13_out.xlsx**：EVEN 函數讓數值進位至偶數整數的應用。

1： 開啟 ch3_13.xlsx，將作用儲存格放在 C3。

2： 輸入公式 =EVEN(B3)。

3： 可以得到下列結果。

4： 拖曳 C3 的填滿控點到 C9，可以得到下列結果。

3-5-2 ODD 進位到絕對值最接近奇數整數

語法英文：ODD(number)

語法中文：ODD(數值)

❏ number：必要，要進位至奇數的數值。

這個函數可以回傳進位後的最接近奇數整數 (絕對值)。

例如：0 < x <= 1，回傳 1

例如：0 > x >= -1，回傳 -1

實例 ch3_14.xlsx 和 ch3_14_out.xlsx：ODD 函數讓數值進位至奇數整數的應用。

1： 開啟 ch3_14.xlsx，將作用儲存格放在 C3。

2： 輸入公式 =ODD(B3)。

3： 可以得到下列結果。

4： 拖曳 C3 的填滿控點到 C9，可以得到下列結果。

3-5-3 SIGN 計算正負值代碼

語法英文：SIGN(number)

語法中文：SIGN(數值)

❏ number：必要，任意數值。

這個函數在執行時如果是正值會回傳 1，如果是 0 會回傳 0，如果是負值會回傳 -1。

實例 ch3_15.xlsx 和 ch3_15_out.xlsx：使用 SIGN 函數回傳數值的正、零、負值的代碼。

1： 開啟 ch3_15.xlsx，將作用儲存格放在 C3。

2： 輸入公式 =SIGN(B3)。

3： 拖曳 C3 的填滿控點到 C7，可以得到下列結果。

	A	B	C	D	E
1					
2		數值	SIGN代碼		
3		1	1		
4		2	1		
5		0	0		
6		-1	-1		
7		-2	-1		

C3 ▾ : × ✓ fx =SIGN(B3)

3-6 RAND/RANDBETWEEN/RANDARRAY

3-6-1 RAND 建立 0 – 1 之間的隨機數

語法：RAND( )

RAND 會回傳大於或等於 0 和小於 1 的隨機數，此外也可以使用下列方式擴充此功能。

=RAND( )*100：產生大於或等於 0 和小於 100 的隨機數。

=INT(RAND( )*100)：產生大於或等於 0 和小於 100 的隨機整數。

實例 ch3_16.xlsx 和 ch3_16_out.xlsx：RAND 函數會回傳大於或等於 0 和小於 1 的隨機數。

1：　開啟 ch3_16.xlsx，將作用儲存格放在 C3。

2：　輸入公式 =RAND( )，可以在 C3 得到隨機數。

3：　拖曳 C3 的填滿控點到 C7，可以得到下列結果。

3-6-2　RANDBETWEEN 建立某區間的隨機整數

語法英文：RANDBETWEEN(bottom, top)

語法中文：RANDBETWEEN(最小值, 最大值)

❑ bottom：必要，要回傳最小的整數值。

❑ top：必要，要回傳最大的整數值。

　　這個函數會回傳最小值與最大值之間的隨機整數。

實例 ch3_17.xlsx 和 ch3_17_out.xlsx：RANDBETWEEN 函數會回傳最小值是 1 和最大值是 10 的隨機數。

1：　開啟 ch3_17.xlsx，將作用儲存格放在 C3。

2：　輸入公式 =RANDBETWEEN(1, 10)，可以在 C3 得到隨機數。

3：　拖曳 C3 的填滿控點到 C7，可以得到下列結果。

| C3 | | | ▾ | ⋮ | × | ✓ | fx | =RANDBETWEEN(1, 10) |

	A	B	C	D	E
1					
2		隨機數編號	0-100之間的隨機數		
3		1	6		
4		2	1		
5		3	5		
6		4	10		
7		5	4		

3-6-3　RANDARRAY 生成陣列隨機數函數

語法英文：RANDARRAY([rows], [columns], [min], [max], [whole_number])

語法中文：RANDARRAY([列], [欄], [最小], [最大], [整數])

❏ rows：選用，指定生成隨機數的列數。如果省略，預設為 1。

❏ columns：選用，指定生成隨機數的行數。如果省略，預設為 1。

❏ min：選用，隨機數的最小值。如果省略，預設為 0。

❏ max：選用，隨機數的最大值。如果省略，預設為 0。

❏ whole_number：選用，指定是否生成整數隨機數。如果為 TRUE，生成整數；如果為 FALSE 或省略，生成小數。

　　RANDARRAY 函數可生成一個包含隨機數的陣列。這些隨機數可以是小數、整數，可以在指定的範圍內生成。這個函數在動態陣列公式中特別有用，可以自動填充多個單元格。

實例 ch3_17_1.xlsx 和 ch3_17_1_out.xlsx：RANDARRAY 函數會在 C3:C7 之間回傳小數的隨機數陣列。然後在 D3:D7 之間回傳最小值是 0 和最大值是 10 的整數隨機數。

1：　開啟 ch3_17_1.xlsx，將作用儲存格放在 C3。

2：　輸入公式 =RANDARRAY(5)，可以在 C3:C7 得到隨機數。

3：　將作用儲存格放在 D3，輸入公式 =RANDARRAY(5,1,0,10,TRUE)，可以在 D3:D7 得到隨機數。

| D3 | | f_x | =RANDARRAY(5,1,0,10,TRUE) |

=RANDARRAY(5)

	A	B	C	D
1				
2		隨機數編號	0~1之間的小數隨機數	0~10之間的整數隨機數
3		1	0.767440965	9
4		2	0.403531971	10
5		3	0.71663909	7
6		4	0.738014243	3
7		5	0.415708858	6

3-7 POWER/SQRT/SUMSQ

3-7-1 POWER 數字的乘冪

語法英文：POWER(number, power)

語法中文：POWER(底數, 指數)

❑ number：必要，底數，可以是任意實數。

❑ power：必要，指數，相當於底數要乘方的次數。

　　上述指數 (power) 是底數的乘方次數，這個函數會傳回底數的乘方次數，其中底數與指數也可以是實數。

實例 ch3_18.xlsx：數字乘冪的實作。

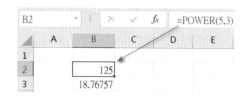
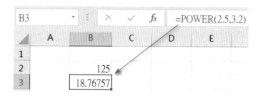

3-7-2 SQRT 計算數字的平方根

語法英文：SQRT(number)

語法中文：SQRT(數字)

❑ number：必要，要計算平方根的數值。

　　SQRT 函數會傳回數字的平方根，如果數字是負值會回傳 #NUM! 錯誤。

實例 ch3_19.xlsx 和 ch3_19_out.xlsx：SQRT 函數會回傳平方根。

1： 開啟 ch3_19.xlsx，將作用儲存格放在 C3。

2： 輸入公式 =SQRT(B3)，可以在 C3 得到平方根。

3： 拖曳 C3 的填滿控點到 C5，可以得到下列結果。

3-7-3　SUMSQ 回傳引數的平方總和

語法英文：SUMSQ(number1, [number2])

語法中文：SUMSQ(數字1, [數字2])

❑ number1：必要，要計算平方總和的數值 1。

❑ number2：選用，要計算平方總和的數值 2 或更多。

　　SUMSQ 函數可以將每個引數平方，然後計算總和。

實例 ch3_20.xlsx 和 ch3_20_out.xlsx：SUMSQ 函數會引數平方的總和。

1： 開啟 ch3_20.xlsx，將作用儲存格放在 E3。

2： 輸入公式 =SUMSQ(B3)，可以在 E3 得到平方總和。

3： 拖曳 E3 的填滿控點到 E5，可以得到下列結果。

3-8 COMBIN 系列 /PERMUT 系列

3-8-1 COMBIN/COMBINA 組合數目

語法英文：COMBIN/COMBINA(number, number_chosen)

語法中文：COMBIN/COMBINA(項目總數, 項目數)

❑ number：必要，項目總數。

❑ number_chosen：必要，每個組合的項目數。

　　COMBIN 函數主要是回傳不允許重複項目數的組合數目，例如：從 A、B、C 中回傳 2 個字母的組合數，可以得到「AB」、「AC」、「BC」等 3 種組合數，其數學公式如下：

$$\binom{n}{k} = \frac{n!}{k!(n-k)!}$$

　　上述公式 n 是總元素數，k 是選取的元素數。

　　COMBINA 函數主要是回傳允許重複項目數的組合數目，例如：從 A、B、C 中回傳 2 個字母的組合數，可以得到「AA」、「AB」、「AC」、「BB」、「BC」、「CC」等 6 種組合數，其數學公式如下：

$$\binom{n+k-1}{k} = \frac{(n+k-1)!}{k!(n-1)!}$$

　　上述公式 n 是總元素數，k 是選取的元素數。

實例 ch3_21.xlsx 和 ch3_21_out.xlsx：COMBIN 函數應用，高中籃球協會辦理全國棒球大賽，假設有 8 隻高中球隊參賽，這個賽事是打單循環，計算需要比賽多少場次。

1： 開啟 ch3_21.xlsx，將作用儲存格放在 C5。

2： 輸入公式 =COMBIN(C3,C4)，可以在 C5 得到比賽總共場次。

實例 **ch3_22.xlsx** 和 **ch3_22_out.xlsx**：COMBIN 函數應用，某個水果攤有販賣 8 種水果，其中可以選擇 3 種水果，總共有幾種選擇方法。

1： 開啟 ch3_22.xlsx，將作用儲存格放在 C5。

2： 輸入公式 =COMBIN(C3,C4)，可以在 C5 得到可以選擇水果的方式總數目。

實例 **ch3_22_1.xlsx** 和 **ch3_22_1_out.xlsx**：COMBINA 函數應用，假設有 5 種不同口味的糖果，每種糖果可以無限量地選取。想要裝滿一個袋子，袋子最多可以放 3 顆糖果。請計算允許重複選擇糖果的情況下，有多少種不同的方式可以選擇 3 顆糖果。

1： 開啟 ch3_22.xlsx，將作用儲存格放在 C5。

2： 輸入公式 =COMBINA(C3,C4)，可以在 C5 得到可以選擇糖果口味總數目。

3-8-2　PERMUT/PERMUTATIONA 排列數計算

語法英文：PERMUT/PERMUTATIONA(number, number_chosen)

語法中文：PERMUT/PERMUTSTIONA(數字, 項目數)

❏ number：必要，物件個數的總數。

❏ number_chosen：必要，每個組合的所選物件個數的整數。

　　PERMUT 函數可以在所有數字中列出選擇指定數目的排列方式，特色是不允許重複，這個函數常用在樂透彩　中獎機率的計算。其數學公式如下：

$$P(n, k) = \frac{n!}{(n-k)!}$$

　　PERMUTATION 函數可以在所有數字中列出選擇指定數目的排列方式，特色是允許重複，這個函數可以用在計算密碼鎖設定。其數學公式如下：

$$P_r(n, k) = n^k$$

實例 ch3_23.xlsx 和 ch3_23_out.xlsx：PERMUT 函數應用，假設樂透彩　有 10 個號碼，其中 3 個號碼是中獎號碼，現在計算隨意抽取 3 個號碼可以中獎的機率。

1：　開啟 ch3_23.xlsx，將作用儲存格放在 C5。

2：　輸入公式 =PERMUT(C3,C4)，可以在 C5 得到中獎機率。

C5		▾	⋮	×	✓	ƒx	=1/PERMUT(C3,C4)

	A	B	C	D	E
1					
2		樂透彩券			
3		號碼數量	10		
4		中獎號碼數量	3		
5		中獎機率	0.14%		

註　C5 儲存格筆者事先設為百分比格式。

實例 ch3_23_1.xlsx 和 ch3_23_1_out.xlsx：PERMUTATATIONA 函數應用，假設有一個密碼鎖，這個鎖有 4 個數字按鍵（從 1 到 4）。你需要設置一個 3 位數的密碼，且每個數字可以重複使用，請計算有多少種不同的方式可以設置這個密碼。

1： 開啟 ch3_23_1.xlsx，將作用儲存格放在 C5。

2： 輸入公式 =PERMUTATIONA(C3,C4)，可以在 C5 得到密碼排列組合數。

3-9 MOD 和 QUOTIENT

在除法運算中，MOD 函數可以計算餘數，QUOTIENT 函數可以計算商。

3-9-1　MOD 餘數計算

語法英文：MOD(number, divisor)

語法中文：MOD(數字, 除數)

❑ number：必要，找餘數的數值。

❑ divisor：必要，這是除數。

   MOD 函數可以計算餘數。

實例 ch3_24.xlsx 和 ch3_24_out.xlsx：餘數計算實例。

1： 開啟 ch3_24.xlsx，將作用儲存格放在 D3。

2： 輸入公式 =MOD(B3,C3)，可以在 D3 得到餘數。

3： 拖曳 D3 填滿控點到 D6，可以得到所有結果。

D3		:	×	✓	*fx*	=MOD(B3,C3)	

	A	B	C	D	E	F
1						
2		被除數	除數	餘數		
3		13	3	1		
4		23	3	2		
5		33	3	0		
6		55	2	1		

MOD 函數在會計上最常見的應用是建立貨幣面額。

實例 ch3_25.xlsx 和 ch3_25_out.xlsx：建立貨幣面額。

1： 將作用儲存格移至 D4。

2： 輸入 =INT(C4/$D$3)，可以得到 1000 元的鈔票數。

3： 拖曳 D4 的填滿控點到 D7，可以得到所有人薪資的 1000 元鈔票數。

D4		:	×	✓	*fx*	=INT(C4/$D$3)			

	A	B	C	D	E	F	G	H	I	J
1										
2		微軟高中代課教師薪資表								
3		姓名	薪資	1,000	500	100	50	10	5	1
4		洪冰儒	48255	48						
5		洪雨星	42128	42						
6		洪星宇	32800	32						
7		洪冰雨	39000	39						
8		總計	162183							

4： 將作用儲存格移至 E4。

5： 輸入 =INT(MOD($C4,D$3)/E$3)，可以得到 500 元的鈔票數。

6： 拖曳 E4 的填滿控點到 E7，可以得到所有人薪資的 500 元鈔票數。

E4			✕ ✓ fx	=INT(MOD($C4,D$3)/E$3)						

	A	B	C	D	E	F	G	H	I	J
1										
2				微軟高中代課教師薪資表						
3		姓名	薪資	1000	500	100	50	10	5	1
4		洪冰儒	48255	48	0					
5		洪雨星	42128	42	0					
6		洪星宇	32800	32	1					
7		洪冰雨	39000	39	0					
8		總計	162183							

7： 拖曳 E7 的填滿控點到 J7，可以得到所有人薪資的鈔票與零錢數。

E4			✕ ✓ fx	=INT(MOD($C4,D$3)/E$3)						

	A	B	C	D	E	F	G	H	I	J
1										
2				微軟高中代課教師薪資表						
3		姓名	薪資	1000	500	100	50	10	5	1
4		洪冰儒	48255	48	0	2	1	0	1	0
5		洪雨星	42128	42	0	1	0	2	1	3
6		洪星宇	32800	32	1	3	0	0	0	0
7		洪冰雨	39000	39	0	0	0	0	0	0
8		總計	162183							

8： 將作用儲存格移至 D8，輸入 =SUM(D4:D7)，可以得到需要準備的 1000 元鈔票數。

D8			✕ ✓ fx	=SUM(D4:D7)						

	A	B	C	D	E	F	G	H	I	J
1										
2				微軟高中代課教師薪資表						
3		姓名	薪資	1000	500	100	50	10	5	1
4		洪冰儒	48255	48	0	2	1	0	1	0
5		洪雨星	42128	42	0	1	0	2	1	3
6		洪星宇	32800	32	1	3	0	0	0	0
7		洪冰雨	39000	39	0	0	0	0	0	0
8		總計	162183	161						

9： 拖曳作用儲存格 D8 的填滿控點到 J8，可以得到所有人薪資需要準備的鈔票與零錢數。

D8			fx	=SUM(D4:D7)					
	A	B	C	D	E	F	G	H	I	J
1										
2			微軟高中代課教師薪資表							
3		姓名	薪資	1000	500	100	50	10	5	1
4		洪冰儒	48255	48	0	2	1	0	1	0
5		洪爾星	42128	42	0	1	0	2	1	3
6		洪星宇	32800	32	1	3	0	0	0	0
7		洪冰雨	39000	39	0	0	0	0	0	0
8		總計	162183	161	1	6	1	2	2	3

3-9-2　QUOTIENT 計算除法的商

語法英文：QUOTIENT(number, divisor)

語法中文：QUOTIENT(數字, 除數)

❑ number：必要，這是被除數。

❑ divisor：必要，這是除數。

QUOTIENT 函數可以計算除法後的商，或是稱傳回除法的整數部分。

實例 ch3_26.xlsx 和 ch3_26_out.xlsx：計算除法的商。

1： 開啟 ch3_26.xlsx，將作用儲存格放在 D3。

2： 輸入公式 =QUOTIENT(B3,C3)，可以在 D3 得到商。

3： 拖曳 D3 填滿控點到 D6，可以得到所有結果。

D3			fx	=QUOTIENT(B3,C3)	
	A	B	C	D	E	F
1						
2		被除數	除數	商		
3		13	3	4		
4		23	3	7		
5		33	3	11		
6		55	2	27		

實例 ch3_27.xlsx 和 ch3_27_out.xlsx：尾牙預算商品採購實例，列出各商品可以購買數量和剩餘金額。

1： 開啟 ch3_27.xlsx，將作用儲存格放在 D5。

2： 輸入公式 =QUOTIENT($E$3,C5)，在 D5 得到商品可以購買數量。

3： 拖曳 D5 填滿控點到 D7，可以得到所有商品可以購買數量的結果。

	A	B	C	D	E	F
			fx	=QUOTIENT($E$3,C5)		
1						
2		深智公司尾牙預算表				
3		預算金額			100000	
4		品項	單價	可購買數量	剩餘金額	
5		iPad	12000	8		
6		iPhone	26000	3		
7		iWatch	18000	5		

4： 將作用儲存格放在 E5。

5： 輸入公式 =MOD($E$3,C5)，在 E5 得到剩餘金額。

6： 拖曳 E5 填滿控點到 E7，可以得到購買商品剩餘金額。

	A	B	C	D	E	F
			fx	=MOD($E$3,C5)		
1						
2		深智公司尾牙預算表				
3		預算金額			100000	
4		品項	單價	可購買數量	剩餘金額	
5		iPad	12000	8	4000	
6		iPhone	26000	3	22000	
7		iWatch	18000	5	10000	

3-10 CONVERT 單位轉換

語法英文：CONVERT(number, from_unit, to_unit)

語法中文：CONVERT(數字, 轉換前的單位, 結果的單位)

❏ number：必要，要轉換的數值。

❏ from_unit：必要，這是 number 的單位。

❏ to_unit：必要，這是結果的單位。

　　這個函數可以從某一個單位系統轉換到另一個單位系統，例如：從公里轉換成英里，或是從公斤轉成磅，下列是常見不同的單位表。

重量	單位
公克	g
公噸	ton
磅	lbm
盎斯	ozm

距離	單位
公尺	m
英里	mi
英呎	ft
英吋	in
碼	yd
海哩	Nmi
光年	ly

時間	單位
年	yr
日	day 或 d
時	hr
分	mn 或 min
秒	sec 或 s

壓力	單位
巴斯卡	Pa 或 p
大氣壓力	atm 或 at
毫米汞柱	mmHg

能量	單位
焦耳	J
爾格	e
熱力學卡路里	c
電子伏特	eV 或 ev
馬力時	HPh 或 hh
瓦特時	Wh 或 wh

溫度	單位
攝氏溫度	C 或 cel
華氏溫度	F 或 fah
絕對溫度	K 或 kel

容量	單位
茶匙	tsp
湯匙	tbs
杯	cup
加侖	gal
公升	L 或 l
立方英呎	ft3 或 ft^3
立方公尺	m3 或 M^3

速度	單位
英制海哩	admkn
節	kn
每小時公尺數	m/h 或 m/hr
每秒公尺數	m/s 或 m/sec
每小時英里數	mph

資訊	單位
位元	bit
位元組	byte

實例 ch3_28.xlsx 和 ch3_28_out.xlsx：重量、距離、容量和速度單位轉換的應用。

1： 開啟 ch3_28.xlsx，將作用儲存格放在 D4。

2： 輸入公式 =CONVERT(B4,C4,E4)，可以在 D4 得到重量轉換結果。

3： 拖曳 D4 填滿控點到 D7，可以得到所有結果。

| D4 | ▾ | ⋮ | × | ✓ | fx | =CONVERT(B4,C4,E4) |

	A	B	C	D	E	F
1						
2		單位轉換				
3		轉換前		轉換後		
4		10	ozm	283.49523	g	
5		100	yd	91.44	m	
6		1	L	4.2267528	cup	
7		30	kn	55560	m/h	

3-11 SERIES 定義圖表數據

語法英文：SERIES(name, categories, values, order)

語法中文：SERIES(name, categories, values, order)

❏ name：必要，數據系列的名稱，可以是本文或對儲存格的引用。

❏ categories：必要，類別標籤的範圍，通常是 x 軸的數據。

❏ values：必要，數據系列的數值，通常是 y 軸的數據。

❏ order：必要，數據系列在圖表中的順序，第一個數據系列的順序為 1，依此類推。

SERIES 的函數不是用於建立圖表，在圖表中存在 SERIES 元素主要用於定義圖表的數據系列。在圖表公式中，SERIES 用於指定圖表的名稱、類別標籤、數值和數據系列的順序。

實例 ch3_29.xlsx 和 ch3_29_out.xlsx：認識 SERIES 的應用。

1： 開啟 ch3_29.xlsx，點選折線圖表，可以看到 SERIES 函數如何定義這張圖表。

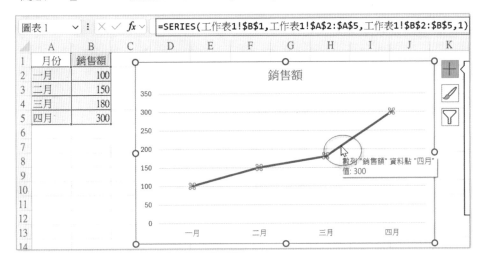

3-12　N 將一個值轉換為數字

語法英文：N(value)

語法中文：N(值)

❑ value：必要，需要轉換為數字的值。可以是數字、日期、邏輯值、錯誤值或文本。
轉換規則如下：

- 如果 value 是數字，N 函數返回該數字。
- 如果 value 是日期，N 函數返回該日期對應的序列號。
- 如果 value 是 TRUE，N 函數返回 1；如果 value 是 FALSE，返回 0。
- 如果 value 是字串，N 函數返回 0。

實例 ch3_30.xlsx 和 ch3_30_out.xlsx：N 函數的應用。

1：　開啟 ch3_30.xlsx，將作用儲存格放在 B2。

2：　輸入公式 =N(A2)，可以在 B2 得到轉換結果。

3：　拖曳 B2 填滿控點到 B5，可以得到所有結果。

第 4 章

條件判斷與邏輯函數

在第 2 章筆者介紹了 SUMIF、SUMIFS、AVERAGEIF、AVERAGEIFS、COUNTIF、COUNTIFS … 等，這些函數其實就隱含了條件判斷功能，此外，Excel 也提供獨立的條件判斷函數與邏輯函數，這將是本節的重點。

4-1　IF/IFS/SWITCH/DELTA 條件判斷

4-1-1　條件運算式

語法英文：IF(logical_test, [value_if_true], [value_if_false])

語法中文：IF(條件式, [是True], [是False])

❑ logical_test：必要，條件判斷。

❑ [value_if_true]：選用，是 TRUE 時執行。

❑ [value_if_false]：選用，是 FALSE 時執行。

上述如果條件是 TRUE 則執行是 TRUE，如果省略此引數則回傳 0。如果條件是 FALSE 則執行是 FALSE，如果省略此引數則回傳 0。

IF 函數的第 1 個引數是條件運算式，這時需要使用比較運算子，讀者可以複習 1-4 節的比較運算子表。

4-1-2　業務員業績判斷是否及格

實例 ch4_1.xlsx 和 ch4_1_out.xlsx：在公司業績資料表中，如果業績達到或超過 200000 則列出及格，少於 200000 則列出不及格。

1：　開啟 ch4_1.xlsx，將作用儲存格放在 D4。

2：　輸入公式 =IF(C4>=200000,"及格","不及格")，可以在 D4 得到單一業務員結果。

3：　拖曳 D4 填滿控點到 D7，可以得到所有業務員的結果。

4-1-3　分數評比

實例 ch4_2.xlsx 和 ch4_2_out.xlsx：假設大於或等於 80 分是 A，小於 80 分但是大於或等於 60 分是 B，小於 60 分是 C。

1：　開啟 ch4_2.xlsx，將作用儲存格放在 D4。

2：　輸入公式 =IF(C4>=80,"A",IF(C4<60,"C","B"))，可以在 D4 得到單一學生的成績。

3：　拖曳 D4 填滿控點到 D7，可以得到所有學生成績的結果。

D4				fx	=IF(C4>=80,"A",IF(C4<60,"C","B"))		

	A	B	C	D	E	F	G	H
1								
2		成績報告						
3		姓名	分數	成績				
4		陳阿茂	80	A				
5		許棟樑	58	C				
6		吳祖民	70	B				
7		陳新雨	91	A				

4-1-4　建立郵購價格

實例 ch4_3.xlsx 和 ch4_3_out.xlsx：Network Seller 設定消費者購物規則如下：

1：購物超過 500 元 (含) 免運費，否則運費是 80 元。

2：購物超過 5000 元 (含) 可以打 9 折。

1：　開啟 ch4_3.xlsx，將作用儲存格放在 H5。

2：　輸入公式 =IF(E7>=500,0,80)，可以在 H5 得到購物的運費。

H5				fx	=IF(E5>=500,0,80)		

	A	B	C	D	E	F	G	H
1								
2		Network Seller						
3		採購商品	數量	單價	小計			
4		咖啡包	5	200	1000			
5		茶葉	5	300	1500		運費	0
6		水果禮盒	2	1500	3000		折扣金額	
7			總計		5500		刷卡總計	

3：　將作用儲存格放在 H6。

4：　輸入公式 =IF(E7>=5000,E7*0.1,0)，可以在 H6 得到購物折扣金額。

H6			fx	=IF(E7>=5000,E7*0.1,0)				
	A	B	C	D	E	F	G	H
1								
2			Network Seller					
3		採購商品	數量	單價	小計			
4		咖啡包	5	200	1000			
5		茶葉	5	300	1500		運費	0
6		水果禮盒	2	1500	3000		折扣金額	550
7			總計		5500		刷卡總計	

5： 將作用儲存格放在 H7，輸入 = E7+H5-H6，可以得到刷卡總計。

H7			fx	=E7+H5-H6				
	A	B	C	D	E	F	G	H
1								
2			Network Seller					
3		採購商品	數量	單價	小計			
4		咖啡包	5	200	1000			
5		茶葉	5	300	1500		運費	0
6		水果禮盒	2	1500	3000		折扣金額	550
7			總計		5500		刷卡總計	4950

4-1-5 計算多科考試總平均是否及格

實例 ch4_4.xlsx 和 ch4_4_out.xlsx：有國文、英文與數學考試，平均 60 分 (含) 以上算及格，否則輸出不及格。

1： 開啟 ch4_4.xlsx，將作用儲存格放在 F4。

2： 輸入公式 =IF(AVERAGE(C4:E4)>=60,"及格","不及格")，可以在 F4 得到單一學生成績的結果。

3： 拖曳 F4 填滿控點到 F7，可以得到所有學生成績的結果。

4-1-6　IFS 多個值的條件判斷

語法英文：IFS(logical_test1, value_if_true1, [logical_test2, value_if_true2], ...)

語法中文：IFS(條件1, 值1, [條件2, 值2], ...)

❑ logical_test1：必要，表示條件 1。

❑ value_if_true1：必要，表示條件 1 是 TRUE 時的值。

❑ logical_test2：選用，這是條件 2。

❑ value_if_true2：選用，表示條件 2 是 TRUE 時的值。

這是 Excel 2016 後的函數，用於檢查多個條件並返回對應的結果。它是一個多條件判斷函數，取代了需要多個嵌套的 IF 函數，讓公式更加簡潔和易讀。

實例 ch4_4_1.xlsx 和 ch4_4_1_out.xlsx：假設大於或等於 90 分是 A，小於 90 分但是大於或等於 80 分是 B，小於 80 分但是大於或等於 70 分是 C，小於 70 分但是大於或等於 60 分是 D，小於 60 分是 F。

1： 開啟 ch4_4_1.xlsx，將作用儲存格放在 D4。

2： 輸入公式 =IFS(C4>=90,"A",C4>=80,"B",C4>=70,"C",C4>=60,"D",TRUE,"F")，可以在 D4 得到單一學生成績的結果。

3： 拖曳 D4 填滿控點到 D7，可以得到所有學生成績的結果。

| | fx | =IFS(C7>=90,"A",C7>=80,"B",C7>=70,"C",C7>=60,"D",TRUE,"F") |

B	C	D
	成績報告	
姓名	分數	成績
陳阿茂	80	B
許棟樑	58	F
吳祖民	70	C
陳新雨	91	A

使用此函數注意事項：

● 所有條件都為 FALSE：如果所有條件都為 FALSE，IFS 函數將返回錯誤 #N/A。為避免此情況，可以在最後一個條件中設置一個總是為 TRUE 的條件，可以參考上述實例。

● 順序重要性：IFS 函數按順序評估條件，一旦找到為 TRUE 的條件，就會返回相應的值，並停止評估後續條件。因此，應按從高到低或從具體到一般的順序排列條件。

4-1-7 SWITCH 多重條件判斷

語法英文：SWITCH(expression, value1, result1, [value2, result2], ..., [default])

語法中文：SWITCH(表達式, 值1, 結果1, [值2, 結果2], ..., [預設])

❑ expression：必要，表達式。

❑ value1, result1：必要，當 expression 的結果與 value1 匹配時返回 result1。

❑ value2, result2：選用，當 expression 的結果與 value2 匹配時返回 result2。

❑ default：選用，當 expression 的結果不匹配任何指定的值時返回的預設結果。

　　SWITCH 函數是一個邏輯函數，是以某個表達式的結果來返回對應的值。它的作用類似於多重條件選擇結構，例如：IF 函數的嵌套形式，但更簡潔、易懂。

實例 ch4_4_2.xlsx 和 ch4_4_2_out.xlsx：假設成績 A，評語是 Excellent。成績 B，評語是 Good。成績 C，評語是 Average。成績 D，評語是 Below Average。成績 F，評語是 Fail。

1： 開啟 ch4_4_2.xlsx，將作用儲存格放在 E4。

2： 輸入公式 =SWITCH(D4, "A", "Excellent", "B", "Good", "C", "Average", "D", "Below Average", "F", "Fail")，可以在 E4 得到單一學生成績的評語。

3： 拖曳 E4 填滿控點到 E7，可以得到所有學生成績的評語。

4-1-8　DELTA 測試兩個數值是否相等，並返回二進制結果。

語法英文：DELTA(number1, [number2])

語法中文：DELTA(數值1, [數值2])

❑ number1：必要，第一個要比較的數值。

❑ number2：選用，第二個要比較的數值。如果省略，則默認為 0。

　　如果 number1 等於 number2，DELTA 函數返回 1。如果 number1 不等於 number2，DELTA 函數返回 0。

實例 ch4_4_3.xlsx 和 ch4_4_3_out.xlsx：有一系列成績，如果是 100 分，則可以再增加 0.5 的加權（相當於增加 50 分）。

1： 開啟 ch4_4_3.xlsx，將作用儲存格放在 B2。

2： 輸入公式 =A2 * (1 + DELTA(A2, 100) * 0.5)。

3： 拖曳 B2 填滿控點到 B4。

4-2 VLOOKUP/IFERROR/IFNA

4-2-1 VLOOKUP

語法英文：VLOOKUP(lookup_value, table_array, col_index_num, [type_lookup])

語法中文：VLOOKUP(搜尋值, 陣列區間, 欄編號, 搜尋類型)

❑ lookup_value：必要，表示要搜尋的值。

❑ table_array：必要，表示要尋找的資料範圍，也可以是陣列或範圍名稱。

❑ col_index_num：必要，這是 table_array 儲存格的欄號。

❑ [type_lookup]：選用，這是邏輯值，如果是 TRUE 或省略則是搜尋大約相符的值，如果找不到相符的值，則是下一個小於 lookup_value 的值。如果是 FALSE 則需找回完全相同的值否則回傳 #N/A，這也是預設。

　　VLOOKUP 函數會在陣列區間搜尋最左欄位，第 1 個引數搜尋值，然後回傳此搜尋值在欄編號的內容。如果搜尋類型是 TRUE 或省略，如果找到可以回傳所搜尋到的值，如果找不到可以回傳小於搜尋值的最大值。如果搜尋類型是 FALSE，如果找到可以回傳所搜尋到的值，如果找不到則回傳 #N/A。

註　讀者需特別留意，這個函數會在陣列區間搜尋最左欄位，無法搜尋第 2 或更多欄的資訊。

　　其實 VLOOKUP 算是檢索函數，本書是在第 8 章解說，但是為了讀者可以在下面小節可以更進一步了解 IFNA 函數的用法，所以筆者先介紹此函數。

實例 ch4_4_4.xlsx 和 ch4_4_4_out.xlsx：搜尋商品代碼的定價。

1：　開啟 ch4_4_4.xlsx，將作用儲存格放在 G3。

2：　輸入搜尋商品 i-102。

3：　將作用儲存格放在 G4。

4：　輸入公式 =VLOOKUP(G3,B4:D6,3)，可以在 G4 得到商品訂價的結果。

| G4 | ▾ | ⋮ | × | ✓ | *fx* | =VLOOKUP(G3,B4:D6,3,FALSE) |

▲	A	B	C	D	E	F	G
1							
2		大大資訊廣場				商品代碼查詢	
3		代碼	商品	定價		代碼	i-102
4		i-101	iWatch	18000		售價	26800
5		i-102	iPhone	26800			
6		i-103	iPad	12600			

4-2-2　IFERROR

語法英文：IFERROR(value, value_if_error)

語法中文：IFERROR(值, 錯誤時傳回值)

❑ value：必要，檢查此引數是否有錯誤。

❑ value_if_error：必要，如果有錯誤，則評估 #N/A、#VALUE!、#REF!、#DIV/0!、#NUM!、#NAME?、#NULL! 等錯誤類型。

　　上述如果第 1 個引數的值是正確，則回傳正確結果。如果第 1 個引數的值是錯誤的，則回傳第 2 個引數設定的值。這個函數主要是應用在大數據中，可能有幾個值錯誤，可以讓正確的部分可以正常執行。

程式實例 ch4_5.xlsx 和 ch4_5_out.xlsx：每消費 1000 元有一個紅利點數，如果公式有錯誤則回傳錯誤。

1：　開啟 ch4_5.xlsx，將作用儲存格放在 D4。

2：　輸入公式 =IFERROR(INT(C4/1000),"錯誤")，可以在 D4 得到紅利點數。

3： 拖曳 D4 填滿控點到 D7，可以得到所有會員的紅利點數。

4-2-3 IFNA

語法英文：IFNA(value, value_if_na)

語法中文：IFNA(值, 如果是NA錯誤時傳回值)

❏ value：必要，檢查此引數是否有 #N/A 錯誤。

❏ value_if_error：必要，如果是 #N/A 錯誤，要 #N/A 的值。

這個函數在執行時會檢查第一個引數是否會有 #N/A 錯誤，如果沒有則執行第 1 個引數的值，如果有 #N/A 錯誤，則執行第 2 個引數的值。

實例 ch4_6.xlsx 和 ch4_6_out.xlsx：這個程式在執行時如果 C3 儲存格所列商品編號有找到，則在 C4 儲存格列出此商品。如果 C3 儲存格所列商品編號沒有找到，則在 C4 儲存格列出商品不存在。

1： 開啟 ch4_6.xlsx，將作用儲存格放在 C3，輸入搜尋商品編號 P102。

2： 將作用儲存格放在 C4，輸入下列公式：

=IFNA(VLOOKUP(C3,B8:C10,2,FALSE),"商品不存在")

3： 可以在 C4 得到搜尋結果。

| C4 | : | × | ✓ | fx | =IFNA(VLOOKUP(C3,B8:C10,2,FALSE),"商品不存在") |

	A	B	C	D	E	F	G	H	I
1									
2		搜尋商品							
3		編號	P102						
4		品項	商品不存在						
5									
6		商品資料							
7		編號	品項						
8		I101	iPhone						
9		I102	iPad						
10		I103	iWatch						

由於沒有 P102 商品編號所以 C4 儲存格列出商品不存在。本書所附實例 ch4_6_out1.xlsx 則是搜尋 I102，所以可以列出搜尋結果。

| C4 | : | × | ✓ | fx | =IFNA(VLOOKUP(C3,B8:C10,2,FALSE),"商品不存在") |

	A	B	C	D	E	F	G	H	I
1									
2		搜尋商品							
3		編號	I102						
4		品項	iPad						
5									
6		商品資料							
7		編號	品項						
8		I101	iPhone						
9		I102	iPad						
10		I103	iWatch						

4-3　AND

語法英文：AND(logical1, [logical2], …)

語法中文：AND(條件判斷1, [條件判斷2], …)

❏ logical1：必要，條件判斷 1。

❏ [logical2]：選用，條件判斷 2。

如果所有引數是 TRUE，則回傳 TRUE。如果有任一個引數是 FALSE，則回傳 FALSE。

4-3-1 找尋符合條件的房屋

實例 ch4_7.xlsx 和 ch4_7_out.xlsx：找尋屋齡 5 年 (含) 以下，屬於士林區的房屋。

1： 開啟 ch4_7.xlsx，將作用儲存格放在 E4。

2： 輸入 =AND(VLOOKUP(C4="士林",D4<=5)，可以在 E4 得到是否符合條件。

3： 拖曳 E4 填滿控點到 E7，可以得到所有房屋是否符合條件的結果。

4-3-2 攝影證照考試

實例 ch4_8.slxs 和 ch4_8_out.xlsx：美國 SSE 的攝影證照分學科與術科，假設學科需要 80 分 (含)，術科需要 70 分 (含)，整體才算及格。

1： 開啟 ch4_8.xlsx，將作用儲存格放在 E4。

2：　輸入 =IF(AND(C4>=80,D4>=70),"及格","不及格")，可以在 E4 得到是否及格。

E4		× ✓ *fx*	=IF(AND(C4>=80,D4>=70),"及格","不及格")			

	A	B	C	D	E	F	G	H	I
1									
2		美國Silicon Stone Education							
3		姓名	學科	術科	成績				
4		陳阿茂	85	79	及格				
5		許棟樑	88	68					
6		吳祖民	75	82					
7		陳新雨	92	90					

3：　拖曳 E4 填滿控點到 E7，可以得到所有考生是否及格的結果。

E4		× ✓ *fx*	=IF(AND(C4>=80,D4>=70),"及格","不及格")			

	A	B	C	D	E	F	G	H	I
1									
2		美國Silicon Stone Education							
3		姓名	學科	術科	成績				
4		陳阿茂	85	79	及格				
5		許棟樑	88	68	不及格				
6		吳祖民	75	82	不及格				
7		陳新雨	92	90	及格				

4-4　OR 與 XOR

4-4-1　OR 多個條件是否有至少一個為真

語法英文：OR(logical1, [logical2], …)

語法中文：OR(條件判斷1, [條件判斷2], …)

❏ logical1：必要，條件判斷 1。

❏ [logical2]：選用，條件判斷 2。

　　如果有任一個引數是 TRUE，則回傳 TRUE。如果所有引數是 FALSE，則回傳 FALSE。

實例 ch4_9.xlsx 和 ch4_9_out.xlsx：應徵員工篩選。深智員工應徵資格是 TOEFL 在 80 分 (含) 以上或是有 SSE 國際證照。

1：　開啟 ch4_9.xlsx，將作用儲存格放在 E4。

2：　輸入 =OR(C4>=80,D4=" 有 ")，可以在 E4 得到是否符合資格。

3：　拖曳 E4 填滿控點到 E7，可以得到所有考生是否符合資格的結果。

實例 ch4_10.xlsx 和 ch4_10_out.xlsx：身體健康檢查表。人體空腹血糖在 100(含) 以下，膽固醇在 200(含) 以下算是健康，如果有一項不符合就是不健康。

1：　開啟 ch4_10.xlsx，將作用儲存格放在 E4。

2：　輸入 =OR(C4>100,D4>200)，可以在 E4 得到是否符合不健康條件。

3：　拖曳 E4 填滿控點到 E7，可以得到所有人是否符合不健康條件的結果。

4-4-2　XOR 是否有奇數個條件為真

語法英文：XOR(logical1, [logical2], …)

語法中文：XOR(條件判斷1, [條件判斷2], …)

❏ logical1：必要，條件判斷 1。

❏ [logical2]：選用，條件判斷 2，最多可包含 254 個條件。

　　這是一個邏輯函數，用於檢查給定條件中是否有奇數個條件為真 (TRUE)。當有奇數個條件為真時，XOR 函數返回 TRUE，否則返回 FALSE。。

實例 ch4_10_1.xlsx 和 ch4_10_1_out.xlsx：顧客忠誠度計劃。假設我們有一家零售店，正在進行顧客忠誠度計劃。計劃規則是，「如果顧客在最近一個月內購買超過 500 美元，或者累計購買超過 2000 美元，但不是兩者同時成立，則顧客可以獲得一個特別優惠」。

1： 開啟 ch4_10_1.xlsx，將作用儲存格放在 D3。

2： 輸入 =XOR(B3 > 500, C3 > 2000)，可以在 D3 得到是否符合資格。

3： 拖曳 D3 填滿控點到 D6，可以得到下列結果。

D3	: × ✓ fx ✓	=XOR(B3>500,C3>2000)

	A	B	C	D	E
1	顧客忠誠度計畫				
2	顧客	最近一個月消費	累積消費	特別優惠	
3	顧客A	600	2500	FALSE	
4	顧客B	400	2100	TRUE	
5	顧客C	700	1800	TRUE	
6	顧客D	300	1500	FALSE	

4-5 邏輯函數

Excel 有支援判斷引數內容的函數，然後回傳 TRUE 或 FALSE，這將是本節的內容。

4-5-1 ISBLANK 判斷是否空白

語法英文：ISBLANK(value)

語法中文：ISBLANK(儲存格內容)

❑ value：必要，要判斷的儲存格內容。

ISBLANK 函數會將空白儲存格判斷為 TRUE。

實例 ch4_11.xlsx 和 ch4_11_out.xlsx：確認是否資料齊全，如果齊全則輸出 OK，如果資料不齊全則輸出資料不齊。

1： 開啟 ch4_11.xlsx，將作用儲存格放在 D4。

2： 輸入 =IF(ISBLANK(C4),"資料不齊","OK")，可以在 D4 得到是否資料齊全。

3:　拖曳 D4 填滿控點到 D6，可以得到是否有資料不齊全的結果。

4-5-2　ISERR 判斷是否 #N/A 以外的錯誤值

語法英文：ISERR(value)

語法中文：ISERR(儲存格內容)

❑ value：必要，要判斷的儲存格內容。

　　如果是 #N/A 以外的錯誤會輸出 TRUE，否則輸出 FALSE，有關錯誤的訊息可以複習 1-16-3 節。

實例 ch4_12.xlsx 和 ch4_12_out.xlsx：確認是否 #N/A 以外的錯誤。

1:　開啟 ch4_12.xlsx，將作用儲存格放在 D4。

2:　輸入 =ISERR(C4)，可以在 D4 得到是否 #N/A 以外的錯誤。

3: 拖曳 D4 填滿控點到 D10，可以得到全部是否 #N/A 以外錯誤的結果。

4-5-3　ISERROR 判斷是否錯誤值

語法英文：ISERROR(value)

語法中文：ISERROR(儲存格內容)

❏ value：必要，要判斷的儲存格內容。

實例 ch4_13.xlsx 和 ch4_13_out.xlsx：計算年度成長率，使用 ISERROR 函數隱藏錯誤值的應用。

1: 開啟 ch4_13.xlsx，將作用儲存格放在 E4，E4 的內容 YoY 代表年度成長率。

2: 輸入 =D4/C4-1，可以在 E4 得到年度成長率。

3：　拖曳 E4 填滿控點到 E6，可以得到全部員工業績的年度成長率。

4：　請執行常用 / 樣式 / 條件格式設定 / 新增規則指令。

5：　出現新增格式化規則對話方塊，選擇使用公式來決定要格式化哪些儲存格。

6： 請輸入 =ISERROR(E4)，按格式鈕。出現設定儲存格格式對話框，請選擇字型頁次，
在色彩欄選白色。

7： 按確定鈕，可以返回新增格式化規則對話方塊，再按一次確定鈕，可以得到錯誤
訊息 #VALUE! 用白色顯示，相當於已經被隱藏了。

	A	B	C	D	E
1					
2		銷售業績表			
3		姓名	2021年	2022年	YoY
4		陳東與	886000	912000	3%
5		張家豪	972000	786000	-19%
6		許文生	未到職	888000	

4-5-4　ISEVEN 判斷是否偶數

語法英文：ISEVEN(number)

語法中文：ISEVEN(數值)

❑ number：必要，要判斷的數值。

　　如果儲存格內容是偶數回傳 TRUE，否則回傳 FALSE。如果儲存格是含小數點的數字，小數部分會被捨去，然後針對整數部分做判斷。如果儲存格是日期，則使用日期的序列值做判斷是否是偶數。

實例 ch4_14.xlsx 和 ch4_14_out.xlsx：ISEVEN 函數的應用。

1：　開啟 ch4_14.xlsx，將作用儲存格放在 C4。

2：　輸入 =ISEVEN(B4)，可以在 C4 得到 B4 的邏輯值。

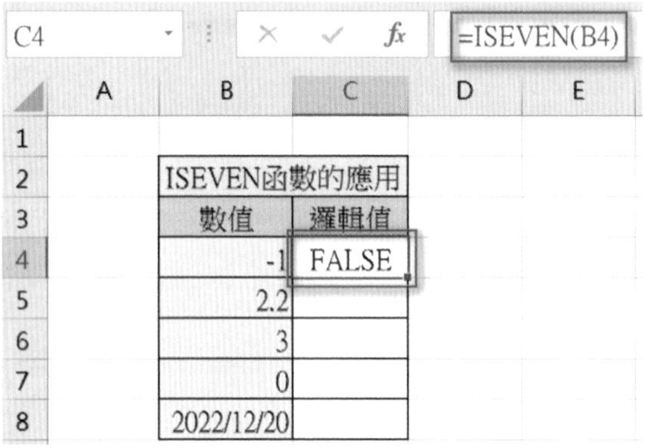

3：　拖曳 C4 填滿控點到 C8，可以得到全部的邏輯值。

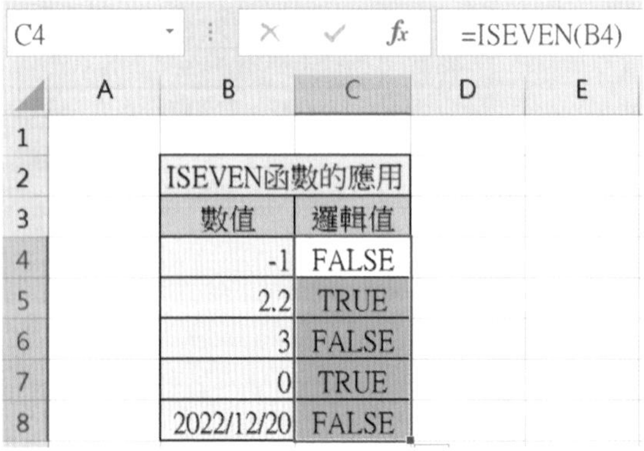

　　讀者可能會覺得為何 2022/12/20 經過 ISEVEN 函數操作後是 FALSE，因為有關日期是用序列值做判斷，2022/12/20 的序列值是 44915，讀者可以使用 VALUE 函數檢查日期的序列值，有關 VALUE 函數的用法可以參考下一小節。

4-5-5　VALUE 回傳日期與時間的序列值

語法英文：VALUE(text)

語法中文：VALUE(時間或日期字串)

❑ text：必要，要判斷的儲存格內容。

　　日期是從 1900/1/1 當做 1 開始，每多一天序列值多 1。時間則是 00:00 當做 0 的開始計數。圖解的日期序列值觀念可以參考 7-1-1 節，圖解的時間序列值觀念可以參考 7-1-2 節，

實例 ch4_14_1.xlsx 和 ch4_14_1_out.xlsx：VALUE 函數的應用。

1：　開啟 ch4_14_1.xlsx，將作用儲存格放在 C4。

2：　輸入 =VALUE(B4)，可以在 C4 得到 B4 的序列值。

3：　拖曳 C4 填滿控點到 C7，可以得到全部日期與時間的序列值。

4-5-6　ISFORMULA 判斷是否公式

語法英文：ISFORMULA(reference)

語法中文：ISFORMULA(參考物件)

❑ reference：必要，要判斷的儲存格參照，可以是儲存格參照、公式或是名稱參照。

　　ISFORMULA 函數主要是判斷儲存格內容是不是公式，如果是則回傳 TRUE，否則回傳 FALSE。

實例 ch4_15.xlsx 和 ch4_15_out.xlsx：ISFORMULA 函數的應用。

1：　開啟 ch4_15.xlsx，將作用儲存格放在 D4。

2：　輸入 =ISFORMULA(C4)，可以在 D4 得到 C4 的邏輯值。

3：　拖曳 D4 填滿控點到 D6，可以得到全部的邏輯值。

4-5-7　ISLOGICAL 判斷是否邏輯值

語法英文：ISLOGICAL(value)

語法中文：ISLOGICAL(儲存格內容)

❑ value：必要，要判斷的儲存格內容。

　　ISLOGICAL 函數主要是判斷儲存格內容是不是邏輯，如果是則回傳 TRUE，否則回傳 FALSE。

實例 ch4_16.xlsx 和 ch4_16_out.xlsx：ISLOGICAL 函數的應用。

1：　開啟 ch4_16.xlsx，將作用儲存格放在 D4。

2：　輸入 =ISLOGICAL(C4)，可以在 D4 得到 C4 的邏輯運算結果。

C欄的資料	資料	結果
日期	2022/10/10	FALSE
數字	10	
邏輯值	TRUE	
空白		
邏輯值	FALSE	

3：　拖曳 D4 填滿控點到 D8，可以得到全部的邏輯運算結果。

C欄的資料	資料	結果
日期	2022/10/10	FALSE
數字	10	FALSE
邏輯值	TRUE	TRUE
空白		FALSE
邏輯值	FALSE	TRUE

4-5-8　ISNA 判斷是否 #N/A 錯誤值

語法英文：ISNA(value)

語法中文：ISNA(儲存格內容)

❑ value：必要，要判斷的儲存格內容。

判斷儲存格內容是否為 #N/A 錯誤，如果是回傳 TRUE，否則回傳 FALSE。

實例 ch4_17.xlsx 和 ch4_17_out.xlsx：ISNA 函數的應用。

1： 開啟 ch4_17.xlsx，將作用儲存格放在 D4。

2： 輸入 =ISNA(C4)，可以在 D4 得到 C4 的邏輯運算結果。

3： 拖曳 D4 填滿控點到 D11，可以得到全部的邏輯運算結果。

4-5-9　ISNUMBER 判斷是否為數值

語法英文：ISNUMBER(value)

語法中文：ISNUMBER(儲存格內容)

❏ value：必要，要判斷的儲存格內容。

　　如果儲存格內容是數值、時間或日期時會回傳 TRUE，否則回傳 FALSE。

實例 ch4_18.xlsx 和 ch4_18_out.xlsx：ISNUMBER 函數的應用。

1：　開啟 ch4_18.xlsx，將作用儲存格放在 D4。

2：　輸入 =ISNUMBER(C4)，可以在 D4 得到 C4 的邏輯運算結果。

D4		▼	⋮	×	✓	fx	=ISNUMBER(C4)

	A	B	C	D	E
1					
2		ISNUMBER函數的應用			
3		類型	訊息	結果	
4		數值	100	TRUE	
5		日期	2022/12/12		
6		時間	11:30:30		
7		文字字串	深智數位		
8		邏輯值	TRUE		
9		未輸入			

3：　拖曳 D4 填滿控點到 D9，可以得到全部的邏輯運算結果。

D4		▼	⋮	×	✓	fx	=ISNUMBER(C4)

	A	B	C	D	E
1					
2		ISNUMBER函數的應用			
3		類型	訊息	結果	
4		數值	100	TRUE	
5		日期	2022/12/12	TRUE	
6		時間	11:30:30	TRUE	
7		文字字串	深智數位	FALSE	
8		邏輯值	TRUE	FALSE	
9		未輸入		FALSE	

4-5-10　ISODD 判斷是否為奇數

語法英文：ISODD(value)

語法中文：ISODD(數值)

❑ value：必要，要判斷的儲存格數值。

　　如果儲存格內容是奇數回傳 TRUE，否則回傳 FALSE。如果儲存格是含小數點的數字，小數部分會被捨去，然後針對整數部分做判斷。如果儲存格是日期，則使用日期的序列值做判斷是否是偶數。

實例 ch4_19.xlsx 和 ch4_19_out.xlsx：ISODD 函數的應用。

1：　開啟 ch4_19.xlsx，將作用儲存格放在 C4。

2：　輸入 =ISODD(B4)，可以在 C4 得到 B4 的邏輯值。

3：　拖曳 C4 填滿控點到 C8，可以得到全部的邏輯值。

　　讀者可能會覺得為何 2022/12/20 經過 ISODD 函數操作後是 TRUE，因為有關日期是用序列值做判斷，2022/12/20 的序列值是 44915。

4-5-11　ISTEXT 判斷是否字串

語法英文：ISTEXT(value)

語法中文：ISTEXT(儲存格內容)

❑ value：必要，要判斷的儲存格內容。

如果儲存格內容是字串時會回傳 TRUE，否則回傳 FALSE。

實例 ch4_20.xlsx 和 ch4_20_out.xlsx：ISTEXT 函數的應用。

1：　開啟 ch4_20.xlsx，將作用儲存格放在 D4。

2：　輸入 =ISTEXT(C4)，可以在 D4 得到 C4 的邏輯運算結果。

3：　拖曳 D4 填滿控點到 D9，可以得到全部的邏輯運算結果。

這個函數有時可以做輸入資料的狀態檢查，如果有輸入錯誤可以提醒。

實例 ch4_21.xlsx 和 ch4_21_out.xlsx：檢查姓名欄位是不是輸入正確的文字字串。

1：　開啟 ch4_21.xlsx，將作用儲存格放在 C4。

2：　輸入 =IF(ISTEXT(B4),"OK","請輸入姓名")，如果 B4 儲存格是文字字串，在狀態欄輸出 OK，如果 B4 儲存格不是文字字串，在狀態欄輸出請輸入姓名。

3：　拖曳 D4 填滿控點到 D6，可以得到全部狀態欄的結果。

4-5-12　ISNONTEXT 判斷是否非字串

語法英文：ISNONTEXT(value)

語法中文：ISNONTEXT(儲存格內容)

❏ value：必要，要判斷的儲存格內容。

　　如果儲存格內容不是字串時會回傳 TRUE，否則回傳 FALSE。

實例 ch4_22.xlsx 和 ch4_22_out.xlsx：這個實例會檢查數量欄位是否是數值，如果是則在金額欄位計算實際金額，如果不是數值則輸出 " 請輸入數量 "。

1：　開啟 ch4_22.xlsx，將作用儲存格放在 E4。

2：　輸入 =IF(AND(ISNONTEXT(D4),D4<>"",C4*D4," 請輸入數量 ")，因為 D4 是 2，所以可以在 E4 得到金額 120。

3：　拖曳 E4 填滿控點到 E6，可以得到全部金額欄的結果。

實例 ch4_23.xlsx 和 ch4_23.xlsx：這一個實例與 ch4_22.xlsx 相同，不過筆者將函數由 ISNONTEXT 改為 ISNUMBER，也可以得到相同的結果。

4-5-13　ISREF 檢查是否儲存格參照是有效

語法英文：ISREF(value)

語法中文：ISREF(儲存格內容)

❏ value：必要，要判斷的儲存格內容。

這個函數可以檢查所參照的儲存格內容是否可以引用，如果可以回傳 TRUE，否則回傳 FALSE。

實例 ch4_24.xlsx 和 ch4_24_out.xlsx：ISTEXT 函數的應用。

1：　開啟 ch4_24.xlsx。

2：　將作用儲存格放在 C4，輸入 =ISREF(A1:C5)，可以在 C4 儲存格得到 ISREF 邏輯運算結果，因為 A1:C5 可以參照所以回傳 TRUE。

3：　將作用儲存格放在 C5，輸入 =ISREF(TRUE)，可以在 C5 儲存格得到 ISREF 邏輯運算結果。

4-6 NOT/TRUE/FALSE 應用

4-6-1 NOT 判斷條件是否不成立

語法英文：NOT(logical)

語法中文：NOT(條件式)

❏ logical：必要，要判斷的條件。

　　NOT 函數可以判斷條件是否不成立，如果成立回傳 FALSE，如果不成立回傳 TRUE。

實例 ch4_24_1.xlsx 和 ch4_24_1_out.xlsx：如果 C 欄位有填入姓名回傳 TRUE，否則回傳 FALSE。

1： 開啟 ch4_24_1.xlsx，將作用儲存格放在 D4。

2： 輸入公式 =NOT(ISBLANK(C4))。

3： 拖曳 D4 的填滿控點到 D8。

4-6-2 TRUE/FALSE 回傳邏輯值 TRUE/FALSE

語法英文：TRUE()或FALSE( )

語法中文：TRUE()或FALSE( )

　　這兩個函數不需任何參數，主要用於返回邏輯值 TRUE 或 FALSE。

實例 ch4_24_2.xlsx 和 ch4_24_2_out.xlsx：基礎應用。

1：　開啟 ch4_24_2.xlsx，將作用儲存格放在 B1。

2：　輸入公式 =IF(A1 > 10, TRUE(), FALSE())。

3：　拖曳 B1 的填滿控點到 B2。

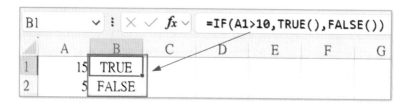

註　上述函數省略括號，改為 =IF(A1 > 10, TRUE, FALSE) 也可以。

4-7 TYPE 確認儲存格的資料類型

語法英文：TYPE(value)

語法中文：TYPE(儲存格內容)

❑ value：必要，要判斷的儲存格內容。

　　Excel 將所有資料類型用數字做編號分類，TYPE 這個函數可以檢查儲存格內容，然後回傳資料類型編號，分類方式如下：

資料類型	TYPE 資料類型編號
數值、時間、日期、未輸入	1
文字字串	2
邏輯值	4
錯誤值	16

實例 ch4_25.xlsx 和 ch4_25_out.xlsx：TYPE 函數的應用。

1：　開啟 ch4_25.xlsx，將作用儲存格放在 D4。

2：　輸入 =TYPE(C4)，可以在 D4 得到 C4 儲存格資料的類型編號。

3: 拖曳 D4 填滿控點到 D10，可以得到全部資料類型編號。

這個功能常可以用於了解儲存格的資料類型，然後可以做更進一步的操作。

4-8 條件判斷的綜合應用實例

4-8-1 計算是否符合退休資格

實例 ch4_26.xlsx 和 ch4_26_out.xlsx：假設男性是大於 65 歲，女性大於 60 歲即符合退休資格，請填入是否符合退休資格。

1: 開啟 ch4_26.xlsx，將作用儲存格放在 E4。

2：　輸入 =OR(AND(C4="男",D4>65),AND(C4="女",D4>60))，可以在 E4 得到是否符合退休的運算結果。

| E4 | ▾ | : | × | ✓ | fx | =OR(AND(C4="男",D4>65),AND(C4="女",D4>60)) |

	A	B	C	D	E	F	G	H
1								
2		深智員工資料						
3		姓名	性別	年齡	是否符合退休			
4		陳東儒	男	68	TRUE			
5		洪冰雨	女	25				
6		洪星宇	男	27				
7		洪錦魁	男	61				
8		洪雨星	男	31				
9		陳美玲	女	61				

3：　拖曳 E4 填滿控點到 E9，可以得到全部是否符合退休的結果。

| E4 | ▾ | : | × | ✓ | fx | =OR(AND(C4="男",D4>65),AND(C4="女",D4>60)) |

	A	B	C	D	E	F	G	H
1								
2		深智員工資料						
3		姓名	性別	年齡	是否符合退休			
4		陳東儒	男	68	TRUE			
5		洪冰雨	女	25	FALSE			
6		洪星宇	男	27	FALSE			
7		洪錦魁	男	61	FALSE			
8		洪雨星	男	31	FALSE			
9		陳美玲	女	61	TRUE			

4-8-2　計算是否符合健康資格

實例 ch4_27.xlsx 和 ch4_27_out.xlsx：空腹血糖小於或等於 100，膽固醇小於或等於 200 即符合健康資格，請填入是否符合健康資格。

1：　開啟 ch4_27.xlsx，將作用儲存格放在 E4。

2： 輸入 =IF(AND(C4<=100,D4<=200),"是","否")，可以在 E4 得到是否健康的運算結果。

	A	B	C	D	E	F	G	H
1								
2			健康檢查表					
3		姓名	空腹血糖	膽固醇	健康			
4		陳阿茂	122	180	否			
5		許棟樑	78	212				
6		吳祖民	85	190				
7		陳新雨	101	116				

E4: =IF(AND(C4<=100,D4<=200),"是","否")

3： 拖曳 E4 填滿控點到 E7，可以得到全部是否健康的結果。

	A	B	C	D	E	F	G	H
1								
2			健康檢查表					
3		姓名	空腹血糖	膽固醇	健康			
4		陳阿茂	122	180	否			
5		許棟樑	78	212	否			
6		吳祖民	85	190	是			
7		陳新雨	101	116	否			

E4: =IF(AND(C4<=100,D4<=200),"是","否")

4-8-3 計算是否通過攝影術科測驗

實例 ch4_28.xlsx 和 ch4_28_out.xlsx：假設 Silicon Stone Education 的攝影術科考試是美洲、歐洲和亞洲 3 位評審一致通過才算通過攝影術科考試，請填入考生是否通過攝影術科考試。

1： 開啟 ch4_28.xlsx，將作用儲存格放在 F4。

2： 輸入 =IF(AND(C4:E4="通過"),"Yes","No")，可以在 F4 得到是否通過考試的結果。

| F4 | ▾ | ⋮ | ✕ | ✓ | *fx* | =IF(AND(C4:E4="通過"),"Yes","No") |

◢	A	B	C	D	E	F	G
1							
2			Silicon Stone Education攝影證照				
3		姓名	美國評審	歐洲評審	亞洲評審	是否通過	
4		陳阿茂	通過	不通過	通過	No	
5		許棟樑	不通過	不通過	通過		
6		吳祖民	通過	通過	通過		
7		陳新雨	通過	通過	不通過		

3：　拖曳 F4 填滿控點到 F7，可以得到全部考試成績的結果。

| F4 | ▾ | ⋮ | ✕ | ✓ | *fx* | =IF(AND(C4:E4="通過"),"Yes","No") |

◢	A	B	C	D	E	F	G
1							
2			Silicon Stone Education攝影證照				
3		姓名	美國評審	歐洲評審	亞洲評審	是否通過	
4		陳阿茂	通過	不通過	通過	No	
5		許棟樑	不通過	不通過	通過	No	
6		吳祖民	通過	通過	通過	Yes	
7		陳新雨	通過	通過	不通過	No	

上述實例我們也可以使用 OR 函數設計上述是否通過攝影術科考試。

程式實例 ch4_29.xlsx 和 ch4_29_out.xlsx：使用 OR 函數重新設計前一個程式。

1：　開啟 ch4_29.xlsx，將作用儲存格放在 F4。

2：　輸入 =IF(OR(C4:E4="不通過"),"No","Yes")，可以在 F4 得到是否通過考試的結果。

| F4 | ▾ | ⋮ | ✕ | ✓ | *fx* | =IF(OR(C4:E4="不通過"),"No","Yes") |

◢	A	B	C	D	E	F	G
1							
2			Silicon Stone Education攝影證照				
3		姓名	美國評審	歐洲評審	亞洲評審	是否通過	
4		陳阿茂	通過	不通過	通過	No	
5		許棟樑	不通過	不通過	通過		
6		吳祖民	通過	通過	通過		
7		陳新雨	通過	通過	不通過		

3： 拖曳 F4 填滿控點到 F7，可以得到全部考試成績的結果。

| F4 | ▾ : × ✓ fx | =IF(OR(C4:E4="不通過"),"No","Yes") |

	A	B	C	D	E	F	G
1							
2		Silicon Stone Education攝影證照					
3		姓名	美國評審	歐洲評審	亞洲評審	是否通過	
4		陳阿茂	通過	不通過	通過	No	
5		許棟樑	不通過	不通過	通過	No	
6		吳祖民	通過	通過	通過	Yes	
7		陳新雨	通過	通過	不通過	No	

4-8-4 業務獎金計算

實例 ch4_30.xlsx 和 ch4_30_out.xlsx：深智數位業務獎金公式計算，如果業績大於或等於 100000 元獎金 5000 元，業績小於 100000 元獎金 1000 元，請計算需要發多少獎金。

1： 開啟 ch4_30.xlsx，將作用儲存格放在 D4。

2： 輸入 =IF(C4>100000,5000,1000)，可以在 D4 得到陳阿茂的獎金金額。

3： 拖曳 D4 填滿控點到 D7，可以得到全部的個人獎金金額。

| D4 | ▾ : × ✓ fx | =IF(C4>=100000,5000,1000) |

	A	B	C	D	E	F
1						
2		深智業績獎金				
3		姓名	業績	獎金		獎金總金額
4		陳阿茂	180000	5000		
5		許棟樑	79000	1000		
6		吳祖民	82500	1000		
7		陳新雨	100000	5000		

4：　將作用儲存格放在 F4，輸入 =SUM(IF(C4:C7>100000,5000,1000))，可以得到獎金
　　總金額。

4-8-5　中秋節獎金計算

實例 ch4_31.xlsx 和 ch4_31_out.xlsx：深智數位中秋節獎金公式計算如下：

　　a：年資未滿 1 年，獎金 5000 元。

　　b：年資 1 年到 3 年，獎金 10000 元。

　　c：年資 3 年到 5 年，獎金 20000 元。

　　d：年資 5 年以上，獎金 50000 元。

1：　開啟 ch4_31.xlsx，將作用儲存格放在 E4。

2：　輸入 =SUM(D5,IF(C4>{0,1,3,5},{5000,5000,10000,30000}))，可以在 E4 得到陳阿茂
　　的中秋獎金 + 薪資金額。

3: 拖曳 E4 填滿控點到 E7，可以得到全部員工的中秋獎金 + 薪資金額。

E4				fx	=SUM(D4,IF(C4>{0,1,3,5},{5000,5000,10000,30000}))			
	A	B	C	D	E	F	G	H
1								
2		深智中秋節獎金						
3		姓名	年資	月薪資	中秋獎金 + 薪資			
4		陳阿茂	2.5	60000	70000			
5		許棟樑	6	78000	128000			
6		吳祖民	0.4	35000	40000			
7		陳新雨	4	58000	78000			

4-8-6 相同地區不同超商營業的累計

實例 ch4_32.xlsx 和 ch4_32_out.xlsx：使用 IF 函數累計相同地區不同超商的營業額累計。

1: 開啟 ch4_32.xlsx。

2: 將作用儲存格放在 E4，輸入公式 =IF(B4=B3,E3+D4,D4)。

3: 可以得到下列結果。

E4				fx	=IF(B4=B3,E3+D4,D4)	
	A	B	C	D	E	F
1						
2		各地區超商營業額統計與累計				
3		地區	分店	營業額	累計營業額	
4		台北市	中正	56800	56800	
5		台北市	天母	67800		
6		台中市	大雅	22590		
7		台中市	豐原	31450		
8		高雄市	左營	29880		
9		高雄市	鳳山	35600		

4: 拖曳 E4 的填滿控點到 E9，在 E 欄位可以得到相同地區不同超商的營業額累計。

4-8-7　在相同類別中只顯示第一個類別

實例 ch4_33.xlsx 和 ch4_33_out.xlsx：使用 IF 和 COUNTIF 函數在相同類別中只顯示第一個類別。

1： 開啟 ch4_33.xlsx。

2： 將作用儲存格放在 C4，輸入公式 =IF(COUNTIF($B$4:B4,B4)=1,B4,"")。

3： 拖曳 C4 的填滿控點到 C10，在 C 欄位可以得到只顯示第一個類別。

未來在商品表中，可以隱藏 B 欄整個就比較清楚了。

	A	C	D	E	F
1					
2		資訊廣場商品表			
3		分類	商品	定價	
4		手機	iPhone	28000	
5			三星	22000	
6			華維	12000	
7		筆電	Acer	26000	
8			Asus	25000	
9		運動表	iWatch	18000	
10			Garmin	22000	

4-8-8 大學學生篩選計畫

實例 ch4_34.xlsx 和 ch4_34_out.xlsx：大學考試，如果國文、英文、數學與自然只要有一科是超過 90 分就算錄取，否則不錄取。

1： 開啟 ch4_34.xlsx。

2： 將作用儲存格放在 G4，輸入公式 =IF(OR(C4:F4>90),"Yes","No")。

3： 拖曳 G4 的填滿控點到 G7，在 G 欄位可以得到錄取 "Yes" 或 "No" 字串。

G4			× ✓ fx	=IF(OR(C4:F4>90),"Yes","No")		
	A	B	C	D	E	F	G

	A	B	C	D	E	F	G
1							
2		大學學生篩檢計畫					
3		考生姓名	國文	英文	數學	自然	錄取
4		陳佳聲	81	76	88	77	No
5		張許昌	76	91	92	99	Yes
6		許名聲	90	85	90	88	No
7		劉員濤	85	92	75	80	Yes

4-8-9 汽車駕照考試

實例 ch4_35.xlsx 和 ch4_35_out.xlsx：國內汽車駕照考試分為筆試與路考，筆試必須在 85 分 (含) 以上，路考必須在 70 分 (含) 以上，整個才算通過考試，有一系列考生分數如下，最後列出是否及格的成績。

註 上述 D8 空格代表缺考。

1： 開啟 ch4_35.xlsx，將作用儲存格放在 E4。

2： 輸入公式 =IF(AND(C4>=85,D4>=70),"通過","失敗")。

3： 拖曳 E4 的填滿控點到 E8，在 E 欄位可以得到"通過"或"失敗"字串。

4-8-10 血壓檢測

實例 ch4_36.xlsx 和 ch4_36_out.xlsx：正常高血壓定義是收縮壓大於 140，舒張壓大於 90，這個題目是列出測試者的收縮壓與舒張壓，然後列出是否有高血壓。

1： 開啟 ch4_36.xlsx，將作用儲存格放在 E4。

2： 輸入公式 =IF(AND(C4>=140,E4>=90),"高血壓","無")。

	A	B	C	D	E	F	G
1							
2		健康檢查血壓測試表					
3		考生姓名	收縮壓	舒張壓	高血壓		
4		陳嘉文	120	80	無		
5		李欣欣	98	60			
6		張家宜	150	100			
7		陳浩	130	90			
8		王鐵牛	170	85			

E4 = =IF(OR(C4>140,D4>90),"高血壓","無")

3： 拖曳 E4 的填滿控點到 E8，在 E 欄位可以得到 "高血壓" 或 "無" 字串。

	A	B	C	D	E	F	G
1							
2		健康檢查血壓測試表					
3		考生姓名	收縮壓	舒張壓	高血壓		
4		陳嘉文	120	80	無		
5		李欣欣	98	60	無		
6		張家宜	150	100	高血壓		
7		陳浩	130	90	無		
8		王鐵牛	170	85	高血壓		

E4 = =IF(OR(C4>140,D4>90),"高血壓","無")

4-8-11 國人旅遊增長統計

實例 ch4_37.xlsx 和 ch4_37_out.xlsx：使用向上箭頭代表旅遊人數成長，或是向下箭頭代表旅遊人數衰退。

1： 開啟 ch4_37.xlsx，將作用儲存格放在 E4。

2：　輸入公式 =IF(D4>C4,"↑","↓")。

3：　拖曳 E4 的填滿控點到 E7，在 E 欄位可以得到 "↑" 或 "↓" 字串。

4-8-12　計算咖啡豆 Arabica 和 Robusta 採購金額

實例 ch4_38.xlsx 和 ch4_38_out.xlsx：計算咖啡豆 Arabica 和 Robusta 採購金額。

1：　開啟 ch4_38.xlsx，將作用儲存格放在 F4。

2：　輸入公式 =IF(OR(C4="Arabica",C4="Robusta"),B4,"")。

3：　拖曳 F4 的填滿控點到 F11，在 F 欄位可以得到採購 Arabica 和 Robusta 咖啡豆的日期字串。

F4		▼	⋮	×	✓	*fx*	=IF(OR(C4="Arabica",C4="Robusta"),B4,"")	

	A	B	C	D	E	F	G	H
1								
2		STARKCOFFEE進貨單				採購Arabica和Robusta		
3		日期	品項	金額		日期	進貨金額	
4		2021/3/8	Arabica	88000		2021/3/8		
5		2021/3/15	Robusta	56000		2021/3/15		
6		2021/3/20	Java	60000				
7		2021/3/22	Arabica	78000		2021/3/22		
8		2021/4/8	Arabica	48000		2021/4/8		
9		2021/4/9	Java	62000				
10		2021/4/10	Robusta	46000		2021/4/10		
11		2021/5/5	Arabica	120000		2021/5/5		
12						總金額		

4： 將作用儲存格放在 G4。

5： 輸入公式 =IF(OR(C4="Arabica",C4="Robusta"),D4,"")。

6： 拖曳 G4 的填滿控點到 G11，在 G 欄位可以得到採購 Arabica 和 Robusta 咖啡豆的金額。

G4		▼	⋮	×	✓	*fx*	=IF(OR(C4="Arabica",C4="Robusta"),D4,"")	

	A	B	C	D	E	F	G	H
1								
2		STARKCOFFEE進貨單				採購Arabica和Robusta		
3		日期	品項	金額		日期	進貨金額	
4		2021/3/8	Arabica	88000		2021/3/8	88000	
5		2021/3/15	Robusta	56000		2021/3/15	56000	
6		2021/3/20	Java	60000				
7		2021/3/22	Arabica	78000		2021/3/22	78000	
8		2021/4/8	Arabica	48000		2021/4/8	48000	
9		2021/4/9	Java	62000				
10		2021/4/10	Robusta	46000		2021/4/10	46000	
11		2021/5/5	Arabica	120000		2021/5/5	120000	
12						總金額		

7： 將作用儲存格放在 G12。

8：　輸入公式 =SUM(G4:G11)，可以得到總體採購金額。

	A	B	C	D	E	F	G
1							
2		STARKCOFFEE進貨單				採購Arabica和Robusta	
3		日期	品項	金額		日期	進貨金額
4		2021/3/8	Arabica	88000		2021/3/8	88000
5		2021/3/15	Robusta	56000		2021/3/15	56000
6		2021/3/20	Java	60000			
7		2021/3/22	Arabica	78000		2021/3/22	78000
8		2021/4/8	Arabica	48000		2021/4/8	48000
9		2021/4/9	Java	62000			
10		2021/4/10	Robusta	46000		2021/4/10	46000
11		2021/5/5	Arabica	120000		2021/5/5	120000
12						總金額	436000

4-9　LET 公式中定義變數並賦值

語法英文：LET(name1, value1, [name2, value2], ..., calculation)

語法中文：LET(變數1, 值1, [變數2, 值2], ..., 表達式)

❑ name1, name2, ... ：必要，變數名稱，必須是有效的 Excel 名稱，不能是範圍引用或數字。。

❑ value1, value2, ... ：必要，與變數名稱對應的值或表達式。

❑ calculation：必要，使用這些變數進行計算的公式或表達式。

在公式中定義變數並賦值，這樣可以提高公式的可讀性和計算效率。透過使用 LET 函數，可以在一個公式中多次使用相同的計算結果，而不必重複計算。

實例 ch4_39.xlsx 和 ch4_39_out.xlsx：計算分數的加權平均值。

1：　開啟 ch4_39.xlsx，將作用儲存個放在 F2。

2：　輸入 =LET(math,B2,eng,C2,weight1,D2,weight2,E2, math*weight1+eng*weight2)。

3：　拖曳 F2 的填滿控點到 F3。

| F2 | ✓ : × ✓ fx ✓ | =LET(math,B2,eng,C2,weight1,D2,weight2,E2, math*weight1+eng*weight2) |

	A	B	C	D	E	F	G	H	I	J	K	L
1	學生	數學	英文	權重1	權重2	加權平均						
2	洪錦魁	80	90	0.6	0.4	84						
3	陳家駒	75	85	0.6	0.4	79						

上述指令比較長，不容易閱讀，請先連按兩下 F2 儲存格，此時可以在此儲存格看到公式，請將插入點移到想要分列的位置。

E	F	G	H	I	J	K	L
權重2	加權平均						
0.4	=LET(math,B2,eng,C2,weight1,D2,weight2,E2, math*weight1+eng*weight2)						
0.4	LET(名稱1, 名稱值1, **計算或名稱2**, [名稱值2, 計算或名稱3], [名稱值3, 計算或名稱4], [名						

同時按 Alt + Enter 鍵，可以執行分列，如下所示：

E	F	G	H	I	J	K
權重2	加權平均					
0.4	=LET(math,B2,					
0.4	eng,C2,weight1,D2,weight2,E2, math*weight1+eng*weight2)					
	LET(名稱1, 名稱值1, **計算或名稱2**, [名稱值2, 計算或名稱3], [名稱值3,					

參考上述觀念可以得到下列分列顯示、容易閱讀的 LET 指令。

E	F	G	H	I
權重2	加權平均			
0.4	=LET(math,B2,			
0.4	eng,C2,			
	weight1,D2,			
	weight2,E2,			
	math*weight1+eng*weight2)			

上述按 Enter 可以執行此指令，未來連按此儲存格兩下，可以復原顯示指令，當然讀者也可以用上述方式輸入指令。上述執行結果存至 ch4_39_1_out。

實例 ch4_40.xlsx 和 ch4_40_out.xlsx：計算分數的加權平均值。

1：　開啟 ch4_40.xlsx，將作用儲存個放在 F3。

2：　輸入 =LET(total,B3:E3,IF(COUNT(total)=4,SUM(total)," 資料不全 "))。

SUM			fx	IF(COUNT(total)=4,SUM(total),"資料不全"))				
	A	B	C	D	E	F	G	H	I	J
1			業務業績表						
2	業務員	第一季	第二季	第三季	第四季	總業績			
3	洪錦魁	8000	6800	8900	9200	=LET(total,B3:E3,			
4	李家泉	6000	7200	8000		IF(COUNT(total)=4,SUM(total),"資料不全"))			
5	長姜仁	4900	6200	3800	4100				

3：　請按 Enter 鍵，可以得到下列結果。

F3			fx	=LET(total,B3:E3,	
	A	B	C	D	E	F
1			業務業績表			
2	業務員	第一季	第二季	第三季	第四季	總業績
3	洪錦魁	8000	6800	8900	9200	32900
4	李家泉	6000	7200	8000		
5	長姜仁	4900	6200	3800	4100	

4：　拖曳 F3 儲存格的填滿控點到 F5，可以得到下列結果。

F3			fx	=LET(total,B3:E3,	
	A	B	C	D	E	F
1			業務業績表			
2	業務員	第一季	第二季	第三季	第四季	總業績
3	洪錦魁	8000	6800	8900	9200	32900
4	李家泉	6000	7200	8000		資料不全
5	長姜仁	4900	6200	3800	4100	19000

第 5 章

序列與排序的應用

5-1 建立表格的連續編號

5-1-1 使用基本公式建立連續編號

讀者可能會覺得建立連續編號很簡單，在儲存格輸入 1，拖曳此儲存格的填滿控點時同時按 Ctrl，就可以建立連續編號，如下所示：

上述有缺點，例如：現在如果刪除編號 3，連續編號會中斷。

	A	B
1		
2		1
3		2
4		4
5		5

實例 ch5_1.xlsx 和 ch5_1_out.xlsx：建立連續的座號。

1： 開啟 ch5_1.xlsx。

2： 將作用儲存格放在 B4，輸入公式 1。

3： 將作用儲存格放在 B5，輸入公式 =B4+1。

B5	▾	× ✓ fx	=B4+1

	A	B	C	D	E
1					
2		微軟高中學生表			
3		座號	姓名		
4		1	陳阿茂		
5		2	許棟樑		
6			吳祖民		
7			陳新雨		

4: 拖曳 B5 儲存格的填滿控點到 B7，可以得到座號的編號結果。

使用上述方式編號時，如果刪除某列，該列以下的列編號會用 #REF! 顯示錯誤，這時只需重新複製公式即可。

實例 ch5_2.xlsx 和 ch5_2_out.xlsx：列編號的刪除與救援。

1: 開啟 ch5_2.xlsx。

2: 選取列 6，相當於座號 3 的列。

3: 執行常用 / 儲存格 / 刪除 / 刪除工作表列。

4: 拖曳 B5 儲存格的填滿控點到 B6，相當於重新複製公式，就可以得到座號重新的編號結果。

5-1-2　ROW 列編號

語法英文：ROW([reference])

語法中文：ROW([儲存格參照])

❑ [reference]：選用，如果省略引數 reference，ROW 函數會引用本身儲存格的位址，可以回傳所在列。如果引數是單一儲存格，則回傳該儲存格的列號。如果引數是一個儲存格範圍，ROW 會以垂直方式輸出列號。

實例 ch5_3.xlsx 和 ch5_3_out.xlsx：建立連續的員工編號。

1：　開啟 ch5_3.xlsx，將作用儲存格放在 B4。

2：　輸入公式 =ROW( )-3，可以在 B4 儲存格完成列編號。

B4			×　✓　*fx*	=ROW()-3	
	A	B	C	D	E
1					
2		深智員工名單			
3		員工編號	姓名	部門	
4		1	陳阿茂	業務	
5			許棟樑	編輯	
6			吳祖民	編輯	
7			陳新雨	財務	

3：　拖曳 B4 儲存格的填滿控點到 B7，就可以得到全部員工編號的結果。

B4			×　✓　*fx*	=ROW()-3	
	A	B	C	D	E
1					
2		深智員工名單			
3		員工編號	姓名	部門	
4		1	陳阿茂	業務	
5		2	許棟樑	編輯	
6		3	吳祖民	編輯	
7		4	陳新雨	財務	

實例 ch5_4.xlsx 和 ch5_4_out.xlsx：刪除某個員工編號，編號將重新編排。

1：　開啟 ch5_4.xlsx。

2: 選取員工編號 2 的列 5，執行常用 / 儲存格 / 刪除 / 刪除工作表列。

可以得到員工編號重新編排的結果。

5-1-3 跳列顯示連續編號

實例 ch5_5.xlsx 和 ch5_5_out.xlsx：跳列建立連續的員工編號。

1: 開啟 ch5_5.xlsx，注意：B3 儲存格是 1，將作用儲存格放在 B5。

2: 輸入公式 =IF(MOD(ROW( ),2)=1,B3+1,"")，可以在 B5 儲存格完成編號。

3: 拖曳 B5 儲存格的填滿控點到 B8，就可以得到跳列建立連續的員工編號。

5-1-4　跳過空白部分顯示連續編號

實例 ch5_6.xlsx 和 ch5_6_out.xlsx：跳列建立連續的員工編號。

1：　開啟 ch5_6.xlsx，將作用儲存格放在 C4。

2：　輸入公式 =IF(D4="","",COUNTA($D$4:D4))，可以在 C4 儲存格完成編號。

3：　拖曳 C4 儲存格的填滿控點到 C11，就可以得到全部員工編號的結果。

5-1-5　羅馬數字連續編號

語法英文：ROMAN(number, [form])

語法中文：ROMAN(數值, 格式類型)

❏ number：必要，要轉換的阿拉伯數字。

❏ [form]：選用，羅馬阿拉伯數字的類型，可參考下表。

Form(格式類型)	說明
0 或省略或 TRUE	古典
1	精簡
2	較精簡
3	較較精簡
4 或 FALSE	簡化

ROMAN 函數可以將數字轉換成羅馬數字，第 2 個引數是羅馬數字的類型。

實例 ch5_7.xlsx 和 ch5_7_out.xlsx：辦公室規則使用羅馬編號。

1：　開啟 ch5_7.xlsx，將作用儲存格放在 B4。

2：　輸入公式 =ROMAN(ROW()-3)，可以在 B4 儲存格列出羅馬數字編號。

上述因為 ROW() 會傳回 4，所以引數必須減 3。

3：　拖曳 B4 儲存格的填滿控點到 B6，就可以得到全部羅馬數字編號結果。

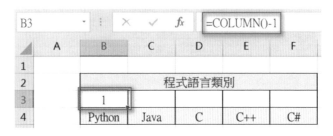

5-1-6　COLUMN 欄編號

語法英文：COLUMN([reference])

語法中文：COLUMN([儲存格參照])

❑ [reference]：選用，如果省略引數 reference，COLUMN 函數會引用本身儲存格的位址，可以回傳所在欄。如果引數是單一儲存格，則回傳該儲存格的欄號。如果引數是一個儲存格範圍，COLUMN 會以水平方式輸出欄號。

　　由於一般儲存格的欄號是用 A、B、⋯ Z、AA、AB、⋯ 等表達，這個序列號碼會被轉成 1、2、⋯ 26、27、28、⋯ 等。

實例 ch5_8.xlsx 和 ch5_8_out.xlsx：列出儲存格的欄位編號。

1：　開啟 ch5_8.xlsx，將作用儲存格放在 B3。

2：　輸入公式 =COLUMN()-1，可以在 B3 儲存格完成數字編號。

3： 拖曳 B3 儲存格的填滿控點到 F3，就可以得到全部欄位的數字編號結果。

實例 ch5_9.xlsx 和 ch5_9_out.xlsx：使用 ROW 和 COLUMN 建立乘法表。

1： 開啟 ch5_9.xlsx，將作用儲存格放在 B1。

2： 輸入公式 =COLUMN()-1，可以在 B1 儲存格建立數字。

3： 拖曳 B1 儲存格的填滿控點到 F1，就可以得到乘法表欄位的數字結果。

4： 將作用儲存格放在 A2，輸入公式 =ROW()-1，可以在 A2 儲存格建立數字。

5： 拖曳 A2 儲存格的填滿控點到 A6，就可以得到乘法表列號的數字結果。

6： 將作用儲存格放在 B2，輸入公式 =$A2*B$1，可以在 B2 儲存格得到乘法結果。

7： 拖曳 B2 儲存格的填滿控點到 F2，就可以得到該列的乘法結果。

8： 拖曳 F2 儲存格的填滿控點到 F6，就可以得到完整的乘法結果。

B2			×	✓	f_x	=$A2*B$1	
	A	B	C	D	E	F	
1		1	2	3	4	5	
2	1	1	2	3	4	5	
3	2	2	4	6	8	10	
4	3	3	6	9	12	15	
5	4	4	8	12	16	20	
6	5	5	10	15	20	25	

實例 ch5_10.xlsx 和 ch5_10_out.xlsx：另一種方式，使用 ROW 和 COLUMN 建立乘法表。

1： 開啟 ch5_10.xlsx，將作用儲存格放在 B2。

2： 輸入公式 =ROW(A1)*COLUMN(A1)，可以在 B2 儲存格建立數字。

3： 拖曳 B2 儲存格的填滿控點到 F2，就可以得到乘法表欄位的數字結果。

4： 拖曳 F2 儲存格的填滿控點到 F6，就可以得到完整乘法數字結果。

B2			×	✓	f_x	=ROW(A1)*COLUMN(A1)	
	A	B	C	D	E	F	G
1		1	2	3	4	5	
2	1	1	2	3	4	5	
3	2	2	4	6	8	10	
4	3	3	6	9	12	15	
5	4	4	8	12	16	20	
6	5	5	10	15	20	25	

CHAR/CODE 與數值進制轉換

5-2-1　CHAR 用數值回傳字元

語法英文：CHAR(number)

語法中文：CHAR(數值)

❑ number：必要，這是 0 ～ 255 間的數字，代表字元碼值。

　　這個函數可以將字元的碼值轉換成字元，這是依照 ANSI 碼值標準，大寫 A ～ Z 是從 10 進制的 65 ～ 90，小寫 a ～ z 是從 10 進制的 97 ～ 122。

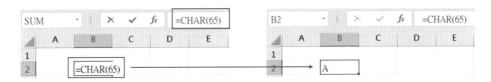

5-2-2　CODE 用字元回傳碼值

語法英文：CODE(text)

語法中文：CODE(字元)

❑ text：必要，要轉成字元碼的文字。

　　這個函數可以將字元轉換成字元碼值，這是依照你的電腦字元集回傳碼值，所以即使字元是中文字，也可以轉換成碼值。

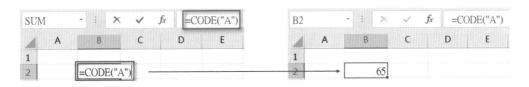

　　如果引數是字串則傳回字串的第 1 個字的碼值。

實例 ch5_11.xlsx 和 ch5_11_out.xlsx：用英文編號列出各廠別。

1：　開啟 ch5_11.xlsx，將作用儲存格放在 B4。

2：　輸入公式 =CHAR(CODE("A")+ROW( )-4)，可以在 B4 儲存格完成英文編號。

3：　拖曳 B4 儲存格的填滿控點到 B6，就可以得到全部廠別的英文編號結果。

5-2-3　DEC2HEX/HEX2DEC

前 2 個小節使用 CHAR 和 CODE 函數，獲得的碼值是 10 進制，但是一般碼值是用 16 進制處理。DEC2HEX 函數可以將 10 進制碼值轉成 16 進制。HEX2DEC 函數可以將 16 進制碼值轉成 10 進制。下列是 DEC2HEX 函數的語法。

語法英文：DEC2HEX(number, [places])

語法中文：DEC2HEX(數值, [位數])

❑ number：必要，需要轉換為 16 進制的 10 進制數。

❑ places：選用，返回結果中要使用的字元數。如果指定的字元數少於結果所需的字元數，則在結果前補零。如果省略，函數將返回最少字元數的結果。

下列是 HEX2DEC 函數的語法。

語法英文：HEX2DEC(number)

語法中文：HEX2DEC(數值)

❑ number：必要，需要轉換為 10 進制的 16 進制數，例如：1A 或 FF。

實例 ch5_11_1.xlsx 和 ch5_11_1_out.xlsx：16 進制與 10 進制間的資料轉換。

1： 開啟 ch5_11_1.xlsx，將作用儲存格放在 C3。

2： 輸入 =DEC2HEX(CODE(B3))，拖曳 C3 儲存格的填滿控點到 C4，執行結果可以參考下方左圖。

	B	C	D	E	F
fx		=DEC2HEX(CODE(B3))			
	文字	16進制碼	文字		
	A	41			
	洪	AC78			

	B	C	D	E	F
fx		=CHAR(HEX2DEC(C3))			
	文字	16進制碼	文字		
	A	41	A		
	洪	AC78	洪		

3： 將作用儲存格放在 D3，輸入 =CHAR(HEX2DEC(C3))，拖曳 D3 儲存格的填滿控點到 D4，執行結果可以參考上方右圖。

5-2-4 其它數值的轉換函數

Excel 還提供下列轉換函數：

● BIN2DEC( )：2 進制轉 10 進制，「=BIN2DEC("1101")」結果是 13。

● BIN2HEX( )：2 進制轉 16 進制，「=BIN2HEX("1101")」結果是 D。

● BIN2OCT( )：2 進制轉 8 進制，「=BIN2OCT("1101")」結果是 15。

● DEC2BIN( )：10 進制轉 2 進制，「=DEC2BIN("13")」結果是 1101。

● DEC2OCT( )：10 進制轉 8 進制，「=DEC2OCT("13")」結果是 15。

● OCT2DEC( )：8 進制轉 10 進制，「=OCT2DEC("15")」結果是 13。

● OCT2BIN( )：8 進制轉 2 進制，「=OCT2BIN("15")」結果是 1101。

● OCT2HEX( )：8 進制轉 16 進制，「=OCT2HEX("15")」結果是 D。

● HEX2BIN( )：16 進制轉 2 進制，「=OCT2HEX("A")」結果是 1010。

● HEX2OCT( )：16 進制轉 8 進制，「=OCT2HEX("1A")」結果是 32。

5-2-5　DECIMAL 數值轉成 10 進制

語法英文：DECIMAL(text, radix)

語法中文：DECIMAL(text, radix)

❑ text：必要，需要轉換的字串形式的數字。

❑ radix：必要，該數字的進制，可以是 2 到 36 之間的任意整數。

上述某種進制（基數可以是 2 到 36 之間的任何一個整數）的數字轉換為十進制數字。

實例 ch5_11_2.xlsx 和 ch5_11_2_out.xlsx：科幻小說中的星際座標系統。假設你是一位科幻小說作家，正在撰寫一部關於星際探索的小說。在這個故事中，星際聯盟使用了一種基於不同進制的座標系統來標記宇宙中的各個位置。你希望能夠輕鬆地將這些座標轉換為十進制數字，以便在小說中進行描述和計算。假設星際座標系統觀念如下：

● 星系 X 的座標系統使用 2 進制。

● 星系 Y 的座標系統使用 16 進制。

● 星系 Z 的座標系統使用 36 進制。

1：　開啟 ch5_11_2.xlsx，將作用儲存格放在 D3。

2：　輸入 =DECIMAL(C3,B3)，拖曳 D3 儲存格的填滿控點到 D5。

5-2-6　BASE 將 10 進制數值轉成指定進制的字串數字

語法英文：BASE(number, radix, [min_length])

語法中文：BASE(number, radix, [min_length])

❑ number：必要，要轉換的數字，必須是大於或等於 0 且小於 2^{53} 的整數。

❑ radix：必要，該數字的進制，可以是 2 到 36 之間的任意整數。

❑ min_length：選用，返回值的最小長度。如果轉換後的結果位數不夠，則在結果的前面補 0。

上述函數可以將數字轉換為指定進制下的字串表示形式。

實例 ch5_11_3.xlsx 和 ch5_11_3_out.xlsx：假設你是一位軟件工程師，正在設計一個數字編碼系統，用於將整數轉換為不同進制表示形式，以便在不同系統之間進行數據傳輸和處理。你希望能夠輕鬆地將這些數字轉換為二進制、十六進制和三十六進制表示形式。

1： 開啟 ch5_11_3.xlsx，將作用儲存格放在 C3。

2： 輸入 =BASE(A3,B3)，拖曳 C3 儲存格的填滿控點到 C5。

C3		✕ ✓ fx	=BASE(A3,B3)	
	A	B	C	D
1	數字編碼系統			
2	10進制	轉換進制	結果字串▼	
3	1234	2	10011010010	
4	1234	16	4D2	
5	1234	36	YA	

5-3 CHOOSE 系列

5-3-1 CHOOSE 從引數索引回傳特定動作

語法英文：CHOOSE(index_num, value1, [value2], …)

語法中文：CHOOSE(索引, value1, [value2], …)

❑ index_num：必要，指定要返回哪個值的索引號。必須是一個數字或計算結果為數字的公式。

❑ value1：必要，從中選擇返回值的 1 到 254 個參數。

❑ value2：選用，從此開始的 value 皆是選用，觀念可以參考 value1。

上述可以從索引值 index_num 回傳特定的值或動作。

實例 ch5_12.xlsx 和 ch5_12_out.xlsx：有數字「1、2、3」，要轉成「壹、貳、參」。

1： 開啟 ch5_12.xlsx，將作用儲存格放在 B2。

2： 輸入公式 =CHOOSE(A2," 壹 "," 貳 "," 參 ")，可以在 B2 儲存格完成對應轉換。

3： 拖曳 B2 儲存格的填滿控點到 B4，就可以得到全部的對應轉換。

實例 ch5_12_1.xlsx 和 ch5_12_1_out.xlsx：跳列建立連續的員工編號。

1： 開啟 ch5_12_1.xlsx，將作用儲存格放在 C4。

2： 輸入公式 =CHOOSE(MOD(ROW(),2)," 壹 "," 貳 ")，可以在 C4 儲存格完成編號。

3： 拖曳 C4 儲存格的填滿控點到 C9，就可以得到全部新的編號結果。

| C4 | | | fx | =CHOOSE(MOD(ROW(),2)+1,"壹","貳") |

	A	B	C	D
1				
2		深智員工資料編號		
3		部門	編號	姓名
4		財務部	壹	陳阿茂
5			貳	吳祖民
6		業務部	壹	吳新光
7			貳	陳新雨
8		編輯部	壹	沈光東
9			貳	陳浩

實例 ch5_12_2.xlsx 和 ch5_12_2_out.xlsx：假設我們有一週的運動計劃，每天進行不同的運動。希望能根據今天是星期幾，自動顯示今天應該進行的運動。假設運動計畫是，星期一「跑步」、星期二「游泳」、星期三「力量訓練」、星期四「瑜伽」、星期五「騎自行車」、星期六「健身操」、星期日「休息」。

1： 開啟 ch5_12_2.xlsx，將作用儲存格放在 B2。

2： 輸入公式 =CHOOSE(WEEKDAY(A2)," 跑步 "," 游泳 "," 力量訓練 "," 瑜珈 "," 騎自行車 "," 健身操 "," 休息 ")，可以得到「游泳」的結果。

| B2 | fx | =CHOOSE(WEEKDAY(A2),"跑步","游泳","力量訓練","瑜珈","騎自行車","健身操","休息") |

	A	B
1	日期	運動計畫
2	2024/6/10	游泳

WEEKDAY 函數會在 7-7-2 節說明，這個函數可以針對日期參數，返回值是 1 到 7，代表星期日到星期六。

5-3-2 CHOOSEROWS/CHOOSECOLS 取出列或欄

CHOOSEROWS 和 CHOOSECOLS 函數是用於選取指定列或欄的函數，可以從一個範圍或矩陣資料中根據指定的索引提取特定的列或欄。這些函數是 Office 365 中的功能，旨在提高數據處理的靈活性。CHOOSEROWS 函數的語法如下：

語法英文：CHOOSEROWS(array, row_num1, [row_num2], ...)

語法中文：CHOOSEROWS(陣列, row_num1, [row_num2], ...)

❑ array：必要，要從中選取列的陣列或範圍。

❑ row_num1, [row_num2]：必要，要選擇的行號，可以有多個。

　　CHOOSECOLS 函數的語法如下：

語法英文：CHOOSECOLS(array, col_num1, [col_num2], ...)

語法中文：CHOOSECOLS(陣列, col_num1, [col_num2], ...)

❑ array：必要，要從中選取欄的陣列或範圍。

❑ col_num1, [col_num2]：必要，要選擇的欄位，可以有多個。

實例 ch5_12_3.xlsx 和 ch5_12_3_out.xlsx：假設我們有一個電影數據集，其中包括電影名稱、類型、評分和發佈年份。我們希望根據用戶的選擇推薦特定類型的電影和高評分電影。

1： 開啟 ch5_12_3.xlsx，將作用儲存格放在 G2。

2： 輸入公式 =CHOOSEROWS(A1:E8, 1, 2, 3)，可以得到 G2:K4 的結果。

3： 將作用儲存格放在 G6。

4： 輸入公式 =CHOOSECOLS(CHOOSEROWS(A1:E8, 1, 2, 3), 2, 4)，可以得到 G6:H8 的結果。

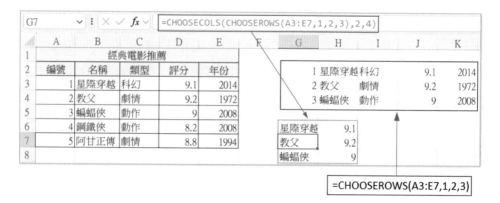

5-4 資料排序

5-4-1 RANK 和 RANK.EQ

RANK 是舊版函數，雖然目前 Excel 仍可支援，建議可以使用 RANK.EQ 函數取代。這個函數可以回傳某數值在一個數字列表中的排名。排名按數值的大小排序，可以選擇升序或降序。

語法英文：RANK/RANK.EQ(number, ref, [order], …)

語法中文：RANK/RANK.EQ(數值, 參照範圍, [order], …)

❑ number：必要，要計算排名的數字。

❑ ref：必要，數列的陣列或是參照，如果參照非數值會被忽略。

❑ [order]：選用，如果 order 是 0 或省略表示依遞減順序排序，如果 order 是 1 表示依遞增排序。

上述數值和參照範圍是必須的，number 數值引數是排名，相當於在參照範圍計算排名。如果碰上重複的數值會給予相同的排名，重複的數字也會影響後面的排名，例如：一個遞增排序中，若是數字 8 出現 2 次同時是排名 3，則 9 的排名是 5。

實例 ch5_13.xlsx 和 ch5_13_out.xlsx：使用 RANK 函數計算業績排名。

1： 開啟 ch5_13.xlsx，將作用儲存格放在 D4。

2： 輸入公式 =RANK(C4,$C$4:$C$8)，可以在 D4 儲存格建立排名。

D4	▾	:	×	✓	fx	=RANK(C4,$C$4:$C$8)

	A	B	C	D	E	F
1						
2		深智業績表				
3		姓名	業績	排名		
4		王德勝	89200	3		
5		陳新興	91000			
6		許嘉容	88300			
7		李家家	89200			
8		王浩	99800			

3：　拖曳 D4 儲存格的填滿控點到 D8，就可以得到全部的排名。

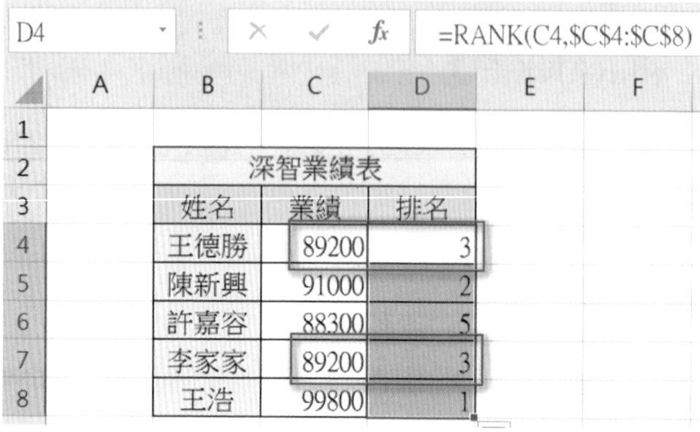

在上圖我們可以看到相同業績有相同的排名 (第 3 名)，此時下一個排名 (第 4 名) 就不會產生，而是直接跳到第 5 名。如果我們想相同業績在上方的資料有較高的排名，可以參考下列實例。

實例 ch5_14.xlsx 和 ch5_14_out.xlsx：使用 RANK 函數計算業績排名，如果業績相同上方業務員有較高的排名順序。

1：　開啟 ch5_14.xlsx，將作用儲存格放在 D4。

2：　輸入公式 =RANK(C4,$C$4:$C$8)+COUNTIF($C$4:C4)-1，可以在 D4 儲存格建立排名。

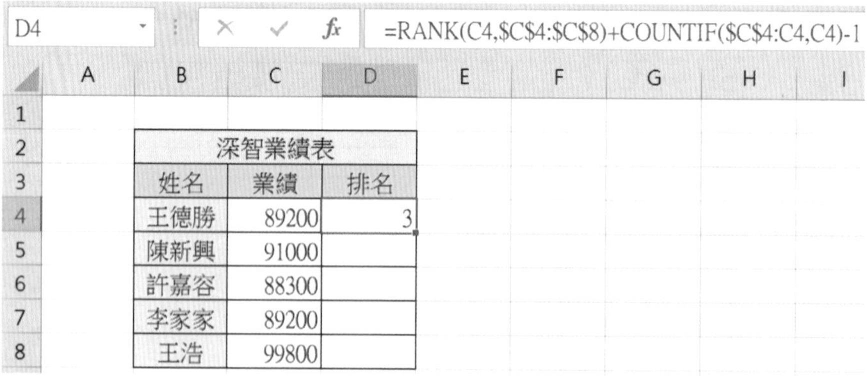

3：　拖曳 D4 儲存格的填滿控點到 D8，就可以得到全部的排名。

| D4 | | : | × | ✓ | fx | =RANK(C4,$C$4:$C$8)+COUNTIF($C$4:C4,C4)-1 | | | |

	A	B	C	D	E	F	G	H	I
1									
2			深智業績表						
3		姓名	業績	排名					
4		王德勝	89200	3					
5		陳新興	91000	2					
6		許嘉容	88300	5					
7		李家家	89200	4					
8		王浩	99800	1					

上述 COUNTIF 函數可以回傳與指定儲存格相同的存格格式，所以 D4:D8 的排名計算方式如下：

RANK	COUNTIF	函數計算方式	排名
3	1	3+1-1	3
2	1	2+1-1	2
5	1	5+1-1	5
3	2	3+2-1	4
1	1	1+1-1	1

實例 ch5_15.xlsx 和 ch5_15_out.xlsx：職棒金手套獎是以失誤次數最少者為第 1，依此排名。

1：　開啟 ch5_15.xlsx，將作用儲存格放在 D4。

2：　輸入公式 =RANK.EQ(C4,$C$4:$C$8,1)，可以在 D4 儲存格建立排名。

3：　拖曳 D4 儲存格的填滿控點到 D8，就可以得到全部金手套獎的排名。

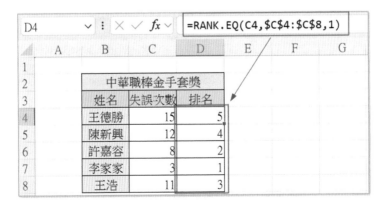

| D4 | | : | × | ✓ | fx | =RANK.EQ(C4,$C$4:$C$8,1) | |

	A	B	C	D	E	F	G
1							
2			中華職棒金手套獎				
3		姓名	失誤次數	排名			
4		王德勝	15	5			
5		陳新興	12	4			
6		許嘉容	8	2			
7		李家家	3	1			
8		王浩	11	3			

5-4-2　RANK.AVG

語法英文：RANK.AVG(number, ref, [order], …)

語法中文：RANK.AVG(數值, 參照範圍, [order], …)

❑ number：必要，要計算排名的數字。

❑ ref：必要，數列的陣列或是參照，如果參照非數值會被忽略。

❑ [order]：選用，如果 order 是 0 或省略表示依遞減順序排序，如果 order 是 1 表示依遞增排序。

　　這個函數與 RANK.EQ 函數的差異是當碰上有相同的數值時，排名順序使用平均值。

實例 ch5_16.xlsx 和 ch5_16_out.xlsx：使用 RANK.AVG 函數計算業績排名。

1：　開啟 ch5_16.xlsx，將作用儲存格放在 D4。

2：　輸入公式 =RANK.AVG(C4,$C$4:$C$8)，可以在 D4 儲存格建立排名。

3：　拖曳 D4 儲存格的填滿控點到 D8，就可以得到全部的排名。

實例 ch5_17.xlsx：這個實例操作方式與 ch5_16.xlsx 相同，主要是列出有 3 個資料相同時，讀者可以看到他們的排名。

5-4-3　SORT 排序陣列或範圍

語法英文：SORT(array, [sort_index], [sort_order], [by_col])

語法中文：SORT(陣列, [排序索引], [排序方式], [依欄排序])

❏ array：必要，要排序的陣列或範圍。

❏ sort_index：選用，指定要排序的欄或列的索引。預設為第一欄或第一列。

❏ [sort_order]：選用，指定排序順序，1 表示升序，-1 表示降序。預設為升序。。

❏ [by_col]：選用，指定按欄或按列排序。TRUE 表示按欄排序，FALSE 表示按列排序。預設為按欄排序。

　　SORT 是一個動態陣列函數，這意味著它返回的結果會自動溢出到相鄰的單元格中。這個函數非常靈活，可以根據一列或多列進行排序，並支持升序和降序排序。

實例 ch5_17_1.xlsx 和 ch5_17_1_out.xlsx：使用 SORT 函數依據年齡升序排序。

1：　開啟 ch5_17_1.xlsx，將作用儲存格放在 E1。

2：　輸入公式 =SORT(A2:C5, 2, 1)。

SORT 函數的參數 2 是第 2 個欄位 (年齡)，1 是升序排序。

實例 ch5_17_2.xlsx 和 ch5_17_2_out.xlsx：使用 SORT 函數依據薪資升序排序，如果薪資相同則依據年齡升序排序。

1：　開啟 ch5_17_2.xlsx，將作用儲存格放在 E1。

2：　輸入公式 =SORT(SORT(A2:C7, 3, 1), 2, 1)。

依據薪資排序
依據年齡排序

實例 ch5_17_3.xlsx 和 ch5_17_3_out.xlsx：活動安排，假設您正在組織一個多天的會議或活動，並且需要根據不同的優先級和時間安排不同的演講者。您可以使用 SORT 函數和動態陣列功能來自動排序並更新演講安排。

1：　開啟 ch5_17_3.xlsx，將作用儲存格放在 E1。

2：　輸入公式 =SORT(A2:C5, {3, 2}, {1, 1})，請將 F2:F5 儲存格格式改為日期格式。

上述 SORT 函數參數 {3, 2} 和 {1, 1}，說明如下：

● {3, 2}：這表示排序將首先依據第三欄（優先順序），其次依據第二欄（日期）。

● {1, 1}：這表示排序順序為升序（1 表示升序）。

❏ 動態更新觀念

如果您在原始數據表格中對優先順序或演講時間進行任何更改，排序結果會自動更新。例如，如果將「鴻禧雨」的優先級從 1 更改為 3，結果會自動更新為：

5-4-4 SORTBY 可更靈活選擇排序依據

語法英文：SORTBY(array, by_array1, [sort_order1], [by_array2, sort_order2], …)

語法中文：SORTBY(陣列, 排序陣列1, [排序順序1], [排序陣列2, 排序順序2], …)

❏ array：必要，要排序的陣列或範圍。

❏ by_array1：必要，第一個排序依據的範圍或陣列。

❏ [sort_order1]：選用，指定第一個排序依據的排序順序。1 表示升序，-1 表示降序。預設為升序。

❏ [by_array2, sort_order2]：選用，第二個排序依據的範圍或陣列及其排序順序，依此類推。

SORTBY 函數是一個強大的工具，用於根據一個或多個排序列或來排序主陣列或範圍。這個函數與 SORT 函數不同之處在於它可以更靈活地選擇多個排序依據，而不僅僅是根據陣列內部的欄或列進行排序。

實例 ch5_17_4.xlsx 和 ch5_17_4_out.xlsx：活動安排，假設您正在組織一個多天的會議或活動，並且需要根據不同的優先級和時間安排不同的演講者。您可以使用 SORT 函數和動態陣列功能來自動排序並更新演講安排。

1 ： 開啟 ch5_17_4.xlsx，將作用儲存格放在 E1。

2 ： 輸入公式 =SORTBY(A2:C5, C2:C5, 1, B2:B5, 1)，請將 F2:F5 儲存格格式改為日期格式。

E2	∨ ⋮ × ✓ fx ∨	=SORTBY(A2:C5, C2:C5, 1, B2:B5, 1)						
	A	B	C	D	E	F	G	H
1	姓名	日期	優先順序		姓名	日期	優先順序	
2	陳靜東	2024/6/10	2		洪錦魁	2024/6/9	1	
3	洪錦魁	2024/6/9	1		鴻禧雨	2024/6/10	1	
4	洪冰儒	2024/6/11	3		陳靜東	2024/6/10	2	
5	鴻禧雨	2024/6/10	1		洪冰儒	2024/6/11	3	

上述 SORTBY 函數公式的作用是：

● 根據範圍 C2：「優先順序」進行升序排序。

● 如果「優先順序」相同，則根據範圍 B2，「日期」進行升序排序。

SORT 和 SORTBY 函數差異如下：

❑ 排序依據：

● SORT：基於內部欄或列的索引進行排序。

● SORTBY：可以根據陣列之外的其他陣列或範圍進行排序，更加靈活。

❑ 語法和靈活性：

● SORT：主要用於簡單排序，參數相對較少，適用於需要基於單一陣列內部列或欄進行排序的情況。

● SORTBY：適用於需要多個不同範圍或陣列進行排序的情況，參數更多，更靈活。

5-4-5 SORTBY/SORT/FILTER 整合應用

實例 ch5_17_5.xlsx 和 ch5_17_5_out.xlsx：取前 3 名業績，依據業績欄位降序排序，欄位依據 {2,3,1} 重新排列。

1： 開啟 ch5_17_5.xlsx，將作用儲存格放在 E3。

2： 輸入公式 =SORTBY(SORT(FILTER(A3:C7,C3:C7<=3),2,-1),{2,3,1})。

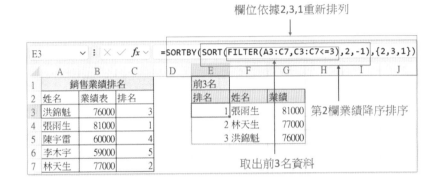

5-5 LARGE 取得較大值

語法英文：LARGE(array, k)

語法中文：LARGE(陣列, k)

❑ array：必要，是指要判斷第 k 個排名的陣列，如果 array 是空的會回傳 #NUM! 錯誤。

❑ k：必要，是陣列的位置。如果 k 小於 0 或 k 大於陣列資料點數會回傳 #NUM! 錯誤。

　　上述可以回傳陣列或是儲存格範圍的最大值計算起的第 k 個資料，例如：如果 k 是 1 則回傳最大值，如果陣列元素有 n 個，如果 k = n，則傳回最小值。

5-5-1 回傳業績的前 3 名

實例 ch5_18.xlsx 和 ch5_18_out.xlsx：使用 LARGE 函數計算業績排名前三名。

1： 開啟 ch5_18.xlsx，將作用儲存格放在 F4。

2：　輸入公式 =LARGE($C$4:$C$8,E4)，可以在 F4 儲存格建立第一名的業績。

3：　拖曳 F4 儲存格的填滿控點到 F6，就可以得到前三名的排名。

5-5-2　建立完整的業績排名

實例 ch5_19.xlsx 和 ch5_19_out.xlsx：計算完整的業績排名。

1：　開啟 ch5_19.xlsx，將作用儲存格放在 G4。

2：　輸入公式 =LARGE($C$4:$C$8,E4)，可以在 F4 儲存格建立第一名的業績。

3：　拖曳 G4 儲存格的填滿控點到 G8，就可以得到各名次的業績。

4: 將作用儲存格放在 F4。

5: 輸入公式 =RANK(G4,$G$4:$8$8)，可以在 F4 儲存格建立 G4 業績的名次。

6: 拖曳 G4 儲存格的填滿控點到 F8，就可以得到全部的名次。

5-5-3 使用醒目提示顯示業績的前 3 名

實例 ch5_20.xlsx 和 ch5_20_out.xlsx：使用醒目提示顯示業績的前 3 名。

1: 開啟 ch5_20.xlsx，選取儲存格區間 C4:C8。

2: 執行常用 / 樣式 / 條件式格式設定 / 新增規則，可以看到新增格式化規則對話方塊。

3: 請選擇使用公式來決定要格式化哪些儲存格，然後在編輯規則說明欄輸入下列公式：

=C4>=LARGE($C$4:$C$8,3)

如下所示：

4：　按預覽右邊的格式鈕選擇前 3 名的格式，會出現設定儲存格格式對話方塊，此例筆者選擇填滿框頁次的寶藍色，相當於醒目提示是寶藍色。

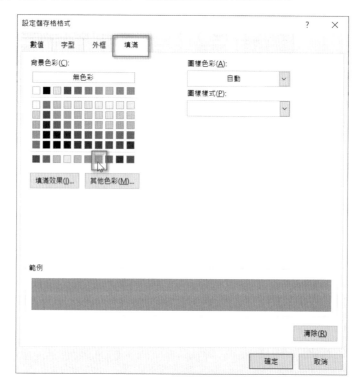

5: 按確定鈕可以返回新增格式化規則對話方塊，最後結果如下圖所示：

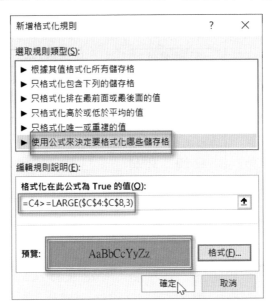

6: 上述按確定鈕就可以得到前 3 名是使用醒目提示顯示。

5-5-4 使用 MAX 和 IF 完成重複部分被排除的前 3 名

實例 ch5_21.xlsx 和 ch5_21_out.xlsx：使用 MAX 和 IF 函數計算業績排名前三名，當發生業績相同時，重複的部分將被排除。

1: 開啟 ch5_21.xlsx，將作用儲存格放在 F4。

2: 輸入公式 =MAX(C4:C8)。

3： 　將作用儲存格放在 F5。

4： 　輸入公式 =MAX(IF($C$4:$C$8<F4,$C$4:$C$8,""))，可以在 F5 儲存格建立下一名的
業績。

5： 　拖曳 F5 儲存格的填滿控點到 F6，就可以得到的排名前 3 名，同時不會有重複相
同業績出現。

步驟 4 觀念解說

上述觀念比較難懂的是步驟 4，在 F5 儲存格產生第 2 個較大值，使用下列公式：

=MAX(IF($C$4:$C$8<F4,$C$4:$C$8,"")

如何建立下一名的業績，上述 $C$4:$C$8 是一個陣列，會先將陣列內大於或等於
F4 儲存格的值先轉成 ""，然後列出數值如下：

=MAX(89200,91000,88300,9100,"")

最後 F5 的儲存格值是取最大值 91000。

步驟 5 觀念解說

這時要產生 F6 的值，這時會將 $C$4:$C$8 陣列內大於或等於 F5 儲存格的值先轉成 ""，然後列出數值如下：

=MAX(89200,"",88300,"","")

最後 F6 的儲存格值是取最大值 89200。

5-6　LOOKUP 搜尋

語法英文：LOOKUP(lookup_value, lookup_vector, [result_vector])

語法中文：LOOKUP(搜尋值, 搜尋區間, 對應區間)

❑ lookup_value：必要，表示要搜尋的值。

❑ lookup_vector：必要，表示要尋找的資料範圍，一欄或一列。

❑ [result_vector]：選用，對應區間，一欄或一列，大小需與 lookup_vector 相同。

可以在搜尋區間找到搜尋值，再到對應區間取得值。這個函數雖然好用，不過如果讀者使用 Office 365，Microsoft 公司建議可以使用 XLOOKUP 函數 (讀者可以參考 8-8 節)，可以更快速方便。

實例 ch5_21_1.xlsx 和 ch5_21_1_out.xlsx：列出公司支出最高費用的前 3 名。

1：　開啟 ch5_21_1.xlsx，將作用儲存格放在 F4。

2：　輸入公式 =LARGE($C$4:$C$8,E4)。

3：　拖曳 F4 儲存格的填滿控點到 F6，可以得到費用支出金額的結果。

F4		:	×	✓	fx	=LARGE($C$4:$C$8,E4)	
	A	B	C	D	E	F	G
1							
2		公司費用支出			費用支出的排名		
3		項目	金額		排名	金額	項目
4		文具	500		1	5100	
5		交通	3600		2	3600	
6		公關	5100		3	3000	
7		水電	3000				
8		郵寄	1800				

4：　將作用儲存格放在 G4。

5：　輸入公式 =LOOKUP(F4,$C$4:$C$8,$B$4:$B$8)。

6：　拖曳 G4 儲存格的填滿控點到 G6，可以得到費用支出的項目。

5-7　SMALL 取得較小值

語法英文：SMALL(array, k)

語法中文：SMALL(陣列, k)

❑ array：必要，是指要判斷第 k 個最小的排名的陣列，如果 array 是空的會回傳 #NUM! 錯誤。

❑ k：必要，是陣列的位置 (從最小算起)。如果 k 小於 0 或 k 大於陣列資料點數會回傳 #NUM! 錯誤。

　　上述可以回傳陣列或是儲存格範圍的最小值計算起的第 k 個資料，例如：如果 k 是 1 則回傳最小值，如果陣列元素有 n 個，如果 k = n，則傳回最大值。

5-7-1　回傳交際費最少的前 3 名

實例 ch5_22.xlsx 和 ch5_22_out.xlsx：使用 SMALL 函數計算交際費用最少的前三名。

1：　開啟 ch5_22.xlsx，將作用儲存格放在 F4。

2： 輸入公式 =SMALL($C$4:$C$8,E4)，可以在 F4 儲存格建立交際費最少的第一名。

F4			× ✓ fx	=SMALL($C$4:$C$8,E4)	

	A	B	C	D	E	F
1						
2		深智交際費表			前3名	
3		姓名	交際費		名次	交際費
4		王德勝	9200		1	6800
5		陳新興	8000		2	
6		許嘉容	7650		3	
7		李家家	8100			
8		王浩	6800			

3： 拖曳 F4 儲存格的填滿控點到 F6，就可以得到交際費用前三名的排名。

F4			× ✓ fx	=SMALL($C$4:$C$8,E4)	

	A	B	C	D	E	F
1						
2		深智交際費表			前3名	
3		姓名	交際費		名次	交際費
4		王德勝	9200		1	6800
5		陳新興	8000		2	7650
6		許嘉容	7650		3	8000
7		李家家	8100			
8		王浩	6800			

5-7-2　使用 MIN 和 IF 完成重複部分被排除的前 3 名

實例 ch5_23.xlsx 和 ch5_23_out.xlsx：使用 MIN 和 IF 函數計算業績排名前三名，當發生業績相同時，重複的部分將被排除。

1： 開啟 ch5_23.xlsx，將作用儲存格放在 F4。

2： 輸入公式 =MIN(C4:C8)。

3：　將作用儲存格放在 F5。

4：　輸入公式 =MIN(IF($C$4:$C$8>F4,$C$4:$C$8,"")),可以在 F5 儲存格建立下一名的業績。

5：　拖曳 F5 儲存格的填滿控點到 F6,就可以得到的排名前 3 名,同時不會有重複相同交際費出現。

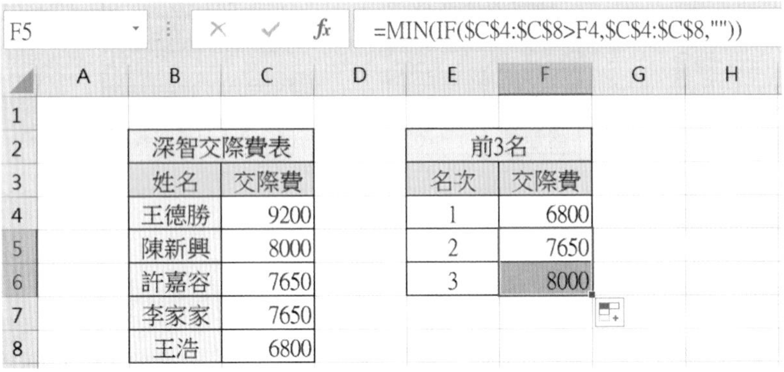

步驟 4 觀念解說

上述觀念比較難懂的是步驟 4,在 F5 儲存格產生第 2 個較小值,使用下列公式:

=MIN(IF($C$4:$C$8>F4,$C$4:$C$8,"")

如何建立下一名的業績,上述 $C$4:$C$8 是一個陣列,會先將陣列內小於或等於 F4 儲存格的值先轉成 "",然後列出數值如下:

=MIN(9200,8000,7650,7650,"")

最後 F5 的儲存格值是取最小值 7650。

步驟 5 觀念解說

這時要產生 F6 的值，這時會將 $C$4:$C$8 陣列內小於或等於 F5 儲存格的值先轉成 ""，然後列出數值如下：

=MIN(9200,8000,"","","")

最後 F6 的儲存格值是取最小值 8000。

5-8　INDEX 和 MATCH

5-8-1　INDEX 回傳指定 row 列 column 欄的資料

語法英文：INDEX(array, row_num, [column_num])

語法中文：INDEX(陣列, 列, [欄], [區域編號])

❑ array：必要，儲存格或是常數陣列的範圍。

❑ row_num：必要，儲存格或是常數陣列的列。

❑ [column_num]：選用，儲存格或是常數陣列的欄。

這個函數可以在參照陣列範圍傳回指定 (列 , 欄) 的儲存格內容。如果列是 0 則回傳整個整個資料列陣列，如果欄是 0，則回傳整個整個資料欄陣列。

實例 ch5_24.xlsx 和 ch5_24_out.xlsx：使用 INDEX 函數回傳 (列 =3, 欄 =2) 的儲存格內容。

1：　開啟 ch5_24.xlsx，將作用儲存格放在 I6。

2：　輸入公式 =INDEX(C4:F6,I3,I4)。

3：　可以得到下列結果。

5-8-2　MATCH 回傳指定 row 列的 column 欄

語法英文：MATCH(lookup_value, lookup_array, [match_type])

語法中文：MATCH(搜尋值, 陣列, [匹配格式])

❑ lookup_value：必要，在 lookup_array 中比對搜尋的值。

❑ lookup_array：必要，這是搜尋比對的儲存格範圍。

❑ [match_type]：選用，有關搜尋匹配格式如下。

搜尋格式	說明
1 或省略	當陣列以遞增排列時，可以得到小於搜尋值的最大值
0	搜尋完全相同的值
-1	當陣列以遞減排列時，可以得到大於搜尋值的最小值

MATCH 函數可以在參照陣列範圍傳回搜尋值的所在列。

實例 ch5_25.xlsx 和 ch5_25_out.xlsx：使用 MATCH 函數回傳搜尋值李家家的位置。

1：　開啟 ch5_25.xlsx，將作用儲存格放在 F4。

2：　輸入公式 =MATCH(F3,B4:B8,0)。

3：　可以得到下列結果。

5-8-3　找尋商品代碼

這個其實是 INDEX 和 MATCH 函數的綜合應用。

實例 ch5_26.xlsx 和 ch5_26_out.xlsx：在 G3 儲存格輸入查詢的商品，然後在 G4 儲存格輸入查詢公式，及可以輸出所查詢的商品。

1： 開啟 ch5_26.xlsx，將作用儲存格放在 G4。

2： 輸入公式 =INDEX(B4:B6,MATCH(G3,C4:C6,0))。

3： 可以得到下列結果。

5-8-4　回傳業績的前 3 名業績和姓名

實例 ch5_27.xlsx 和 ch5_27_out.xlsx：使用 LARGE 函數計算業績排名前三名，然後加上前 3 名的姓名。

1： 開啟 ch5_27.xlsx，將作用儲存格放在 F4。

2： 輸入公式 =LARGE($C$4:$C$8,E4)，可以在 F4 儲存格建立第一名的業績。

3： 拖曳 F4 儲存格的填滿控點到 F6，就可以得到前三名的排名。

4： 將作用儲存格放在 G4，然後輸入下列公式：

=INDEX($B$4:$B$8,MATCH(F4,$C$4:$C$8,0))

5： 拖曳 G4 儲存格的填滿控點到 G6，就可以得到前三名的姓名。

5-9 綜合應用實例

5-9-1　碰上相同值時以其他欄位當作排名依據

實例 ch5_28.xlsx 和 ch5_28_out.xlsx：公司為新進員工進行智力測驗，如果總分相同，使用數學分數當作排名依據。在進行這類的運算時可以先將總分乘以一個權重，然後再加上數學分數，再計算名次即可。

1： 開啟 ch5_28.xlsx，將作用儲存格放在 E4。

2： 輸入公式 =C4+D4*100，可以在 E4 儲存格建立計算區的分數。

3： 拖曳 E4 儲存格的填滿控點到 E8，就可以得到全部計算區的分數。

E4	▼	⋮	×	✓	*fx*	=C4+D4*100

	A	B	C	D	E	F
1						
2		\multicolumn{4}{深智智力測驗排名}			
3		姓名	數學	總分	計算區	名次
4		王德勝	78	140	14078	
5		陳新興	77	130	13077	
6		許嘉容	68	128	12868	
7		李家家	80	140	14080	
8		王浩	91	151	15191	

4： 將作用儲存格放在 F4。

5： 輸入公式 =RANK(E4,$E$4:$E$8)，可以在 F4 儲存格建立名次。

F4	▼	⋮	×	✓	*fx*	=RANK(E4,$E$4:$E$8)

	A	B	C	D	E	F
1						
2		\multicolumn{4}{深智智力測驗排名}			
3		姓名	數學	總分	計算區	名次
4		王德勝	78	140	14078	3
5		陳新興	77	130	13077	
6		許嘉容	68	128	12868	
7		李家家	80	140	14080	
8		王浩	91	151	15191	

6： 拖曳 F4 儲存格的填滿控點到 F8，就可以得到全部的名次。

F4	▼	⋮	×	✓	*fx*	=RANK(E4,$E$4:$E$8)

	A	B	C	D	E	F
1						
2		\multicolumn{4}{深智智力測驗排名}			
3		姓名	數學	總分	計算區	名次
4		王德勝	78	140	14078	3
5		陳新興	77	130	13077	4
6		許嘉容	68	128	12868	5
7		李家家	80	140	14080	2
8		王浩	91	151	15191	1

從上圖可以看到王德勝總分與李家家相同，但是李家家的數學分數較高，所以名次也比較高。

5-9-2　設計篩選後的資料也可以執行排序

實例 ch5_29.xlsx 和 ch5_29_out.xlsx：設計篩選後也可以執行排序的應用，這個實例可以應用在篩選前排序，也可以應用在篩選某區域的業務員業績排序，筆者會以北區為實例。

1：　開啟 ch5_29.xlsx，將作用儲存格放在 E4。

2：　輸入公式 =IF(SUBTOTAL(2,D4)=1,D4,"")，這個功能主要是如果資料隱藏則將此儲存格內容設為 ""，否則顯示此儲存格內容。

3：　拖曳 E4 儲存格的填滿控點到 E8，就可以得到全部計算區的業績。

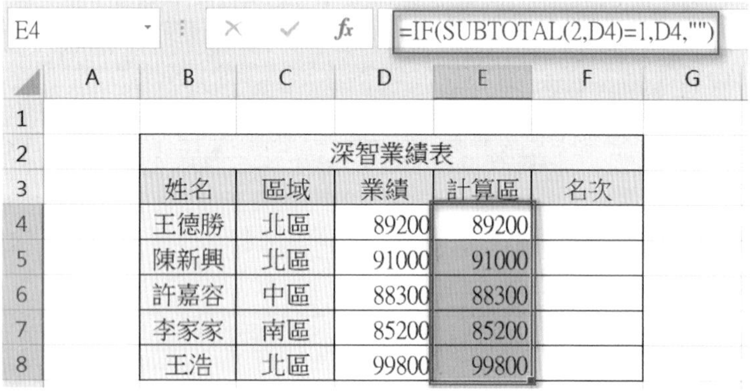

E4		⋮	×	✓	fx	=IF(SUBTOTAL(2,D4)=1,D4,"")	
	A	B	C	D	E	F	G
1							
2				深智業績表			
3		姓名	區域	業績	計算區	名次	
4		王德勝	北區	89200	89200		
5		陳新興	北區	91000	91000		
6		許嘉容	中區	88300	88300		
7		李家家	南區	85200	85200		
8		王浩	北區	99800	99800		

4：　將作用儲存格放在 F4。

5：　輸入公式 =RANK(E4,$E$4:$E$8)，這個功能主要是建立名次。

6：　拖曳 F4 儲存格的填滿控點到 F8，就可以得到全部的名次。

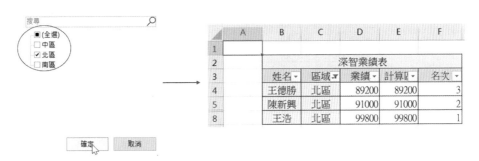

現在如果將作用儲存格放在 A1，執行常用 / 編輯 / 排序與篩選 / 篩選，可以得到下列含篩選功能的深智業績表。

實例 ch5_29_out_1.xlsx：現在選取北區，可以得到經過篩選後仍可以得到正確名次。

5-9-3 建立名次時不要跳過下一個名次

實例 ch5_30.xlsx 和 ch5_30_out.xlsx：至今使用 Excel 建立名次時，如果有 2 個第 3 名，則下一個名次是第 5 名，現在筆者要設計如果有 2 個第 3 名時，下一個名次是第 4 名，也就是不要跳過下一個名次。

1：　開啟 ch5_30.xlsx，將作用儲存格放在 G4。

2：　輸入公式 =LARGE($C$4:$C$8,F4)，這個功能主要是將分數依照 F4 儲存格的編號列出來，此編號隱藏著名次功能。

3：　拖曳 G4 儲存格的填滿控點到 G8，這個功能主要是將分數依照 F 欄位由大到小列出來。

G4		× ✓ fx	=LARGE($C$4:$C$8,F4)					
	A	B	C	D	E	F	G	H
1								
2		深智業績表					暫時計算區	
3		姓名	業績	名次		編號	大到小	名次
4		王德勝	89200			1	99800	
5		陳新興	91000			2	91000	
6		許嘉容	88300			3	89200	
7		李家家	89200			4	89200	
8		王浩	99800			5	88300	

4：　將作用儲存格移至 H4，因為此名次一定是第 1 名，所以輸入 1。

H4		× ✓ fx	1					
	A	B	C	D	E	F	G	H
1								
2		深智業績表					暫時計算區	
3		姓名	業績	名次		編號	大到小	名次
4		王德勝	89200			1	99800	1
5		陳新興	91000			2	91000	
6		許嘉容	88300			3	89200	
7		李家家	89200			4	89200	
8		王浩	99800			5	88300	

5：　現在將作用儲存格移至 H5，然後輸入 =IF(G5=G4,H4,H4+1)，這個觀念是如果業績和前一個相同，則名次相同，否則名次加 1。

H5		▾	:	×	✓	fx	=IF(G5=G4,H4,H4+1)		

	A	B	C	D	E	F	G	H
1								
2		\multicolumn{3}{深智業績表}				暫時計算區		
3		姓名	業績	名次		編號	大到小	名次
4		王德勝	89200			1	99800	1
5		陳新興	91000			2	91000	2
6		許嘉容	88300			3	89200	
7		李家家	89200			4	89200	
8		王浩	99800			5	88300	

6： 拖曳 H5 儲存格的填滿控點到 H8，這個功能主要是列出所有名次。

H5		▾	:	×	✓	fx	=IF(G5=G4,H4,H4+1)		

	A	B	C	D	E	F	G	H
1								
2		\multicolumn{3}{深智業績表}				暫時計算區		
3		姓名	業績	名次		編號	大到小	名次
4		王德勝	89200			1	99800	1
5		陳新興	91000			2	91000	2
6		許嘉容	88300			3	89200	3
7		李家家	89200			4	89200	3
8		王浩	99800			5	88300	4

7： 接著是使用 VLOOKUP 函數取得 C 欄位的業績，然後到 G 欄位搜尋，找到相同業績後，將 H 欄位名次複製到 D 欄位，請將作用儲存格移至 D4。

8： 輸入 =VLOOKUP(C4,$G$4:$H$8,2,FALSE)，可以在 D4 欄位得到名次。

9： 拖曳 D4 儲存格的填滿控點到 D8，可以列出所有名次。

D4		▾	:	×	✓	fx	=VLOOKUP(C4,$G$4:$H$8,2,FALSE)		

	A	B	C	D	E	F	G	H
1								
2		\multicolumn{3}{深智業績表}				暫時計算區		
3		姓名	業績	名次		編號	大到小	名次
4		王德勝	89200	3		1	99800	1
5		陳新興	91000	2		2	91000	2
6		許嘉容	88300	4		3	89200	3
7		李家家	89200	3		4	89200	3
8		王浩	99800	1		5	88300	4

5-9-4　建立業績排行榜

實例 ch5_31.xlsx 和 ch5_31_1.xlsx：建立業績排行榜。

1： 開啟 ch5_31.xlsx，將作用儲存格放在 D4。

2： 輸入公式 =RANK(C4,$C$4:$C$8)+COUNTIF($C$4:C4,C4)-1，這個功能主要是建立暫時排序，如果業績相同則下一個名次也是往下排名。

3： 拖曳 D4 儲存格的填滿控點到 D8，可以列出所有暫時名次，讀者可以看到王德勝和李家家 2 個人業績相同，但是李家家在下面，名次則是下降一名。

| D4 | =RANK(C4,$C$4:$C$8)+COUNTIF($C$4:C4,C4)-1 |

	A	B	C	D	E	F	G	H	I
2		深智業績表					深智業績排行榜		
3		姓名	業績	暫時名次		編號	名次	業績	姓名
4		王德勝	89200	3		1			
5		陳新興	91000	2		2			
6		許嘉容	88300	5		3			
7		李家家	89200	4		4			
8		王浩	99800	1		5			

4： 現在將作用儲存格移至 H4，然後輸入 =LARGE($C$4:$C$8,F4)，這個觀念是建立業績排名。

5： 拖曳 H4 儲存格的填滿控點到 H8，可以列出業績排行榜。

| H4 | =LARGE($C$4:$C$8,F4) |

	A	B	C	D	E	F	G	H	I
2		深智業績表					深智業績排行榜		
3		姓名	業績	暫時名次		編號	名次	業績	姓名
4		王德勝	89200	3		1		99800	
5		陳新興	91000	2		2		91000	
6		許嘉容	88300	5		3		89200	
7		李家家	89200	4		4		89200	
8		王浩	99800	1		5		88300	

6： 將作用儲存格移至 G4，然後輸入 =RANK(H4,$H$4:$H$8)，這個觀念是建立名次。

7： 拖曳 G4 儲存格的填滿控點到 G8，可以列出名次。

G4					fx	=RANK(H4,$H$4:$H$8)		
	A	B	C	D	E	F	G	H	I

編號	名次	業績	姓名

深智業績表 / 深智業績排行榜

姓名	業績	暫時名次		編號	名次	業績	姓名
王德勝	89200	3		1	1	99800	
陳新興	91000	2		2	2	91000	
許嘉容	88300	5		3	3	89200	
李家家	89200	4		4	3	89200	
王浩	99800	1		5	5	88300	

8： 將作用儲存格移至 I4，然後輸入 =INDEX($B$4:$B$8,MATCH(F4,$D$4:$D$8,0))，
這個觀念是將 B 欄位的姓名填入。

9： 拖曳 I4 儲存格的填滿控點到 I8，可以列出姓名。

I4					fx	=INDEX($B$4:$B$8,MATCH(F4,$D$4:$D$8,0))		
	A	B	C	D	E	F	G	H	I

深智業績表 / 深智業績排行榜

姓名	業績	暫時名次		編號	名次	業績	姓名
王德勝	89200	3		1	1	99800	王浩
陳新興	91000	2		2	2	91000	陳新興
許嘉容	88300	5		3	3	89200	王德勝
李家家	89200	4		4	3	89200	李家家
王浩	99800	1		5	5	88300	許嘉容

上述我們成功的建立業績排行榜了。

5-9-5 建立相同業績的前 3 名排行榜

這一節的實例其實是用 ch5_31_out.xlsx 做修改，主要是隱藏 F 欄位和取消 G4:I8
的框線。

實例 ch5_32.xlsx 和 ch5_32_out.xlsx：建立相同業績的前 3 名排行榜。

1：　選取 G4:I8 儲存格區間。

	A	B	C	D	E	G	H	I
1								
2		深智業績表				深智業績排行榜		
3		姓名	業績	暫時名次		名次	業績	姓名
4		王德勝	89200	3		1	99800	王浩
5		陳新興	91000	2		2	91000	陳新興
6		許嘉容	88300	5		3	89200	王德勝
7		李家家	89200	4		3	89200	李家家
8		王浩	99800	1		5	88300	許嘉容

2：　執行常用 / 樣式 / 條件式格式設定 / 新增規則。

3：　出現新增格式化規則對話方塊，選擇使用公式來決定格式化哪些儲存格，然後在編輯規則說明欄位執行輸入公式 =$G4>3。

4：　現在按預覽欄位右邊的格式鈕，在設定儲存格格式對話方塊選擇字型頁次，在色彩欄位選白色。

5： 上述動作主要是將名次大於 3 的資料隱藏，請按確定鈕，可以返回新增格式化規則對話方塊。

6：　按確定鈕，可以得到下列結果。

	深智業績表					深智業績排行榜		
	姓名	業績	暫時名次			名次	業績	姓名
	王德勝	89200	3			1	99800	王浩
	陳新興	91000	2			2	91000	陳新興
	許嘉容	88300	5			3	89200	王德勝
	李家家	89200	4			3	89200	李家家
	王浩	99800	1					

7：　現在為 G4:I7 儲存格區間建立框線，請選取 G4:I7 儲存格區間，然後執行常用 / 樣式 / 條件式格式設定 / 新增規則，出現新增格式化規則對話方塊，請執行下列設定。

8：　同時先按格式鈕，在設定儲存格格式對話方塊選擇外框頁次，在框線欄位選外框，這個動作主要是建立框線。

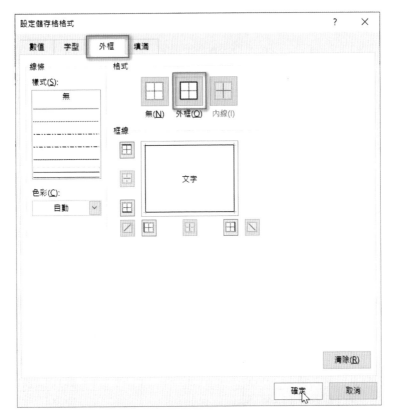

9: 按確定鈕，可以返回新增格式化規則對話方塊。

10：按確定鈕，取消選取儲存格區間，可以得到下列結果。

	A	B	C	D	E		G	H	I
1									
2			深智業績表					深智業績排行榜	
3		姓名	業績	暫時名次			名次	業績	姓名
4		王德勝	89200	3			1	99800	王浩
5		陳新興	91000	2			2	91000	陳新興
6		許嘉容	88300	5			3	89200	王德勝
7		李家家	89200	4			3	89200	李家家
8		王浩	99800	1					

實例 ch5_33.xlsx：使用 ch5_32_out.xlsx，將李家家業績改成 50000，並觀察執行結果。

1：將 C7 儲存格內容改成 50000，可以得到下列結果。

	A	B	C	D	E		G	H	I
1									
2			深智業績表					深智業績排行榜	
3		姓名	業績	暫時名次			名次	業績	姓名
4		王德勝	89200	3			1	99800	王浩
5		陳新興	91000	2			2	91000	陳新興
6		許嘉容	88300	4			3	89200	王德勝
7		李家家	50000	5					
8		王浩	99800	1					

2：可以看到右邊深智業績排行榜也自動更新資料了，筆者將上述執行結果儲存至 ch5_33.xlsx。

5-9-6　間隔一列填滿色彩

第 3 章筆者介紹了 MOD 函數，這一章筆者介紹了 ROW 函數，現在說明 2 個函數的混合應用。

實例 ch5_34.xlsx 和 ch5_34_out.xlsx：每間隔一列使用淺藍色顯示。

1：請選取 B4:E9 儲存格區間。

2：執行常用 / 樣式 / 條件式格式設定 / 新增規則，出現新增格式化規則對話方塊，請在編輯規則說明欄位輸入公式 =MOD(ROW(),2)=0。

3: 按預覽欄位右邊的格式鈕，在設定儲存格格式對話方塊選擇填滿頁次，在背景色彩欄位選淺藍色，這個動作主要是建立儲存格的背景顏色。

4：　按確定鈕，可以返回新增格式化規則對話方塊。

5：　按確定鈕，取消選取儲存格區間，可以得到下列結果。

	A	B	C	D	E	F
1						
2		各地區超商來客數統計				
3		地區	分店	來客數	累計來客數	
4		台北市	中正	113	113	
5		台北市	天母	121	234	
6		台中市	大雅	98	98	
7		台中市	豐原	109	207	
8		高雄市	左營	144	144	
9		高雄市	鳳山	88	232	

5-9-7　使用 INDEX 建立下拉式選單

這一個實例會選擇優秀員工，選擇方式是使用下拉式選單方式。

實例 ch5_35.xlsx 和 ch5_35_out.xlsx：使用下拉式選單方式選擇優秀員工。

1： 首先為 B4:D6 儲存格區間建立名稱員工名冊，請選取 B4:D6 儲存格區間，然後在名稱方塊內輸入員工名冊。

2： 將作用儲存格放在 G2。

3： 請執行資料 / 資料工具 / 資料驗證，出現資料驗證對話方塊，請選擇設定頁次，在儲存格內允許欄位選擇清單，在來源欄位輸入下列公式。

=INDEX(員工名冊 ,0,2)

4： 請按確定鈕。

完成後 G2 儲存格右邊會有 ▼ 鈕，未來選擇優秀員工時就可以點選 ▼ 鈕，使用下拉式選單選取優秀員工。

5-9-8　公司費用支出的排名

實例 ch5_36.xlsx 和 ch5_36_out.xlsx：列出公司支出最高費用的前 3 名。

1：　開啟 ch5_36.xlsx，將作用儲存格放在 D4。

2：　輸入公式 =RANK(C4,$C$4:$C$8)。

3：　拖曳 D4 儲存格的填滿控點到 D8，可以得到費用支出金額的排名。

5-9-9　公司費用支出整體重新排序

實例 ch5_37.xlsx 和 ch5_37_out.xlsx：將 ch5_36_out.xlsx 的執行結果依據支出排名重新排序，筆者將 ch5_36_out.xlsx 改名為 ch5_37.xlsx。

1：　開啟 ch5_37.xlsx，將作用儲存格放在 D4。

2：　執行常用 / 編輯 / 排序與篩選 / 從小到最大排序。

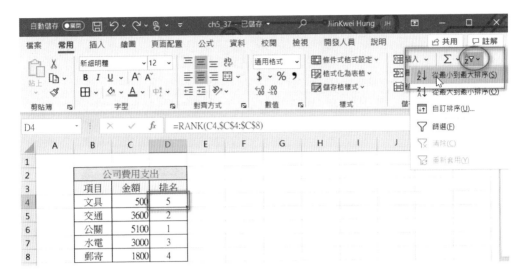

3: 可以得到下列整個表格依據支出金額重新排序的結果。

第 6 章

文字字串

6-1 認識 Excel 的單位

6-1-1 全形與半形

在中文的應用中，可以將文字分成全形與半形，這對於 Excel 的單位文字數和位元組數計算是有差異。例如：下列是英文字母的全形與半形：

全形：Ａ Ｂ Ｃ

半形：ABC

至於中文字則是全形。

6-1-2 ASC/BIG5(JIS)

ASC 函數可以將全形數字、符號、或是英文字元轉成半形，此函數也可以應用在日語或其他東亞語言字元。

語法英文：ASC(text)

BIG5 函數可以將半形數字、符號、或是英文字元轉成全形。JIS 函數則是應用在處理日文字元。

語法英文：BIG5(text)

語法英文：JIS(text)

實例 ch6_0.xlsx 和 ch6_0_out.xlsx：半形 / 全形轉換。

1： 開啟 ch6_0.xlsx，將作用儲存格放在 B3。

2： 輸入公式 =BIG5(A3)。

3： 拖曳 B3 儲存格的填滿控點到 B4。

4： 將作用儲存格放在 C3，輸入公式 =ASC(B3)。

5： 拖曳 C3 儲存格的填滿控點到 C4。

6-1-3　LEN 文字數的字串長度

語法英文：LEN(text)

語法中文：LEN(文字字串)

❏ text：必要，要計算長度的文字，空白也會當作字元計算。

　　LEN 是文字數長度計算公式，不論是全形文字或是半形文字，所回傳的單位皆是相同。

　　例如：下列所回傳的皆是 3。

　　全形：Ａ　Ｂ　Ｃ

　　半形：ABC

　　中文字：洪錦魁

實例 ch6_1.xlsx 和 ch6_1_out.xlsx：認識字串長度函數 LEN。

1：　開啟 ch6_1.xlsx，將作用儲存格放在 C4。

2：　輸入公式 =LEN(B4)。

3：　拖曳 C4 儲存格的填滿控點到 C6。

C4		▼	⋮	×	✓	f_x	=LEN(B4)

	A	B	C	D	E
1					
2		LEN函數			
3		字串	長度		
4		Ａ　Ｂ　Ｃ	3		
5		ABC	3		
6		洪錦魁	3		

6-1-4　LENB 位元組的字串長度

語法英文：LENB(text)

語法中文：LENB(文字字串)

❑ text：必要，要計算長度的文字，空白也會當作字元計算。

　　LENB 是文字數長度計算公式，不過全形文字是回傳 2，半形文字是回傳 1。

實例 ch6_2.xlsx 和 ch6_2_out.xlsx：認識字串長度函數 LENB。

1：　開啟 ch6_2.xlsx，將作用儲存格放在 C4。

2：　輸入公式 =LENB(B4)。

3：　拖曳 C4 儲存格的填滿控點到 C6。

	LEN函數	
字串	長度	
Ａ Ｂ Ｃ	6	
ABC	3	
洪錦魁	6	

註　1 個英文字元的位元組數是 1，1 個中文字的位元組數是 2。

6-2　認識萬用字元

萬用字元是指下列 2 個字元：

*：此位置可以是任意的字串。

?：此位置可以是任意的單一文字。

　　例如：有一系列字串"明志科大"、"明志工專"，"長庚科大"、"長庚大學"，下列是搜尋結果。

　　* 科大：明志科大、長庚科大。

　　明志 *：明志科大、明志工專。

　　* 大 ?：長庚大學。

　　* 大 *：明志科大、長庚科大、長庚大學。

6-3 字元碼與文字

　　這一節的主題是將文字轉成字元碼或是將字元碼轉成文字，相關的函數有 CHAR(可以參考 5-2-1 節)、CODE(可以參考 5-2-2 節)、UNICHAR 和 UNICODE。其中 CHAR 和 CODE 是使用 ANSI 標準，UNICHAR 和 UNICODE 則是使用萬國碼 (UNICODE) 標準。

6-3-1 UNICODE

語法英文：UNICODE(text)
語法中文：UNICODE(字元)

❑ text：必要，要計算 UNICODE 碼值的字元。

　　可以回傳所有語言文字、單字的萬國碼，如果是一個字串則回傳字串第 1 個文字的萬國碼。

實例 ch6_3.xlsx 和 ch6_3_out.xlsx：回傳文字的 UNICODE 碼。

1： 開啟 ch6_3.xlsx，將作用儲存格放在 C4。

2： 輸入公式 =UNICODE(B4)。

3： 拖曳 C4 儲存格的填滿控點到 C8。

6-3-2 UNICHAR

語法英文：UNICHAR(number)
語法中文：UNICHAR(數值)

❏ number：必要，number 是代表字元的 UNICODE 碼值。

這個函數可以將字元的 UNICODE 碼值轉換成字元，這是依照 UNICODE 碼值標準，大寫 A - Z 是從 10 進位的 65 - 90，小寫 a - z 是從 10 進位的 97 – 122，所有其他語言文字也可以由此功能找出對應。

實例 ch6_4.xlsx 和 ch6_4_out.xlsx：回傳文字的 UNICODE 碼。

1： 開啟 ch6_4.xlsx，將作用儲存格放在 C4。

2： 輸入公式 =UNICHAR(B4)。

3： 拖曳 C4 儲存格的填滿控點到 C6。

C4	▾	⋮	×	✓	*fx*	=UNICHAR(B4)

	A	B	C	D	E
1					
2		UNICODE碼轉成單字			
3		UNICODE碼	文字串		
4		65	A		
5		66	B		
6		27946	洪		

6-4 字串的搜尋 / 取代與比較

6-4-1　FIND 以文字單位搜尋字串

語法英文：FIND(find_text, within_text, [start_num])

語法中文：FIND(搜尋字串, 被搜尋字串, 開始位置)

❏ find_text：必要，要尋找的文字。

❏ within_text：必要，包含要尋找文字的字串。

❏ [start_num]：選用，指定開始搜尋的字元數，預設是 1，表示從第一個字元開始搜尋。

上述第 1 個引數是要搜尋的字串，第 2 個引數是被搜尋的字串。如果有開始位置則從開始位置找尋字串，同時回傳字串以文字為單位的索引位置，如果省略則此位置是 1。如果搜尋失敗則回傳 #VALUE!。

6-4-1-1　基本搜尋

實例 ch6_5.xlsx 和 ch6_5_out.xlsx：搜尋字串 "明志" 的索引位置。

1：　開啟 ch6_5.xlsx，將作用儲存格放在 C4。

2：　輸入公式 =FIND("明志",B4)。

3：　拖曳 C4 儲存格的填滿控點到 C6。

	A	B	C	D	E
		fx	=FIND("明志",B4)		
1					
2		搜尋字串的位置			
3		原始字串	索引位置		
4		明志科技大學	1		
5		我愛明志工專	3		
6		長庚大學	#VALUE!		

實例 ch6_6.xlsx 和 ch6_6_out.xlsx：搜尋字串 "-"。

1：　開啟 ch6_6.xlsx，將作用儲存格放在 D4。

2：　輸入公式 =FIND("-",C4)。

3：　拖曳 D4 儲存格的填滿控點到 D8。

	A	B	C	D	E
			fx	=FIND("-",C4)	
1					
2			商品搜尋		
3		品項	編號	索引位置	
4		Acer	a-2021-nb1	2	
5			a-2021-nb2	2	
6		Asus	s-2021-nb1	2	
7			s-2021-nb2	2	
8		MAC	i2021	#VALUE!	

6-4-1-2　搜尋第 2 次出現的字串

實例 ch6_7.xlsx 和 ch6_7_out.xlsx：搜尋第 2 次出現字串 "-" 的索引位置。

1：　開啟 ch6_7.xlsx，將作用儲存格放在 D4。

2：　輸入公式 =FIND("-",C4,FIND("-",C4)+1)。

3：　拖曳 D4 儲存格的填滿控點到 D8。

	A	B	C	D	E	F	G
1							
2		商品搜尋					
3		品項	編號	索引位置			
4		Acer	a-2021-nb1	7			
5			a-2021-nb2	7			
6		Asus	s-2021-nb1	7			
7			s-2021-nb2	7			
8		MAC	i2021	#VALUE!			

D4 的公式：=FIND("-",C4,FIND("-",C4)+1)

6-4-1-3　FIND 搜尋英文字串時會區分大小寫

FIND 函數在搜尋字串時會自動區分大小寫。

實例 ch6_8.xlsx 和 ch6_8_out.xlsx：搜尋字串 "nb" 的索引位置。

1：　開啟 ch6_8.xlsx，將作用儲存格放在 D4。

2：　輸入公式 =FIND("nb",C4)。

3：　拖曳 D4 儲存格的填滿控點到 D8。

	A	B	C	D	E
1					
2		商品搜尋			
3		品項	編號	索引位置	
4		Acer	a-2021-NB1	#VALUE!	
5			a-2021-nb2	8	
6		Asus	s-2021-NB1	#VALUE!	
7			s-2021-nb2	8	
8		MAC	i2021	#VALUE!	

D4 的公式：=FIND("nb",C4)

6-4-2　FINDB 以位元組單位搜尋字串

6-4-2-1　基本搜尋

語法英文：FINDB(find_text,within_text,[start_num])

語法中文：FINDB(搜尋字串,被搜尋字串,開始位置)

❑ find_text：必要，**要尋找的文字**。

❑ within_text：必要，包含要尋找文字的字串。

❑ [start_num]：選用，指定開始搜尋的字元數，預設是 1，表示從第一個字元開始搜尋。

　　一般這是用在搜尋的英文字串，也可以用於搜尋中文字串，最後回傳字串所在以位元組為單位的索引位置。如果搜尋失敗會回傳 #VALUE!。

實例 ch6_9.xlsx 和 ch6_9_out.xlsx：搜尋字串 "NB" 的索引位置。

1：　開啟 ch6_9.xlsx，將作用儲存格放在 D4。

2：　輸入公式 =FINDB("NB",C4)。

3：　拖曳 D4 儲存格的填滿控點到 D8。

D4		▼	⋮	×	✓	*fx*	=FINDB("NB",C4)	

	A	B	C	D	E	F
1						
2		商品搜尋				
3		品項	編號	索引位置		
4		Acer	a-2021-NB1	8		
5			a-2021-nb2	#VALUE!		
6		Asus	s-2021-NB1	8		
7			s-2021-nb2	#VALUE!		
8		MAC	i2021	#VALUE!		

6-4-2-2　搜尋中文字串

實例 ch6_10.xlsx 和 ch6_10_out.xlsx：搜尋字串 " 明志 " 的索引位置。

1：　開啟 ch6_10.xlsx，將作用儲存格放在 C4。

2：　輸入公式 =FINDB("明志",B4)。

3：　拖曳 C4 儲存格的填滿控點到 C6。

因為是以位元組單位搜尋，所以是 C5 儲存格的結果是 5，這個結果與實例 ch6_5. xlsx 不一樣。

6-4-2-3　搜尋時會區分全形與半形

實例 ch6_11.xlsx 和 ch6_11_out.xlsx：搜尋半形 "A" 的索引位置。

1：　開啟 ch6_11.xlsx，將作用儲存格放在 C4。

2：　輸入公式 =FIND("A",B4)。

3：　拖曳 C4 儲存格的填滿控點到 C6。

6-4-3　SEARCH 以文字為單位搜尋字串

語法英文：SEARCH(find_text, within_text, [start_num])

語法中文：SEARCH(搜尋字串, 被搜尋字串, 開始位置)

❑ find_text：必要，要尋找的文字。

❑ within_text：必要，包含要尋找文字的字串。

❑ [start_num]：選用，指定開始搜尋的字元數，預設是 1，表示從第一個字元開始搜尋。

上述第 1 個引數是要搜尋的字串，第 2 個引數是被搜尋的字串。如果有開始位置則從開始位置找尋字串，如果省略則此位置是 1。如果搜尋失敗則回傳 #VALUE!。

SEARCH 也可以用於搜尋字串，與 FIND 最大差異在於搜尋英文字串時不會區分大小寫。

6-4-3-1　SEARCH 搜尋英文字串時不會區分大小寫

SEARCH 函數在搜尋字串時不會自動區分大小寫。

實例 ch6_12.xlsx 和 ch6_12_out.xlsx：搜尋字串 "nb" 的索引位置。

1：　開啟 ch6_12.xlsx，將作用儲存格放在 D4。

2：　輸入公式 =SEARCH("nb",C4)。

3：　拖曳 D4 儲存格的填滿控點到 D8。

因為搜尋時不會區分大小寫，所以 D4 和 D6 也可以獲得搜尋的結果。

6-4-3-2　搜尋第 2 次出現的字串

實例 ch6_13.xlsx 和 ch6_13_out.xlsx：搜尋第 2 次出現的字串"信義"的索引位置。

1：　開啟 ch6_13.xlsx，將作用儲存格放在 D4。

2：　輸入公式 =SEARCH("信義",C4,SEARCH("信義",C4)+1)。

3：　拖曳 D4 儲存格的填滿控點到 D8。

D4	▼	⋮	✕	✓	fx	=SEARCH("信義",C4,SEARCH("信義",C4)+1)		

	A	B	C	D	E	F	G
1							
2			超商分店搜尋				
3		店名	地址	索引位置			
4		大安店	台北市信義區大安路	#VALUE!			
5		信義店	台北市信義區信義路	7			
6		忠誠店	台北市士林區忠誠路	#VALUE!			
7		忠孝店	台北市信義區忠孝東路	#VALUE!			
8		和平店	台北市大安區和平東路	#VALUE!			

6-4-3-3　使用萬用字元 "*" 搜尋

實例 ch6_14.xlsx和ch6_14_out.xlsx：搜尋字串"忠*路"的索引位置。

1：　開啟 ch6_14.xlsx，將作用儲存格放在 D4。

2：　輸入公式 =SEARCH("忠*路",C4)。

3：　拖曳 D4 儲存格的填滿控點到 D8。

D4	▼	⋮	✕	✓	fx	=SEARCH("忠*路",C4)	

	A	B	C	D	E
1					
2			超商分店搜尋		
3		店名	地址	索引位置	
4		大安店	台北市信義區大安路	#VALUE!	
5		信義店	台北市信義區信義路	#VALUE!	
6		忠誠店	台北市士林區忠誠路	7	
7		忠孝店	台北市信義區忠孝東路	7	
8		和平店	台北市大安區和平東路	#VALUE!	

　　對於萬用字元 "*" 而言可以放置 0 到多個字元，所以忠誠路與忠孝東路皆可以找到索引位置。

6-4-3-4　使用萬用字元 "?" 搜尋

實例 ch6_15.xlsx 和 ch6_15_out.xlsx：搜尋字串"忠?路"的索引位置。

1：　開啟 ch6_15.xlsx，將作用儲存格放在 D4。

2：　輸入公式 =SEARCH("忠?路",C4)。

3：　拖曳 D4 儲存格的填滿控點到 D8。

	A	B	C	D
			超商分店搜尋	
3		店名	地址	索引位置
4		大安店	台北市信義區大安路	#VALUE!
5		信義店	台北市信義區信義路	#VALUE!
6		忠誠店	台北市士林區忠誠路	7
7		忠孝店	台北市信義區忠孝東路	#VALUE!
8		和平店	台北市大安區和平東路	#VALUE!

（D4 資料編輯列：=SEARCH("忠?路",C4)）

　　對於萬用字元 "?" 而言可以放置 1 個字元，所以只有忠誠路可以找到索引位置。

6-4-4　SEARCHB 以位元組單位搜尋字串

語法英文：SEARCHB(find_text, within_text, [start_num])

語法中文：SEARCHB(搜尋字串, 被搜尋字串, 開始位置)

❑ find_text：必要，要尋找的文字。

❑ within_text：必要，包含要尋找文字的字串。

❑ [start_num]：選用，指定開始搜尋的字元數，預設是 1，表示從第一個字元開始搜尋。

　　上述第 1 個引數是要搜尋的字串，第 2 個引數是被搜尋的字串。如果有開始位置則從開始位置找尋字串，如果省略則此位置是 1。如果搜尋失敗則回傳 #VALUE!。

　　SEARCHB 主要是用於以位元組搜尋，與 FINDB 最大差異在於搜尋英文字串時不會區分大小寫。

實例 **ch6_16.xlsx** 和 **ch6_16_out.xlsx**：搜尋字串 "nb" 的索引位置。

1： 開啟 ch6_16.xlsx，將作用儲存格放在 D4。

2： 輸入公式 =SEARCHB("nb",C4)。

3： 拖曳 D4 儲存格的填滿控點到 D8。

| D4 | ▼ | ⋮ | × | ✓ | fx | =SEARCHB("nb",C4) |

	A	B	C	D	E	F
1						
2		商品搜尋				
3		品項	編號	索引位置		
4		Acer	a-2021-NB1	8		
5			a-2021-nb2	8		
6		Asus	s-2021-NB1	8		
7			s-2021-nb2	8		
8		MAC	i2021	#VALUE!		

因為搜尋時不會區分大小寫，所以 D4 和 D6 也可以獲得搜尋的結果。

6-4-5　REPLACE 以文字單位取代字串

語法英文：REPLACE(old_text, start_num, num_chars, new_text)

語法中文：REPLACE(舊字串, 起始位置, 字元數, 新字串)

❑ old_text：必要，要被取代的文字。

❑ start_num：必要，在 old_text 中要以 new_text 取代的字元位置。

❑ num_chars：必要，在 old_text 中要以 new_text 取代的字元數。

❑ new_text：必要，要取代 old_text 的文字。

上述舊字串是指要修訂的字串，從起始位置開始替代，字元數是指取代的字元數，新字串是指要取代的字串。

實例 ch6_17.xlsx 和 ch6_17_out.xlsx：將經銷商改為天瓏書局。

1： 開啟 ch6_17.xlsx，將作用儲存格放在 C4。

2： 輸入公式 =REPLACE(B4,1,2,"天瓏")。

3： 拖曳 C4 儲存格的填滿控點到 C7。

6-4-6　REPLACEB 以位元組單位取代字串

語法英文：REPLACEB(old_text, start_num, num_bytes, new_text)

語法中文：REPLACEB(舊字串, 起始位置, 位元組數, 新字串)

❑ old_text：必要，要被取代的文字。

❑ start_num：必要，在 old_text 中要以 new_text 取代的字元位置。

❑ num_chars：必要，在 old_text 中要以 new_text 取代的位元組數。

❑ new_text：必要，要取代 old_text 的文字。

　　REPLACEB 和 REPLACE 類似，但是更適合使用在位元組的操作，上述舊字串是指要修訂的字串，從起始位置開始替代，字元數是指取代的字元數，新字串是指要取代的字串。

　　如果第 3 個引數是 0 時，會在第 2 個引數的起始位置插入新字串。

實例 ch6_18.xlsx 和 ch6_18_out.xlsx：在產品代號間加上 "-" 符號。

1： 開啟 ch6_18.xlsx，將作用儲存格放在 C4。

2： 輸入公式 =REPLACEB(B4,4,0,"-")。

3：　拖曳 C4 儲存格的填滿控點到 C7。

6-4-7　SUBSTITUTE 字串的取代

語法英文：SUBSTITUTE(text, old_text, new_text, [instance_num])

語法中文：SUBSTITUTE(字串, 舊字串, 新字串, [取代的編號])

❑ text：必要，這是包含要以字元取代的文字或參照。

❑ old_text：必要，要被取代的文字。

❑ new_text：必要，要取代 old_text 的文字。

❑ [instance_num]：選用，如果省略可以將所有 old_text 用 new_text 取代，如果設定則指取代所指定的 old_text。

　　SUBSTITUTE 函數可以將字串中的部分字串用新的字串替代，這個功能與 REPLACE 函數的差異在於不用知道字串的位置。上述取代的編號是選用，用於指定第幾個 old_text 做取代，如果省略此則表示所有字串取代。

6-4-7-1　基礎字串取代的應用

實例 ch6_19.xlsx 和 ch6_19_out.xlsx：將"實作"字串改成"應用"字串。

1：　開啟 ch6_19.xlsx，將作用儲存格放在 C4。

2：　輸入公式 =SUBSTITUTE(B4,"實作","應用")。

3：　拖曳 C4 儲存格的填滿控點到 C7。

6-4-7-2 只有第 2 個字串被取代

實例 ch6_20.xlsx 和 ch6_20_out.xlsx：將第 2 次出現的"信義"字串改成"基隆"字串。

1： 開啟 ch6_20.xlsx，將作用儲存格放在 D4。

2： 輸入公式 =SUBSTITUTE(B4,"信義","基隆",2)。

3： 拖曳 D4 儲存格的填滿控點到 D8。

6-4-7-3 一次有多個字串被取代

要一次取代多個字串可以使用巢狀方式，可以參考下列實例。

實例 ch6_21.xlsx 和 ch6_21_out.xlsx：將"(股)"字串改成"股份有限公司"字串，將"(有)"字串改成"有限公司"字串。

1： 開啟 ch6_21.xlsx，將作用儲存格放在 C4。

2：　輸入公式 =SUBSTITUTE(SUBSTITUTE(B4,"(股)","股份有限公司"),"(有)","有限公司")。

3：　拖曳 C4 儲存格的填滿控點到 C6。

C4		× ✓ ƒx	=SUBSTITUTE(SUBSTITUTE(B4,"(股)","股份有限公司"),"(有)","有限公司")					
	A	B	C	D	E	F	G	H
1								
2		公司名稱列表						
3		簡稱	完整名稱					
4		八方數位科技(有)	八方數位科技有限公司					
5		深智數位(股)	深智數位股份有限公司					
6		文魁(股)	文魁股份有限公司					

實例 ch6_22.xlsx 和 ch6_22_out.xlsx：將"(股)"字串改成""字串，將"(有)"字串改成""字串。相當於刪除"(股)"和"(有)"。

1：　開啟 ch6_22.xlsx，將作用儲存格放在 C4。

2：　輸入公式 =SUBSTITUTE(SUBSTITUTE(B4,"(股)",""),"(有)","")。

3：　拖曳 C4 儲存格的填滿控點到 C6。

C4		× ✓ ƒx	=SUBSTITUTE(SUBSTITUTE(B4,"(股)",""),"(有)","")				
	A	B	C	D	E	F	G
1							
2		公司名稱列表					
3		名稱	簡稱				
4		八方數位科技(有)	八方數位科技				
5		深智數位(股)	深智數位				
6		文魁(股)	文魁				

6-4-7-4　刪除空格與加上 "-" 符號的應用

實例 ch6_23.xlsx 和 ch6_23_out.xlsx：將第一個手機號碼的空格刪除，第 2 個空格則加上 "-" 符號。

1：　開啟 ch6_23.xlsx，將作用儲存格放在 C4。

2：　輸入公式 =SUBSTITUTE(SUBSTITUTE(B4," ","")," ","-")。

3： 拖曳 C4 儲存格的填滿控點到 C6。

C4		× ✓ fx	=SUBSTITUTE(SUBSTITUTE(B4," ","",1)," ","-")

	A	B	C	D	E	F	G
1							
2		公務機手機號碼列表					
3		號碼	修訂後				
4		(886) 0952 303030	(886)0952-303030				
5		(886) 0932 765432	(886)0932-765432				
6		(886) 0972 111111	(886)0972-111111				

6-4-7-5　刪除所有空格

實例 ch6_24.xlsx 和 ch6_24_out.xlsx：刪除所有空格刪除。

1： 開啟 ch6_24.xlsx，將作用儲存格放在 C4。

2： 輸入公式 =SUBSTITUTE(B4," ","")。

3： 拖曳 C4 儲存格的填滿控點到 C7。

C4		× ✓ fx	=SUBSTITUTE(B4," ","")

	A	B	C	D
1				
2		資訊廣場		
3		產品名稱	修訂後	
4		iPhone 13 (專業)	iPhone13(專業)	
5		iPhone X (mini)	iPhoneX(mini)	
6		iWatch (專業)	iWatch(專業)	
7		iPad (mini)	iPad(mini)	

6-4-7-6　將區域號碼的 "-" 符號轉換成小括號

實例 ch6_25.xlsx 和 ch6_25_out.xlsx：將區域號碼的 "-" 符號轉換成小括號。

1： 開啟 ch6_25.xlsx，將作用儲存格放在 C4。

2： 輸入公式 =SUBSTITUTE(SUBSTITUTE(B4,"-","(",1),"-",")")。

3： 拖曳 C4 儲存格的填滿控點到 C6。

6-4-7-7　將區域號碼的 "-" 符號轉換成小括號

實例 ch6_26.xlsx 和 ch6_26_out.xlsx：將區域號碼的 "-" 符號轉換成小括號。

1：　開啟 ch6_26.xlsx，將作用儲存格放在 C4。

2：　輸入公式 =SUBSTITUTE(REPLACE(B4,1,0,"("),"-",")")。

3：　拖曳 C4 儲存格的填滿控點到 C6。

6-4-8　EXACT 字串的比較

語法英文：EXACT(text1, text2)

語法中文：EXACT(字串1, 字串2)

❑ text1：必要，第 1 個文字字串。

❑ text2：必要，第 2 個文字字串。

　　EXACT 函數可以比較 2 個字串，在比較時會區分英文大小寫、半形與全形，如果相同則回傳 TRUE，否則回傳 FALSE。

實例 ch6_27.xlsx 和 ch6_27_out.xlsx：字串比較的應用。

1： 開啟 ch6_27.xlsx，將作用儲存格放在 D4。

2： 輸入公式 =EXACT(B4,C4)。

3： 拖曳 D4 儲存格的填滿控點到 D8。

D4	▾	⋮	×	✓	f_x	=EXACT(B4,C4)	
▲	A	B	C		D		E
1							
2		輸入字串的比較					
3		原始字串	輸入字串		比較結果		
4		Orange	orange		FALSE		
5		Apple	Apple		TRUE		
6		Grapes	Grape		FALSE		
7		M A N G O	MANGO		FALSE		
8		西瓜	西　瓜		FALSE		

6-4-9　UNIQUE 取出唯一字串

語法英文：UNIQUE(array, [by_col], [exactly_once])

語法中文：UNIQUE(陣列, [依欄], [出現一次])

❏ array：必要，要從中提取唯一值的範圍或陣列。

❏ [by_col]：選用，邏輯值，用於指示是否應根據欄來比較。如果為 TRUE，則按欄比較；如果為 FALSE 或省略，則按列比較。

❏ [exactly_once]：選用，邏輯值，用於指示是否僅返回在數據中僅出現一次的值。如果為 TRUE，則僅返回出現一次的值；如果為 FALSE 或省略，則返回所有唯一值。

　　UNIQUE 函數用於從數據陣列或範圍中提取唯一值。這個函數在處理重複數據時非常有用，可以輕鬆地提取不重複的條目。

實例 ch6_27_1.xlsx 和 ch6_27_1_out.xlsx：員工學歷調查。員工來自各所大學，我們需要擷取員工畢業學校唯一列表。。

1： 開啟 ch6_27_1.xlsx，將作用儲存格放在 D3。

2： 輸入公式 =UNIQUE(B3:B7)。

6-5 CONCAT/TEXTJOIN/TEXTSPLIT 字串的合併與分割

6-5-1　CONCAT/CONCATENATE 字串合併

語法英文：CONCAT/CONCATENATE(text1, [text2],…)

語法中文：CONCAT/CONCATENATE(字串1, [字串2],…)

❑ text1：必要，第 1 個要合併的文字字串，也可以是數值或參照。

❑ text2：必要，第 2 個要合併的文字字串，也可以是數值或參照。

　　CONCAT 和 CONCATENATE 函數內部可以有多個字串參數，這 2 個函數皆可以將字串參數合併。CONCATENATE 是舊函數，主要用於兼容舊版工作表，不建議在新工作表中使用。這 2 個函數最大的差異是：

● CONCAT 函數可以直接處理陣列和範圍。例如： =CONCAT(A1:C1) 將合併 A1、B1 和 C1 的內容。

● CONCATENATE 函數不能處理陣列和範圍，必須逐項指定每個字串內容。例如：=CONCATENATE(A1, B1, C1)。

實例 ch6_28.xlsx 和 ch6_28_out.xlsx：字串合併的應用。

1：　開啟 ch6_27.xlsx，將作用儲存格放在 D4。

2：　輸入公式 =CONCAT("iPhone",B4," 月產量 ",C4," 隻 ")。

3：　拖曳 D4 儲存格的填滿控點到 D6。

D4		✓ : × ✓ fx ✓	=CONCAT("iPhone",B4,"月產量",C4,"隻")		
	A	B	C	D	E	F

	iPhone產量分析		
廠別	月產量	合併結果
印度廠	89000	iPhone印度廠月產量89000隻
越南廠	60000	iPhone越南廠月產量60000隻
台灣廠	68000	iPhone台灣廠月產量68000隻

6-5-2 使用 & 運算子合併字串

Excel 也可以使用 & 運算子執行字串合併。

實例 ch6_29.xlsx 和 ch6_29_out.xlsx：使用 & 運算子執行字串合併的應用。

1： 開啟 ch6_29.xlsx，將作用儲存格放在 D4。

2： 輸入公式 ="iPhone"&B4&" 月產量 "&C4&" 隻 "。

3： 拖曳 D4 儲存格的填滿控點到 D6。

D4		: × ✓ fx	="iPhone"&B4&"月產量"&C4&"隻"	
	A	B	C	D	E

	iPhone產量分析		
廠別	月產量	合併結果
印度廠	89000	iPhone印度廠月產量89000隻
越南廠	60000	iPhone越南廠月產量60000隻
台灣廠	68000	iPhone台灣廠月產量68000隻

6-5-3 TEXTJOIN 字串分割

語法英文：TEXTJOIN(delimiter, ignore_empty, text1, [text2], …)

語法中文：TEXTJOIN(分隔符號, 忽略空白, 字串1, [字串2], …)

❏ delimiter：必要，每個字串項之間的分隔符號。

❏ ignore_empty：必要，布林值，指定是否忽略空白值。如果為 TRUE，則忽略空白值；如果為 FALSE，則包括空白值。

❑ text, [text2], ... ：必要，需要合併的字串。可以是單個單元格、範圍或陣列。

　　TEXTJOIN 函數用於將多個字串合併為一個字串，並在每個文字項之間插入指定的分隔符號，適合在需要將多個單元格內容合併成一個字串時使用。

實例 ch6_29_1.xlsx 和 ch6_29_1_out.xlsx：基礎應用。

1： 開啟 ch6_29_1.xlsx，將作用儲存格放在 D2，將 A1、B1 和 C1 合併為一個字串，中間用逗號分隔。

2： 輸入公式 =TEXTJOIN(",", TRUE, A1, B1, C1)。

3： 將 A2、B2 和 C2 合併為一個字串，忽略空白值，中間用空格分隔，請將作用儲存格放在 D2。

4： 輸入公式 =TEXTJOIN(" ", TRUE, A2, B2, C2)。

5： 將 A3、B3 和 C3 合併為一個字串，中間用「-」分隔，請將作用儲存格放在 D3。

6： 輸入公式 =TEXTJOIN("-", TRUE, A3:C3)。

	A	B	C	D	E	F
D1				=TEXTJOIN(",",TRUE,A1,B1,C1)		
1	Apple	Orange	Banana	Apple,Orange,Banana		
2	Dog		Cat	Dog Cat	← =TEXTJOIN(" ",TRUE,A2,B2,C2)	
3	134	3981	1234	134-3981-1234	← =TEXTJOIN("-",TRUE,A3:C3)	

實例 ch6_29_2.xlsx 和 ch6_29_2_out.xlsx：假設我們有一個包含多個學生成績的表格，我們希望將這些成績生成 CSV 格式的字串，以便導出或其他用途。

1： 開啟 ch6_29_2.xlsx，將作用儲存格放在 E2。

2： 輸入公式 =TEXTJOIN(",", TRUE, A2:D2)。

3： 拖曳 E2 儲存格的填滿控點到 E4。

	A	B	C	D	E
E2					=TEXTJOIN(",",TRUE,A2:D2)
1	名字	數學	英文	物理	CSV格式數據
2	洪錦魁	90	89	98	洪錦魁,90,89,98
3	李秀燕	77	91	88	李秀燕,77,91,88
4	張家生	82	77	80	張家生,82,77,80

6-5-4 TEXTSPLIT 字串分割

語法英文：TEXTSPLIT(text, col_delimiter, [row_delimiter], [ignore_empty], [pad_with])

語法中文：TEXTSPLIT(字串, 分欄符號, [分列符號], [布林值], [填充值])

❑ text：必要，需要分割的字串。

❑ col_delimiter：必要，用於分隔欄的分隔符號。

❑ [row_delimiter]：選用，用於分隔列的分隔符號。如果省略，則只使用欄分隔符號進行拆分。

❑ [ignore_empty]：選用，布林值，指定是否忽略空白值。如果為 TRUE，則忽略空白值；如果為 FALSE，則包括空白值。預設為 FALSE。

❑ [pad_with]：選用，當結果需要填充時使用的值。預設為空白。

　　TEXTSPLIT 函數用於將字串按指定的分隔符號拆分成多個儲存格，適合在需要從單個儲存格提取多個部分的文字字串時使用。

實例 ch6_29_3.xlsx 和 ch6_29_3_out.xlsx：基礎應用。

1： 依據逗號分割字串，開啟 ch6_29_1.xlsx，將作用儲存格放在 B1。

2： 輸入公式 =TEXTSPLIT(A1, ",")。

3： 依據「-」分割字串，將作用儲存格放在 B2。

4： 輸入公式 =TEXTSPLIT(A2, "-")。

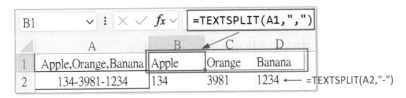

6-6 字串的編輯

6-6-1 UPPER 小寫英文字母轉成大寫

語法英文：UPPER(text)

語法中文：UPPER(字串)

❑ text：必要，要轉成大寫的文字字串，也可以是參照。

　　UPPER 函數可以將全形或半形的英文小寫字母轉成大寫的字母，如果是中文字或其他符號則不作改變。

實例 ch6_30.xlsx 和 ch6_30_out.xlsx：小寫轉成大寫的應用。

1：　開啟 ch6_30.xlsx，將作用儲存格放在 C4。

2：　輸入公式 =UPPER(B4)。

3：　拖曳 C4 儲存格的填滿控點到 C8。

6-6-2　LOWER 大寫英文字母轉成小寫

語法英文：LOWER(text)

語法中文：LOWER(字串)

❑ text：必要，要轉成小寫的文字字串，也可以是參照。

　　LOWER 函數可以將全形或半形的英文大寫字母轉成小寫的字母，如果是中文字或其他符號則不作改變。

實例 ch6_31.xlsx 和 ch6_31_out.xlsx：大寫轉成小寫的應用。

1：　開啟 ch6_31.xlsx，將作用儲存格放在 C4。

2：　輸入公式 =LOWER(B4)。

3：　拖曳 C4 儲存格的填滿控點到 C8。

6-6-3　PROPER 第一個英文字母大寫其他小寫

語法英文：PROPER(text)

語法中文：PROPER(字串)

❏ text：必要，要轉成第一個英文字母大寫其他小寫的文字字串，也可以是參照。

　　PROPER 函數可以將全形或半形的英文字串，第一個字母轉成大寫的字母，其他則是小寫，如果是中文字或其他符號則不作改變。

實例 ch6_32.xlsx 和 ch6_32_out.xlsx：英文的第一個字母轉成大寫，其他小寫的應用。

1：　開啟 ch6_32.xlsx，將作用儲存格放在 C4。

2：　輸入公式 =PROPER(B4)。

3：　拖曳 C4 儲存格的填滿控點到 C8。

6-6-4　CLEAN 刪除無法列印字元

語法英文：CLEAN(text)

語法中文：CLEAN(字串)

❏ text：必要，要刪除無法列印字元的文字字串。

　　CLEAN 函數可以將字串內無法列印的字元刪除，在萬國碼中 (UNICODE) 從 0 到 31 所對應的字元皆是無法列印的字元。

實例 ch6_33.xlsx 和 ch6_33_out.xlsx：換行字元的是 UNICODE 碼值是 10，刪除此換行字元。

1：　開啟 ch6_33.xlsx，將作用儲存格放在 D4。

2：　輸入公式 =CLEAN(C4)。

3：　拖曳 D4 儲存格的填滿控點到 D6。

	A	B	C	D
				=CLEAN(C4)
1				
2		深智公司資訊		
3		單位	地址	刪除換行字元的地址
4		台北分公司	台北市 基隆路1號	台北市基隆路1號
5		台中分公司	台中市 台中港路333號	台中市台中港路333號
6		高雄分公司	高雄市 三多路100號	高雄市三多路100號

> **註** 在輸入資料時同時按 Alt+Enter 鍵可以在滑鼠位置換列輸入，未來編輯時可以在滑鼠游標處連按兩下就可以在滑鼠位置出現插入點，然後進行編輯。

6-6-5　TRIM 刪除多餘空格

語法英文：TRIM(text)

語法中文：TRIM(字串)

❏ text：必要，要刪除多餘空格字元的文字字串。

TRIM 函數可以將字串內,字串前的空格刪除,單字間空一格,其他多餘的空格也刪除。

實例 ch6_34.xlsx 和 ch6_34_out.xlsx:使用 TRIM 函數刪除多餘空格。

1: 開啟 ch6_34.xlsx,將作用儲存格放在 C4。

2: 輸入公式 =TRIM(B4)。

3: 拖曳 C4 儲存格的填滿控點到 C7。

6-6-6 VALUETOTEXT 將數值轉文字

語法英文:VALUETOTEXT(value, [format])

語法中文:VALUETOTEXT(value, [format])

❏ number:必要,要轉換為文字的值。這可以是數字、日期、時間、或任何其他類型的值。

❏ [form]:選用,指定轉換格式。有兩個選項:

  ● 0 或省略:將值轉換為一般數字格式(General format)。

  ● 1:將值轉換為公式顯示的格式(Excel 的顯示方式,包括日期和時間)。

實例 ch6_34_1.xlsx 和 ch6_34_1_out.xlsx:使用 VALUETOTEXT 的應用。

1: 開啟 ch6_34_1.xlsx,將作用儲存格放在 B3。

2: 輸入公式 =VALUETOTEXT(A3)。

3: 拖曳 B3 儲存格的填滿控點到 B5。

上述執行結果因為是字串，所以 B3 儲存格的「1234」是靠左對齊，至於「45467」是 Excel 將日期存儲為從 1900 年 1 月 1 日開始的天數）。

6-6-7　ARRAYTOTEXT 陣列轉換為文字

語法英文：ARRAYTOTEXT(array, [format])

語法中文：ARRAYTOTEXT(array, [format])

❏ array：必要，要轉換為文字的陣列或範圍。這可以是一個單元格範圍、列或行。

❏ [format]：選用，指定轉換格式。有兩個選項：

- 0 或省略：將陣列轉換為簡單文字格式（Simple text format）。
- 1：將陣列轉換為公式顯示的格式（Structured text format）。

將陣列轉成文字函數的應用範圍很廣，例如：報告摘要、動態電子郵件 … 等。

實例 ch6_34_2.xlsx 和 ch6_34_2_out.xlsx：使用 ARRAYTOTEXT 的應用。

1：　開啟 ch6_34_2.xlsx，將作用儲存格放在 E2。

2：　輸入公式 =ARRAYTOTEXT(A1:C4)。

上述 A1:C4 的表格已經變為字串，我們可以應用在需要的地方了。

阿拉伯數字與羅馬數字

6-7-1　再談 ROMAN

語法英文：ROMAN(number, [form])

語法中文：ROMAN(數值, [格式類型])

❏ number：必要，要轉換的阿拉伯數字。

❏ [form]：選用，羅馬數字的類型，可以參考下表。

　　筆者在 5-1-5 節有說明了 ROMAN 函數的用法，這個函數可以將阿拉伯數字轉成羅馬數字，上述第 2 個引數是選用，可以是 0(或是省略)、1、2、3、4、TRUE、FALSE。當阿拉伯數字轉成羅馬數字後，此羅馬數字在 Excel 內是屬字串格式。

Form(格式類型)	說明
0 或省略或 TRUE	古典
1	精簡
2	較精簡
3	較較精簡
4 或 FALSE	簡化

實例 ch6_35.xlsx 和 ch6_35_out.xlsx：使用 ROMAN 函數與不同格式的應用。

1：　開啟 ch6_35.xlsx，將作用儲存格放在 C5。

2：　輸入公式 =ROMAN($B5,C$4)。

3：　拖曳 C5 儲存格的填滿控點到 C13。

	A	B	C	D	E	F	G
C5				fx	=ROMAN($B5,C$4)		

		阿拉伯數字與羅馬數字				
	數字	古典				簡化
		0	1	2	3	4
	1	I				
	2	II				
	10	X				
	99	XCIX				
	100	C				
	101	CI				
	499	CDXCIX				
	500	D				
	501	DI				

4：　拖曳 C13 儲存格的填滿控點到 G13。

C5				fx	=ROMAN($B5,C$4)		

	阿拉伯數字與羅馬數字				
數字	古典				簡化
	0	1	2	3	4
1	I	I	I	I	I
2	II	II	II	II	II
10	X	X	X	X	X
99	XCIX	VCIV	IC	IC	IC
100	C	C	C	C	C
101	CI	CI	CI	CI	CI
499	CDXCIX	LDVLIV	XDIX	VDIV	ID
500	D	D	D	D	D
501	DI	DI	DI	DI	DI

讀者可以從第 8 列和 11 列得到古典羅馬數字與簡化數字的差異。

6-7-2 ARABIC

語法英文：ARABIC(text)

語法中文：ARABIC(羅馬數字)

❏ text：必要，羅馬數字的字串，也可以是儲存格的參照。

ARBAIC 函數的可以將羅馬數字轉成阿拉伯數字。

實例 ch6_36.xlsx 和 ch6_36_out.xlsx：使用 ARABIC 函數將羅馬數字轉成阿拉伯數字的應用。

1： 開啟 ch6_36.xlsx，將作用儲存格放在 C4。

2： 輸入公式 =ARABIC(C4)。

3： 拖曳 C4 儲存格的填滿控點到 C12。

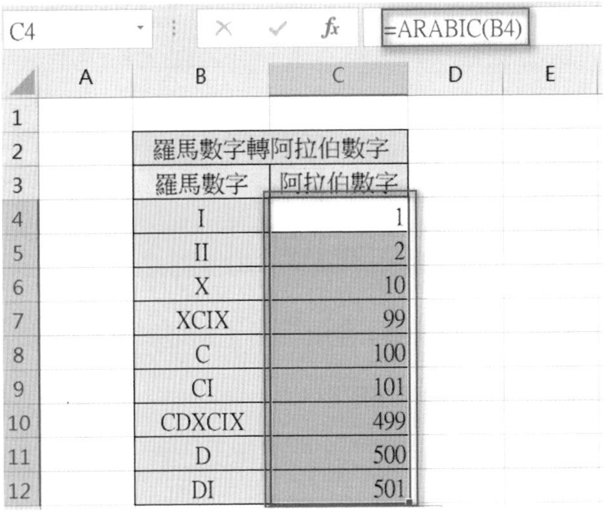

6-8 字串的擷取

6-8-1 LEFT 回傳字串左邊字元

語法英文：LEFT(text, [num_chars])

語法中文：LEFT(字串, [文字數])

❏ text：必要，想要擷取的字串，也可以是儲存格的參照。

❏ num_chars：選用，此值必須大於 0，預設是 1，如果 num_chars 大於字串長度會回傳所有文字。

　　上述可以擷取字串左邊指定數字的文字，對於這個函數而言，字串是中文字或英文字沒有差異。如果第 2 個引數的文字數大於字串的長度，則回傳所有字串內容。如果省略第 2 個引數，則文字數是 1。

實例 ch6_37.xlsx 和 ch6_37_out.xlsx：使用 LEFT 函數取得產品編號的前 2 個文字分類。

1：　開啟 ch6_37.xlsx，將作用儲存格放在 D4。

2：　輸入公式 =LEFT(B4,2)。

3：　拖曳 D4 儲存格的填滿控點到 D6。

實例 ch6_38.xlsx 和 ch6_38_out.xlsx：使用 LEFT 函數取得產品編號的前 2 個文字分類。

1：　開啟 ch6_38.xlsx，將作用儲存格放在 C4。

2：　輸入公式 =LEFT(B4,2)。

3：　拖曳 C4 儲存格的填滿控點到 C6。

6-8-2 LEFTB 回傳字串左邊位元組

語法英文：LEFTB(text, [num_bytes])

語法中文：LEFTB(字串, [位元組數])

❏ text：必要，想要擷取的字串，也可以是儲存格的參照。

❏ num_bytes：選用，此值必須大於 0，預設是 1，如果 num_bytes 大於字串位元組
數會回傳所有文字。

上述可以擷取字串左邊指定數字的位元組數 (byte)，對於這個函數而言，字串是中
文字或英文字有差異，可以比較 ch6_38_out 和 ch6_40_out.xlsx。如果第 2 個引數的
文字數大於字串的長度，則回傳所有字串內容。如果省略第 2 個引數，則位元組數是 1。

實例 ch6_39.xlsx 和 ch6_39_out.xlsx：使用 LEFTB 函數取得產品編號的前 2 個位元組
分類。

1： 開啟 ch6_39.xlsx，將作用儲存格放在 D4。

2： 輸入公式 =LEFTB(B4,2)。

3： 拖曳 D4 儲存格的填滿控點到 D6。

實例 ch6_40.xlsx 和 ch6_40_out.xlsx：使用 LEFTB 函數取得產品編號的前 2 個位元組
分類。

1： 開啟 ch6_40.xlsx，將作用儲存格放在 C4。

2： 輸入公式 =LEFTB(B4,2)。

3： 拖曳 C4 儲存格的填滿控點到 C6。

6-8-3 RIGHT 回傳字串右邊字元

語法英文：RIGHT(text, [num_chars])

語法中文：RIGHT(字串, [文字數])

❏ text：必要，想要擷取的字串，也可以是儲存格的參照。

❏ num_chars：選用，此值必須大於 0，預設是 1，如果 num_chars 大於字串長度會回傳所有文字。

　　上述可以擷取字串右邊指定數字的文字，對於這個函數而言，字串是中文字或英文字沒有差異。如果第 2 個引數的文字數大於字串的長度，則回傳所有字串內容。如果省略第 2 個引數，則文字數是 1。

實例 ch6_41.xlsx 和 ch6_41_out.xlsx：使用 RIGHT 函數取得產品編號的後 7 個文字細項編號。

1： 開啟 ch6_41.xlsx，將作用儲存格放在 D4。

2： 輸入公式 =RIGHT(B4,7)。

3： 拖曳 D4 儲存格的填滿控點到 D6。

6-8-4　RIGHTB 回傳字串右邊的位元組

語法英文：RIGHTB(text, [num_bytes])

語法中文：RIGHTB(字串, [位元組數])

❑ text：必要，想要擷取的字串，也可以是儲存格的參照。

❑ num_bytes：選用，此值必須大於 0，預設是 1，如果 num_bytes 大於字串位元組
長度會回傳所有文字。

　　上述可以擷取字串右邊指定數字的位元組數 (byte)，對於這個函數而言，字串是中
文字或英文字有差異，可以參考下列實例。如果第 2 個引數的文字數大於字串的長度，
則回傳所有字串內容。如果省略第 2 個引數，則位元組數是 1。

實例 ch6_42.xlsx 和 ch6_42_out.xlsx：使用 RIGHTB 函數取得產品編號的後 6 個位元組
分類。

1：　開啟 ch6_42.xlsx，將作用儲存格放在 C4。

2：　輸入公式 =RIGHTB(B4,6)。

3：　拖曳 C4 儲存格的填滿控點到 C6。

6-8-5　MID 擷取字串內容

語法英文：MID(text, start_num, num_chars)

語法中文：MID(字串, 起始位置, 文字數)

❑ text：必要，想要擷取的字串，也可以是儲存格的參照。

❑ start_num：必要，指出擷取字串的位置，此值必須大於 0 否則會有錯誤，如果
num_chars 大於字串長度會回傳空白。

❑ num_chars：選用，擷取的字元數。

　　上述可以擷取第一個引數字串，第 2 個是字串起始位置，第 3 個引數是指定的文字數，對於這個函數而言，字串是中文字或英文字沒有差異。如果第 3 個引數設定文字數大於實際的字串文字數，則會輸出實際的文字數。

實例 ch6_43.xlsx 和 ch6_43_out.xlsx：使用 MID 函數取得產品第 4 個文字起的 4 個文字，這相當於是生產年份。

1：　開啟 ch6_43.xlsx，將作用儲存格放在 D4。

2：　輸入公式 =MID(B4,4,4)。

3：　拖曳 D4 儲存格的填滿控點到 D6。

D4		×	✓	fx	=MID(B4,4,4)	
	A	B	C	D	E	
1						
2		資訊廣場				
3		商品編號	品項	年度分類		
4		ip-2021-01	iPhone	2021		
5		iw-2021-03	iWatch	2021		
6		an-2022-01	Acer NB	2022		

6-8-6　MIDB 擷取字串的位元組

語法英文：MIDB(text, start_num, num_bytes)

語法中文：MIDB(字串, 起始位置, 位元組數)

❑ text：必要，想要擷取的字串，也可以是儲存格的參照。

❑ start_num：必要，指出擷取字串的位置，此值必須大於 0 否則會有錯誤，如果 num_chars 大於字串長度會回傳空白。

❑ num_chars：選用，擷取的位元組數。

　　上述可以擷取第一個引數字串，第 2 個是字串起始位置，第 3 個引數是指定的位元組數。

實例 ch6_44.xlsx 和 ch6_44_out.xlsx:使用 MIDB 函數取得第 5 個文字起的 2 個位元組數。

1: 開啟 ch6_44.xlsx,將作用儲存格放在 C2。

2: 輸入公式 =MIDB(B2,5,2)。

3: 拖曳 C2 儲存格的填滿控點到 C3。

6-8-7 TEXTAFTER 擷取指定字元後的字串

語法英文:TEXTAFTER(text, delimiter, [instance_num], [match_mode], [match_end], [if_not_found])

語法中文:TEXTAFTER(文字, 分隔符號, [位置], [匹配模式], [末尾], [如果找不到])

❑ text:必要,包含要提取的文字。

❑ delimiter:必要,分隔符號,用於確定提取位置符號之後的字串。

❑ instance_num:選用,指定要提取第幾個匹配的分隔符號之後的字串。預設為 1,表示第一個分隔符號。

❑ match_mode:選用,指定是否區分大小寫的匹配。預設是 0 表示區分大小寫,1 表示不區分大小寫。

❑ match_end:選用,如果設置為 1,將匹配字串末尾。預設為 0。

❑ if_not_found:選用,如果找不到分隔符號,返回的預設字串。預設為錯誤值。

實例 ch6_44_1.xlsx 和 ch6_44_1_out.xlsx:擷取職務,資料不足則輸出「職務不詳」。

1: 開啟 ch6_44_1.xlsx,將作用儲存格放在 C3。

2: 輸入公式 =TEXTAFTER(B3,",",1,0,0," 職務不詳 ")。

3: 拖曳 C3 儲存格的填滿控點到 C5。

　　上述語法是提取「,」符號後的字串，「1」表示第 1 個逗號，第 1 個 0 是指區分大小寫匹配 (因為是中文，所以不影響)，第 2 個 0 是指不匹配字串末尾，最後如果找不到逗號，返回「職位未知」。

6-8-8　TEXTBEFORE 擷取指定字元前的字串

語法英文：TEXTBEFORE(text, delimiter, [instance_num], [match_mode], [match_end], [if_not_found])

語法中文：TEXTBEFORE(文字, 分隔符號, [位置], [匹配模式], [末尾], [如果找不到])

❑ text：必要，包含要提取的文字。

❑ delimiter：必要，分隔符號，用於確定提取位置符號之前的字串。

❑ instance_num：選用，指定要提取第幾個匹配的分隔符號之前的字串。預設為 1，表示第一個分隔符號。

❑ match_mode：選用，指定是否區分大小寫的匹配。預設是 0 表示區分大小寫，1 表示不區分大小寫。

❑ match_end：選用，如果設置為 1，將匹配字串末尾。預設為 0。

❑ if_not_found：選用，如果找不到分隔符號，返回的預設字串。預設為錯誤值。

實例 ch6_44_2.xlsx 和 ch6_44_2_out.xlsx：擷取電子郵件中的用戶名稱、域名和是否包含「john」字串。

1：　開啟 ch6_44_2.xlsx，將作用儲存格放在 C2。

2：　輸入公式 =TEXTBEFORE(B2,"@")，拖曳 C2 儲存格的填滿控點到 C4。

3： 將作用儲存格放在 D2，輸入公式 =TEXTAFTER(B2,"@")，拖曳 D2 儲存格的填滿控
　　點到 D4。

4： 將作用儲存格放在 E2。

5： 輸入 =IF(ISNUMBER(SEARCH("john", TEXTBEFORE(A1, "@"))), " 包含 ", " 不包含 ")，
　　拖曳 E2 儲存格的填滿控點到 E4。

	B	C	D	E	F	G	H
	電子郵件	用戶名稱	域名	包含john			
	john.doe@example.com	john.doe	example.com	包含			
	jane.smith@company.org	jane.smith	company.org	不包含			
	bob.johnson@business.net	bob.johnson	business.net	包含			

fx：=IF(ISNUMBER(SEARCH("john",TEXTBEFORE(B2,"@"))),"包含","不包含")

=TEXTBEFORE(B2,"@")　　　　　=TEXTAFTER(B2,"@")

在上述函數應用中，包含字串的關鍵語法說明如下：

● SEARCH("john", TEXTBEFORE(B2, "@"))：在用戶名稱中搜索子字串 "john"，如
　果找到則返回位置，否則返回錯誤。

● ISNUMBER(SEARCH("john", TEXTBEFORE(B2, "@")))：檢查 SEARCH 函數的結果
　是否為數字，即是否找到了子字串 "john"。

● IF(ISNUMBER(SEARCH("john", TEXTBEFORE(A1, "@"))), " 包含 ", " 不包含 ")：
　如果找到子字串 "john"，則回傳「包含」，否則返回「不包含」。

6-9 TEXT/REPT/DOLLAR 系列 /NUMBERxx 系列

6-9-1 TEXT 將數字轉成特定與字串關聯的格式

語法英文：TEXT(value, format_text)

語法中文：TEXT(數值, 格式)

❑ text：必要，想要設定格式的字串，也可以是儲存格的參照。

❑ format_text：必要，字串的關聯格式。

　　使用 Excel 時可以直接使用常用 / 數值的功能格式化儲存格，不過如果想要在單一儲存格設定數值格式與字串有關聯時，可以使用此函數。

實例 ch6_45.xlsx 和 ch6_45_out.xlsx：使用 TEXT 函數。

1：　開啟 ch6_45.xlsx，將作用儲存格放在 E5。

2：　輸入公式 ="成長率"&TEXT((C4-B4)/B4,"0.00%")。

| E5 | | | ▾ | ⋮ | × | ✓ | *fx* | ="成長率"&TEXT((C4-B4)/B4,"0.00%") |

	A	B	C	D	E	F	G
1							
2		深智業績表					
3		2020年	2021年				
4		3200	4350				
5		單位：萬			成長率35.94%		

　　這個函數的用法有很多，不同的第 2 個引數會有不同的效果，未來還會解說，例如：7-5 節將 TEXT 與日期格式作解說。

6-9-2　REPT 重複顯示相同的文字

語法英文：REPT(text, number_times)

語法中文：REPT(文字, 重複次數)

❑ text：必要，想要重複的文字字串。

❑ number_times：必要，文字重複的次數。

　　REPT 函數可以將第 1 個引數的文字重複顯示，重複的次數則是由第 2 個引數設定。

實例 ch6_46.xlsx 和 ch6_46_out.xlsx：將餐廳做美食評比。

1：　開啟 ch6_46.xlsx，將作用儲存格放在 D4。

2：　輸入公式 =REPT("★",C4)。

3：　拖曳 D4 儲存格的填滿控點到 D6。

實例 ch6_47.xlsx 和 ch6_47_out.xlsx：將餐廳做美食評比，增加空白星號。

1： 開啟 ch6_47.xlsx，將作用儲存格放在 D4。

2： 輸入公式 =REPT("★",C4)&REPT("☆",5-C4)。

3： 拖曳 D4 儲存格的填滿控點到 D6。

這個實例是先列出評比的星號，再列出空白的星號。

6-9-3 DOLLAR 系列 - 將數值轉成貨幣格式

語法英文：DOLLAR(number, [decimals])

語法中文：REPT(數值, 小數位數)

❑ number：必要，需要轉換為貨幣格式的數值。

❑ decimals：必要，指定小數位數。如果省略，預設值為 2。

　　Excel 中的 DOLLAR 函數用於將數值轉換為貨幣格式的字串。該函數根據所提供的小數位數，將數值格式化為貨幣格式，並且會根據系統的區域設置自動應用貨幣符號，例如：符號 "$"。

註 USDOLLAR 函數是轉換成美元貨幣，此例可以得到相同的結果。

實例 ch6_47_1.xlsx 和 ch6_47_1_out.xlsx：數值轉貨幣。

1：　開啟 ch6_47_1.xlsx，將作用儲存格放在 C3，輸入公式 =DOLLAR(B3,1)。

2：　將作用儲存格放在 C4，輸入公式 =DOLLAR(B4)。

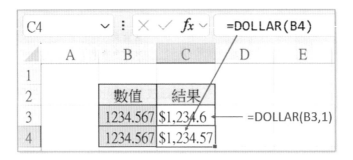

除了這個函數，還有下列 2 種新的函數：

❑ DOLLARDE 函數：可用於將用分數表示的金額轉換為十進制數表示的金額。這在處理金融數據時特別有用，例如將利率或債券價格從分數形式轉換為十進制形式。其語法格式與實例如下：

DOLLARDE(fractional_dollar, fraction)

● DOLLARDE(1.1, 16)，1.1 表示 1 美元 10/16 美元，回傳 1.625。

❑ DOLLARFR 函數：用於將十進制表示的金額轉換為分數形式表示的金額。這在處理金融數據時特別有用，例如將利率或債券價格從十進制形式轉換為分數形式。其語法格式如下：

DOLLARFR(decimal_dollar, fraction)

● =DOLLARFR(1.625, 16)，1.625 表示 1 美元和 10/16 美元，回傳 1.10。

6-9-4　NUNBERSTRING 數值以國字大寫表示

語法英文：NUMBERSTRING(number, style)

語法中文：NUMBERSTRING(數值, 格式)

❑ number：必要，需要轉換為貨幣格式的數值。

❑ style：必要，指定格式，可以是下列格式。

- 1：用國字數字 (一、二) 和位數 (十、千、百) 格式表示。
- 2：用大寫國字數字 (壹、貳) 和位數 (十、千、百) 格式表示。
- 3：用國字數字 (一、二、三) 格式表示。

實例 ch6_47_2.xlsx 和 ch6_47_2_out.xlsx：數值轉貨幣。

1： 開啟 ch6_47_2.xlsx，將作用儲存格放在 E4。

2： 輸入公式「NUMBERSTRING(D3,2)&" 元整 "」。

E4	✓ : ✕ ✓ fx ✓	=NUMBERSTRING(D3,2)&"元整"		

	A	B	C	D	E
1					
2		公司	編號	金額	
3		深智數位	No:20240601	971,000	
4				支票金額	玖拾柒萬壹仟元整

6-9-5 NUNBERVALUE 將字串轉成數值

語法英文：NUMBERVALUE(text, [decimal_separator], [group_separator])

語法中文：NUMBERVALUE(字串, 小數點符號, 千分為分隔符號)

❏ text：必要，需要轉換為數值的字串。

❏ decimal_separator：可選，表示小數點的字元。如果省略，使用系統預設的小數點字元。

❏ group_separator：可選。表示千位分隔符的字元。如果省略，使用系統預設的千位分隔字元。

　　NUMBERVALUE 函數，可用於將字串轉換為數值。這在處理包含數字的字串時特別有用，例如從其他系統導入的數據或包含數字的文字串輸入。

實例 ch6_47_3.xlsx 和 ch6_47_3_out.xlsx：字串轉數字。

1： 開啟 ch6_47_3.xlsx，將作用儲存格放在 C2。

2： 輸入公式「NUMBERVALUE(B2)」。

3：　將作用儲存格放在 C3，輸入公式「NUMBERVALUE(B3,",",".")」。

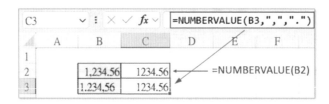

註　某些地區小數點用逗號表示，千位分隔字元用點表示，可以參考 B3 儲存格。

6-10　綜合應用

6-10-1　將姓與名字間的半形空白轉成全形

實例 ch6_48.xlsx 和 ch6_48_out.xlsx：將姓與名字間的半形空白轉成全形。

1：　開啟 ch6_48.xlsx，將作用儲存格放在 C4。

2：　輸入公式 =SUBSTITUTE(B4," ","　")。

3：　拖曳 C4 儲存格的填滿控點到 C6。

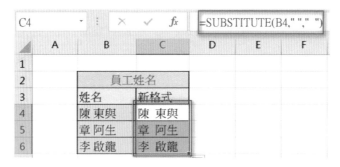

6-10-2　將換行字元與字串相結合

實例 ch6_49.xlsx 和 ch6_49_out.xlsx：將換行字元與字串相結合。

1：　開啟 ch6_49.xlsx，將作用儲存格放在 D4。

2：　輸入公式 =CONCATENATE(B4,CHAR(10),C4)。

3: 拖曳 D4 儲存格的填滿控點到 D6。

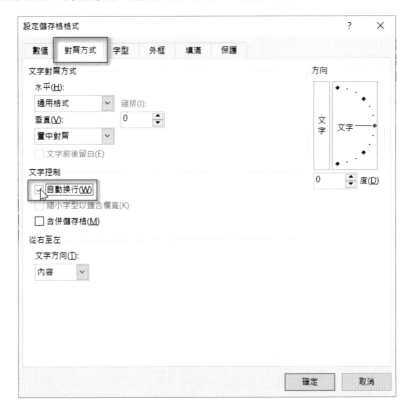

註1 如果執行後 D4 未看到地址資訊,請增加欄位高度即可。

註2 D4:D6 儲存格須預先設為可以自動換行,否則看不到上述效果。設定方式是選取 D4:D6,在選取區按一下滑鼠右鍵,開啟快顯功能表執行儲存格格式指令,出現設定儲存格格式對話方塊,選對齊方式頁次,設定自動換行。

6-10-3　碰上空格就換行輸出

實例 ch6_50.xlsx 和 ch6_50_out.xlsx：將空白字元轉成換行字元。

1：　開啟 ch6_50.xlsx，將作用儲存格放在 C4。

2：　輸入公式 =SUBSTITUTE(B4," ",CHAR(10))。

3：　拖曳 C4 儲存格的填滿控點到 C6。

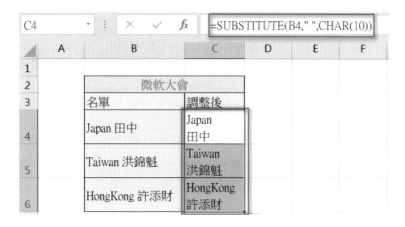

6-10-4　擷取姓氏

實例 ch6_51.xlsx 和 ch6_51_out.xlsx：姓與名字間有空白，本實例可以取出姓氏。

1：　開啟 ch6_51.xlsx，將作用儲存格放在 C4。

2：　輸入公式 =LEFT(B4,FIND(" ",B4)-1)。

3：　拖曳 C4 儲存格的填滿控點到 C6。

6-10-5 擷取名字

實例 ch6_52.xlsx 和 ch6_52_out.xlsx：姓與名字間有空白,本實例可以取出名字。

1: 開啟 ch6_52.xlsx,將作用儲存格放在 C4。

2: 輸入公式 =MID(B4,FIND(" ",B4)+1,LEN(B4))。

3: 拖曳 C4 儲存格的填滿控點到 C6。

C4				f_x	=MID(B4,FIND(" ",B4)+1,LEN(B4))		
	A	B	C	D	E	F	G	H
1								
2		擷取名字						
3		姓名	名字					
4		陳 東光	東光					
5		將 家與	家與					
6		歐陽 瓏	瓏					

6-10-6 將姓與名字分離的進階應用

實例 ch6_53.xlsx 和 ch6_53_out.xlsx：姓與名字間有空白,本實例可以取出名字。如果本實例名字間沒有空格,則姓欄位將出現全名,名欄位則空白。

1: 開啟 ch6_53.xlsx,將作用儲存格放在 C4。

2: 輸入公式 =IF(ISNUMBER(FIND(" ",B4)),LEFT(B4,FIND(" ",B4)-1),B4)。

3: 拖曳 C4 儲存格的填滿控點到 C7。

C4				f_x	=IF(ISNUMBER(FIND(" ",B4)),LEFT(B4,FIND(" ",B4)-1),B4)		
	A	B	C	D	E	F	G	H	I
1									
2		擷取名字							
3		姓名	姓	名					
4		陳 東光	陳						
5		將 家與	將						
6		歐陽 瓏	歐陽						
7		許佳佳	許佳佳						

上述 IF 函數 3 個引數功能如下：

引數 1：第 1 個引數 ISNUMBER 函數可以回應所搜尋的空格有幾個，如果是大於 0，則執行第 2 個引數，否則執行第 3 個引數。

引數 2：第 2 個引數 LEFT 函數可以取出姓，方法是使用 FIND 函數找出第幾個文字是空白，將回傳結果減 1 傳給 LEFT 函數，這就是姓氏的長度。

引數 3：第 3 個引數是，如果 ISNUMBER 函數回傳是 0 時，表示姓和名之間沒有空格，則直接用姓名輸出在姓欄位。

4：　請在 D4 儲存格輸入 =IF(ISNUMBER(FIND(" ",B4)),MID(B4,FIND(" ",B4) +1,LEN(B4)),"")。

5：　拖曳 D4 儲存格的填滿控點到 D7。

| D4 | ▾ | ⋮ | ✕ ✓ fx | =IF(ISNUMBER(FIND(" ",B4)),MID(B4,FIND(" ",B4)+1,LEN(B4)),"") |

	A	B	C	D	E	F	G	H	I	J	K
1											
2		擷取名字									
3		姓名	姓	名							
4		陳 東光	陳	東光							
5		將 家與	將	家與							
6		歐陽 瓏	歐陽	瓏							
7		許佳佳	許佳佳								

上述 IF 函數 3 個引數功能如下：

引數 1：第 1 個引數 ISNUMBER 函數可以回應所搜尋的空格有幾個，如果是大於 0，則執行第 2 個引數，否則執行第 3 個引數。

引數 2：第 2 個引數 MID 函數可以取出名，方法是使用 FIND 函數找出第幾個文字是空白，將回傳結果加 1 傳給 MID 函數，這就是名的起始位置，然後輸出此位置的字串長度即可。

引數 3：第 3 個引數是，如果 ISNUMBER 函數回傳是 0 時，表示姓和名之間沒有空格，則直接輸出空字串。

6-10-7 從地址中取出縣市名稱

實例 ch6_54.xlsx 和 ch6_54_out.xlsx：台灣地址前 3 個文字是縣市名稱，所以可以使用此特色取出地址的縣市名稱。

1： 開啟 ch6_54.xlsx，將作用儲存格放在 D4。

2： 輸入公式 =MID(C4,1,3)。

3： 拖曳 D4 儲存格的填滿控點到 D6。

6-10-8 改良從地址中取出縣市名稱

前一小節 ch6_54.xlsx，如果碰上只輸入地址，則會有錯誤，如下所示，下列實例可以參考 ch6_54_out2.xlsx。

實例 ch6_55.xlsx 和 ch6_55_out.xlsx：修訂 ch6_54.xlsx，改為如果第 3 個地址文字不是縣或市，輸出空字串。

1：　開啟 ch6_55.xlsx，將作用儲存格放在 D4。

2：　輸入公式 =IF(OR(MID(C4,3,1)={"市","縣"}),LEFT(C4,3),"")。

3：　拖曳 D4 儲存格的填滿控點到 D7。

D4		× ✓ fx	=IF(OR(MID(C4,3,1)={"市","縣"}),LEFT(C4,3),"")				
	A	B	C	D	E	F	G
1							
2			員工地址表				
3		姓名	地址	城市名稱			
4		陳 東光	台北市南陽街21號	台北市			
5		將 家與	新北市泰山區工專路84號	新北市			
6		歐陽 瓏	新竹縣竹東鎮朝陽路18號	新竹縣			
7		陳興星	忠誠路999號				

上述公式關鍵如下：

　OR(MID(C4,3,1)={"市","縣"})

這個公式主要是檢查 C4 儲存格第 3 個文字是不是"市"或"縣"，如果是則回傳 TRUE，如果不是則回傳 FALSE，{"市","縣"}是一個陣列。如果回傳 TRUE 則執行 LEFT(C4,3) 輸出城市名稱，否則輸出空字串。

6-10-9　從地址中取出道路名稱

實例 ch6_56.xlsx 和 ch6_56_out.xlsx：取出道路名稱。

1：　開啟 ch6_56.xlsx，將作用儲存格放在 E4。

2：　輸入公式 =SUBSTITUTE(C4,D4,"")。

3：　拖曳 E4 儲存格的填滿控點到 E7。

E4		× ✓ fx	=SUBSTITUTE(C4,D4,"")		
	A	B	C	D	E
1					
2			員工地址表		
3		姓名	地址	城市名稱	道路名稱
4		陳 東光	台北市南陽街21號	台北市	南陽街21號
5		將 家與	新北市泰山區工專路84號	新北市	泰山區工專路84號
6		歐陽 瓏	新竹縣竹東鎮朝陽路18號	新竹縣	竹東鎮朝陽路18號
7		陳興星	忠誠路999號		忠誠路999號

上述是搜尋 C4 字串，然後將 D4 字串用空字串取代，這樣就可以取出地址的道路名稱。

6-10-10　計算學生成績獲得 A/B/C 的次數

實例 ch6_57.xlsx 和 ch6_57_out.xlsx：計算學生成績獲得 A/B/C 的次數，這類問題可以使用先計算成績串列長度，再減去 A/B/C 分別用空字元取代的長度及可以獲得各 A/B/C 的次數。

1： 開啟 ch6_57.xlsx，將作用儲存格放在 D4。

2： 輸入公式 =LEN(C4)-LEN(SUBSTITUTE(C4,"A",""))。

3： 拖曳 D4 儲存格的填滿控點到 D6。

4： 將作用儲存格放在 E4。

5： 輸入公式 =LEN(C4)-LEN(SUBSTITUTE(C4,"B",""))。

6： 拖曳 E4 儲存格的填滿控點到 E6。

7： 將作用儲存格放在 F4。

8： 輸入公式 =LEN(C4)-LEN(SUBSTITUTE(C4,"C",""))。

9： 拖曳 F4 儲存格的填滿控點到 F6。

F4		× ✓ fx	=LEN(C4)-LEN(SUBSTITUTE(C4,"C",""))			

	A	B	C	D	E	F	G	H
1								
2		計算A/B/C成績的次數						
3		姓名	成績	A	B	C		
4		陳嘉文	ABCBA	2	2	1		
5		李世昌	CCBCC	0	1	4		
6		張慶暉	AAAAA	5	0	0		

6-10-11　計算儲存格的列數

實例 ch6_58.xlsx 和 ch6_58_out.xlsx：在儲存格內同時按 Alt+Enter 鍵可以有換列輸入的效果，換列的字元是 CHAR(10)，我們可以計算原先字串長度，減去將換列字元用空字元代替的字串長度，再加 1，就可以計算列數，對於此例就是計算部門的人數。

1： 開啟 ch6_58.xlsx，將作用儲存格放在 D4。

2： 輸入公式 =LEN(C4)-LEN(SUBSTITUTE(C4,CHAR(10),""))+1。

3： 拖曳 D4 儲存格的填滿控點到 D6。

D4		× ✓ fx	=LEN(C4)-LEN(SUBSTITUTE(C4,CHAR(10),""))+1				

	A	B	C	D	E	F	G	H	I
1									
2		天天科技公司							
3		部門	姓名	人數					
4		業務部	辰與星 張家豪	2					
5		財務部	許佳佳	1					
6		研發部	段天天 賴美玉 廖添丁	3					

6-10-12　餐廳的星級評價

實例 ch6_59.xlsx 和 ch6_59_out.xlsx：依據 5 種評價，最後列出餐廳星級評價。

1：　開啟 ch6_59.xlsx，將作用儲存格放在 H4。

2：　輸入公式 =REPT("★",SUM(C4:G4))&REPT("☆",5-SUM(C4:G4))。

3：　拖曳 H4 儲存格的填滿控點到 H6。

| | fx | =REPT("★",SUM(C4:G4))&REPT("☆",5-SUM(C4:G4)) |

	A	B	C	D	E	F	G	H	I
1									
2		天天美食廣場顧客評價表							
3		類別	菜色	配料	口味	豐富	創新	顆星	
4		中餐店	1	1	1	0	1	★★★★☆	
5		日式料理	1	0	1	1	0	★★★☆☆	
6		歐式自助餐	1	1	1	1	1	★★★★★	

6-10-13　銀行代碼

實例 ch6_60.xlsx 和 ch6_60_out.xlsx：擷取銀行代碼與名稱資訊。

1：　開啟 ch6_60.xlsx，將作用儲存格放在 C4。

2：　輸入公式 =LEFT(B4,3)。

3：　拖曳 C4 儲存格的填滿控點到 C7。

| | fx | =LEFT(B4,3) |

	A	B	C	D	E
1					
2		台灣銀行代碼			
3		完整銀行名稱	銀行代碼	銀行名稱	
4		004 台灣銀行	004		
5		008 華南銀行	008		
6		012 台北富邦	012		
7		018 農業金庫	018		

4：　將作用儲存格放在 D4。

5：　輸入公式 =MID(B4,5,4)。

6：　拖曳 D4 儲存格的填滿控點到 D7。

D4			×	✓	f_x	=MID(B4,5,4)	
	A	B		C		D	E
1							
2		台灣銀行代碼					
3		完整銀行名稱		銀行代碼		銀行名稱	
4		004 台灣銀行		004		台灣銀行	
5		008 華南銀行		008		華南銀行	
6		012 台北富邦		012		台北富邦	
7		018 農業金庫		018		農業金庫	

第 7 章

日期與時間的應用

7-1 認識日期與時間的序列值

7-1-1　日期的序列值

Excel 是利用序列值管理日期，在這個觀念中 1900 年 1 月 1 日當作序列值 1，1 月 2 日是序列值 2，…，依此類推。

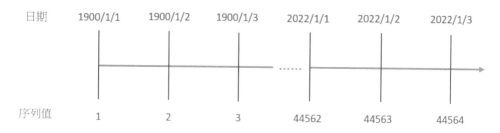

7-1-2　時間的序列值

Excel 也是利用序列值管理時間，在這個觀念中一天 24 小時當作 1，00:00 當作序列值 0，12:00 是序列值 0.5，24:00 是序列值 1。

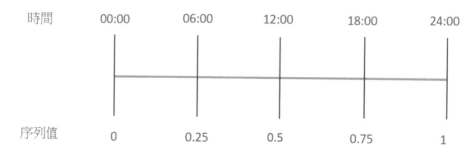

7-1-3　VALUE 函數取得序列值

相關實例可以參考 4-5-5 節。

7-1-4　日期時間格式與序列值

在 Excel 如果使用日期格式輸入日期資料時，所顯示的是日期，若是將儲存格改為通用格式，則相同的內容將以序列值顯示。

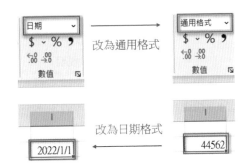

7-1-5　日期格式符號

Excel 對於日期格式除了提供國際標準化日期格式外，也提供在地化的服務，例如：中華民國、民國、民國年 … 等。

日期符號格式	說明
yyyy 或 yy	4 位數西元年或 2 位數西元年
e	民國年，西元年減去 1911 就是民國年
ggg 或 gg	中華民國或民國
mmmm 或 mm	完整英文月份或簡寫，例如：January 或 Jan
mm 或 m	月份使用 2 位數或 1 位數顯示，例如：05 或 5
dd 或 d	日期使用 2 位數或 1 位數顯示，例如：05 或 5
aaaa 或 aaa	星期以星期日或週日顯示
dddd 或 ddd	英文星期以 Sunday 或 Sun 顯示

上述相關應用可以參考 7-5 節。

7-1-6　時間格式符號

時間符號格式	說明
AM 或 FM	早上時間用 AM，下午時間用 PM
hh 或 h	2 位數小時或 1 位數小時
mm 或 m	2 位數分鐘或 1 位數分鐘
ss 或 s	2 位數秒或 1 位數秒
[h]、[m]、[s]	經過的時、分、秒

7-1-7　國字數字與色彩格式符號

符號類別	說明
[DBNum1]	1、2、3 用一、二、三表示或十、百、千
[DBNum2]	1、2、3 用壹、貳、參表示或拾、佰、仟
[DBNum3]	數字用全形表示
[色]	可以設定儲存格色彩 [紅]、[藍]、[黃]、[綠]、[黑]、[白]、

7-2　自動顯示目前日期與時間

7-2-1　TODAY 自動顯示與更新目前日期

語法英文：TODAY( )

語法中文：TODAY( )

　　這個函數可以顯示目前日期，如果今天是 2021/2/12 日，則系統顯示 2021/2/12，如果你是 2021/3/12 開啟此檔案，則系統顯示 2021/3/12。或是一個檔案開啟了好幾天沒有關閉，若是按 F9 鍵也可以更新顯示目前日期。

實例 ch7_1.xlsx 和 ch7_1_out.xlsx：建立目前日期。

1：　開啟 ch7_1.xlsx，將作用儲存格放在 B3。

2：　輸入公式 =TODAY( )。

7-2-2　NOW 自動顯示與更新目前日期與時間

語法英文：NOW( )

語法中文：NOW( )

　　這個函數可以顯示目前日期與時間，每次重新開啟檔案或是按 F9 鍵，皆可以自動更新目前日期與時間。

實例 ch7_2.xlsx 和 ch7_2_out.xlsx：建立目前日期與時間。

1：　開啟 ch7_2.xlsx，將作用儲存格放在 B3。

2：　輸入公式 =NOW( )。

　　下列是筆者過了 1 分鐘後按 F9 鍵的執行結果。

7-2-3　DAYS/DAYS360 計算間隔天數

語法英文：DAYS(end_date, start_date)

語法中文：DAYS(結束日期, 開始日期)

❏ end_date：必要，結束日期，或是包含結束日期的單元格引用。

❏ start_date：必要，開始日期，或是包含開始日期的單元格引用。

　　此函數可以計算兩個日期之間的天數差，輕鬆地計算出兩個日期之間的天數。

實例 ch7_3.xlsx 和 ch7_3_out.xlsx：聖誕節是 12 月 25 日，這個程式會計算距離聖誕節的天數。

1：　開啟 ch7_3.xlsx，將作用儲存格放在 C4。

2：　輸入公式 =DAYS(C3,TODAY( ))。

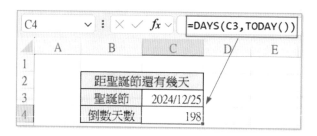

如果你在不同時間點開啟此檔案，可以得到不同的天數。上述實例，也可以在 C4 儲存格輸入公式 =C3-TODAY( )，得到相同的結果。

DAYS360(start_date, end_date)，也是計算間隔天數，與 DAYS( ) 差異如下：

● 設定一年有 360 天，相當於一個月有 30 天。

● start_date 與 end_date 參數位置顛倒。

檔案 ch7_3.xlsx，可以在 C4 使用 =DAYS360(TODAY( ), C3) 計算倒數天數，因為少了 7、8 與 10 月的 31 天，可以得到 195，可參考 ch7_3_1_out.xlsx。

7-3 日期資料分解與合併

使用滑鼠游標指向任一儲存格，按一下滑鼠右鍵，可執行快顯功能表的儲存格格式指令，在出現儲存格格式對話方塊後，請選數值頁次，在類別欄選日期，可以看到 Excel 認可的所有日期格式。

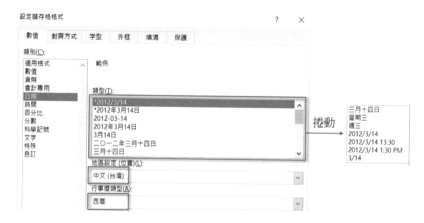

7-3-1 YEAR 取出年份

語法英文：YEAR(serial_number)

語法中文：YEAR(日期格式)

❑ serial_number：必要，這是要找尋年份的日期。

YEAR 函數可以在日期資料格式中取出年份。

實例 ch7_4.xlsx 和 ch7_4_out.xlsx：在日期資料格式中取出年份。

1： 開啟 ch7_4.xlsx，將作用儲存格放在 C4。

2： 輸入公式 =YEAR(B4)。

3： 拖曳 C4 儲存格的填滿控點到 C8。

7-3-2 MONTH 取出月份

語法英文：MONTH(serial_number)

語法中文：MONTH(日期格式)

❑ serial_number：必要，這是要找尋月份的日期。

MONTH 函數可以在日期資料格式中取出月份。

實例 ch7_5.xlsx 和 ch7_5_out.xlsx：在日期資料格式中取出月份。

1： 開啟 ch7_5.xlsx，將作用儲存格放在 C4。

2： 輸入公式 =MONTH(B4)。

3：　拖曳 C4 儲存格的填滿控點到 C9。

7-3-3　DAY 取出日期

語法英文：DAY(serial_number)

語法中文：DAY(日期格式)

❑ serial_number：必要，這是要找尋日期的日期格式。

　　DAY 函數可以在日期資料格式中取出日期。

實例 ch7_6.xlsx 和 ch7_6_out.xlsx：在日期資料格式中取出日期。

1：　開啟 ch7_6.xlsx，將作用儲存格放在 C4。

2：　輸入公式 =DAY(B4)。

3：　拖曳 C4 儲存格的填滿控點到 C8。

7-3-4　DATE

語法英文：DATE(year, month, day)

語法中文：DATE(年, 月, 日)

❏ year：必要，組成日期的年，可以使用 1 到 4 位數，為避免混淆建議使用 4 位數。

❏ month：必要，組成日期的月份，如果使用超過 12，會被視為下一個年度的月，例如：DATE(2021,14,1) 會被視為 2022 年 2 月 1 日。如果使用小於 1，會被視為前一個年度的月。

❏ day：必要，組成日期的天數，如果使用超過 31，會被視為下一個月的天數。如果使用小於 1，會被視為前一個月的天數。

DATE 函數可以將年、月、日資料組成日期。

實例 ch7_7.xlsx 和 ch7_7_out.xlsx：將年、月、日資料組成日期。

1： 開啟 ch7_7.xlsx，將作用儲存格放在 E4。

2： 輸入公式 =DATE(B4,C4,D4)。

3： 拖曳 E4 儲存格的填滿控點到 E6。

7-3-5　將 8 個位數的數值轉成日期資料

實例 ch7_8.xlsx 和 ch7_8_out.xlsx：將 8 個位數的數值組成日期，這個數值轉換日期時，須將單一阿拉伯數字的日與月左邊加上 0，例如：5 月需寫成 05，日期觀念也是如此。

1： 開啟 ch7_8.xlsx，將作用儲存格放在 C4。

2： 輸入公式 =DATE(LEFT(B4,4),MID(B4,5,2),RIGHT(B4,2))。

3：　拖曳 C4 儲存格的填滿控點到 C6。

上述第 1 個引數 LEFT(B4,4) 是取年份，第 2 個引數 MID(B4,5,2) 是取月份，第 3 個引數 RIGHT(B4,2) 是取日期。

7-3-6　DATEVALUE 將日期字串改成日期序列值

語法英文：DATEVALUE(date_text)

語法中文：DATEVALUE(文字格式的日期)

❑ date_text：必要，要計算日期序列值的日期文字字串或是儲存格的參照。

　　DATEVALUE 函數可以將文字格式的日期轉成日期序列值，有關日期序列值的觀念可以參考 7-1 節。

實例 ch7_9.xlsx 和 ch7_9_out.xlsx：將文字格式的日期轉成日期序列值。

1：　開啟 ch7_9.xlsx，將作用儲存格放在 C4。

2：　輸入公式 =DAVEVALUE(B4)。

3：　拖曳 C4 儲存格的填滿控點到 C7。

註 有關 B4 儲存格內容的序列值，也可以在 C4 儲存格輸入下列公式產生。

=DATEVALUE("2022/5/5")

實例 ch7_9_out2.xlsx：將 ch7_9_out.xlsx 的日期序列值轉成日期。

1： 現在選取 C4:C9，執行常用 / 數值 / 詳細日期，即可以將日期序列值轉成日期。

7-3-7 三個月後月底付款的應用

實例 ch7_9_1.xlsx 和 ch7_9_1_out.xlsx：商場上往來常常是開 2 個月的票期，1 月份的款項常常是 4 月 5 日支票兌現，下列是這方面的應用。

1： 開啟 ch7_9_1.xlsx，將作用儲存格放在 D4。

2： 輸入公式 =DATE(YEAR(B4),MONTH(B4)+3,5)。

3： 拖曳 D4 儲存格的填滿控點到 D6。

7-3-8　DATESTRING 西元日期轉成民國日期

語法英文：DATESTRING(date)

語法中文：DATESTRING(西元日期)

❑ date：必要，例如：「2024/6/6」西元日期格式。

DATESTRING 函數不會在 Excel 插入函數中出現，但是可以直接輸入。

實例 ch7_9_2.xlsx 和 ch7_9_2_out.xlsx：西元日期轉民國日期。

1：　開啟 ch7_9_2.xlsx，將作用儲存格放在 C2。

2：　輸入公式 =DATESTRING(B2)。

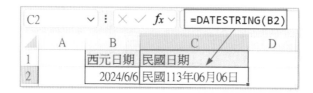

7-4　時間資料分解與合併

使用滑鼠游標指向任一儲存格，按一下滑鼠右鍵，可執行快顯功能表的儲存格格式指令，在出現儲存格格式對話方塊後，請選數值頁次，在類別欄選時間，可以看到 Excel 認可的所有時間格式。

7-4-1　HOUR

語法英文：HOUR(serial_number)

語法中文：HOUR(時間格式)

❏ serial_number：必要，要回傳小時的時間文字字串或是儲存格的參照。

　　HOUR 函數可以在時間資料格式中取出時，在取出時會用 24 小時制度回傳，所以下午一點會回傳 13。

實例 ch7_10.xlsx 和 ch7_10_out.xlsx：在時間資料格式中取出時。

1：　開啟 ch7_10.xlsx，將作用儲存格放在 C4。

2：　輸入公式 =HOUR(B4)。

3：　拖曳 C4 儲存格的填滿控點到 C8。

C4		⋮	×	✓	fx	=HOUR(B4)	

	A	B	C	D
1				
2		時間格式		
3		時間	時	
4		13:00:25	13	
5		下午 01:25:22	13	
6		09:21:21 AM	9	
7		11:32:32 PM	23	
8		2022/1/1 12:00	12	

7-4-2　MINUTE

語法英文：MINUTE(serial_number)

語法中文：MINUTE(時間格式)

❏ serial_number：必要，要回傳分鐘的時間文字字串或是儲存格的名稱參照。

　　MINUTE 函數可以在時間資料格式中取出分。

實例 ch7_11.xlsx 和 ch7_11_out.xlsx：在時間資料格式中取出分。

1：　開啟 ch7_11.xlsx，將作用儲存格放在 C4。

2：　輸入公式 =MINUTE(B4)。

3：　拖曳 C4 儲存格的填滿控點到 C8。

7-4-3　SECOND

語法英文：SECOND(serial_number)

語法中文：SECOND(時間格式)

❑ serial_number：必要，要回傳秒的時間文字字串或是儲存格的參照。

　　SECOND 函數可以在時間資料格式中取出秒。

實例 ch7_12.xlsx 和 ch7_12_out.xlsx：在時間資料格式中取出秒。

1：　開啟 ch7_12.xlsx，將作用儲存格放在 C4。

2：　輸入公式 =SECOND(B4)。

3：　拖曳 C4 儲存格的填滿控點到 C8。

7-4-4 TIME 將時、分、秒轉成時間格式

語法英文：TIME(hour, minute, second)

語法中文：TIME(時, 分, 秒)

- hour：必要，組成時間的小時數字，可以使用 0 到 32767，若是比 23 大會除以 24，餘數視為小時值，例如：TIME(28,0,0)=TIME(4,0,0) 是 4:00 AM。
- minute：必要，組成時間的分鐘數字，可以使用 0 到 32767，若是比 59 大會轉成為小時數和分鐘值，例如：TIME(0,730,0)=TIME(12,10,0) 是 12:10 AM。
- second：必要，組成時間的秒鐘數字，可以使用 0 到 32767，若是比 59 大會轉成為小時數、分鐘值和秒值，例如：TIME(0,0,2020)=TIME(0,33,40) 是 12:33 AM。

  TIME 函數可以將時、分、秒資料組成時間。

實例 ch7_13.xlsx 和 ch7_13_out.xlsx：將時、分、秒資料組成時間。

1： 開啟 ch7_13.xlsx，將作用儲存格放在 E4。

2： 輸入公式 =TIME(B4,C4,D4)。

3： 拖曳 E4 儲存格的填滿控點到 E6。

7-4-5 將年、月、日、時、分、秒組成日期與時間資料

實例 ch7_14.xlsx 和 ch7_14_out.xlsx：將年、月、日、時、分、秒資料組成時間。

1： 開啟 ch7_14.xlsx，將作用儲存格放在 H4。

2： 輸入公式 =DATE(B4,C4,D4)+TIME(E4,F4,G4)。

H4				f_x	=DATE(B4,C4,D4)+TIME(E4,F4,G4)		

	A	B	C	D	E	F	G	H
1								
2				日期與時間的合併				
3		年	月	日	時	分	秒	日期與時間
4		2021	10	5	7	10	5	2021/10/5
5		2022	11	10	15	45	10	
6		2023	12	15	21	12	15	

3 ： 目前只看到日期，這是因為儲存格目前的預設日期格式，請將滑鼠游標指向 H4 儲存格，按一下滑鼠右鍵，可執行快顯功能表的儲存格格式指令，在出現儲存格格式對話方塊後，請選數值頁次，在類別欄選日期，然後在類型欄位選擇含日期與時間的格式：

4: 按**確定**鈕,可以得到含日期與時間的儲存格。

H4	⋮ × ✓ *fx*	=DATE(B4,C4,D4)+TIME(E4,F4,G4)

	A	B	C	D	E	F	G	H
1								
2		日期與時間的合併						
3		年	月	日	時	分	秒	日期與時間
4		2021	10	5	7	10	5	2021/10/5 7:10 AM
5		2022	11	10	15	45	10	
6		2023	12	15	21	12	15	

5: 拖曳 H4 儲存格的填滿控點到 H6。

H4	⋮ × ✓ *fx*	=DATE(B4,C4,D4)+TIME(E4,F4,G4)

	A	B	C	D	E	F	G	H
1								
2		日期與時間的合併						
3		年	月	日	時	分	秒	日期與時間
4		2021	10	5	7	10	5	2021/10/5 7:10 AM
5		2022	11	10	15	45	10	2022/11/10 3:45 PM
6		2023	12	15	21	12	15	2023/12/15 9:12 PM

7-4-6 TIMEVALUE 將時間字串改成時間序列值

語法英文:TIMEVALUE(time_text)

語法中文:TIMEVALUE(文字格式的時間)

❏ time_text:必要,要計算時間序列值的時間文字字串或是儲存格的名稱參照。

　　TIMEVALUE 函數可以將文字格式的時間轉成時間序列值,有關時間序列值的觀念可以參考 7-1 節。

實例 ch7_15.xlsx 和 ch7_15_out.xlsx:將文字格式的日期轉成時間序列值。

1: 開啟 ch7_15.xlsx,將作用儲存格放在 C4。

2: 輸入公式 =TIMEVALUE(B4)。

3: 拖曳 C4 儲存格的填滿控點到 C9。

註　有關 B4 儲存格內容的序列值，也可以在 C4 儲存格輸入下列公式產生。

=TIMEVALUE("00:00:00")

實例 ch7_15_out2.xlsx：將 ch7_15_out.xlsx 的時間序列值轉成時間。

1：　現在選取 C4:C9，執行常用 / 數值 / 時間，即可以將時間序列值轉成時間。

7-5 TEXT 與日期的應用

7-5-1 字串與日期的合併使用

在 6-9-1 節筆者介紹了 TEXT 函數，也可以將 TEXT 函數應用在日期上。

實例 ch7_16.xlsx 和 ch7_16_out.xlsx：將字串與日期合併使用，同時格式化日期。

1： 開啟 ch7_16.xlsx，將作用儲存格放在 E4。

2： 輸入公式 ="請在"&TEXT(C4,"yyyy年mm月dd日")&"前繳納學費"。

上述如果省略 TEXT 函數，則只顯示日期的序列值，讀者可以參考 ch7_16_out2.xlsx。

7-5-2 用 TEXT 產生中華民國年

在 TEXT 函數內的第 2 個引數使用 "e"，即可建立中華民國年。將西元年減去 1911 即可以得到中華民國年，但是下列實例第 2 個引數是使用 "e" 產生。

實例 ch7_17.xlsx 和 ch7_17_out.xlsx：建立中華民國年。

1： 開啟 ch7_17.xlsx，將作用儲存格放在 C4。

2：　輸入公式 =TEXT(B4,"e")。

3：　拖曳 C4 儲存格的填滿控點到 C8。

7-5-3　用 TEXT 產生國字的年

在 TEXT 函數內的第 2 個引數使用 [DBNum]，即可建立國字的年份。

實例 ch7_18.xlsx 和 ch7_18_out.xlsx：建立國字的年。

1：　開啟 ch7_18.xlsx，將作用儲存格放在 C4。

2：　輸入公式 =TEXT(B4,"[DBNum1]e")。

3：　拖曳 C4 儲存格的填滿控點到 C8。

7-5-4 用 TEXT 產生含中華民國字串國字的年

在 TEXT 函數內的第 2 個引數使用 ggge，即可建立中華民國字串。

實例 ch7_19.xlsx 和 ch7_19_out.xlsx：建立中華民國年。

1： 開啟 ch7_19.xlsx，將作用儲存格放在 C4。

2： 輸入公式 =TEXT(B4,"[DBNum1]ggge年")。

3： 拖曳 C4 儲存格的填滿控點到 C8。

	A	B	C	D	E	F
C4			=TEXT(B4,"[DBNum1]ggge年")			
1						
2		中華民國日期				
3		一般日期	國曆日期			
4		1912/1/1	中華民國元年			
5		2000/5/10	中華民國八十九年			
6		2022/2/19	中華民國一一一年			
7		2022/12/5	中華民國一一一年			
8		2023/12/25	中華民國一一二年			

7-5-5 建立中華民國的國字年、月、日使用 TEXT 函數

在 TEXT 函數內的第 2 個引數使用 m 月 d 日，即可建立中華民國字串的月與日。

實例 ch7_20.xlsx 和 ch7_20_out.xlsx：建立中華民國年、月、日。

1： 開啟 ch7_20.xlsx，將作用儲存格放在 C4。

2： 輸入公式 =TEXT(B4,"[DBNum1]ggge年m月d日")。

3： 拖曳 C4 儲存格的填滿控點到 C8。

| C4 | : | × ✓ | fx | =TEXT(B4,"[DBNum1]ggge年m月d日") |

	A	B	C	D	E
1					
2			中華民國日期		
3		一般日期	國曆日期		
4		1912/1/1	中華民國元年一月一日		
5		2000/5/10	中華民國八十九年五月十日		
6		2022/2/19	中華民國一一一年二月十九日		
7		2022/12/5	中華民國一一一年十二月五日		
8		2023/12/25	中華民國一一二年十二月二十五日		

7-5-6 月與日的位數統一

一年有 12 個月，每個月有 30 或 31 天，所以有的月份只有一個位數，有的有二個位數，前一小節筆者使用 mm 月和 dd 日的方式統一了位數，如果我們不想在 0-9 的月或日前面有 0，可以使用下列方式統一位數。

實例 ch7_21.xlsx 和 ch7_21_out.xlsx：統一月與日，將 "/0" 改為 "/ "。

1： 開啟 ch7_21.xlsx，將作用儲存格放在 C4。

2： 輸入公式 =SUBSTITUTE(TEXT(B4,"yyyy/mm/dd"),"/0","/ ")。

3： 拖曳 C4 儲存格的填滿控點到 C8。

| C4 | : | × ✓ | fx | =SUBSTITUTE(TEXT(B4,"yyyy/mm/dd"),"/0","/ ") |

	A	B	C	D	E	F	G	H
1								
2			月與日位數的統一					
3		一般日期	統一月與日					
4		1912/1/1	1912/ 1/ 1					
5		2000/5/10	2000/ 5/10					
6		2022/2/19	2022/ 2/19					
7		2022/12/5	2022/12/ 5					
8		2023/12/25	2023/12/25					

上述關鍵是將單一位數的月與日，使用 "/ " 取代 "/0"。

日期的進階應用

7-6-1 EDATE 紀錄幾個月前或後的日期

語法英文：EDATE(start_date, months)

語法中文：EDATE(起始日期, 月數)

❑ start_date：必要，代表開始日期。

❑ months：必要，start_date 之後的月份數，正值表示未來日期，負值表示過去日期。

　　這個函數當第 2 個引數是正值時可以紀錄幾個月後的日期，如果第 2 個引數是負值時可以紀錄幾個月前的日期。

實例 ch7_22.xlsx 和 ch7_22_out.xlsx：記錄特定日期的現在、過去與未來的存款日期與金額。

1：　開啟 ch7_22.xlsx，將作用儲存格放在 C6。

2：　輸入公式 =EDATE($C$2,B6)。

3：　拖曳 C6 儲存格的填滿控點到 C9。

C6		× ✓ fx	=EDATE($C$2,B6)	
	A	B	C	D	E
1					
2		紀錄日期	2022/1/1		
3					
4		我的存款紀錄			
5		月數	日期	存款金額	
6		-1	2021/12/1	56000	
7		0	2022/1/1	65000	
8		1	2022/2/1	73000	
9		2	2022/3/1	8100	

7-6-2　EOMONTH 記錄月底日期

語法英文：EOMONTH(start_date, months)

語法中文：EOMONTH(起始日期, 月數)

❏ start_date：必要，代表開始日期。

❏ months：必要，start_date 之後的月份數，正值表示未來日期，負值表示過去日期。

　　這個函數當第 2 個引數是正值時可以紀錄幾個月後的日期，如果第 2 個引數是負值時可以紀錄幾個月前的日期。例如：下列是第 2 個引數的相關說明：

　　-1：上個月月底。

　　0：這個月月底。

　　1：下個月月底。

實例 ch7_23.xlsx 和 ch7_23_out.xlsx：紀錄交易金額，當客戶的應收是月底時，列出月底的應收帳款日期。

1：　開啟 ch7_23.xlsx，將作用儲存格放在 D4。

2：　輸入公式 =EMONTH(B4,0)，現在各位看到的是日期的序列值。

3：　拖曳 D4 儲存格的填滿控點到 D7。

4：　選取 D4:D7，將儲存格改為日期格式。

如果要記錄下個月月底的應收，可以將第 2 個引數設為 1。

實例 ch7_24.xlsx 和 ch7_24_out.xlsx：紀錄交易金額，當客戶的應收是下個月的月底時，列出下個月的月底的應收帳款日期。

註　D4:D7 儲存格已經設為日期格式。

1：　開啟 ch7_24.xlsx，將作用儲存格放在 D4。

2：　輸入公式 =EMONTH(B4,1)。

3：　拖曳 D4 儲存格的填滿控點到 D7。

實例 ch7_25.xlsx 和 ch7_25_out.xlsx：辦公室出租常常是當月某日簽約，下個月 1 日計算起租收款日期，我們可以使用 EMONTH(xx,0)+1 加 1 方式處理。

> **註**　D4:D7 儲存格已經設為日期格式。

1：　開啟 ch7_25.xlsx，將作用儲存格放在 D4。

2：　輸入公式 =EMONTH(B4,0)+1。

3：　拖曳 D4 儲存格的填滿控點到 D7。

| D4 | ▼ | : | × | ✓ | *fx* | =EOMONTH(C4,0)+1 |

	A	B	C	D	E
1					
2		辦公室出租紀錄			
3		簽約客戶	簽約日	起租收款日期	
4		洪錦魁	2022/5/10	2022年6月1日	
5		洪星宇	2021/2/5	2021年3月1日	
6		洪雨星	2021/3/8	2021年4月1日	
7		陳嘉嘉	2021/12/10	2022年1月1日	

7-6-3　WORKDAY 工作日

語法英文：WORKDAY(start_date, days, [holidays])

語法中文：WORKDAY(起始日期, 工作天數, [假日])

❑ start_date：必要，代表開始日期。

❑ days：必要，start_date 之後或之前的非週末和非假日的天數，正值代表未來日期，負值代表過去日期。

❑ holidays：選用，這是要從工作行事曆中排除之一的日期選單。

　　在商場上許多工作皆是有訂定需要工作天數，這類天數通常是需排除假日，例如：週六或週日。上述函數在使用時若是省略第 3 個引數，則週六與週日算非工作日，也可以使用第 3 個引數設定特定日期為非工作日，ch7_28.xlsx 筆者會使用實例解說。工作天數如果是負值，例如：-1，代表前一個工作日。

　　在講解 WORKDAY 實例前，筆者想先介紹建立星期的資訊。

實例 ch7_26.xlsx 和 ch7_26_out.xlsx：在日期欄位右邊建立星期資訊。

1： 開啟 ch7_26.xlsx。

2： 將 B3:B6 複製到 C3:C6。

3： 請將滑鼠游標指向所選取的 C3:C6 儲存格，按一下滑鼠右鍵，可執行快顯功能表的儲存格格式指令，在出現儲存格格式對話方塊後，請選數值頁次，在類別欄選日期，然後在類型欄位選擇星期格式：

4： 按確定鈕。

7-6-3-1 基本訂貨與收貨的日期計算

實例 ch7_27.xlsx 和 ch7_27_out.xlsx：假設網路購物需要 3 個工作天到貨，下列是訂購日期和收貨日期的時間表。

> 註 D4:D8 儲存格已經設為日期格式。

1： 開啟 ch7_27.xlsx，將作用儲存格放在 D4。

2： 輸入公式 =WORKDAY(B4,3)。

3： 拖曳 D4 儲存格的填滿控點到 D7。

D4				f_x	=WORKDAY(B4,3)	
	A	B	C	D	E	F
1						
2		網路購物訂購日與到貨日表				
3		訂購日期	星期	到貨日期		
4		2021/4/1	星期四	2021/4/6		
5		2021/4/2	星期五	2021/4/7		
6		2021/4/3	星期六	2021/4/7		
7		2021/4/4	星期日	2021/4/7		
8		2021/4/5	星期一	2021/4/8		

　　上述讀者可能困惑為何 4 月 2、3 和 4 日訂購皆是 4 月 7 日到貨，因為訂購貨物當天不能算工作日，所以必須下一個工作天 4 月 5 日算工作日，所以最後皆是 4 月 7 日到貨。

7-6-3-2　基本訂貨與收貨扣除特別假日的日期計算

實例 ch7_28.xlsx 和 ch7_28_out.xlsx：假設網路購物需要 3 個工作天到貨，下列是訂購日期和收貨日期的時間表，筆者增加了 4 月 5 日是清明節放假一天，4 月 7 日是員工教育訓練不算工作日。

註　D4:D9 儲存格已經設為日期格式。

1： 開啟 ch7_28.xlsx，將作用儲存格放在 D4。

2： 輸入公式 =WORKDAY(B4,3,$G$3:$G$4)。

3： 拖曳 D4 儲存格的填滿控點到 D9。

其實上述 D4 公式也可以使用陣列方式處理第 3 個引數，可以參考 ch7_28_out2. xlsx。

7-6-3-3 列出每個月的第一個營業日

實例 ch7_29.xlsx 和 ch7_29_out.xlsx：列出每個月的第一個營業日。

註　D4:D8 儲存格已經設為日期格式。

1： 開啟 ch7_29.xlsx，將作用儲存格放在 D4。

2： 輸入公式 =WORKDAY(EOMONTH(B4,-1),1)。

3： 拖曳 D4 儲存格的填滿控點到 D8。

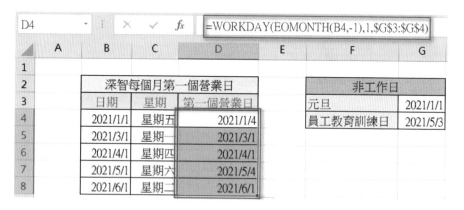

7-6-3-4　列出扣除特別假日後每個月的第一個營業日

實例 ch7_30.xlsx 和 ch7_30_out.xlsx：列出扣除假日後，每個月的第一個營業日。

註　D4:D8 儲存格已經設為日期格式。

1：　開啟 ch7_30.xlsx，將作用儲存格放在 D4。

2：　輸入公式 =WORKDAY(EOMONTH(B4,-1),1,$G$3:$G$4)。

3：　拖曳 D4 儲存格的填滿控點到 D8。

7-6-4　NETWORKDAYS 計算工作日的天數

語法英文：NETWORKDAYS(start_date, end_date, [holidays])

語法中文：NETWORKDAYS(起始日期, 結束日期, [假日])

❑ start_date：必要，代表開始日期。

❑ end_date：必要，代表結束日期。

❑ holidays：選用，這是要從工作行事曆中排除之一的日期選單。

　　這個函數可以計算某段期間的工作天數，上述函數在使用時若是省略第 3 個引數，則週六與週日算非工作日，第 3 個引數設定特定日期為非工作日。

7-6-4-1　基本工作天數計算

實例 ch7_31.xlsx 和 ch7_31_out.xlsx：計算工作天數。

1： 開啟 ch7_31.xlsx，將作用儲存格放在 F4。

2： 輸入公式 =NETWORKDAYS(B4,D4)。

3： 拖曳 F4 儲存格的填滿控點到 F8。

7-6-4-2　計算排除特別假日的工作天數

實例 ch7_32.xlsx 和 ch7_32_out.xlsx：計算排除 1 月 1 日元旦和 4 月 5 日清明節外的工作天數。

1：　開啟 ch7_32.xlsx，將作用儲存格放在 F4。

2：　輸入公式 =NETWORKDAYS(B4,D4,$I$3:$I$4)。

3：　拖曳 F4 儲存格的填滿控點到 F8。

F4		⋮	×	✓	fx	=NETWORKDAYS(B4,D4,$I$3:$I$4)			
▲	A	B	C	D	E	F	G	H	I
1									
2		工作天數計算						非工作日	
3		開工日期	星期	完工日期	星期	工作天數		元旦	2021/1/1
4		2020/12/29	星期二	2021/1/4	星期一	4		清明節	2021/4/5
5		2021/3/1	星期一	2021/3/8	星期一	6			
6		2021/4/1	星期四	2021/4/8	星期四	5			
7		2021/5/4	星期二	2021/5/10	星期一	5			
8		2021/6/1	星期二	2021/6/4	星期五	4			

7-6-5　WORKDAY.INTL 計算工作日

語法英文：WORKDAY.INTL(start_date, days, [weekend], [holidays])

語法中文：WORKDAY.INTL(起始日期, 工作天數, [週末], [假日])

❏ start_date：必要，代表開始日期。

❏ days：必要，代表 start_date 之前或之後的工作天數，正值表示未來日期，負值表示過去日期，0 表示 start_date。

❏ [weekend]：選用，指出一週中屬於週末不視為工作日的日子，可以參考下列表。

在商場上許多工作皆是例假日需上班，所以 WORKDAY 函數不一定適用，上述第 3 個引數是設定一週哪些天算是週末日，這是一個或多個日期當作假日。

數值	假日
1 或省略	週六、週日
2	週日、週一
3	週一、週二
4	週二、週三
5	週三、週四

數值	假日
6	週四、週五
7	週五、週六
11	僅週日
12	僅週一
13	僅週二
14	僅週三
15	僅週四
16	僅週五
17	僅週六

❏ [holidays]：選用，這是要從工作行事曆中排除之一的日期選單。

7-6-5-1　基本網路購物所需時間計算

實例 ch7_33.xlsx 和 ch7_33_out.xlsx：假設網路購物需要 3 個工作天到貨，假設週二是週末日，下列是訂購日期和收貨日期的時間表。

註　D4:D8 儲存格已經設為日期格式。

1： 開啟 ch7_33.xlsx，將作用儲存格放在 D4。

2： 輸入公式 =WORKDAY.INTL(B4,3,13)。

3： 拖曳 D4 儲存格的填滿控點到 D8。

其實週二是週末日，也可以用字串 "0100000" 代表，這個字串 7 個數字意義如下：

一、二、三、四、五、六、日

上述字串 1 的部分代表週末日。

實例 ch7_33_out2.xlsx 就是使用 "0100000" 字串取代 13 的結果。

D4			×	✓	fx	=WORKDAY.INTL(B4,3,"0100000")	
	A	B	C	D	E	F	G
1							
2		網路購物訂購日與到貨日表					
3		訂購日期	星期	到貨日期			
4		2021/4/1	星期四	2021/4/4			
5		2021/4/2	星期五	2021/4/5			
6		2021/4/3	星期六	2021/4/7			
7		2021/4/4	星期日	2021/4/8			
8		2021/4/5	星期一	2021/4/9			

7-6-5-2　基本網路購物所需時間計算/將4月5日當作假日

實例 ch7_34.xlsx 和 ch7_34_out.xlsx：假設網路購物需要 3 個工作天到貨，假設週二是週末日，同時 4 月 5 日是清明節假日，下列是訂購日期和收貨日期的時間表。

註　D4:D8 儲存格已經設為日期格式。

1： 開啟 ch7_34.xlsx，將作用儲存格放在 D4。

2： 輸入公式 =WORKDAY.INTL(B4,3,13,"0100000","2021/4/5")。

3： 拖曳 D4 儲存格的填滿控點到 D8。

D4			×	✓	fx	=WORKDAY.INTL(B4,3,"0100000","2021/4/5")		
	A	B	C	D	E	F	G	H
1								
2		網路購物訂購日與到貨日表						
3		訂購日期	星期	到貨日期				
4		2021/4/1	星期四	2021/4/4				
5		2021/4/2	星期五	2021/4/7				
6		2021/4/3	星期六	2021/4/8				
7		2021/4/4	星期日	2021/4/9				
8		2021/4/5	星期一	2021/4/9				

7-6-6 NETWORKDAYS.INTL 計算工作日天數

語法英文：NETWORKDAYS.INTL(start_date, end_date, [weekend],[holidays])

語法中文：NETWORKDAYS.INTL (起始日期, 結束日期, [週末], [假日])

❏ start_date：必要，代表開始日期。

❏ end_date：必要，代表結束日期。

❏ [weekend]：選用，指出一週中屬於週末不視為工作日的日子，可以參考 7-6-5 節的表。

❏ [holidays]：選用，這是要從工作行事曆中排除之一的日期選單。

  NETWORKDAYS.INTL 函數可以計算工作天數。

實例 ch7_35.xlsx 和 ch7_35_out.xlsx：設定週日是週末，然後計算工作天數。這個實例基本上是修改 ch7_31.xlsx，所以讀者可以將執行結果與 ch7_31.xlsx 做比較。

1： 開啟 ch7_35.xlsx，將作用儲存格放在 F4。

2： 輸入公式 =NETWORKDAYS.INTL(B4,D4,11)。

3： 拖曳 F4 儲存格的填滿控點到 F8。

| F4 | | ▼ | : | × | ✓ | fx | =NETWORKDAYS.INTL(B4,D4,11) |

	A	B	C	D	E	F	G
1							
2		工作天數計算					
3		開工日期	星期	完工日期	星期	工作天數	
4		2020/12/29	星期二	2021/1/4	星期一	6	
5		2021/3/1	星期一	2021/3/8	星期一	7	
6		2021/4/1	星期四	2021/4/8	星期四	7	
7		2021/5/4	星期二	2021/5/10	星期一	6	
8		2021/6/1	星期二	2021/6/4	星期五	4	

實例 ch7_36.xlsx 和 ch7_36_out.xlsx：設定週日是週末，同時計算 1 月 1 日與 4 月 5 日是假日，然後計算工作天數。這個實例基本上是修改 ch7_35.xlsx，所以讀者可以將執行結果與 ch7_35.xlsx 做比較。

1： 開啟 ch7_36.xlsx，將作用儲存格放在 F4。

2： 輸入公式 =NETWORKDAYS.INTL(B4,D4,11,$I$3:$I$4)。

3： 拖曳 F4 儲存格的填滿控點到 F8。

F4			×	✓	fx	=NETWORKDAYS.INTL(B4,D4,11,$I$3:$I$4)		
	A	B	C	D	E	F	G	H	I

	開工日期	星期	完工日期	星期	工作天數		非工作日	
			工作天數計算					
	2020/12/29	星期二	2021/1/4	星期一	5		元旦	2021/1/1
	2021/3/1	星期一	2021/3/8	星期一	7		清明節	2021/4/5
	2021/4/1	星期四	2021/4/8	星期四	6			
	2021/5/4	星期二	2021/5/10	星期一	6			
	2021/6/1	星期二	2021/6/4	星期五	4			

7-6-7　DATEDIF

語法英文：DATEDIF(start_date, end_date, unit)

語法中文：DATEDIF(起始日期, 結束日期, 單位)

❏ start_date：必要，代表開始日期。

❏ end_date：必要，代表結束日期。

❏ unit：必要，要回傳的資訊類型，可以參考下表。

這個函數可以計算兩個日期間的年數、月數或是天數，第 3 個引數單位的意義如下：

單位	說明
"Y"	期間內完整年的年數
"M"	期間內完整月的月數
"D"	期間內的日數
"YD"	期間內未滿一年的天數
"YM"	期間內未滿一年的月數
"MD"	期間內未滿一個月的天數

7-6-7-1 計算年齡

實例 ch7_37.xlsx 和 ch7_37_out.xlsx：用出生日期推算歲數，其實只要將起始日期當作出生日期，使用 TODAY( ) 獲得今天日期，就可以推算歲數。

1： 開啟 ch7_37.xlsx，將作用儲存格放在 D4。

2： 輸入公式 =DATEDIF(C4,TODAY( ),"Y")。

3： 拖曳 D4 儲存格的填滿控點到 D7。

D4		:	× ✓	fx	=DATEDIF(C4,TODAY(),"Y")		
	A	B	C	D	E	F	G
1							
2		員工名冊					
3		姓名	出生日期	年齡			
4		陳天天	1961/8/1	59			
5		洪宇強	1990/3/12	30			
6		洪星辰	1985/1/15	36			
7		陳嘉嘉	1975/1/20	46			

實例 ch7_38.xlsx 和 ch7_38_out.xlsx：擴充 ch7_37.xlsx，增加計算未滿一年的月數。

1： 開啟 ch7_38.xlsx，將作用儲存格放在 E4。

2： 輸入公式 =DATEDIF(C4,TODAY( ),"YM")。

3： 拖曳 E4 儲存格的填滿控點到 E7。

E4		:	× ✓	fx	=DATEDIF(C4,TODAY(),"YM")		
	A	B	C	D	E	F	G
1							
2		員工名冊					
3		姓名	出生日期	年齡	月數		
4		陳天天	1961/8/1	59	6		
5		洪宇強	1990/3/12	30	11		
6		洪星辰	1985/1/15	36	1		
7		陳嘉嘉	1975/1/20	46	0		

7-6-7-2   計算年資

實例 ch7_39.xlsx 和 ch7_39_out.xlsx：對於一個企業而言，不論是計算退休金或是資遣費皆與年資有關，這是一個計算年資的應用，因為離開當天也算上班所以計算離職日期時需要加 1。

1： 開啟 ch7_39.xlsx，將作用儲存格放在 E4。

2： 輸入公式 =DATEDIF(C4,D4+1,"Y")。

3： 拖曳 E4 儲存格的填滿控點到 E7。

	A	B	C	D	E	F	G
1							
2		員工名冊					
3		姓名	到職日期	離職日期	年數	月數	日數
4		陳天天	2009/1/1	2015/7/7	6		
5		洪宇強	2015/3/8	2018/3/7	3		
6		洪星辰	2016/9/9	2016/12/18	0		
7		陳嘉嘉	2021/1/5	2021/2/19	0		

E4 儲存格公式：=DATEDIF(C4,D4+1,"Y")

4： 將作用儲存格放在 F4。

5： 輸入公式 =DATEDIF(C4,D4+1,"YM")。

6： 拖曳 F4 儲存格的填滿控點到 F7。

	A	B	C	D	E	F	G
1							
2		員工名冊					
3		姓名	到職日期	離職日期	年數	月數	日數
4		陳天天	2009/1/1	2015/7/7	6	6	
5		洪宇強	2015/3/8	2018/3/7	3	0	
6		洪星辰	2016/9/9	2016/12/18	0	3	
7		陳嘉嘉	2021/1/5	2021/2/19	0	1	

F4 儲存格公式：=DATEDIF(C4,D4+1,"YM")

7：　將作用儲存格放在 G4。

8：　輸入公式 =DATEDIF(C4,D4+1,"MD")。

9：　拖曳 G4 儲存格的填滿控點到 G7。

| | fx | =DATEDIF(C4,D4+1,"MD") |

G4

	A	B	C	D	E	F	G
1			員工名冊				
2							
3		姓名	到職日期	離職日期	年數	月數	日數
4		陳天天	2009/1/1	2015/7/7	6	6	7
5		洪宇強	2015/3/8	2018/3/7	3	0	0
6		洪星辰	2016/9/9	2016/12/18	0	3	10
7		陳嘉嘉	2021/1/5	2021/2/19	0	1	15

7-6-7-3　輸出年資數

實例 ch7_40.xlsx 和 ch7_40_out.xlsx：用字串輸出年資數。

1：　開啟 ch7_40.xlsx，將作用儲存格放在 E4。

2：　輸入公式 =DATEDIF(C4,D4+1,"Y")&"年"&DATEDIF(C4,D4+1,"YM")&"月")。

3：　拖曳 E4 儲存格的填滿控點到 E7。

E4 | | fx | =DATEDIF(C4,D4+1,"Y")&"年"&DATEDIF(C4,D4+1,"YM")&"月"

	A	B	C	D	E	F	G	H	I	J
1										
2			員工名冊							
3		姓名	到職日期	離職日期	年資數					
4		陳天天	2009/1/1	2015/7/7	6年6月					
5		洪宇強	2015/3/8	2018/3/7	3年0月					
6		洪星辰	2016/9/9	2016/12/18	0年3月					
7		陳嘉嘉	2021/1/5	2021/2/19	0年1月					

7-6-8　DATE 和 DATEIF 的應用

實例 ch7_41.xlsx 和 ch7_41_out.xlsx：建立西元年與年齡對照表。

1： 開啟 ch7_41.xlsx，將作用儲存格放在 C4。

2： 輸入公式 =DATEDIF(DATE(B4,1,1),DATE($F$3,1,1),"Y")。

3： 拖曳 C4 儲存格的填滿控點到 C9。

7-6-9　DAY、EOMONTH 和 ROUND 的應用

實例 ch7_42.xlsx 和 ch7_42_out.xlsx：計算未滿一個月的工資，假設一位員工月薪是 50000 元，在月中某日離職，這個實例會計算需要給付多少工資。

1： 開啟 ch7_42.xlsx，將作用儲存格放在 C4。

2： 輸入公式 =DAY(EOMONTH(B4,0))。

3： 拖曳 C4 儲存格的填滿控點到 C6。

4： 將作用儲存格放在 D4。

5： 輸入公式 =ROUND($G$2*DAY(B4)/C4,0)。

6： 拖曳 D4 儲存格的填滿控點到 D6。

D4				fx	=ROUND($G$2*DAY(B4)/C4,0)	
	A	B	C	D	E	F	G
1							
2		不滿一個月的薪資計算				薪資	50000
3		離職日	當月天數	薪資金額			
4		2021/1/15	31	24194			
5		2021/2/10	28	17857			
6		2021/4/15	30	25000			

7-6-10　YEARFAR 計算兩個日期之間的年份差

語法英文：YEARFRAC(start_date, end_date, [basis])

語法中文：YEARFRAC(起始日期, 結束日期, [計算方法])

❏ start_date：必要，起始日期。

❏ end_date：必要，結束日期。

❏ [basic]：選用，計算方法。是一個可選參數，用來指定使用哪種日計數基礎。其值
及其含義如下：

- 0 或省略：美國 30/360（預設方式）

- 1：實際 / 實際

- 2：實際 /360

- 3：實際 /365

- 4：歐洲 30/360

實例 ch7_42_1.xlsx 和 ch7_42_1_out.xlsx：計算員工年資。假設我們有一個員工年資表，
其中包含員工的入職日期和當前日期。我們希望計算每個員工的年資，以便於薪資調
整和福利計算。

1：　開啟 ch7_42_1.xlsx，將作用儲存格放在 D3。

2：　輸入公式 =YEARFRAC(B3, C3, 1)。

3：　拖曳 D3 儲存格的填滿控點到 D6。

7-7 星期的應用

7-7-1　WEEKNUM

語法英文：WEEKNUM(serial_number, [return_type])

語法中文：WEEKNUM(日期, 週的計算標準)

❑ serial_number：必要，一週之中的日期。

❑ [return_type]：選用，決定一週從星期幾開始，預設是 1，可以參考下表。

　　WEEKNUM 可以回傳特定日期是該年度的第幾週，有 2 種系統：

　　系統 1：1 月 1 日是該年度的第 1 週。

　　系統 2：年度的第 1 個星期一是該年度的第 1 週，這是 ISO8601 系統常被歐洲國家採用。

return_type	週的開始	系統
1 或省略	星期日	1
2	星期一	1
11	星期一	1
12	星期二	1

return_type	週的開始	系統
13	星期三	1
14	星期四	1
15	星期五	1
16	星期六	1
17	星期日	1
21	星期一	2

7-7-1-1　我們星期週數的標準

實例 ch7_43.xlsx 和 ch7_43_out.xlsx：回傳一年的週數。

1：　開啟 ch7_43.xlsx，將作用儲存格放在 D4。

2：　輸入公式 =WEEKNUM(B4)。

3：　拖曳 D4 儲存格的填滿控點到 D11。

7-7-1-2　ISO8601 系統星期週數的標準

實例 ch7_44.xlsx 和 ch7_44_out.xlsx：回傳一年的週數。

1：　開啟 ch7_44.xlsx，將作用儲存格放在 D4。

2：　輸入公式 =WEEKNUM(B4,21)。

3： 拖曳 D4 儲存格的填滿控點到 D11。

上述可以看到 1 月 4 日星期一，才計算為該年度的第 1 週。

7-7-1-3 計算特定月份的週數

實例 ch7_45.xlsx 和 ch7_45_out.xlsx：計算特定月份的週數，從 1 開始計數。

1： 開啟 ch7_45.xlsx，將作用儲存格放在 D4。

2： 輸入公式 =WEEKNUM(B4)-WEEKNUM(DATE(YEAR(B4),MONTH(B4),1))+1。

3： 拖曳 D4 儲存格的填滿控點到 D33。

7-7-2　WEEKDAY

語法英文：WEEKDAY(serial_number, [return_type])

語法中文：WEEKDAY(日期, 週的計算標準)

❏ serial_number：必要，日期的序列值。

❏ [return_type]：選用，決定一週從星期幾開始，預設是 1，可以參考下表。

WEEKDAY 可以回傳特定日期是該週的第幾個數字，數值的計算標準如下表。

return_type	數值說明
1 或省略	數字 1 (星期日) 到 7 (星期六)
2	數字 1 (星期一) 到 7 (星期日)
3	數字 0 (星期一) 到 6 (星期六)
11	數字 1 (星期一) 到 7 (星期日)
12	數字 1 (星期二) 到 7 (星期一)
13	數字 1 (星期三) 到 7 (星期二)
14	數字 1 (星期四) 到 7 (星期三)
15	數字 1 (星期五) 到 7 (星期四)
16	數字 1 (星期六) 到 7 (星期五)
17	數字 1 (星期日) 到 7 (星期六)

7-7-2-1　查詢特定日期的星期編號

實例 ch7_46.xlsx 和 ch7_46_out.xlsx：計算特定日期區間的星期編號。

1： 開啟 ch7_46.xlsx，將作用儲存格放在 C4。

2： 輸入公式 =WEEKDAY(B4)。

3： 拖曳 C4 儲存格的填滿控點到 C13。

7-7-2-2　平日和假日的快遞費用計算

實例 ch7_47.xlsx 和 ch7_47_out.xlsx：平日和假日的快遞費用計算，假設平日快遞費用是 75 元，假日 (週六或週日) 是 150 元。

1：　開啟 ch7_47.xlsx，將作用儲存格放在 C6。

2：　輸入公式 =IF(WEEKDAY(C4,2)>=6,150,75)。

3：　拖曳 C6 儲存格的填滿控點到 D6。

7-7-2-3 列出星期六

實例 ch7_48.xlsx 和 ch7_48_out.xlsx：列出週六。

1： 開啟 ch7_48.xlsx，將作用儲存格放在 D4。

2： 輸入公式 =IF(WEEKDAY(B4,2)=6,"星期六","")。

3： 拖曳 D4 儲存格的填滿控點到 D13。

	A	B	C	D	E	F	G	H
				fx =IF(WEEKDAY(B4,2)=6,"星期六","")				
1								
2			列出星期六					
3		日期	星期	列出週六				
4		2021/4/1	星期四					
5		2021/4/2	星期五					
6		2021/4/3	星期六	星期六				
7		2021/4/4	星期日					
8		2021/4/5	星期一					
9		2021/4/6	星期二					
10		2021/4/7	星期三					
11		2021/4/8	星期四					
12		2021/4/9	星期五					
13		2021/4/10	星期六	星期六				

上述步驟 2，WEEKDAY 的第 2 個引數是 2，表示採用星期一是 1，星期日是 7 的格式。

7-7-2-4 在不同週之間繪製線條

實例 ch7_49.xlsx 和 ch7_49_out.xlsx：表格只有外框線，在週日下方繪製線條以作區別。

1： 開啟 ch7_49.xlsx，選取儲存格區間 B4:D33。

2： 執行常用 / 樣式 / 條件式格式設定 / 新增規則，可以看到新增格式化規則對話方塊。

3： 請選擇使用公式來決定要格式化哪些儲存格，然後在編輯規則說明欄輸入下列公式：

=WEEKDAY($B4)=1

4：　按預覽右邊的格式鈕選擇，會出現設定儲存格格式對話方塊，此例筆者選擇外框 / 下框線。

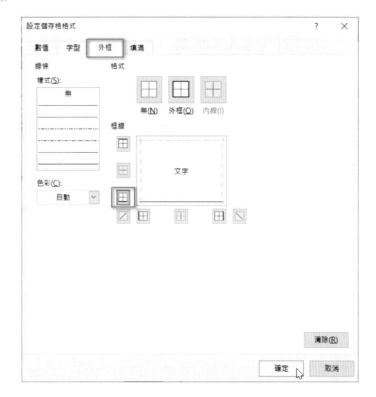

5： 按確定鈕可以返回新增格式化規則對話方塊。

6： 上述按確定鈕，取消選取儲存格區間，就可以得到星期日的下方有分隔的線條。

7-7-2-5　用顏色區分週六與週日

實例 ch7_50.xlsx 和 ch7_50_out.xlsx：用淺綠色區分週六與黃色區分週日。

1： 開啟 ch7_50.xlsx，選取儲存格區間 B4:D33。

2： 執行常用 / 樣式 / 條件式格式設定 / 管理規則，可以看到設定格式化的條件規則管理員對話方塊。

3： 按新增規則鈕，出現新增格式化規則對話方塊，請選擇使用公式來決定要格式化哪些儲存格，然後在編輯規則說明欄輸入下列公式：

=WEEKDAY($B4)=7

4： 按預覽右邊的格式鈕選擇，會出現設定儲存格格式對話方塊，此例筆者選擇填滿 /
淺綠色。

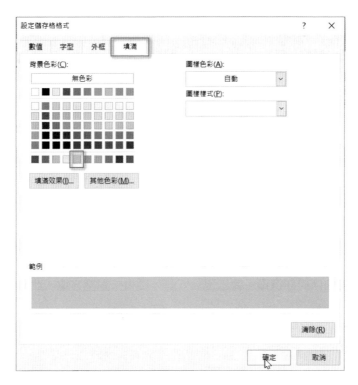

5： 按確定鈕，可以返回新增格式化規則對話方塊。

6： 按確定鈕，可以返回設定格式化的條件規則管理員對話方塊。

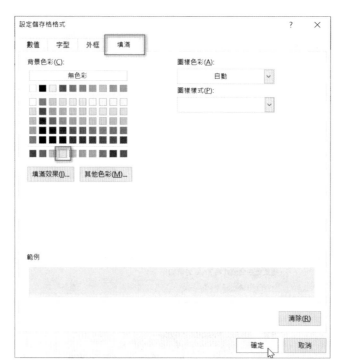

7： 按新增規則鈕，出現新增格式化規則對話方塊，請選擇使用公式來決定要格式化哪些儲存格，然後在編輯規則說明欄輸入下列公式：

=WEEKDAY($B4)=1

8： 按預覽右邊的格式鈕選擇，會出現設定儲存格格式對話方塊，此例筆者選擇填滿 /黃色。

9：按確定鈕，可以返回新增格式化規則對話方塊。

10：按確定鈕，可以返回設定格式化的條件規則管理員對話方塊。

11：按確定鈕，取消選取儲存格區間，可以得到下列結果。

	A	B	C	D	E
1					
2		2021年4月的行程安排			
3		日期	星期	行程安排	
4		2021/4/1	星期四		
5		2021/4/2	星期五		
6		2021/4/3	星期六		
7		2021/4/4	星期日		
8		2021/4/5	星期一		
9		2021/4/6	星期二		
10		2021/4/7	星期三		
11		2021/4/8	星期四		
12		2021/4/9	星期五		
13		2021/4/10	星期六		
14		2021/4/11	星期日		
15		2021/4/12	星期一		

7-7-3　TEXT 函數與星期資訊

在 6-9-1 節和 7-5 節筆者有使用 TEXT 函數講解相關的應用，其實也可以將此函數應用在星期資訊。這時 TEXT 函數的第 2 個引數使用說明如下：

引數類型	說明
aaa	週日、週一、週二、週三、週四、週五、週六
aaaa	星期日、星期一、星期二、星期三、星期四、星期五、星期六
ddd	Sun、Mon、Tue、Wed、Thu、Fri、Sat
dddd	Sunday、Monday、Tuesday、Wednesday、Thursday、Friday、Saturday

實例 ch7_51.xlsx 和 ch7_51_out.xlsx：計算特定日期的星期資訊。

1：　開啟 ch7_51.xlsx，將作用儲存格放在 C4。

2：　輸入公式 =TEXT(B4,"aaaa")。

3：　拖曳 C4 儲存格的填滿控點到 C11。

4： 將作用儲存格放在 D4。

5： 輸入公式 =TEXT(B4,dddd)。

6： 拖曳 D4 儲存格的填滿控點到 D11。

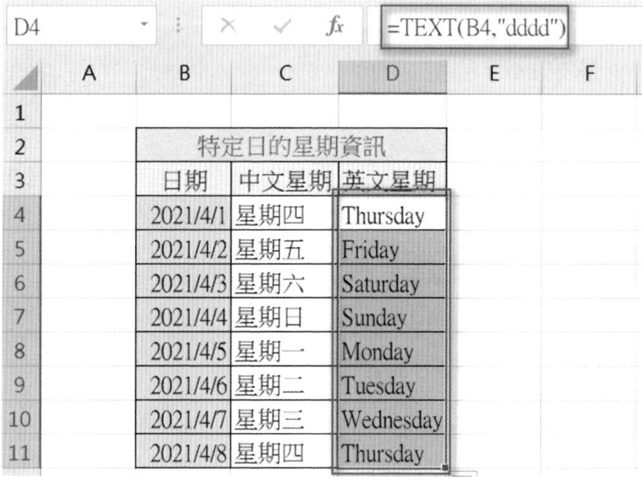

7-7-4 ISOWEEKNUM 計算 ISO 標準的週數

語法英文：ISOWEEKNUM(date)

語法中文：ISOWEEKNUM(日期)

❏ date：必要，需要計算 ISO 週數的日期。。

　　這個函數用於回傳給定日期的 ISO 週數。ISO 週數是根據國際標準化組織 (ISO) 8601 定義的，這個標準規定每年的第一週是包含該年第一個週四的週。

實例 ch7_51_1.xlsx 和 ch7_51_1_out.xlsx：計算特定日期的 ISO 週數。

1：　開啟 ch7_51_1.xlsx，將作用儲存格放在 B2。

2：　輸入公式 =ISOWEEKNUM(A2)。

3：　拖曳 B2 儲存格的填滿控點到 B4。

上述結果說明如下：

● 2024/1/1：是 2024 年的第 1 週。

● 2024/6/8：是 2024 年的第 23 週。

● 2024/12/31：根據 ISO 標準，這一天實際上屬於 2025 年的第 1 週。

7-8 日期與時間的綜合應用

7-8-1　信用卡交易付款日期計算

實例 ch7_52.xlsx 和 ch7_52_out.xlsx：信用卡交易紀錄與付款日期，筆者的信用卡是 10 日以前的交易將在 25 日付款，11 日 (含) 以後的交易將在下個月 25 日付款。

1：　開啟 ch7_52.xlsx，將作用儲存格放在 D4。

2：　輸入公式 =EOMONTH(B4,IF(DAY(B4)<11,-1,0))+25。

3： 拖曳 D4 儲存格的填滿控點到 D6。

7-8-2 廠商貨款支付

實例 ch7_53.xlsx 和 ch7_53_out.xlsx：一般公司在當月 25 日 (含) 以前訂購貨物，3 個月後的 10 日支付，例如：1 月 5 日訂購，5 月 10 支付貨款，如果發生 10 日是假日，匯款時間可以延到下一個工作日。

1： 開啟 ch7_53.xlsx，將作用儲存格放在 D4。

2： 輸入公式 =EOMONTH(B4,IF(DAY(B4)<=25,3,4))+9。3 代表 3 個月後付款，4 代表 4 個月後付款，9 是付款日的前一天。

3： 拖曳 D4 儲存格的填滿控點到 D6。

4： 將作用儲存格放在 E4。

5： 輸入公式 =WORKDAY(D4,1)，這是匯款前一天的下一個工作日匯款。

6： 拖曳 D4 儲存格的填滿控點到 D6。

上述因為 7 月 9 日是星期五，所以整個付款延到 7 月 12 日。

實例 ch7_54.xlsx 和 ch7_54_out.xlsx：擴充前一個實例，增加國定假日或是公司休假日，也是延後一天支付貨款，其他觀念與前一個實例相同。

1： 開啟 ch7_54.xlsx，將作用儲存格放在 D4。

2： 輸入公式 =EOMONTH(B4,IF(DAY(B4)<=25,3,4))+9。3 代表 3 個月後付款，4 代表 4 個月後付款，9 是付款日的前一天。

3： 拖曳 D4 儲存格的填滿控點到 D6。

4： 將作用儲存格放在 E4。

5： 輸入公式 =WORKDAY(D4,1,$G$3:$G$4)，這是匯款前一天的下一個工作日匯款。

6： 拖曳 E4 儲存格的填滿控點到 E6。

| E4 | | ▼ | ⋮ | × | ✓ | fx | =WORKDAY(D4,1,$G$3:$G$4) |

	A	B	C	D	E	F	G
1							
2		廠商匯款					國定假日或公司休假日
3		交易日期	交易金額	匯款前一日	匯款日期		2021/2/12
4		2021/2/5	30000	2021/6/9	2021/6/11		2021/6/10
5		2021/3/15	25000	2021/7/9	2021/7/12		
6		2021/3/30	19000	2021/8/9	2021/8/10		

上述因為 6 月 10 日是休假日，所以整個付款延到 6 月 11 日。

7-8-3　訂貨與匯款日期

實例 ch7_55.xlsx 和 ch7_55_out.xlsx：一般公司在當月 25 日 (含) 以前訂購貨物，3 個月後的 10 日支付，例如：1 月 5 日訂購，5 月 10 支付貨款，如果發生 10 日是假日，匯款時間提早一個工作日。

1： 開啟 ch7_55.xlsx，將作用儲存格放在 D4。

2： 輸入公式 =EOMONTH(B4,IF(DAY(B4)<=25,3,4))+11。3 代表 3 個月後付款，4 代表 4 個月後付款，11 是付款日的後一天。

3： 拖曳 D4 儲存格的填滿控點到 D6。

| D4 | | ▼ | ⋮ | × | ✓ | fx | =EOMONTH(B4,IF(DAY(B4)<=25,3,4))+11 |

	A	B	C	D	E	F	G
1							
2		廠商匯款					
3		交易日期	交易金額	匯款後一日	匯款日期		
4		2021/2/5	30000	2021/6/11			
5		2021/3/15	25000	2021/7/11			
6		2021/3/30	19000	2021/8/11			

4： 將作用儲存格放在 E4。

5： 輸入公式 =WORKDAY(D4,-1)，這是匯款後一天的前一個工作日，-1 代表前一個工作日。

6：　拖曳 E4 儲存格的填滿控點到 E6。

上述因為 7 月 10 日是假日,所以提早一天匯款。

實例 ch7_56.xlsx 和 ch7_56_out.xlsx:擴充前一個實例,增加國定假日或是公司休假日,也是提前一天支付貨款,其他觀念與前一個實例相同。

1：　開啟 ch7_56.xlsx,將作用儲存格放在 D4。

2：　輸入公式 =EOMONTH(B4,IF(DAY(B4)<=25,3,4))+11。3 代表 3 個月後付款,4 代表 4 個月後付款,11 是付款日的後一天。

3：　拖曳 D4 儲存格的填滿控點到 D6。

4：　將作用儲存格放在 E4。

5：　輸入公式 =WORKDAY(D4,-1,$G$3:$G$4),這是匯款後一天的前一個工作日,-1 代表前一個工作日。

6：　拖曳 E4 儲存格的填滿控點到 E6。

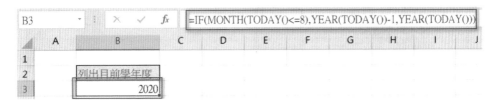

上述因為 6 月 10 日是休假日，所以提早一天匯款。

7-8-4 計算學生目前是讀幾年級

實例 ch7_57.xlsx 和 ch7_57_out.xlsx：目前國內新生入學是 9 月，所以當年 9 月到次年 8 月算是一個學年度，我們可以使用下列觀念計算目前日期是哪一個學年度。

1： 開啟 ch7_57.xlsx，將作用儲存格放在 B3。

2： 輸入公式 =IF(MONTH(TODAY()<=8),YEAR(TODAY()-1,YEAR(TODAY()))。

實例 ch7_58.xlsx 和 ch7_58_out.xlsx：列出出生日期，然後回應年齡與就讀年級。

1： 開啟 ch7_58.xlsx，將作用儲存格放在 D4。

2： 輸入公式 =DATEDIF(C4,DATE($G$3,9,1),"Y")。

3： 拖曳 D4 儲存格的填滿控點到 D6。

| D4 | | × | ✓ | fx | =DATEDIF(C4,DATE($G$3,9,1),"Y") |

小朋友名冊

姓名	出生日期	年齡	就學年級
許星星	2020/1/1	0	
章小名	2009/3/12	11	
陳筱梅	2012/12/24	7	

列出目前學年度

| | 2020 |

年齡	年級
0	未就學
6	一年級
7	二年級
8	三年級
9	四年級
10	五年級
11	六年級

4 ：　將作用儲存格放在 E4。

5 ：　輸入公式 =VLOOKUP(D4,$I$3:$J$9,2)。

6 ：　拖曳 E4 儲存格的填滿控點到 D6。

| E4 | | × | ✓ | fx | =VLOOKUP(D4,$I$3:$J$9,2) |

小朋友名冊

姓名	出生日期	年齡	就學年級
許星星	2020/1/1	0	未就學
章小名	2009/3/12	11	六年級
陳筱梅	2012/12/24	7	二年級

列出目前學年度

| | 2020 |

年齡	年級
0	未就學
6	一年級
7	二年級
8	三年級
9	四年級
10	五年級
11	六年級

7-8-5　列出西元年與中華民國年

實例 ch7_59.xlsx 和 ch7_59_out.xlsx：列出西元年與中華民國年。

1 ：　開啟 ch7_59.xlsx，將作用儲存格放在 B3。

2 ：　輸入公式 =$F$2+ROW(F2)-2。

3 ：　拖曳 B3 儲存格的填滿控點到 B7。

B3			×	✓	fx	=$F$2+ROW(F2)-2	

	A	B	C	D	E	F
1						
2		西元年	民國年		今年西元年	2021
3		2021				
4		2022				
5		2023				
6		2024				
7		2025				

4： 將作用儲存格放在 C3。

5： 輸入公式 =TEXT(DATE(B3,1,1),"ggge")&"年"。

6： 拖曳 C3 儲存格的填滿控點到 C7。

C3			×	✓	fx	=TEXT(DATE(B3,1,1),"ggge")&"年"	

	A	B	C	D	E	F
1						
2		西元年	民國年		今年西元年	2021
3		2021	中華民國110年			
4		2022	中華民國111年			
5		2023	中華民國112年			
6		2024	中華民國113年			
7		2025	中華民國114年			

7-8-6 列出 2022 年 1 月的週數

實例 ch7_60.xlsx 和 ch7_60_out.xlsx：列出 2022 年 1 月的週數，前 7 天當作一週，第 8 天起的 7 天當作第 2 週，依此類推。

1： 開啟 ch7_60.xlsx，將作用儲存格放在 D3。

2： 輸入公式 =INT((DAY(C4)+6)/7)。

3： 拖曳 D4 儲存格的填滿控點到 D34。

7-8-6　設計月曆

實例 ch7_61.xlsx 和 ch7_61_out.xlsx：設計指定月份的月曆。

1：　開啟 ch7_61.xlsx，將作用儲存格放在 C2，輸入今天日期。

2： 將作用儲存格放在 C3，輸入公式 =YEAR($C$2)。

3： 將作用儲存格放在 C4，輸入公式 =MONTH($C$2)。

4： 將作用儲存格放在 B7，輸入下列公式。

=COLUMN(B1)-WEEKDAY(DATE($C$3,$C$4,1))+7*(ROW(A1)-1)

> **註** WEEKDAY(DATE($C$3,$C$4,1)) 可以回傳當月 1 日的星期資訊，1～7 分別是星期
> 日到星期六。使用公式 COLUMN(B1) 會得到 2，相當於在 B7 儲存格會回傳 "2-1
> 日的星期資訊 "，此例：2022/1/1 是星期六，相當於回傳 -5。COLUMN(B1) 是用
> 在向右複製時增加 1 的效果，7*(ROW(A1)-1) 是用在向下複製時增加 7 的效果。
> 再看一個實例，假設 1 日落在星期一，使用公式 COLUMN(B1) 會得到 2，公式
> WEEKDAY(DATE($C$3,$C$4,1)) 得到 1，所以可以得到 B7 儲存格的值是 1。

5： 拖曳 B7 儲存格的填滿控點到 H7，複製時 COLUMN(B1) 會加 1。

6： 拖曳 H7 儲存格的填滿控點到 H12，複製時 ROW(A1) 會加 1。

| B7 | ▼ | : | × | ✓ | f_x | =COLUMN(B1)-WEEKDAY(DATE($C$3,$C$4,1))+7*(ROW(A1)-1) |

	A	B	C	D	E	F	G	H	I	J
1										
2		今天日期	2022/1/1							
3		年份	2022		我的月曆					
4		月份	1							
5										
6		星期日	星期一	星期二	星期三	星期四	星期五	星期六		
7		-5	-4	-3	-2	-1	0	1		
8		2	3	4	5	6	7	8		
9		9	10	11	12	13	14	15		
10		16	17	18	19	20	21	22		
11		23	24	25	26	27	28	29		
12		30	31	32	33	34	35	36		

7： 執行常用 / 樣式 / 條件式格式設定 / 新增規則，可以看到新增格式化規則對話方塊。

8： 請選擇使用公式來決定要格式化哪些儲存格，然後在編輯規則說明欄輸入下列公式：

=OR(B7<=0,B7>DAY(EOMONTH($C$2,0)))

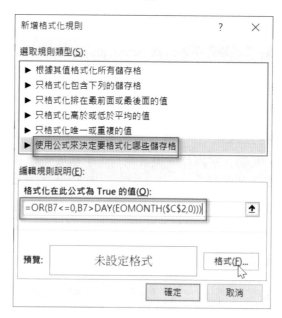

9： 按預覽右邊的格式鈕選擇，會出現設定儲存格格式對話方塊，此例筆者選擇字型 / 色彩選擇白色。

10：按確定鈕可以返回新增格式化規則對話方塊。

11：按確定鈕，取消選取 B7:H12 儲存格區間可以得到下列結果。

M25		▾	⋮	×	✓	fx	

	A	B	C	D	E	F	G	H
1								
2		今天日期	2022/1/1					
3		年份	2022		我的月曆			
4		月份	1					
5								
6		星期日	星期一	星期二	星期三	星期四	星期五	星期六
7								1
8		2	3	4	5	6	7	8
9		9	10	11	12	13	14	15
10		16	17	18	19	20	21	22
11		23	24	25	26	27	28	29
12		30	31					

　　筆者將上述執行結果 ch7_61_out.xlsx 轉存成 ch7_62.xlsx，未來只要更改今天日期就可以得到新的月曆。

實例 ch7_62.xlsx 和 ch7_62_out.xlsx：更改日期可以得到新的月曆。

1：　開啟 ch7_62.xlsx，將作用儲存格放在 C2。

2：　輸入 2022/12/25。

C2		▾	⋮	×	✓	fx	2022/12/25	

	A	B	C	D	E	F	G	H
1								
2		今天日期	2022/12/25					
3		年份	2022		我的月曆			
4		月份	12					
5								
6		星期日	星期一	星期二	星期三	星期四	星期五	星期六
7						1	2	3
8		4	5	6	7	8	9	10
9		11	12	13	14	15	16	17
10		18	19	20	21	22	23	24
11		25	26	27	28	29	30	31

如果要精緻化月曆，讀者可以自行加上底色與框線。

7-8-8　今天行程增加色彩效果

實例 ch7_63.xlsx 和 ch7_63_out.xlsx：將今天的行程用黃色底顯示。

1：　開啟 ch7_63.xlsx，選取 B4:D9。

2：　執行常用 / 樣式 / 條件式格式設定 / 新增規則，可以看到新增格式化規則對話方塊。

3：　請選擇使用公式來決定要格式化哪些儲存格，然後在編輯規則說明欄輸入下列公式：

　　　=$B4=TODAY()

4：　按預覽右邊的格式鈕選擇，會出現設定儲存格格式對話方塊，此例筆者選擇填滿 / 背景色彩選擇黃色。

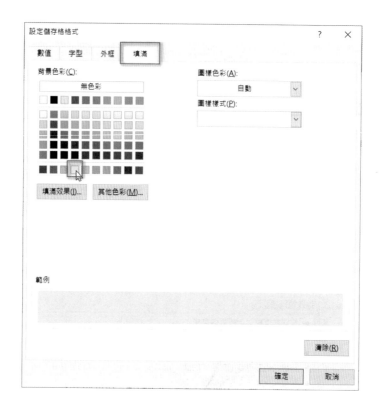

5： 按確定鈕可以返回新增格式化規則對話方塊。

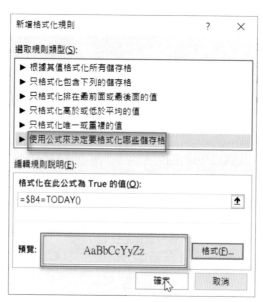

6： 按確定鈕，取消選取 B3:D9 儲存格區間可以得到下列結果。

	A	B	C	D
1				
2		深智公司行事曆		
3		日期	星期	行事曆
4		2021/2/20	星期六	
5		2021/2/21	星期日	
6		2021/2/22	星期一	
7		2021/2/23	星期二	
8		2021/2/24	星期三	
9		2021/2/25	星期四	

7-8-9　查詢是否國定假日

實例 **ch7_64.xlsx** 和 **ch7_64_out.xlsx**：將國定假日標記出來。

1： 開啟 ch7_64.xlsx，將作用儲存格放在 C4。

2： 輸入公式 =IF(COUNTIF($E$3:$E$6,B4)=1,"國定假日","")。

3： 拖曳 C4 儲存格的填滿控點到 C11。

C4　fx =IF(COUNTIF($E$3:$E$6,B4)=1,"國定假日","")

	A	B	C	D	E	F	G	H
1								
2		判斷是否為國訂假日			國定假日			
3		日期	查詢		2021/2/11			
4		2021/2/10			2021/2/12			
5		2021/2/11	國定假日		2021/2/15			
6		2021/2/12	國定假日		2021/2/16			
7		2021/2/13						
8		2021/2/14						
9		2021/2/15	國定假日					
10		2021/2/16	國定假日					
11		2021/2/17						

7-8-10　查詢是否閏年

實例 ch7_65.xlsx 和 ch7_65_out.xlsx：查詢某年是否閏年，可以使用查詢是否有 2 月 29 日，得知是否閏年。

1： 開啟 ch7_65.xlsx，將作用儲存格放在 C4。

2： 輸入公式 =IF(DAY(DATE(B4,2,29))=29,"是","否")。

3： 拖曳 C4 儲存格的填滿控點到 C13。

7-8-11　建立指定月份的行事曆

實例 ch7_66.xlsx 和 ch7_66_out.xlsx：建立指定月份的行事曆。

1： 開啟 ch7_66.xlsx，將作用儲存格放在 C2。

2： 輸入西元年 2021。

3： 將作用儲存格放在 C3，輸入月份 2。

4： 將作用儲存格放在 B5，輸入 1。

5： 按住 Ctrl 鍵，拖曳 B5 儲存格的填滿控點到 B35，可以得到日期序號 1-31。

	A	B	C	D
1				
2		西元年	2021	
3		月	2	
4		日期	星期	行事曆
5		1		
6		2		
7		3		
8		4		
9		5		

....

32		28
33		29
34		30
35		31

接下來是判斷該月份是否有 29、30 或 31 日。

6： 將作用儲存格放在 B33，輸入公式 =IF(DAY(DATE($C$2,$C$3,29))=29,29,"")。

7： 將作用儲存格放在 B34，輸入公式 =IF(DAY(DATE($C$2,$C$3,30))=30,30,"")。

8： 將作用儲存格放在 B35，輸入公式 =IF(DAY(DATE($C$2,$C$3,31))=31,31,"")。

30	26
31	27
32	28
33	
34	
35	

接下來是建立星期資訊。

9： 在 C5 儲存格，輸入公式 =IF(B5="","",TEXT(DATE($C$2,$C$3,B5),"aaaa"))。

10：拖曳 C5 儲存格的填滿控點到 C35，可以得到星期訊息。

| C5 | | ▼ | : | × | ✓ | fx | =IF(B5="","",TEXT(DATE($C$2,$C$3,B5),"aaaa")) |

	A	B	C	D	E	F
1						
2		西元年	2021			
3		月	2			
4		日期	星期	行事曆		
5		1	星期一			
6		2	星期二			
7		3	星期三			
8		4	星期四			
9		5	星期五			

接下來是為行事曆建立格線。

11：選取 B5:D35。

12：執行常用 / 樣式 / 條件式格式設定 / 新增規則，可以看到新增格式化規則對話方塊。

13：請選擇使用公式來決定要格式化哪些儲存格，然後在編輯規則說明欄輸入下列公式：

=$B5<>""

14：按預覽右邊的格式鈕選擇，會出現設定儲存格格式對話方塊，此例筆者選擇外框／格式選擇外框。

15：按確定鈕可以返回新增格式化規則對話方塊。

16：按確定鈕，取消選取 B5:D35 儲存格區間可以得到下列結果。

	A	B	C	D
1				
2		西元年	2021	
3		月	2	
4		日期	星期	行事曆
5		1	星期一	
6		2	星期二	
7		3	星期三	
8		4	星期四	
9		5	星期五	

....

30		26	星期五	
31		27	星期六	
32		28	星期日	
33				
34				
35				

　　上述就是一個完整的行事曆設計，未來只要輸入西元年和月份，則可以建立新的行事曆。筆者將上述執行結果 ch7_66_out.xlsx 轉存成 ch7_67.xlsx，未來只要輸入新的西元年和月份就可以得到新的月曆。

實例 ch7_67.xlsx 和 ch7_67_out.xlsx：更改日期可以得到新的月曆。

1：　開啟 ch7_67.xlsx，將作用儲存格放在 C3。

2：　輸入 5，可以得到下列結果。

C3		▾	：	×	✓	f_x	5

	A	B	C	D
1				
2		西元年	2021	
3		月	5	
4		日期	星期	行事曆
5		1	星期六	
6		2	星期日	
7		3	星期一	
8		4	星期二	
9		5	星期三	

....

30		26	星期三	
31		27	星期四	
32		28	星期五	
33		29	星期六	
34		30	星期日	
35		31	星期一	

7-8-12　在行事曆內將國定假日用黃色當底色

實例 ch7_68.xlsx 和 ch7_68_out.xlsx：在行事曆內將國定假日用黃色當底色。

1：　開啟 ch7_68.xlsx，選取 B4:D12 儲存格區間。

2：　執行常用 / 樣式 / 條件式格式設定 / 管理規則，可以看到設定格式化的條件規則管理員對話方塊。

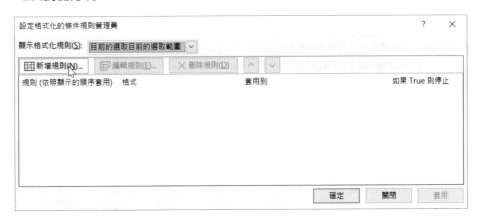

3：　按新增規則鈕，出現新增格式化規則對話方塊，請選擇使用公式來決定要格式化哪些儲存格，然後在編輯規則說明欄輸入下列公式：

=COUNTIF($F$3:$F$8,$B4)=1

4：　按預覽右邊的格式鈕選擇，會出現設定儲存格格式對話方塊，此例筆者選擇填滿 /
黃色。

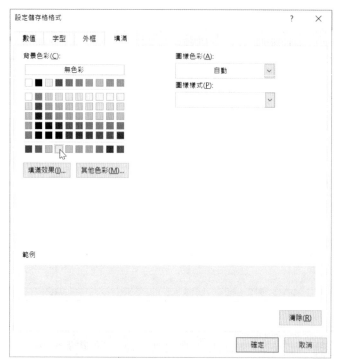

5：　按確定鈕可以返回新增格式化規則對話方塊。

6: 按確定鈕,可以看到設定格式化的條件規則管理員對話方塊。

7: 按確定鈕,取消選取 B4:D12 儲存格區間可以得到下列結果。

	A	B	C	D	E	F
1						
2		深智行事曆				行事曆
3		日期	星期	我的行事曆		2021/2/11
4		2021/2/10	星期三			2021/2/12
5		2021/2/11	星期四			2021/2/15
6		2021/2/12	星期五			2021/2/16
7		2021/2/13	星期六			2021/2/28
8		2021/2/14	星期日			2021/4/5
9		2021/2/15	星期一			
10		2021/2/16	星期二			
11		2021/2/17	星期三			
12		2021/2/18	星期四			

7-8-13 將國定假日放在行事曆內

實例 ch7_69.xlsx 和 ch7_69_out.xlsx:將國定假日放在行事曆內。

1: 開啟 ch7_69.xlsx,將作用儲存格放在 D4。

2: 輸入公式 =IFERROR(VLOOKUP(B4,$F$3:$G$10,2,FALSE),"")。

3: 拖曳 D4 儲存格的填滿控點到 D12。

D4				×	✓	fx	=IFERROR(VLOOKUP(B4,$F$3:$G$10,2,FALSE),"")

	A	B	C	D	E	F	G	H	I
1									
2		深智行事曆					行事曆		
3		日期	星期	我的行事曆		2021/2/11	除夕		
4		2021/2/10	星期三			2021/2/12	大年初一		
5		2021/2/11	星期四	除夕		2021/2/13	大年初二		
6		2021/2/12	星期五	大年初一		2021/2/14	大年初三		
7		2021/2/13	星期六	大年初二		2021/2/15	大年初四		
8		2021/2/14	星期日	大年初三		2021/2/16	大年初五		
9		2021/2/15	星期一	大年初四		2021/2/28	228紀念日		
10		2021/2/16	星期二	大年初五		2021/4/5	清明節		
11		2021/2/17	星期三						
12		2021/2/18	星期四						

7-8-14　計算加班時間

使用 SUM 計算時間加總時，如果時間超過 24 小時，例如：加班 25 小時 30 分鐘，時間會被調整為 1 小時 30 分鐘，這時可以將時間格式調整為 [h]:mm，就可以加總所有時間。

實例 ch7_70.xlsx 和 ch7_70_out.xlsx：將國定假日放在行事曆內。

1：　開啟 ch7_70.xlsx，將作用儲存格放在 C9。

	A	B	C	D
1				
2		加班時間總計		
3		日期	加班時間	
4		2022/5/2	05:20	
5		2022/5/3	04:30	
6		2022/5/4	06:30	
7		2022/5/5	06:30	
8		2022/5/6	05:30	
9		總計		

2：　輸入公式 =SUM(C4:C8)，可以得到下列結果。

3: 將 C9 儲存格的格式改為 [h]:mm，可以得到下列結果。

從上述可以得到當小時超過 24 時，我們使用 [h]:mm，可以讓小時不要達到 24 時就歸 0，同理可以用 [m]:ss 讓分鐘數達到 60 分時進位到小時，使用 [s] 可以讓秒數超過 60 時進位到分鐘。例如：在儲存格輸入 1:15，假設格式是 [m]，輸出是 75。如果將格式改為 [s]，則輸出是 4500。

在 7-1-6 節筆者有敘述時間格式的調整，其實如果是加班 5 小時 20 分鐘，更改時間的表達方式 5：20，更改方式可以參考下列實例。

實例 ch7_71.xlsx 和 ch7_71_out.xlsx：將加班時間的小時數當未超過 9 小時用 1 位數字顯示。

1: 開啟 ch7_71.xlsx，選取 C4:C8 儲存格區間。

2：　將滑鼠游標放在選取區間，按一下滑鼠右鍵開啟快顯功能表，執行儲存格格式指令。

3：　出現設定儲存格格式對話方塊，執行下列設定。

4：　按確定鈕，可以得到下列所有加班的小時數改為 1 位數字結果。

7-8-15　計算加班費用

實例 ch7_72.xlsx 和 ch7_72_out.xlsx：假設每小時加班費用 300 元，計算加班費用，這類問題首先須將加班時間改為小數格式。

1：　開啟 ch7_71.xlsx，將作用儲存格放在 F2。

2：　輸入公式 =C9*24，這是將時：分轉成分：秒。

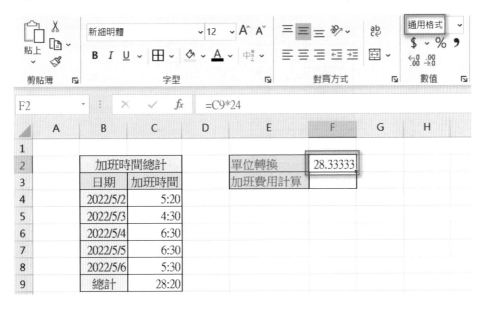

3：　將 F3 儲存格的格式改成通用格式，原先時間就可以改為含小數的時間。

4：　將作用儲存格放在 F3，輸入公式 =F2*300，可以得到加班費用的計算。

F3		× ✓ fx	=F2*300			
	A	B	C	D	E	F	G

	A	B	C	D	E	F	G
1							
2		加班時間總計			單位轉換	28.33333	
3		日期	加班時間		加班費用計算	8500	
4		2022/5/2	5:20				
5		2022/5/3	4:30				
6		2022/5/4	6:30				
7		2022/5/5	6:30				
8		2022/5/6	5:30				
9		總計	28:20				

實例 ch7_73.xlsx 和 ch7_73_out.xlsx：使用 VALUE 函數重新設計前一個實例。

1：　開啟 ch7_72.xlsx，將作用儲存格放在 F2。

2：　輸入公式 =VALUE(C9*24)，可以得到下列結果。

F2		× ✓ fx	=VALUE(C9*24)			
	A	B	C	D	E	F

	A	B	C	D	E	F
1						
2		加班時間總計			單位轉換	28.333333
3		日期	加班時間		加班費用計算	
4		2022/5/2	5:20			
5		2022/5/3	4:30			
6		2022/5/4	6:30			
7		2022/5/5	6:30			
8		2022/5/6	5:30			
9		總計	28:20			

3： 將作用儲存格放在 F3，輸入公式 =F2*300，可以得到加班費用的計算。

F3			fx	=F2*300	
	A	B	C	D	E	F
1						
2		加班時間總計			單位轉換	28.333333
3		日期	加班時間		加班費用計算	8500
4		2022/5/2	5:20			
5		2022/5/3	4:30			
6		2022/5/4	6:30			
7		2022/5/5	6:30			
8		2022/5/6	5:30			
9		總計	28:20			

7-8-16 計算平日與假日工作時間

實例 ch7_74.xlsx 和 ch7_74_out.xlsx：計算平日與假日工作時間。

1： 開啟 ch7_74.xlsx，將作用儲存格放在 E4。

2： 輸入公式 =WEEKDAY(B4,2)。第 2 個引數 2 主要是設定 E 欄位的星期序列號週一至週日分別是 1, …, 7。

3： 拖曳 E4 儲存格的填滿控點到 E10。

E4				fx	=WEEKDAY(B4,2)		
	A	B	C	D	E	F	G	H
1								
2		統計平假日工作時間					平日工作時數	
3		日期	星期	工作時間	星期序列號		假日工作時數	
4		2022/5/1	星期日	08:00	7			
5		2022/5/2	星期一	05:30	1			
6		2022/5/3	星期二	06:30	2			
7		2022/5/4	星期三	06:30	3			
8		2022/5/5	星期四	06:30	4			
9		2022/5/6	星期五	08:30	5			
10		2022/5/7	星期六	08:00	6			

4： 將作用儲存格放在 H2，輸入公式 =SUMIF(E4:E10,"<=5",D4:D10)，這個公式基本
上是將星期序列號小於或等於 5 的儲存格當作是平日。

H2	▼	⋮	✕	✓	*fx*	=SUMIF(E4:E10,"<=5",D4:D10)	

	A	B	C	D	E	F	G	H
1								
2			統計平假日工作時間				平日工作時數	33:30
3		日期	星期	工作時間	星期序列號		假日工作時數	
4		2022/5/1	星期日	08:00	7			
5		2022/5/2	星期一	05:30	1			
6		2022/5/3	星期二	06:30	2			
7		2022/5/4	星期三	06:30	3			
8		2022/5/5	星期四	06:30	4			
9		2022/5/6	星期五	08:00	5			
10		2022/5/7	星期六	08:00	6			

註 上述 H4:H5 儲存格的格式是 [h]:mm。

5： 將作用儲存格放在 H3，輸入公式 =SUMIF(E4:E10,">5",D4:D10)，這個公式基本上
是將星期序列號大於 5 的儲存格當作是假日。

H3	▼	⋮	✕	✓	*fx*	=SUMIF(E4:E10,">5",D4:D10)	

	A	B	C	D	E	F	G	H
1								
2			統計平假日工作時間				平日工作時數	33:30
3		日期	星期	工作時間	星期序列號		假日工作時數	16:00
4		2022/5/1	星期日	08:00	7			
5		2022/5/2	星期一	05:30	1			
6		2022/5/3	星期二	06:30	2			
7		2022/5/4	星期三	06:30	3			
8		2022/5/5	星期四	06:30	4			
9		2022/5/6	星期五	08:30	5			
10		2022/5/7	星期六	08:00	6			

7-8-17 計算平日與週末與國定假日工作時間

實例 ch7_75.xlsx 和 ch7_75_out.xlsx：計算平日、週末與國定假日工作時間。

1： 開啟 ch7_75.xlsx，將作用儲存格放在 E4。

2： 輸入公式 =NETWORKDAYS(B4,B4,$G$3:$G$4)，如果是週末或國定假日則回傳 0 否則回傳 1。

3： 拖曳 E4 儲存格的填滿控點到 E10，可以得到平日與假日的判定。

	A	B	C	D	E	F	G	H
			fx		=NETWORKDAYS(B4,B4,$G$3:$G$4)			
1								
2			統計平日與假日工作時間				國定假日	
3		日期	星期	工作時間	平日		2021/2/11	
4		2021/2/11	星期四	08:00	0		2021/2/12	
5		2021/2/12	星期五	05:30	0			
6		2021/2/13	星期六	06:30	0			
7		2021/2/14	星期日	06:30	0			
8		2021/2/15	星期一	06:30	1			
9		2021/2/16	星期二	08:30	1		平日工作時數	
10		2021/2/17	星期三	08:00	1		假日工作時數	

4： 將作用儲存格放在 H9，輸入公式 =SUMIF (E4:E10,1,D4:D10)，這是將平日欄位是 1 當作平日，總計工作時數。

	A	B	C	D	E	F	G	H
H9				fx	=SUMIF(E4:E10,1,D4:D10)			
1								
2			統計平日與假日工作時間				國定假日	
3		日期	星期	工作時間	平日		2021/2/11	
4		2021/2/11	星期四	08:00	0		2021/2/12	
5		2021/2/12	星期五	05:30	0			
6		2021/2/13	星期六	06:30	0			
7		2021/2/14	星期日	06:30	0			
8		2021/2/15	星期一	06:30	1			
9		2021/2/16	星期二	08:30	1		平日工作時數	23:00
10		2021/2/17	星期三	08:00	1		假日工作時數	

5： 將作用儲存格放在 H10，輸入公式 =SUMIF(E4:E10,0,D4:D10)，這是將平日欄位是
0 當作假日，總計工作時數。

| H10 | ▼ | ⋮ | × | ✓ | fx | =SUMIF(E4:E10,0,D4:D10) |

	A	B	C	D	E	F	G	H
1								
2		\multicolumn{統計平日與假日工作時間}					國定假日	
3		日期	星期	工作時間	平日		2021/2/11	
4		2021/2/11	星期四	08:00	0		2021/2/12	
5		2021/2/12	星期五	05:30	0			
6		2021/2/13	星期六	06:30	0			
7		2021/2/14	星期日	06:30	0			
8		2021/2/15	星期一	06:30	1			
9		2021/2/16	星期二	08:30	1		平日工作時數	23:00
10		2021/2/17	星期三	08:00	1		假日工作時數	26:30

7-8-18　時間前後的計算

實例 ch7_76.xlsx 和 ch7_76_out.xlsx：計算經過幾小時後的時間。

1： 開啟 ch7_76.xlsx，將作用儲存格放在 D4。

2： 輸入公式 =B4+TIME(C4,0,0)。

3： 拖曳 D4 儲存格的填滿控點到 D8，可以得到最新時間。

| D4 | ▼ | ⋮ | × | ✓ | fx | =B4+TIME(C4,0,0) |

	A	B	C	D	E
1					
2		\multicolumn{時間運行}			
3		標準時間	經過時間	最新時間	
4		18:00	1	19:00	
5		18:00	2	20:00	
6		18:00	3	21:00	
7		18:00	4	22:00	
8		18:00	5	23:00	

實例 ch7_77.xlsx 和 ch7_77_out.xlsx：計算幾小時前的時間。

1： 開啟 ch7_77.xlsx，將作用儲存格放在 D4。

2： 輸入公式 =B4-TIME(C4,0,0)。

3： 拖曳 D4 儲存格的填滿控點到 D8，可以得到先前時間。

| D4 | | | ▼ | ： | × | ✓ | *fx* | =B4-TIME(C4,0,0) |

▲	A	B	C	D	E
1					
2		時間運行			
3		目前時間	小時前	先前時間	
4		18:00	5	13:00	
5		18:00	7	11:00	
6		18:00	9	09:00	
7		18:00	11	07:00	
8		18:00	13	05:00	

7-8-19　工作時間的計算

實例 ch7_78.xlsx 和 ch7_78_out.xlsx：計算扣除中午休息時間後的工作時間。

1： 開啟 ch7_78.xlsx，將作用儲存格放在 E4。

2： 輸入公式 =D4-TIME(0,C4,0)-B4。

3： 拖曳 E4 儲存格的填滿控點到 E8，可以得到當天的工作時間。

| E4 | | | ▼ | ： | × | ✓ | *fx* | =D4-TIME(0,C4,0)-B4 |

▲	A	B	C	D	E
1					
2		計算工作時間			
3		上班時間	中午休息時間	下班時間	工作時間
4		09:30	60	18:30	8:00
5		09:30	60	18:30	8:00
6		09:30	60	19:30	9:00
7		09:30	60	20:30	10:00
8		09:30	60	20:00	9:30

上述 E4:E8 的儲存格格式筆者設為下列格式，才可以獲得上述結果。

7-8-20　計算超過晚上 12 點的工作時間

實例 ch7_79.xlsx 和 ch7_79_out.xlsx：計算超過晚上 12 點的工作時間，處理這類問題可以將下班時間與上班時間做比較，如果下班時間小於上班時間代表這是超過晚上 12 點的工作，這時計算工作時間時必須要加上 "24:00"。

1：　開啟 ch7_79.xlsx，將作用儲存格放在 D4。

2：　輸入公式 =IF(C4>B4,C4-B4,C4-B4+"24:00")。

3：　拖曳 D4 儲存格的填滿控點到 D8，可以得到工作時間。

	A	B	C	D	E	F	G
		fx	=IF(C4>B4,C4-B4,C4-B4+"24:00")				
1							
2		計算超過晚上12點的工作時間					
3		上班時間	下班時間	工作時間			
4		18:00	02:00	8:00			
5		18:00	01:00	7:00			
6		09:00	18:30	9:30			
7		18:00	01:30	7:30			
8		10:00	20:00	10:00			

7-8-21　下班時間的修訂

實例 ch7_80.xlsx 和 ch7_80_out.xlsx：大部分的公司採用自主管理，也就是沒有加班費用，假設標準下班時間是 18:30，超過此時間下班也算 18:30 下班，但是提早下班則算早退，需列出實際下班時間。

1： 開啟 ch7_80.xlsx，將作用儲存格放在 D4。

2： 輸入公式 =IF(B4>C4,C4,B4)。

3： 拖曳 D4 儲存格的填滿控點到 D8，可以得到財務計算的下班時間。

D4			f_x	=IF(B4>C4,C4,B4)
	A	B	C	D
1				
2			下班時間計算	
3		標準下班時間	下班打卡時間	財務計算下班時間
4		18:30	18:05	18:05
5		18:30	19:00	18:30
6		18:30	18:35	18:30
7		18:30	18:45	18:30
8		18:30	18:30	18:30

實例 ch7_81.xlsx 和 ch7_81_out.xlsx：使用 MIN 函數重新設計前一個實例。

1： 開啟 ch7_80.xlsx，將作用儲存格放在 D4。

2： 輸入公式 =MIN(B4,C4)。

3： 拖曳 D4 儲存格的填滿控點到 D8，可以得到財務計算的下班時間。

D4			f_x	=MIN(B4,C4)
	A	B	C	D
1				
2			下班時間計算	
3		標準下班時間	下班打卡時間	財務計算下班時間
4		18:30	18:05	18:05
5		18:30	19:00	18:30
6		18:30	18:35	18:30
7		18:30	18:45	18:30
8		18:30	18:30	18:30

7-8-22 上班時間的修訂

實例 ch7_82.xlsx 和 ch7_82_out.xlsx：大部分的公司採用自主管理，也就是沒有加班費用，假設標準上班時間是 09:30，在此時間前上班也算 09:30 上班，但是晚於 09:30 上班則算遲到，需列出實際上班時間。

1： 開啟 ch7_82.xlsx，將作用儲存格放在 D4。

2： 輸入公式 =MAX(B4,C4)。

3： 拖曳 D4 儲存格的填滿控點到 D8，可以得到財務計算的上班時間。

D4		×	✓	fx	=MAX(B4,C4)	

	A	B	C	D
1				
2		上班時間計算		
3		標準上班時間	上班打卡時間	財務計算上班時間
4		09:30	09:05	09:30
5		09:30	10:00	10:00
6		09:30	09:35	09:35
7		09:30	08:45	09:30
8		09:30	09:20	09:30

7-8-23　將未滿 30 分鐘的工作時間捨去

實例 ch7_83.xlsx 和 ch7_83_out.xlsx：有加班費用的公司，大部分是用 30 分鐘為單位計算加班費用，所以是將少於 30 分鐘的工作時間捨去。

1： 開啟 ch7_83.xlsx，將作用儲存格放在 D4。

2： 輸入公式 =FLOOR(C4,"0:30")。

3： 拖曳 D4 儲存格的填滿控點到 D8，可以得到財務計算的上班時間。

D4		×	✓	fx	=FLOOR(C4,"0:30")	

	A	B	C	D
1				
2		下班時間計算		
3		標準下班時間	下班打卡時間	財務計算下班時間
4		18:30	18:45	18:30
5		18:30	19:10	19:00
6		18:30	18:35	18:30
7		18:30	19:45	19:30
8		18:30	20:30	20:30

7-8-24 假日標記行事曆內容時會出現警告視窗

實例 ch7_84.xlsx 和 ch7_84_out.xlsx：如果你是忙碌老闆的秘書，可能需要標記老闆的許多行程，這個實例是想要在假日記註行程時會出現警告視窗。

1： 開啟 ch7_84.xlsx，選取 D5:D31 儲存格區間。

2： 執行資料 / 資料工具 / 資料驗證。

3： 出現資料驗證對話方塊，選擇設定頁次，在此頁次主要是設定哪些情況儲存格可以正常輸入，筆者輸入公式如下：

=WEEKDAY(DATE($C$2,$C$3,B5),2)<=5

相當於週一到週五可以正常建立行事曆內容，整個資料驗證對話方塊內容設定如下：

4： 選擇錯誤提醒頁次，設定如下：

5： 按確定鈕。

未來在週六或週日建立行事曆時，會出現下列警告視窗。

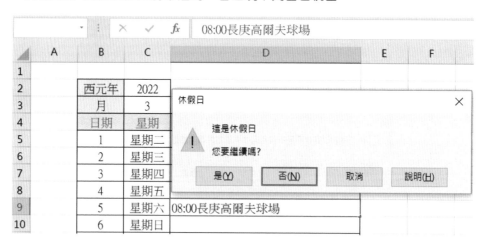

上述按否鈕可以結束輸入，如果按是鈕可以繼續執行輸入。

7-8-25 計算四月份咖啡豆採購金額

實例 ch7_85.xlsx 和 ch7_85_out.xlsx:計算四月份咖啡豆採購金額。

1: 開啟 ch7_85.xlsx,將作用儲存格放在 F4。

2: 輸入公式 =IF(MONTH(B4)=4,B4,"")。

3: 拖曳 F4 的填滿控點到 F11,在 F 欄位可以得到四月份採購咖啡豆的日期字串。

F4		▾	:	×	✓	fx	=IF(MONTH(B4)=4,B4,"")

	A	B	C	D	E	F	G
1							
2		STARKCOFFEE進貨單				四月份採購	
3		日期	品項	金額		日期	進貨金額
4		2021/3/8	Arabica	88000			
5		2021/3/15	Robusta	56000			
6		2021/3/20	Java	60000			
7		2021/3/22	Arabica	78000			
8		2021/4/8	Arabica	48000		2021/4/8	
9		2021/4/9	Java	62000		2021/4/9	
10		2021/4/10	Robusta	46000		2021/4/10	
11		2021/5/5	Arabica	120000			
12						總金額	

4: 將作用儲存格放在 G4。

5: 輸入公式 =IF(MONTH(B4)=4,D4,"")。

6: 拖曳 G4 的填滿控點到 G11,在 G 欄位可以得到四月份採購咖啡豆的金額。

G4		▾	:	×	✓	fx	=IF(MONTH(B4)=4,D4,"")

	A	B	C	D	E	F	G
1							
2		STARKCOFFEE進貨單				四月份採購	
3		日期	品項	金額		日期	進貨金額
4		2021/3/8	Arabica	88000			
5		2021/3/15	Robusta	56000			
6		2021/3/20	Java	60000			
7		2021/3/22	Arabica	78000			
8		2021/4/8	Arabica	48000		2021/4/8	48000
9		2021/4/9	Java	62000		2021/4/9	62000
10		2021/4/10	Robusta	46000		2021/4/10	46000
11		2021/5/5	Arabica	120000			
12						總金額	

7：　將作用儲存格放在 G12。

8：　輸入公式 =SUM(G4:G11)，可以得到四月份總體採購金額。

7-8-26　組合員工到職日期

實例 ch7_86.xlsx 和 ch7_86_out.xlsx：組合員工到職日期。

1：　開啟 ch7_86.xlsx，將作用儲存格放在 G4。

2：　輸入公式 =DATE(D4,E4,F4)。

3：　拖曳 G4 的填滿控點到 G7，在 G 欄位可以得到所有員工到職日期表。

7-8-27 建立天天旅館房價

實例 ch7_87.xlsx 和 ch7_87_out.xlsx：一般旅館週四、五、六比較貴，其他則比較便宜，此例是將週日、一、二、三住宿價格設為 3499，將週四、五、六設為 4999。

註 C4:C10 儲存格設為日期格式，顯示星期資訊。

1： 開啟 ch7_87.xlsx，將作用儲存格放在 C4。

2： 輸入公式 =WEEKDAY(B4)。

3： 拖曳 C4 的填滿控點到 C10，在 C 欄位可以得到星期資訊。

	A	B	C	D	E	F
1						
2		天天旅館參考房價				
3		日期	星期	房價		
4		2022/5/1	星期日			
5		2022/5/2	星期一			
6		2022/5/3	星期二			
7		2022/5/4	星期三			
8		2022/5/5	星期四			
9		2022/5/6	星期五			
10		2022/5/7	星期六			

C4 =WEEKDAY(B4)

4： 將作用儲存格放在 D4。

5： 輸入公式 =IF(C4>4,4999,3499)。

6： 拖曳 D4 的填滿控點到 D10，在 D 欄位可以得到房價資訊。

	A	B	C	D	E	F
1						
2		天天旅館參考房價				
3		日期	星期	房價		
4		2022/5/1	星期日	3499		
5		2022/5/2	星期一	3499		
6		2022/5/3	星期二	3499		
7		2022/5/4	星期三	3499		
8		2022/5/5	星期四	4999		
9		2022/5/6	星期五	4999		
10		2022/5/7	星期六	4999		

D4 =IF(C4>4,4999,3499)

7-8-28　建立抖音的影片長度

實例 ch7_88.xlsx 和 ch7_88_out.xlsx：每個抖音皆有時、分、秒資訊，將這些資訊組成影片長度。

註　F4:F6 儲存格設為日期格式，顯示時：分：秒。

1：　開啟 ch7_88.xlsx，將作用儲存格放在 F4。

2：　輸入公式 =TIME(C4,D4,E4)。

3：　拖曳 F4 的填滿控點到 F6，在 F 欄位可以得到影片長度。

7-8-29　計算手機通話時間與費用

實例 ch7_89.xlsx 和 ch7_89_out.xlsx：計算手機通話時間與費用，有關通話資訊可以參考表格。

1：　開啟 ch7_89.xlsx，將作用儲存格放在 E4。

2：　輸入公式 =TEXT(D4-C4,"[ss]")。

3：　拖曳 E4 的填滿控點到 E8，在 E 欄位可以得到通話秒數。

| E4 | ▼ | : | × | ✓ | fx | =TEXT(D4-C4,"[ss]") |

	A	B	C	D	E	F	G	H	I
1									
2		計算通話費用						通話費用	
3		通話類別	起始時間	結束時間	通話秒數	金額		網內費用	0.08
4		網內	10:10:05	10:11:10	65			網外費用	0.1393
5		網外	13:01:11	13:05:22	251			單位	秒
6		網外	14:22:05	14:22:50	45				
7		網內	15:33:40	15:35:10	90				
8		網外	21:08:10	21:11:50	220				

4： 將作用儲存格放在 F4。

5： 輸入公式 =ROUND(IF(B4="網內",$I$3,$I$4)*E4,0)。

6： 拖曳 F4 的填滿控點到 F8，在 F 欄位可以得到通話金額。

| F4 | ▼ | : | × | ✓ | fx | =ROUND(IF(B4="網內",$I$3,$I$4)*E4,0) |

	A	B	C	D	E	F	G	H	I
1									
2		計算通話費用						通話費用	
3		通話類別	起始時間	結束時間	通話秒數	金額		網內費用	0.08
4		網內	10:10:05	10:11:10	65	5		網外費用	0.1393
5		網外	13:01:11	13:05:22	251	35		單位	秒
6		網外	14:22:05	14:22:50	45	6			
7		網內	15:33:40	15:35:10	90	7			
8		網外	21:08:10	21:11:50	220	31			

第 8 章

完整解說表格檢索

　　表格的檢索也可以稱表格內容的搜尋，雖然筆者從 4-2-1 節開始已經陸續說明，本章則是做一個完整的解說。

8-1 ADDRESS 回傳工作表位址

語法英文：ADDRESS(row_num, column_num, [abs_num], [a1], [sheet_text])

語法中文：ADDRESS(列編號, 欄編號, [參照類型數值][參照型式][工作表名稱])

❏ row_num：必要，儲存格參照的列號。

❏ column_num：必要，儲存格參照的欄號。

❏ [abs_num]：選用，這是指定要傳回的參照類型，可以參考下列表。

abs_num	參照類型
1 或省略	絕對參照
2	絕對列 ; 相對欄
3	相對列 ; 絕對欄
4	相對參照

❏ [a1]：選用，參照型式 (a1) 主要是指定 A1 或 R1C1 表示法的邏輯值。如果是 TRUE 或省略，ADDRESS 會回傳 A1 樣式參照。如果是 FALSE，ADDRESS 會回傳 R1C1 或 R[1]C[1] 樣式參照。

❏ [sheet_text]：選用，工作表名稱 (sheet_text) 如果省略，則使用目前的工作表。

　　使用 ADDRESS 函數可以根據指定的列和欄號碼，取得工作表的位址，例如：ADDRESS(2,4) 可以回傳 $D$2。另外，也可以使用 ROW 和 COLUMN 取得列和欄編號當作是 ADDRESS 函數的引數。

實例 ch8_1.xlsx 和 ch8_1_out.xlsx：ADDRESS 函數的應用。

1：　開啟 ch8_1.xlsx，將作用儲存格放在 D4。

2：　輸入公式 =ADDRESS(B4,C4)。

3：　拖曳 D4 填滿控點到 D6，可以得到所有結果。

D4			× ✓	f_x	=ADDRESS(B4,C4)		
	A	B	C	D	E	F	G
1							
2			使用ADDRESS計算儲存格位址				
3		列	欄	回傳 1	回傳 2	回傳 3	回傳4
4		2	1	$A$2			
5		3	2	$B$3			
6		4	3	$C$4			

4： 將作用儲存格放在 E4，輸入公式 =ADDRESS(B4,C4,4)。

5： 拖曳 E4 填滿控點到 E6，可以得到所有結果。

E4			× ✓	f_x	=ADDRESS(B4,C4,4)		
	A	B	C	D	E	F	G
1							
2			使用ADDRESS計算儲存格位址				
3		列	欄	回傳 1	回傳 2	回傳 3	回傳4
4		2	1	$A$2	A2		
5		3	2	$B$3	B3		
6		4	3	$C$4	C4		

6： 將作用儲存格放在 F4，輸入公式 =ADDRESS(B4,C4,1,FALSE)。

7： 拖曳 F4 填滿控點到 F6，可以得到所有結果。

F4			× ✓	f_x	=ADDRESS(B4,C4,1,FALSE)		
	A	B	C	D	E	F	G
1							
2			使用ADDRESS計算儲存格位址				
3		列	欄	回傳 1	回傳 2	回傳 3	回傳4
4		2	1	$A$2	A2	R2C1	
5		3	2	$B$3	B3	R3C2	
6		4	3	$C$4	C4	R4C3	

8： 將作用儲存格放在 G4，輸入公式 =ADDRESS(B4,C4,4,FALSE)。

9：　拖曳 G4 填滿控點到 G6，可以得到所有結果。

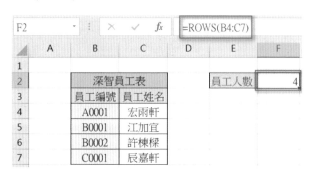

列	欄	回傳 1	回傳 2	回傳 3	回傳4
2	1	$A$2	A2	R2C1	R[2]C[1]
3	2	$B$3	B3	R3C2	R[3]C[2]
4	3	$C$4	C4	R4C3	R[4]C[3]

8-2　ROWS/COLUMNS 和系列表單操作的應用

5-1-2 節筆者有介紹 ROW 函數可以回傳列編號，ROWS 可以回傳儲存格區間的列數。5-1-6 節筆者有介紹 COLUMN 函數可以回傳欄編號，COLUMNS 可以回傳儲存格區間的欄數。

8-2-1　ROWS 計算列數

語法英文：ROWS(array)

語法中文：ROWS(陣列)

❑　array：必要，是指要取得儲存格區間或陣列的列數。

實例 ch8_2.xlsx 和 ch8_2_out.xlsx：ROWS 函數計算員工人數。

1：　開啟 ch8_2.xlsx，將作用儲存格放在 F2。

2：　輸入公式 =ROWS(B4:C7)。

3：　可以得到員工人數是 4 人。

8-2-2 COLUMNS 計算欄數

語法英文：COLUMNS(array)

語法中文：COLUMNS(陣列)

❏ array：必要，引數 array 是指要取得儲存格區間或陣列的欄數。

實例 ch8_3.xlsx 和 ch8_3_out.xlsx：COLUMNS 函數計算客服評比項目數。

1： 開啟 ch8_3.xlsx，將作用儲存格放在 I3。

2： 輸入公式 =COLUMNS(C4:F6)。

I3		× ✓ fx	=COLUMNS(C4:F6)					
	A	B	C	D	E	F	G	H	I
1									
2			CoCo旅遊客服調查表						評分項目
3		旅遊項目	旅館住宿	行程安排	餐飲品質	導遊專業	總分		4
4		金門4天遊	8	8	9	9	34		
5		澎湖3天遊	7	8	6	9	30		
6		北海道5天遊	9	9	10	9	37		

3： 可以得到評比項目數是 4 項。

8-2-3 計算國家的數量

實例 ch8_4.xlsx 和 ch8_4_out.xlsx：使用 ROWS 和 COLUMNS 函數計算全球主要國家的數量。

1： 開啟 ch8_4.xlsx，將作用儲存格放在 G3。

2： 輸入公式 =ROWS(B4:E6)*COLUMNS(B4:E6)。

G3		× ✓ fx	=ROWS(B4:E6)*COLUMNS(B4:E6)				
	A	B	C	D	E	F	G	H
1								
2			深智數位外銷國家表				國家數	
3		亞洲	歐洲	美洲	非洲		12	
4		日本	德國	美國	埃及			
5		印度	法國	加拿大	南非			
6		中國	英國	墨西哥	中非			

8-2-4　CHOOSEROWS 取得列

語法英文：CHOOSEROWS(array, row_num1, [row_num2], ...)

語法中文：CHOOSEROWS(陣列, 列編號1, [列編號2], ...)

❑ array：必要，要從中選取列的陣列或範圍。

❑ row_num1, [row_num2], ...：必要，要選擇的列號，可以有多個。

　　　CHOOSEROWS 函數用於從一個陣列或範圍中選擇特定的列。

實例 ch8_4_1.xlsx 和 ch8_4_1_out.xlsx：取得第 1、3 和 6 列數據。

1：　開啟 ch8_4_1.xlsx，將作用儲存格放在 G1。

2：　輸入公式 =CHOOSEROWS(A1:E6,1,3,6)。

G1		∨	⋮	×	✓	fx ∨	=CHOOSEROWS(A1:E6,1,3,6)			
	A	B	C	D	E	F	G	H	I	J	K
1	月份	書籍銷售	軟體銷售	文具銷售	總業績		月份	書籍銷售	軟體銷售	文具銷售	總業績
2	1	76000	56000	3600	135600		2	78000	66000	4800	148800
3	2	78000	66000	4800	148800		5	66000	85000	7200	158200
4	3	82000	60000	4900	146900						
5	4	68000	78000	6100	152100						
6	5	66000	85000	7200	158200						

8-2-5　CHOOSECOLS 取得欄

語法英文：CHOOSECOLS(array, col_num1, [col_num2], ...)

語法中文：CHOOSECOLS(陣列, 欄編號1, [欄編號2], ...)

❑ array：必要，要從中選取列的陣列或範圍。

❑ col_num1, [col_num2], ...：必要，要選擇的欄位，可以有多個。

　　　CHOOSECOLS 函數用於從一個陣列或範圍中選擇特定的欄位。

實例 ch8_4_2.xlsx 和 ch8_4_2_out.xlsx：取得第 1、3 和 5 欄數據。

1：　開啟 ch8_4_2.xlsx，將作用儲存格放在 G1。

2：　輸入公式 =CHOOSECOLS(A1:E6,1,3,5)。

實例 **ch8_4_3.xlsx** 和 **ch8_4_3_out.xlsx**：我們希望生成一個報告，只包含「欄位名稱」、「2 月」和「4 月」的數據，並且只顯示「書籍銷售」和「總業績」。

1： 開啟 ch8_4_3.xlsx，將作用儲存格放在 G1。

2： 輸入公式 =CHOOSECOLS(CHOOSEROWS(A1:E6,1, 3, 5), 2, 5)。

8-2-6 TAKE 開頭或結尾取出連續列或欄

語法英文：TAKE(array, [rows], [columns])

語法中文：TAKE(陣列, [列數], [欄數])

❑ array：必要，要從中選取的陣列或範圍。

❑ [rows]：選用，要提取的列數。為正數時從頂部擷取，為負數時從底部擷取。如果省略，則返回所有列。

❑ [columns], ...：選用，要擷取的欄數。為正數時從左側擷取，為負數時從右側擷取。如果省略，則返回所有欄。

這個函數用於從陣列或範圍中擷取指定數量的列或欄。這個函數非常有用，特別是在需要從大型數據集中擷取特定數量的列或欄時。

實例 ch8_4_4.xlsx 和 ch8_4_4_out.xlsx：G1 儲存格是擷取最近銷售 3 筆數據，G5 儲存格是擷取最近銷售 3 筆數據然後再從所擷取的資料中取前 3 個欄位。

1： 開啟 ch8_4_4.xlsx，將作用儲存格放在 G1。

2： 輸入公式 =TAKE(A1:E7, -3)。

3： 將作用儲存格放在 G5。

4： 輸入公式 =TAKE(TAKE(A1:E7, -3), , 3)。

8-2-7　DROP 刪除開頭或結尾連續列或欄

語法英文：DROP(array, [rows], [columns])

語法中文：DROP(陣列, [列數], [欄數])

❏ array：必要，要從中刪除的陣列或範圍。

❏ [rows]：選用，要刪除的列數。為正數時從頂部刪除，為負數時從底部刪除。如果省略，則不刪除列。

❏ [columns], ...：選用，要刪除的欄數。為正數時從左側刪除，為負數時從右側刪除。如果省略，則不刪除欄。

這個函數用於從陣列或範圍中刪除指定數量的列或欄。這個函數非常有用，特別是在需要從大型數據集中刪除特定數量的列或欄時。

實例 ch8_4_5.xlsx 和 ch8_4_5_out.xlsx：G1 儲存格是刪除最近銷售 3 筆數據，G6 儲存格是先刪除最近銷售 3 筆數據然後再從所剩的的資料中刪除右邊 2 個欄位。

1： 開啟 ch8_4_5.xlsx，將作用儲存格放在 G1。

2： 輸入公式 =DROP(A1:E7, -3)。

3： 將作用儲存格放在 G6。

4： 輸入公式 =DROP(DROP(A1:E7, -3), , -2)。

8-2-8 WRAPROWS/WRAPCOLS 單欄 (或列) 排成多列 / 多欄

語法英文：WRAPROWS(array, wrap_count, [pad_with])

語法中文：WRAPROWS(陣列, 元素數目, [填充值])

❑ array：必要，要重新排列的陣列或範圍。

❑ wrap_count：必要，指定每列應包含的元素數目。

❑ [pad_with]：選用，如果陣列的元素數目不是 wrap_count 的倍數，則用該值填充剩餘的儲存格。預設為空白。

　　函數用於將單欄 (或列) 數據重新排列為多列和多欄的表格。這個函數在需要將長列或長欄的數據重新分佈為一個更易讀的表格時非常有用。

註 若是將 WRAPROWS 函數改為 WRAPCOLS，則是從欄開始排。

實例 **ch8_4_6.xlsx** 和 **ch8_4_6_out.xlsx**：在 C2 儲存格，用 WRAPROWS 函數將 A2:A8 儲存格區間拆成每列有 3 個元素，不足部分補「--」。在 G2 儲存格，用 WRAPCOLS 函數將 A2:A8 儲存格區間拆成每欄有 4 個元素，不足部分補「0」。

1：　開啟 ch8_4_6.xlsx，將作用儲存格放在 C2。

2：　輸入公式 =WRAPROWS(A1:A8, 3, "—")。

3：　將作用儲存格放在 G2。

4：　輸入公式 =WRAPCOLS(A2:A8, 4, 0)。

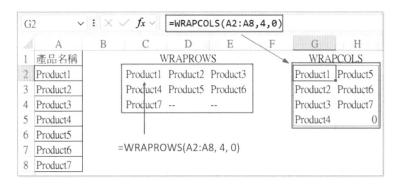

8-2-9　TOROW/TOCOL 多欄 (或多列) 排成一列 (或一欄)

語法英文：TOROW(array, [ignore], [pad_with])

語法中文：TOROW(陣列, [忽略值], [填充值])

❑ array：必要，要重新排成一列的陣列或範圍。

❑ ignore：必要，指定忽略哪些類型的值。可以是以下選項之一：

1：　忽略空白儲存格。

2：　忽略錯誤值。

3：　忽略空白儲存格和錯誤值。

　　　預設為 0，即不忽略任何值。

❑ [pad_with]：選用，如果陣列的元素數目不滿足列的長度，則用該值填充剩餘的儲存格。預設為空白。。

這個函數用於將一個陣列或範圍轉換為一列，這個函數在需要將多列或多欄數據合併為一行時非常有用。

註 若是將 TOROW 函數改為 TOCOL，則是排成一欄。

實例 ch8_4_7.xlsx 和 ch8_4_7_out.xlsx：將 A1:C3 到一般資料排成一列。

1： 開啟 ch8_4_7.xlsx，將作用儲存格放在 A5。

2： 輸入公式 =TOROW(A1:C3)。

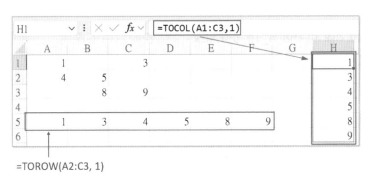

實例 ch8_4_8.xlsx 和 ch8_4_8_out.xlsx：將 A1:C3 含缺失值資料排成一列和一欄。

1： 開啟 ch8_4_8.xlsx，將作用儲存格放在 A5。

2： 輸入公式 =TOROW(A1:C3, 1)。

3： 將作用儲存格放在 H1，輸入公式 =TOCOL(A1:C3, 1)。

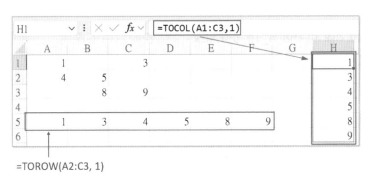

=TOROW(A2:C3, 1)

實例 ch8_4_9.xlsx 和 ch8_4_9_out.xlsx：最受歡迎水果投票，每個人可以投 3 種水果。

1： 開啟 ch8_4_9.xlsx，將作用儲存格放在 A7。

2： 輸入公式 =TOROW(A1:C)。

3：　將作用儲存格放在 G2，輸入公式 =COUNTIF($A$9:$L$9, F2)。

4：　拖曳 G2 儲存格的填滿控點到 G7 儲存格。

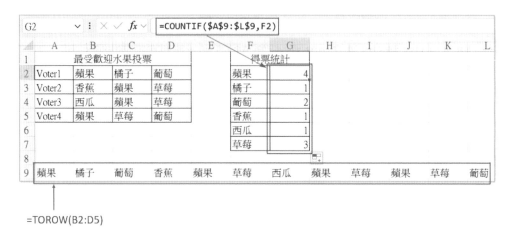

=TOROW(B2:D5)

8-2-10　HSTACK 水平合併陣列

語法英文：HSTACK(array1, [array2], ...)

語法中文：HSTACK(陣列1, [陣列2], ...)

❑ array1：必要，要水平合併的第一個陣列或範圍。

❑ [array2]：選用，要水平合併的其他陣列或範圍。可以有多個。

　　這個函數可以將多個陣列或範圍，水平合併成一個單一陣列或範圍。

實例 ch8_4_10.xlsx 和 ch8_4_10_out.xlsx：2 個表單合併的應用，主要是將舊旅遊清單的編號改成新的編號。

1：　開啟 ch8_4_10.xlsx，將作用儲存格放在 H3。

2：　輸入公式 =HSTACK(F3:F5, B3:C5)。

H3	✓ ⋮ × ✓ fx ✓	=HSTACK(F3:F5,B3:C5)								
	A	B	C	D	E	F	G	H	I	J
1	舊旅遊清單				新版旅遊編號			新旅遊清單		
2	編號	名稱	定價		舊編號	新編號		編號	名稱	定價
3	ch-101	日本東京5日遊	28000		ch-101	jp-101		jp-101	日本東京5日遊	28000
4	ch-103	北海道5日遊	32000		ch-103	jp-102		jp-102	北海道5日遊	32000
5	ch-109	大阪3日遊	22000		ch-109	jp-103		jp-103	大阪3日遊	22000

8-2-11 VSTACK 垂直合併陣列

語法英文：VSTACK(array1, [array2], …)

語法中文：VSTACK(陣列1, [陣列2], …)

❏ array1：必要，要垂直合併的第一個陣列或範圍。

❏ [array2]：選用，要垂直合併的其他陣列或範圍。可以有多個。

　　這個函數可以將多個陣列或範圍，垂直合併成一個單一陣列或範圍。

實例 ch8_4_11.xlsx 和 ch8_4_11_out.xlsx：2 個表單合併的應用，主要是將區域業績整合成全國業績。

1： 開啟 ch8_4_11.xlsx，將作用儲存格放在 G3。

2： 輸入公式 =VSTACK(A3:B5, D3:E4)。

8-2-12 EXPAND 將陣列依據列數和欄數擴充

語法英文：EXPAND(array, rows, columns, [pad_with])

語法中文：EXPAND(陣列, 列數, 欄數, [填充值])

❏ array：必要，要擴展的陣列或範圍。

❏ rows：必要，擴展後的列數。

❏ columns：必要，擴展後的欄數。

❏ [pad_with]：選用，如果擴展大小大於原始數組，用來填充額外儲存格的值。預設為空白。

這個函數可以將一個陣列或範圍擴展到指定的列數和欄數,如果指定的擴展大小大於原始陣列,則用指定的填充值填充。

實例 ch8_4_12.xlsx 和 ch8_4_12_out.xlsx:擴充表單,多的儲存格用「N/A」填充。

1:　開啟 ch8_4_12.xlsx,將作用儲存格放在 G3。

2:　輸入公式 =EXPAND(A1:C6, 7, 4, "N/A")。

8-3　TRANSPOSE 表格內容轉置

語法英文:TRANSPOSE(array)

語法中文:TRANSPOSE(陣列)

❑ array:必要,引數 array 是指儲存格區間或陣列。

　　TRANSPOSE 函數可以將引數 array 的內容轉置,也就是列資料變欄資料,欄資料變列資料。

實例 ch8_5.xlsx 和 ch8_5_out.xlsx:將完整的表格內容轉置。

1:　開啟 ch8_5.xlsx,將作用儲存格放在 E2。註:舊版的 Excel 下一步是選取要安置轉置表格的儲存格區間,新版則可以省略。

2:　輸入公式 =TRANSPOSE(B2:C5)。註:舊版的 Excel 下一步是按 Ctrl+Shift+Enter,新版則是輸入完成後,直接按 Enter 即可。

> **註** 上述 TRANSPOSE 函數的引數 B2:C5 儲存格區間也可以使用滑鼠拖曳方式。此外，
> 上述是轉置 B2:C5 完整表格，也可以轉置表格的部分儲存格區間。

實例 ch8_6.xlsx 和 ch8_6_out.xlsx：將表格的部分內容轉置。

1：　開啟 ch8_6.xlsx，將作用儲存格放在 E2。

2：　輸入公式 =TRANSPOSE(B3:C5)。

8-4 INDEX/MATCH 函數複習與 XMATCH

　　在 5-8-1 節筆者有介紹過 INDEX 函數的基礎用法，筆者在 8-4-1 節將用不同的實例做說明。在 5-8-2 節筆者有介紹過 MATCH 函數的基礎用法，筆者在 8-4-2 節將用不同的實例做說明。最後在 8-4-3 節，筆者則做 INDEX 和 MATCH 的綜合應用實例。

8-4-1　INDEX 應用

　　在做資料處理時，有時候需要將一整個欄的資料或是一整個列的資料分割成多列與多欄，有可以使用 INDEX 函數做切割，請參考下列實例。

實例 ch8_7.xlsx 和 ch8_7_out.xlsx：iPhone 商品顏色表處理，這個實例主要是將一整個欄的資料切割成 2 列 3 欄。

1： 開啟 ch8_7.xlsx。

2： 在這個實例中筆者在 E2:G3 儲存格先建立要分割的方式。

3： 將作用儲存格放在 E6，輸入公式 =INDEX($C$4:$C$9,E2)。

4： 拖曳 E6 填滿控點到 E7，可以得到下列結果。

5：　拖曳 E7 填滿控點到 G7，可以得到所有結果。

| E6 | | | fx | =INDEX($C$4:$C$9,E2) |

8-4-2　MATCH 複習

實例 **ch8_8.xlsx** 和 **ch8_8_out.xlsx**：使用 MATCH 函數回傳搜尋值 iPhone 太空灰顏色的位置。

1：　開啟 ch8_8.xlsx，將作用儲存格放在 F3。

2：　輸入公式 =MATCH (F2,C4:C9,0)。

8-4-3　INDEX 和 MATCH 混合應用

實例 ch8_9.xlsx 和 ch8_9_out.xlsx：搜尋 iPhone 編號的顏色與庫存。

1：　開啟 ch8_9.xlsx，將作用儲存格放在 G2。

2：　輸入 C105。

3：　將作用儲存格放在 G3。

4：　輸入公式 =INDEX(C4:C9,MATCH(G2,B4:B9),0))。

5：　將作用儲存格放在 G4。

6：　輸入公式 =INDEX(D4:D9,MATCH(G2,B4:B9),0))。

未來只要修改 G2 的型號，可以顯示該型號的顏色和庫存，如下所示：

實例 ch8_10.xlsx 和 ch8_10_out.xlsx：依據 iPhone 型號與顏色查詢庫存。

1： 開啟 ch8_10.xlsx，將作用儲存格放在 H2。

2： 輸入 iPhone 的型號 iPhone 12。

3： 將作用儲存格放在 H3。

4： 輸入 iPhone 的顏色銀白色。

5：　將作用儲存格放在 H4。

6：　輸入公式 =INDEX(C4:E6,MATCH(H2,B4:B6,0),MATCH(H3,C3:E3,0))。

8-4-4　XMATCH 新版匹配功能

語法英文：XMATCH(lookup_value, lookup_array, [match_mode], [search_mode])

語法中文：XMATCH(搜尋值, 陣列, [匹配格式], [搜尋格式])

❑ lookup_value：必要，要搜索的項目。

❑ lookup_array：必要，這是搜尋比對的陣列或儲存格範圍。

❑ [match_mode]：選用，指定匹配模式，預設為 0。

  ● 0：精確匹配。如果找不到，則返回 #N/A。

  ● -1：精確匹配或下一個較小項。

  ● 1：精確匹配或下一個較大項。

  ● 2：通配符匹配（ * 代表任意字元，? 代表單個字元）。

❑ [search_mode]：選用，指定搜索模式，預設為 1。

  ● 1：從第一項到最後一項搜索（預設）。

  ● -1：從最後一項到第一項搜索。

  ● 2：執行二分搜索，lookup_array 必須按升序排列。

  ● -2：執行二分搜索，lookup_array 必須按降序排列。

　　XMATCH 函數可以回傳搜尋項目在範圍中的相對位置，此函數是 MATCH 函數的改進版本，提供了更多的靈活性和功能。它可以用於水平或垂直陣列，並支持多種匹配模式。

實例 ch8_10_1.xlsx 和 ch8_10_1_out.xlsx：回傳相對位置，這個實例用「B*」匹配。

1： 開啟 ch8_10_1.xlsx，將作用儲存格放在 C1。

2： 輸入 =XMATCH("B*", A1:A4, 2)。

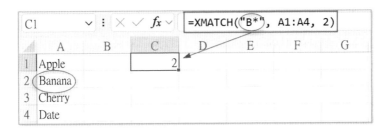

從上述可以得到 Banana 可以匹配「B*」，所以回傳 2。此外，所有 MATCH 函數的應用皆可以用 XMATCH 代替，不過提供了更多的匹配模式（如通配符匹配），使其比 MATCH 更靈活。

8-4-5 SORTBY 與 XMATCH 的整合應用

5-4-4 節筆者介紹了 SORTBY 函數，我們可以將此函數與 XMATCH 完成重新排列欄位資料。

實例 ch8_10_2.xlsx 和 ch8_10_2_out.xlsx：重新排列欄位資料。

1： 開啟 ch8_10_2.xlsx，將作用儲存格放在 E2。

2： 輸入 =SORTBY(A2:C4, XMATCH(A1:C1, E1:G1))。

上述重點是：

● 「XMATCH(A1, E1:G1)」回傳 2。

- 「XMATCH(B1, E1:G1)」回傳 3。
- 「XMATCH(C1, E1:G1)」回傳 1。

實例 ch8_10_3.xlsx 和 ch8_10_3_out.xlsx：重新排列欄位與等級欄位也重排。

1： 開啟 ch8_10_3.xlsx，將作用儲存格放在 E2。

2： 輸入 =SORTBY(A2:C4, XMATCH(A1:C1, E1:G1))。

E2		✓ : × ✓ fx ✓	=SORTBY(SORTBY(A2:C6,C2:C6),XMATCH(A1:C1,E1:G1))						
	A	B	C	D	E	F	G	H	I
1	會員姓名	年齡	等級		等級	會員姓名	年齡		
2	洪錦魁	48	C		A	沈靜東	22		
3	李棟霞	40	B		B	李棟霞	40		
4	沈靜東	22	A		B	林佳珍	32		
5	林佳珍	32	B		B	張美娟	23		
6	張美娟	23	B		C	洪錦魁	48		

從上述可以看到，除了欄位重排外，也執行了等級排序。

8-5　CHOOSE 用數字切換顯示內容

語法英文：CHOOSE(index_num, value1, [value2], …)

語法中文：CHOOSE(索引, 數值1, [數值2], …)

❏ index_num：必要，要回傳或選取的引數值。

❏ value1：必要，數值 1。

❏ [value2]：選用，數值 2 … 。

　　CHOOSE 函數的第 1 個引數 index_num 是指回傳第幾個值，如果是 1 則回傳 value1，如果是 2 則回傳 value2，可以依此類推，如果 index_num 小於 1 或是大於清單最後一個值則回傳 #VALUE! 錯誤，如果 index_num 是小數，則小數部分會被捨去。

　　value1 是必要的，後面的值則是選用，可以有 1 ～ 254 個值引數，value 雖是表面上是值，也可以是儲存格參照、定義的名稱、公式、函數或文字。

實例 ch8_11.xlsx 和 ch8_11_out.xlsx：依照類別代號列出卡別，假設卡別名稱與代號關係如下。

1：翡翠卡

2：鑽石卡

3：金卡

1： 開啟 ch8_11.xlsx，將作用儲存格放在 D4。

2： 輸入公式 =CHOOSE(C4," 翡翠卡 "," 鑽石卡 "," 金卡 ")。

3： 拖曳 D4 填滿控點到 D8，可以得到下列結果。

D4 =CHOOSE(C4,"翡翠卡","鑽石卡","金卡")

中華航空會員卡		
姓名	卡別代號	卡別名稱
陳思思	1	翡翠卡
許東雄	3	金卡
章與宣	2	鑽石卡
陳家駒	3	金卡
和金雄	1	翡翠卡

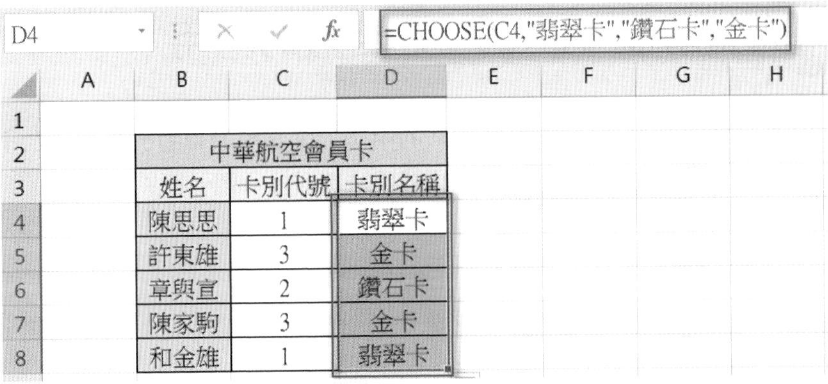

實例 ch8_12.xlsx 和 ch8_12_out.xlsx：計算深智公司第一季與第三季總業績。

1： 開啟 ch8_12.xlsx，將作用儲存格放在 H2。

2： 輸入公式 =SUM(CHOOSE(1,C4:E4,C5:E5,C6:E6,C7:E7))。

H2 =SUM(CHOOSE(1,C4:E4,C5:E5,C6:E6,C7:E7))

深智2022年業績表			
季度	北區	中區	南區
第一季	98000	66880	56000
第二季	88200	55660	38000
第三季	99100	47800	41000
第四季	99900	76000	78000

第一季總業績	220880
第三季總業績	

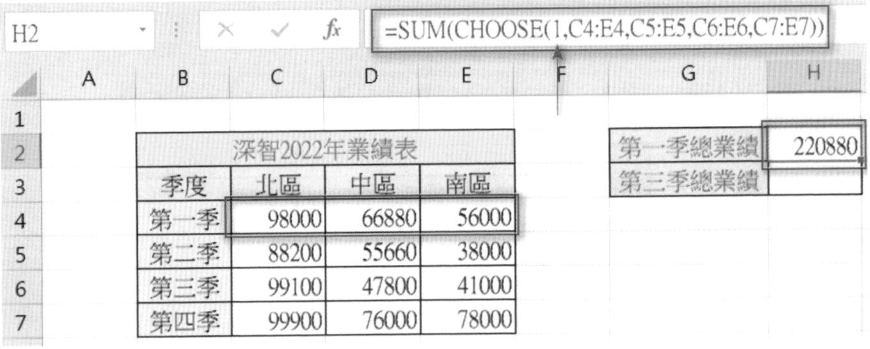

3：　**輸入公式** =SUM(CHOOSE(**3**,C4:E4,C5:E5,C6:E6,C7:E7))。

8-6　完整解說 VLOOKUP 函數的應用

在 4-2-1 節筆者說明了 VLOOKUP 函數的用法，前面章節筆者已經有多次不同的實例應用說明，對於表格檢索 VLOOKUP 的相關用法有很多，這一節將做完整應用解說。

8-6-1　檢索欄區間

在前面所有 VLOOKUP 的實例，筆者第 2 個引數皆是指定一個儲存格區間，其實我們可以將儲存格區間指定為欄範圍 (例如：B:D)。

實例 ch8_13.xlsx 和 ch8_13_out.xlsx：使用欄範圍的觀念，輸入寄送物品代碼，然後可以回應價格。

1：　開啟 ch8_13.xlsx，將作用儲存格放在 G3。

2：　輸入寄送代碼 A102。

3：　將作用儲存格放在 G4。

4：　輸入公式 =VLOOKUP(G3,B:D,3)。

G4		▼	⋮	×	✓	fx	=VLOOKUP(G3,B:D,3)

	A	B	C	D	E	F	G
1							
2		郵局寄送價目表				價格檢索	
3		代碼	品項	價格		代碼	A102
4		A101	平信	10		價格	20
5		A102	限時專送	20			
6		B101	掛號	30			

8-6-2　檢索欄區間的優點

檢索欄區間最大優點是未來增加項目時，可以不必修改函數公式，下列 ch8_14.xlsx 是 ch8_13_out.xlsx 的修改。

實例 ch8_14.xlsx 和 ch8_14_out.xlsx：將 ch8_13_out.xlsx 改為 ch8_14.xlsx，然後增加 2 個項目。

G3		▼	⋮	×	✓	fx	A102

	A	B	C	D	E	F	G
1							
2		郵局寄送價目表				價格檢索	
3		代碼	品項	價格		代碼	A102
4		A101	平信	10		價格	20
5		A102	限時專送	20			
6		B101	掛號	30			
7		B102	限時掛號	45			
8		C101	2斤包裹	60			

1：　開啟 ch8_14.xlsx，將作用儲存格放在 G3。

2：　輸入寄送代碼 B102。

G3			×	✓	fx	B102	

	A	B	C	D	E	F	G
1							
2		郵局寄送價目表				價格檢索	
3		代碼	品項	價格		代碼	B102
4		A101	平信	10		價格	45
5		A102	限時專送	20			
6		B101	掛號	30			
7		B102	限時掛號	45			
8		C101	2斤包裹	60			

讀者可以看到，不用修改 G4 儲存格的公式，也可以檢索到新代碼 B102 的價格。

8-6-3　使用表格名稱檢索

在前面所有 VLOOKUP 的實例，筆者第 2 個引數皆是指定一個儲存格區間，其實我們可以使用插入 / 表格，將儲存格區間指定為表格名稱，然後執行檢索，未來增加表格的項目時，Excel 也可以自動檢索到新的內容。

實例 ch8_15.xlsx 和 ch8_15_out.xlsx：使用表格的觀念，輸入寄送物品代碼，然後可以回應價格。

1：　開啟 ch8_15.xlsx。

2：　將作用儲存格放在 B2:D6 之任一儲存格，此例筆者放在 B3。

3：　執行插入 / 表格，可以看到下列建立表格對話方塊，筆者在請問表格的資料來源欄位輸入公式 =$B$3:$D$6：

4：　按確定鈕。

5：　然後在表格設計 / 內容的表格名稱欄位筆者為此表格建立名稱郵局價目表。

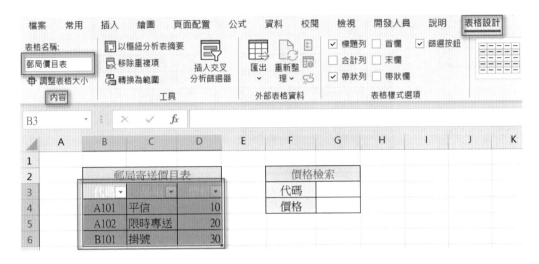

6：　將作用儲存格放在 G3，輸入檢索代碼 A102。

7：　將作用儲存格放在 G4，輸入檢索公式 =VLOOKUP(G3,郵局價目表,3,FALSE)，可以
　　 得到下列檢索結果。

8：　現在增加郵局項目寄送表表格項目如下：

9：　將作用儲存格放在 G3，輸入新增的代碼 B102，也可以自動被檢索。

8-6-4　檢索其他工作表的表格

Excel 也可以自動檢索其他工作表的內容。

實例 ch8_16.xlsx 和 ch8_16_out.xlsx：由一個工作表檢索另一個工作表的內容。

1：　開啟 ch8_16.xlsx，有一個郵局工作表如下。

2： 有一個查詢工作表如下。

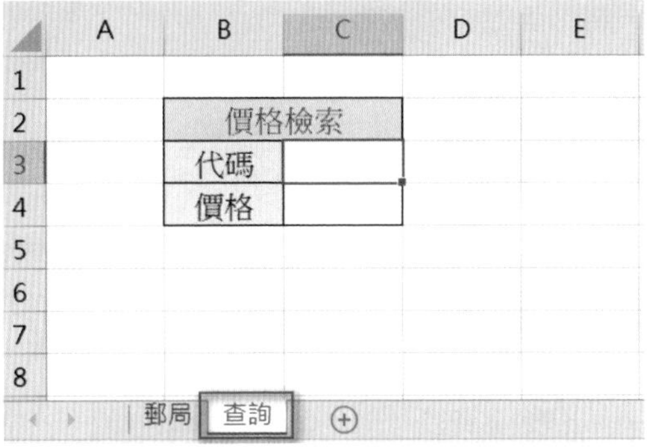

3： 將作用儲存格放在 C3，輸入檢索代碼 A102。

4： 將作用儲存格放在 C4，輸入檢索公式 =VLOOKUP(C3,郵局!B2:D6,3,FALSE)，可以得到下列查詢結果。

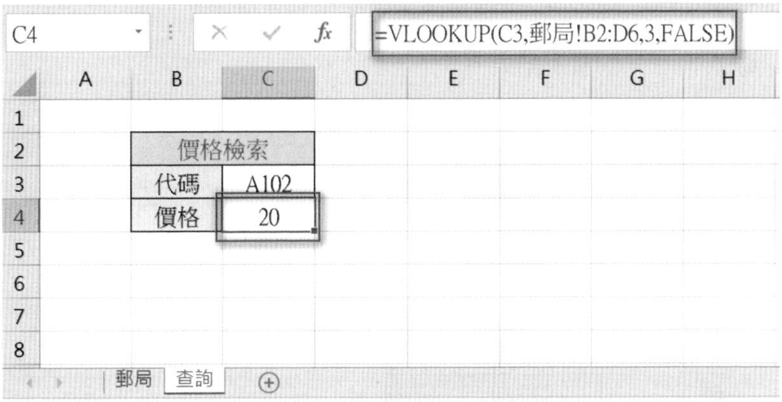

8-6-5 網購配送金額的查詢

使用網路購物常可以看到購買金額在一定金額，可以減少運費，或是可以完全免運費，假設有一家網購公司的運費標準如下：

500 元 (不含) 以下運費 100 元

500 元 (含) 以上至 1000 元 (不含) 運費 50 元

1000 元 (含) 以上免運費

要完成這類題目，我們必須將 VLOOKUP 函數的第 4 個引數設為 TRUE。

實例 ch8_17.xlsx 和 ch8_17_out.xlsx：根據上述觀念建立可以查詢收取運費的表格。

1：　開啟 ch8_17.xlsx，將作用儲存格放在 F2。

2：　輸入網購金額 700。

3：　將作用儲存格放在 F2，輸入公式 =VLOOKUP(F2,B2:C6,2,TRUE)。

F3		× ✓ fx	=VLOOKUP(F2,B2:C6,2,TRUE)			
	A	B	C	D	E	F	G
1							
2		網購運費表			網購金額	700	
3		購買金額	運費計算		運費	50	
4		0	100				
5		500	50				
6		1000	0				

註　要完成這類工作，B3:B7 的購買金額必須由小到大排序。

下列是輸入 499 元的實例結果。

F3		× ✓ fx	=VLOOKUP(F2,B2:C6,2,TRUE)			
	A	B	C	D	E	F
1						
2		網購運費表			網購金額	499
3		購買金額	運費計算		運費	100
4		0	100			
5		500	50			
6		1000	0			

下列是輸入 1000 元的實例結果。

F3		× ✓ fx	=VLOOKUP(F2,B2:C6,2,TRUE)			
	A	B	C	D	E	F
1						
2		網購運費表			網購金額	1000
3		購買金額	運費計算		運費	0
4		0	100			
5		500	50			
6		1000	0			

8-6-6　檢索時複製整列商品資料

目前所有 VLOOKUP 函數使用時,所檢索的資料只有單一筆資料,VLOOKUP 函數也允許檢索時複製整列資料。

實例 ch8_18.xlsx 和 ch8_18_out.xlsx:執行索引時,可以複製整列商品訊息,設計這類實例重點是第 3 個引數使用 COLUMN( ),然後就可以使用複製公式方式,將整列商品資料複製。

1： 開啟 ch8_18.xlsx,將作用儲存格放在 C2。

2： 輸入型號 A102。

	A	B	C	D	E
1					
2		型號	A102		
3		查詢結果			
4					
5					
6		型號	商品	售價	
7		A101	iPhone 11	18000	
8		A102	iPhone 12	21000	
9		A103	iPhone 13	25000	

C2 = A102

3： 將作用儲存格放在 B4。

4： 輸入公式 =VLOOKUP($C$2,$B$6:$B$9,COLUMN()-1,FALSE)。

註 上述因為商品表格是在 B 欄開始放置,所以第 3 個引數的 COLUMN( ) 必須減去 1。

5： 拖曳 B4 填滿控點到 D4,可以得到複製整列商品資料的結果。

B4 =VLOOKUP($C$2,$B$6:$D$9,COLUMN()-1,FALSE)

	A	B	C	D	E	F	G	H	I
1									
2		型號	A102						
3		查詢結果							
4		A102	iPhone 12	21000					
5									
6		型號	商品	售價					
7		A101	iPhone 11	18000					
8		A102	iPhone 12	21000					
9		A103	iPhone 13	25000					

8-6-7　使用陣列檢索資料

目前所有 VLOOKUP 函數使用時，第 2 個引數皆是商品表格的儲存格區間，其實部分資料也可以使用陣列方式檢索資料。

實例 ch8_19.xlsx 和 ch8_19_out.xlsx：美國大學計分等級方式是使用 A、B、C、F，轉換成分數意義如下：

A：4 分

B：3 分

C：2 分

F：0 分

這個實例是將等級轉換成分數。

1：　開啟 ch8_19.xlsx，將作用儲存格放在 C4。

2：　輸入 =VLOOKUP(C4,{"A",4;"B",3;"C",2;"F",0},2,FALSE)。

3：　拖曳 D4 填滿控點到 D8，可以得到分數的結果。

8-6-8 檢索商品分類

使用 VLOOKUP 函數也可以做資料類別的檢索，觀念是在賣場管理中，通常會將商品分類，然後再細分商品。在這個特色下可以使用 LEFT 函數取出商品的類別碼，細節可以參考下列實例。

實例 ch8_20.xlsx 和 ch8_20_out.xlsx：取出商品的類別碼，建立分類資料。

1： 開啟 ch8_20.xlsx，將作用儲存格放在 G4。

2： 輸入 =VLOOKUP(LEFT(E4,2),$B$4:$C$6,2,FALSE)。

3： 拖曳 G4 填滿控點到 G8，可以得到分類的結果。

8-6-9 檢索多個項目的應用

這是一個將商品類別碼與細項碼分開標註，然後使用 VLOOKUP 函數同時檢索的應用，這類的問題可以先將商品類別碼與細項碼組合，也可以稱字串的結合，然後再做檢索。

實例 ch8_21.xlsx 和 ch8_21_out.xlsx：組合商品的類別碼與細項碼，然後再做商品資料的檢索。

1：　開啟 ch8_21.xlsx，將作用儲存格放在 D4。

2：　輸入 =B4&C4，這是要將商品類別碼與細項碼組合。

3：　拖曳 D4 填滿控點到 D8，可以得到完整碼組合的結果。

4：　將作用儲存格放在 H3，輸入 sw。

5：　將作用儲存格放在 H4，輸入 102。

6：　將作用儲存格放在 H5，輸入 =VLOOKUP(H3&H4,D4:E8,2,FALSE)。

8-6-10　檢索最新的交易編號

在商場交易中，可能有的客戶有多次交易紀錄，這一節筆者將設計找出最新的交易日期的交易編號。

實例 ch8_22.xlsx 和 ch8_22_out.xlsx：檢索客戶陳思思最新交易日期的交易編號。

1： 開啟 ch8_22.xlsx，將作用儲存格放在 G3。

2： 輸入 陳思思，這是要查詢的客戶名稱。

3： 將作用儲存格放在 A4。

4： 輸入公式 =IF(B4=$G$3,D4,"")。

註　A4:A8 的儲存格格式是日期。

5： 拖曳 A4 填滿控點到 A8，可以得到陳思思的交易日期。

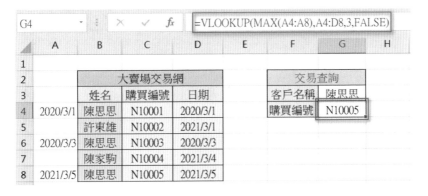

註　再度提醒，因為 VLOOKUP 函數只能檢索最左欄的資訊，所以必須在 A 欄位建立暫時的日期資訊，未來才可以將此欄位的最新日期當作第一個引數。

6： 將作用儲存格放在 G4。

7： 輸入公式 =VLOOKUP(MAX(A4:A8),A4:D8,3,FALSE)。

A4:A8 儲存格是暫時儲存的資料，不需要時可以自行刪除。

8-6-11　使用 VLOOKUP 由商品名稱檢索商品代碼

一般商品在建立的時候通常是將商品代碼建立在表格第一欄，由於 VLOOKUP 函數只能檢索表格的最左邊欄位，因此無法從商品直接檢索商品代碼。如果我們想要用商品檢索代碼，需要使用前一小節的觀念，在最左邊建立暫時欄位放置商品名稱。

實例 ch8_23.xlsx 和 ch8_23_out.xlsx：在郵局寄送價目表，使用品項檢索代碼。

1：　開啟 ch8_23.xlsx。

2：　將 C4:C6 複製到 A4:A6。

3：　將作用儲存格放在 G3。

4：　輸入 限時專送，這是要查詢的商品名稱。

5：　將作用儲存格放在 G4。

6：　輸入公式 =VLOOKUP(G3,A4:D6,2,FALSE)。

A4:A6 儲存格是暫時儲存的資料，不需要時可以自行刪除。

8-6-12　使用 VLOOKUP 時不顯示 #N/A 錯誤

使用 VLOOKUP 函數檢索商品時，如果檢索的儲存格沒有資料或是資料不符合會產生 #N/A 錯誤，筆者先舉例說明錯誤，然後舉例說明如何解決錯誤。

實例 ch8_24.xlsx 和 ch8_24_out.xlsx：在郵局寄送價目表，使用代碼檢索品項和價格，然後複製時產生 #N/A 錯誤。

1： 開啟 ch8_24.xlsx，查詢工作表內容如下：

2： 將作用儲存格移至 C4。

3： 輸入 =VLOOKUP(B4,郵局!$B$4:$D$6,2,FALSE)。

4：　將作用儲存格移至 D4。

5：　輸入 =VLOOKUP(B4,郵局!$B$4:$D$6,3,FALSE)。

D4		× ✓ fx	=VLOOKUP(B4,郵局!$B$4:$D$6,3,FALSE)				
	A	B	C	D	E	F	G	H
1								
2		估價單						
3		代碼	品項	價格				
4		A101	平信	10				
5		A102						
6								
7								
8			總計					
9								

郵局　查詢　⊕

6：　拖曳 C4 填滿控點到 C7，可以得到 C5 儲存格有預期的結果，但是 C6:C7 儲存格因為 B6:B7 沒有資料產生了 #N/A 錯誤。

C4		× ✓ fx	=VLOOKUP(B4,郵局!$B$4:$D$6,2,FALSE)				
	A	B	C	D	E	F	G	H
1								
2		估價單						
3		代碼	品項	價格				
4		A101	平信	10				
5		A102	限時專送					
6			#N/A					
7			#N/A					
8			總計					
9								

郵局　查詢　⊕

7：　拖曳 D4 填滿控點到 D7，可以得到 D5 儲存格有預期的結果，但是 D6:D7 儲存格因為 B6:B7 沒有資料產生了 #N/A 錯誤。

實例 ch8_25.xlsx 和 ch8_25_out.xlsx：改良前一個實例，然後複製時不再產生 #N/A 錯誤。

1： 開啟 ch8_25.xlsx，查詢工作表內容與 ch8_24.xlsx 內容相同。

2： 將作用儲存格移至 C4。

3： 輸入 =IF(B4="","",VLOOKUP(B4,郵局!$B$4:$D$6,2,FALSE))。

4： 將作用儲存格移至 D4。

5： 輸入 IF(B4="","",=VLOOKUP(B4,郵局!$B$4:$D$6,3,FALSE))。

6： 拖曳 C4 填滿控點到 C7，可以得到 C5 儲存格有預期的結果，但是 C6:C7 儲存格已經沒有 #N/A 錯誤了。

7： 拖曳 D4 填滿控點到 D7，可以得到 D5 儲存格有預期的結果，但是 D6:D7 儲存格已經沒有 #N/A 錯誤了。

其實上述實例的重點是下列公式：

C4 儲存格公式： =IF(B4="","",VLOOKUP(B4,郵局!$B$4:$D$6,2,FALSE))。

D4 儲存格公式： =IF(B4="","",VLOOKUP(B4,郵局!$B$4:$D$6,3,FALSE))。

我們也可以使用 IFERROR 函數代替上述函數。

C4 儲存格公式： =IFERROR(VLOOKUP(B4,郵局!$B$4:$D$6,2,FALSE),"")。

D4 儲存格公式： =IFERROR(VLOOKUP(B4,郵局!$B$4:$D$6,3,FALSE),"")。

實例 ch8_26.xlsx 和 ch8_26_out.xlsx：使用 IFERROR 函數取代前一個實例的 C4 和 D4 儲存格的公式，然後複製時不再產生 #N/A 錯誤。操作過程與 ch8_25.xlsx 相同，下列僅列出 C4 和 D4 儲存格的公式。

1： C4 儲存格公式如下：

2：　D4 儲存格公式如下：

| D4 | | ▼ | ⋮ | × | ✓ | *fx* | =IFERROR(VLOOKUP(B4,郵局!$B$4:$D$6,3,FALSE),"") |

	A	B	C	D	E	F	G	H	I
1									
2			估價單						
3		代碼	品項	價格					
4		A101	平信	10					
5		A102	限時專送	20					
6									
7									
8			總計						
9									

郵局　查詢　⊕

8-6-13　建立方塊名稱防止使用 VLOOKUP 時使用錯誤商品代碼

使用 VLOOKUP 函數檢索商品時，如果檢索的商品代碼資料不符合會產生 #N/A 錯誤，為了解決這類的錯誤，我們可以建立下拉式的選單代碼，使用者可以用選單方式選擇代碼。

實例 ch8_27.xlsx 和 ch8_27_out.xlsx：建立下拉式選單的代碼，首先我們必須為代碼區建立名稱方塊，此例是 Code，然後限制所輸入的檢索代碼只能是 Code 選項。

1：　開啟 ch8_27.xlsx。

2：　選取 B4:B7 儲存格。

3：　在名稱方塊輸入 Code。

Code		▼	⋮	×	✓	*fx*	A101	

	A	B	C	D	E	F	G
1							
2		郵局寄送價目表				價格檢索	
3		代碼	品項	價格		代碼	
4		A101	平信	10		價格	
5		A102	限時專送	20			
6		B101	掛號	30			

4： 將作用儲存格移至 G3。

5： 執行資料 / 資料工具 / 資料驗證。

6： 出現資料驗證對話方塊，選擇設定頁次，在儲存格內允許欄位選擇清單，在來源欄位輸入 =Code。

7： 按確定鈕。

	A	B	C	D	E	F	G
1							
2		郵局寄送價目表				價格檢索	
3		代碼	品項	價格		代碼	
4		A101	平信	10		價格	A101
5		A102	限時專送	20			A102
6		B101	掛號	30			B101

未來將作用儲存格放在 G3 時，可以在 G3 儲存格右邊可以看到 ▼ 鈕，由此鈕我們可以選擇代碼，這樣就不會有代碼輸入錯誤的問題了。

8-7 HLOOKUP 垂直檢索表格

語法英文：HLOOKUP(lookup_value, table_array, row_index_num, [range_lookup])

語法中文：HLOOKUP(搜尋值, 陣列區間, 列號, 搜尋類型)

❏ lookup_value：必要，表示要搜尋的值。

❏ table_array：必要，表示要尋找的資料範圍，也可以是陣列或範圍名稱。

❏ row_index_num：必要，這是 table_array 儲存格的列號。

❏ [range_lookup]：選用，這是邏輯值，如果是 TRUE 或省略則是搜尋大約相符的值，如果找不到相符的值，則是下一個小於 lookup_value 的值，如果是 FALSE 則需找回完全相同的值否則回傳 #N/A。

> **註** 讀者需特別留意，這個函數會在儲存格區間搜尋最上方列，無法搜尋第 2 或更多列的資訊。

　　VLOOKUP 函數是從表格最左邊欄位然後從上往下檢索，HLOOKUP 函數也是檢索函數與 VLOOKUP 函數本質相同但是方向不同，HLOOKUP 函數從表格最上邊列開始檢索。

實例 ch8_28.xlsx 和 ch8_28_out.xlsx：輸入地區，可以獲得主管的名字。

1： 開啟 ch8_28.xlsx，將作用儲存格放在 H2。

2： 輸入 北區。

3： 將作用儲存格放在 H3。

4： 輸入 =HLOOKUP(H2,B3:E8,2,FALSE)。

H3		:	×	✓	fx	=HLOOKUP(H2,B3:E8,2,FALSE)	
	A	B	C	D	E	F	G	H
1								
2		深智業績表					地區	北區
3		地區	北區	中區	南區		主管	陳雪薇
4		主管	陳雪薇	張雨昇	許棟樑			
5		第一季	89000	54000	76500			
6		第二季	98000	39000	49000			
7		第三季	77800	65000	58000			
8		第四季	65790	84200	62000			

8-8 XLOOKUP 新版檢索

語法英文：XLOOKUP(lookup_value, lookup_array, return_array, [if_not_found], [match mode], [search_mode])

語法中文：XLOOKUP(搜尋值, 陣列區間, 回傳陣列區間, [找不到],[相符類型],[搜尋模式])

❑ lookup_value：必要，表示要搜尋的值。

❑ table_array：必要，表示要尋找的資料範圍，也可以是陣列或範圍名稱。

❑ return_array：必要，要返回的陣列或範圍。

❑ [If_not_found]：選用，如果找不到，提供返回的文字。

❑ [match_mode]：選用，指定相符類型，可以有下列選項。

 0：預設，如果找不到回傳 #N/A。

 -1：如果找不到回傳下一個較小值。

 1：如果找不到回傳下一個較大值。

❑ [search_mode]：選用，設定搜尋模式，可以有下列選項。

 1：預設，從第一個值開始搜尋。

 -1：從最後一個值開始搜尋。

 2：執行遞增 lookup_array 的二進位搜尋，如果未排序將回傳不正確的結果。

 -2：執行遞減 lookup_array 的二進位搜尋，如果未排序將回傳不正確的結果。

8-8-1 基本國碼搜尋

實例 ch8_29.xlsx 和 ch8_29_out.xlsx：輸入國家，可以獲得該國家的電話國碼。

1： 開啟 ch8_29.xlsx，將作用儲存格放在 G2。

2： 輸入 印度。

3： 將作用儲存格放在 G3。

4： 輸入 =XLOOKUP(G2,B4:B6,D4:D6)。

8-8-2　搜尋與回傳多筆數值

實例 ch8_30.xlsx 和 ch8_30_out.xlsx：輸入員工編號，可以獲得該員工的姓名與部門。

1：　開啟 ch8_30.xlsx，將作用儲存格放在 B3。

2：　輸入 10005。

3：　將作用儲存格放在 C3。

4：　輸入 =XLOOKUP(B3,B6:B8,C6:D8)。

　　上述輸入了一個公式，C3 儲存格獲得了指定員工姓名，D3 儲存格獲得了員工部門別。

8-8-3 搜尋值錯誤的處理使用 if_not_found

實例 ch8_31.xlsx 和 ch8_31_out.xlsx：輸入員工編號，如果員工編號不存在，列出查無此員工編號。

1： 開啟 ch8_31.xlsx，將作用儲存格放在 B3。

2： 輸入 10008。

3： 將作用儲存格放在 C3。

4： 輸入 =XLOOKUP(B3,B6:B8,C6:D8,"查無此員工編號")。

8-8-4 計算個人所得稅稅率

實例 ch8_32.xlsx 和 ch8_32_out.xlsx：輸入淨收入，這個實例會計算稅率，如果找不到相符的淨收入則回傳下一個較大的稅率。

1： 開啟 ch8_32.xlsx，將作用儲存格放在 F2。

2： 輸入 990000。

3： 將作用儲存格放在 F3。

4： 輸入 =XLOOKUP(F2,C3:C6,B3:B6,0,1,1)。

使用 VLOOKUP 檢索只能從表格最左欄往右檢索，但是使用最新版的 XLOOKUP 已經可以從任意欄檢索。

8-8-5　巢狀 XLOOKUP 函數檢索

實例 ch8_33.xlsx 和 ch8_33_out.xlsx：輸入季度，這個實例會回傳總毛利，然後可以將此公式複製到毛利率與淨利。

1：　開啟 ch8_33.xlsx，將作用儲存格放在 B3。

2：　輸入第二季。

3：　將作用儲存格放在 C3。

4：　輸入 =XLOOKUP(C2,$B$6:$B$11,XLOOKUP($B$3,$C$5:$F$5,$C$6:$F$11))。

5 ： 拖曳 C3 填滿控點到 E3，可以得到毛利率與淨利，然後須將 D4 儲存格格式改為百分比格式。

| D3 | ▾ | : | × | ✓ | fx | =XLOOKUP(D2,$B$6:$B$11,XLOOKUP($B$3,$C$5:$F$5,$C$6:$F$11)) |

	A	B	C	D	E	F	G	H	I	J	K
1											
2		季度	總毛利	毛利率	淨利						
3		第二季	47000	53%	26000						
4											
5		項目	第一季	第二季	第三季	第四季					
6		銷售總額	98000	88000	96000	90000					
7		銷售成本	43000	41000	42000	45000					
8		毛利率	56%	53%	56%	50%					
9		總毛利	55000	47000	54000	45000					
10		營業開銷	22000	21000	21500	23000					
11		淨利	33000	26000	32500	22000					

8-8-6　使用 XLOOKUP 函數檢索加總區間總和

實例 ch8_34.xlsx 和 ch8_34_out.xlsx：輸入開始季度與結束季度，這個實例會回傳兩個季度間的總業績。

1 ： 開啟 ch8_34.xlsx，將作用儲存格放在 I2。

2 ： 輸入第二季。

3 ： 將作用儲存格放在 I3。

4 ： 輸入第三季。

5 ： 將作用儲存格放在 I4。

6 ： 輸入 =SUM(XLOOKUP(I2,B5:B8,F5:F8),XLOOKUP(I3,B5:B8,F5:F8))。

| I4 | ▼ | ⋮ | × | ✓ | fx | =SUM(XLOOKUP(I2,B5:B8,F5:F8),XLOOKUP(I3,B5:B8,F5:F8)) |

	A	B	C	D	E	F	G	H	I	J
1										
2				深智業績表				開始	第二季	
3		地區	北區	中區	南區			結束	第三季	
4		主管	陳雪薇	張雨昇	許棟樑	總業績		總業績	386800	
5		第一季	89000	54000	76500	219500				
6		第二季	98000	39000	49000	186000				
7		第三季	77800	65000	58000	200800				
8		第四季	65790	84200	62000	211990				

8-9 OFFSET 搜尋基準儲存格位移的資料

語法英文：OFFSET(reference, rows, cols, [height], [width])

語法中文：OFFSET(參照, 列數, 欄數, [高度], [寬度])

❏ reference：必要，位移參照的起點。

❏ rows：必要，位移的列數。

❏ cols：必要，位移的欄數。

❏ [height]：選用，回傳列數的高度，須是正值。

❏ [width]：選用，回傳欄數的寬度，須是正值。

　　可以根據參考表格的起點，然後依據 rows 和 cols，回傳指定的儲存格，所回傳的儲存格可以是多列與多欄。

8-9-1　OFFSET 檢索的基礎應用

實例 ch8_35.xlsx 和 ch8_35_out.xlsx：輸入列數與欄數，這個實例會回傳檢索的業績。

1：　開啟 ch8_35.xlsx。

2：　將作用儲存格放在 I2，輸入 2。

3：　將作用儲存格放在 I3，輸入 3。

4：　將作用儲存格放在 I4，輸入 =OFFSET(B3,I2,I3)。

8-9-2　OFFSET 檢索的回傳儲存格區間

實例 ch8_36.xlsx 和 ch8_36_out.xlsx：輸入 列數 與 欄數 ，這個實例會回傳檢索的 業績 。

1：　開啟 ch8_36.xlsx。

2：　將作用儲存格放在 C2，輸入 2。

3：　選取 B4:F4 儲存格區間，這是未來要放置檢索結果。

4：　在選取區間輸入 =OFFSET(B7,C2,0,1,5)，然後同時按 Ctrl+Shift+Enter 鍵。

8-9-3　OFFSET 新增資料自動出現在定義名稱

　　在使用 XLOOKUP/VLOOKUP/HLOOKUP 時，有時候是可以參照儲存格名稱，但是如果我們想要新增資料或刪減資料，這個儲存格名稱就需要重新定義，但是我們可以使用 OFFSET 搭配 COUNTA 函數定義可以擴充或刪減內容的儲存格名稱。

實例 ch8_37.xlsx 和 ch8_37_out.xlsx：設計可以擴充內容的儲存格名稱。

1： 開啟 ch8_37.xlsx。

2： 執行公式 / 已定義名稱 / 定義名稱 / 定義名稱。

3： 出現新名稱對話方塊，在名稱欄位輸入 apple，參照到欄位輸入下列公式：

=OFFSET($B$4,0,0,COUNTA($B:$B)-3,3)

上述第 4 個引數 COUNTA($B:$B)-3，因為 B4 是基準儲存格，B 欄位資料從第 4 列開始，所以必須減去 3，第 5 個引數 3 是因為要參照的有 3 欄。

4： 按確定鈕，未來 B4:B6 儲存格內容或是未來新增的內容皆可以使用 apple 來做參照。

實例 ch8_38.xlsx 和 ch8_38_out.xlsx：前一個實例擴充商品內容的測試，原始 ch8_38. xlsx 是前一個實例的執行結果，筆者在 F3 和 F5 增加商品檢索如下所示：

	A	B	C	D	E	F	G
1							
2			商品名稱				
3		產品代碼	品名	售價		商品檢索1	
4		ip-101	iPhone	18000			
5		ip-102	iWatch	12000		商品檢索2	
6		ip-103	iPad	13500			
7							
8							
9							

1：　開啟 ch8_38.xlsx，將作用儲存格移至 G3

2：　輸入公式 =VLOOKUP("ip-102",apple,2)。

G3　＝VLOOKUP("ip-102",apple,2)

	A	B	C	D	E	F	G
1							
2			商品名稱				
3		產品代碼	品名	售價		商品檢索1	iWatch
4		ip-101	iPhone	18000			
5		ip-102	iWatch	12000		商品檢索2	
6		ip-103	iPad	13500			
7							
8							
9							

3：　筆者先將儲存格放在 B6，按 Enter 鍵，因為輸入新增資料時必須由上往下不間斷
　　輸入，在第 7 列新增加商品 ip-201，輸入完成後按 Enter 鍵，在第 8 列新增加商
　　品 ip-202。當輸入完成後再輸入其他資料 Mac Air、39000、Mac NB、45000。

4： 將作用儲存格移至 G5。

5： 輸入公式 =VLOOKUP("ip-201",apple,2)。

8-9-4　OFFSET 新增資料自動出現在清單中

在商品建置過程中，可能考慮未來商品需求增加，所以我們可以將預留商品項目空間，未來新增資料時，新的資料可以自動出現在清單中。

實例 ch8_39.xlsx 和 ch8_39_out.xlsx：新增資料自動出現在清單中。

1： 開啟 ch8_39.xlsx。

2： 選取 C4:C8 儲存格區間。

3： 執行資料 / 資料工具 / 資料驗證。

4： 出現資料驗證對話方塊，選擇設定頁次，在儲存格內允許欄位選擇清單，在來源欄位輸入下列公式：

=OFFSET($F$3,0,0,COUNTA($F$3:$F:$8),1)

原資料只有 $F$3:$F$5，公式設定到 $F$8，主要是預留未來的產品空間。

5：　現在點選 C4 儲存格右邊的 ▼ 可以看到原先 3 個商品選項，

6：　在 F6 儲存格增加新商品 Mac Air，可以看到 Mac Air 也將出現在商品欄位。

8-10　INDIRECT 使用表格的欄與列標題檢索資料

語法英文：INDIRECT(ref_text, [a1])

語法中文：INDIRECT(文字串參照, [參照型式])

❑ ref_text：必要，單一的儲存格文字串參照，可以有 A1、R1C1、參照名稱等。

❑ [a1]：選用，如果是省略或 TRUE，ref_text 會被解釋為 A1 參照。如果是 FALSE，ref_text 會被解釋為 R1C1 參照。

　　這個函數會依照第一個引數的內容 (ref_text) 列出參照結果。

8-10-1 INDIRECT 基礎參照列出商品

實例 ch8_40.xlsx 和 ch8_40_out.xlsx：依據儲存格參照列出產品。

1： 開啟 ch8_40.xlsx。

2： 將作用儲存格放在 E4，輸入 =INDIRECT(E2)。

8-10-2 使用 INDIRECT 檢索庫存表

在 ch8_10.xlsx 筆者使用了 INDEX 和 MATCH 函數從欄標題與列標題檢索想要查詢的 iPhone 庫存資料，這一節筆者將使用參照運算子的觀念，使用下列觀念查詢庫存：

= 列標題 欄標題

上述列標題與欄標題產生所使用的函數是 INDIRECT，上述會將兩個儲存格區間重疊的部分回傳，下列將以查詢 iPhone 庫存做實例。

實例 ch8_41.xlsx 和 ch8_41_out.xlsx：依據 iPhone 型號與顏色查詢庫存，所查詢的是 iPhone 12 銀白色的庫存。

1： 開啟 ch8_41.xlsx。

2： 選取包含欄標題與列標題的 B3:E6 儲存格區間。

3： 執行公式 / 已定義之名稱 / 從選取範圍定義。

4: 出現以選取範圍建立名稱對話方塊，請設定頂端列和最左欄。

5: 按確定鈕。

6: 現在欄名與列名已經建立完成，例如：選取 C5:E5，名稱方塊顯示 iPhone_12，Excel 會自動為 iPhone 和 12 之間的空白加上底線，其他觀念相同。

7： 例如：選取 D4:D6，名稱方塊**顯示**寶藍色。

8： 在 H2 儲存格輸入 iPhone_12。

9： 在 H3 儲存格輸入銀白色。

10：在H4儲存格輸入 =INDIRECT(H2) INDIRECT(H3)。

從上述我們可以得到庫存是 2。

8-10-3 　使用 INDIRECT 參照不同工作表的分店業績

使用 Excel 參照不同工作表的儲存格可以使用下列公式：

= 工作表名稱！儲存格

但是若是要參照許多儲存格時，每一次皆要輸入上述公式，會有一點麻煩，這時就是使用 INDIRECT 函數的好時機，我們可以將不同工作表放在查詢的儲存格內，然後使用複製方式處理，可以讓工作變得簡單。

實例 ch8_42.xlsx 和 ch8_42_out.xlsx：建立 8-12 公司業績查詢工作表，在 ch8_42.xlsx 檔案內有 4 個工作表，在總公司工作表建立可以查詢各分店業績。

1：　開啟 ch8_42.xlsx，下列是總公司、忠孝店、新生店、忠誠店工作表內容。

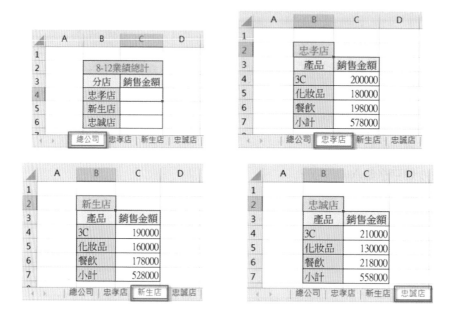

2：　將作用儲存格移到總公司工作表的 C4 儲存格。

3：　輸入公式 =INDIRECT(B4&"!C7")。

4：　拖曳 C4 儲存格的填滿控點到 C6。

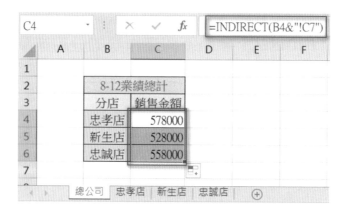

從上述可以得到成功了使用 INDIRECT 函數，很方便地取得其他工作表 (分店) 的內容了。

8-10-4　使用 INDIRECT 參照不同工作表的分店業績細項

使用 Excel 參照不同工作表的儲存格可以使用下列公式：

=工作表名稱!儲存格

但是若是要參照許多儲存格時，每一次皆要輸入上述公式，會有一點麻煩，這時就是使用 INDIRECT 函數的好時機，我們可以將不同工作表放在查詢的儲存格內，然後使用複製方式處理，可以讓工作變得簡單。

實例 ch8_43.xlsx 和 ch8_43_out.xlsx：建立 8-12 公司業績查詢工作表，在 ch8_43.xlsx 檔案內有 4 個工作表，在總公司工作表可以查詢各分店業績細項。

1： 開啟 ch8_43.xlsx，下列是總公司、忠孝店、新生店、忠誠店工作表內容。

2： 在總公司工作表的 C3 儲存格輸入忠孝店。

3： 將作用儲存格移到在總公司工作表的 C7 儲存格。

4：　輸入公式 =INDIRECT(ADDRESS(ROW(C4),COLUMN(C4),,,$C$3))。

因為 C3 儲存格的內容是忠孝店，所以上述公式相當於產生下列字串：

=INDIRECT(忠孝店!C4)

但是我們不能直接輸入上述公式，因為會造成未來無法複製到其他儲存格，所以使用 ADDRESS、ROW、COLUMN 函數建立上述忠孝店 !C4，當作 INDIRECT 函數的引數，未來則可以複製。

	A	B	C	D	E	F	G	H	I	J
1										
2		總公司銷售查詢								
3		分店	忠孝店							
4										
5		8-12業績總計								
6		產品	銷售金額	目標						
7		3C	200000							
8		化妝品								
9		餐飲								

總公司　忠孝店　新生店　忠誠店

5：　將 C7 儲存格複製到 C7:D9，可以得到下列結果。

	A	B	C	D	E	F	G	H	I	J
1										
2		總公司銷售查詢								
3		分店	忠孝店							
4										
5		8-12業績總計								
6		產品	銷售金額	目標						
7		3C	200000	210000						
8		化妝品	180000	190000						
9		餐飲	198000	200000						

總公司　忠孝店　新生店　忠誠店

8-10-5 使用 INDIRECT 顯示指定分類資料

這一節的實例會依據區域欄位的輸入,在單位欄位的清單內容可以自動切換,方便輸入。

實例 ch8_44.xlsx 和 ch8_44_out.xlsx:在區域欄位輸入國內後,單位欄位會自動出現業務、財務、管理清單內容。在區域欄位輸入國外後,單位欄位會自動出現業務、行銷清單內容。

1: 開啟 ch8_44.xlsx。

2: 欲設計這類的應用,首先須為 F4:F6 建立為範圍名稱國內,請選取 F3:F6 儲存格區間。

3: 執行公式 / 已定義名稱 / 從選取範圍建立,出現以選取範圍建立名稱對話方塊,請選擇頂端列。

4: 按確定鈕,未來 F4:F6 儲存格區間的名稱就是國內。

5: 接著須為 G4:G5 建立為範圍名稱國外,請選取 G3:G5 儲存格區間。

6: 執行公式 / 已定義名稱 / 從選取範圍建立,出現以選取範圍建立名稱對話方塊,請選擇頂端列。

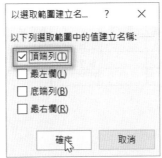

7：　按確定鈕，未來 G4:G5 儲存格區間的名稱就是國外。

8：　下一步是將單位欄位的 D4:D7 儲存格區間與區域欄位的 C4 儲存格綁定。請選取單位欄的 D4:D7 儲存格區間。

9：　請執行資料 / 資料工具 / 資料驗證。出現資料驗證對話方塊，請選擇設定頁次，在儲存格內允許欄位選擇清單，在來源欄位輸入下列公式。

=INDIRECT(C4)

10：請按確定鈕。

11：未來按一下 D4 儲存格右邊的 ▾ 鈕，就可以看到業務、財務、管理。

8-11　SHEET 和 SHEETS

8-11-1　SHEET 回傳工作表數字號碼

語法英文：SHEET([value])

語法中文：SHEET([值])

❑ [value]：選用，可以有下列選項。

　　省略：回傳目前工作表號碼。

　　工作表名稱：搭配 T 函數可以回傳工作表名稱的數字號碼。

　　在 Excel 中第 1 個工作表回傳 1，第 2 個工作表回傳 2，其他依此類推。

實例 ch8_45.xlsx：有 5 個工作表，回傳第 1 個和最後 1 個工作表的數字號碼。

1：　開啟 ch8_45.xlsx。

2：　進入 8-12 公司表工作表，將作用儲存格放在 C1。

3：　輸入 =SHEET( )，按 Enter 鍵可以得到 1，因為這個工作表是第 1 個工作表。

4：　進入高雄店工作表，將作用儲存格放在 C1。

5：　輸入 =SHEET( )，按 Enter 鍵可以得到 5，因為這個工作表是第 5 個工作表。

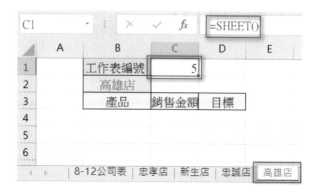

8-11-2　T 函數

語法英文：T([value])

語法中文：T([值])

❏ value：必要。

引數 value 是要檢定的值，可以將參數轉成字串。

實例 ch8_46.xlsx：有 5 個工作表，列出各分店的工作表編號。

1： 開啟 ch8_46.xlsx。

2： 進入 8-12 公司表工作表，將作用儲存格放在 C4。

3： 輸入 =SHEET(T(B4))，這相當於是 =SHEET(" 高雄店 ")。

4： 拖曳 C4 儲存格的填滿控點到 C7，就可以得到全部的編號。

8-11-3 SHEETS 回傳參照的工作表數目

語法英文：SHEETS([reference])

語法中文：SHEETS([參照])

❑ [reference]：選用，可以有下列選項。

省略：回傳目前活頁簿工作表數量。

參照名稱：參照的工作表數量，假設參照 ABC 工作表數，則包含工作表 2 和的工作表 3(2)。

實例 ch8_47.xlsx：列出 8-12 公司的分店工作表數，注意：不包含 8-12 公司工作表。

1： 開啟 ch8_47.xlsx。

2： 進入 8-12 公司表工作表，將作用儲存格放在 E3。

3： 輸入 =SHEETS()-1。

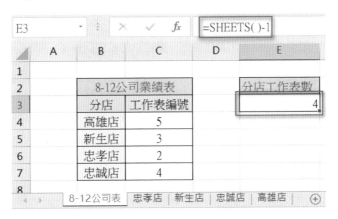

可以得到分店工作表數是 4。

8-12 CELL 和 GET.CELL

8-12-1 CELL

8-12-1-1 基礎觀念實作

語法英文：CELL(info_type, [reference])

語法中文：CELL(資訊類型, [參照])

❑ info_type：必要，這是指定回傳的資訊類型。

❑ [reference]：選用，這是指定所要回傳的儲存格，如果省略 info_type 會回傳所選取的儲存格。

下列是 info_type 的值，這些值必須用引號 (") 框住，當作 CELL 的引數。

info_type	回傳說明
"address"	以字串回傳第 1 個儲存格的位址參照
"col"	參照儲存格的欄號
"color"	如果儲存格會因為負值而改變色彩格式則回傳 1，否則回傳 0
"contents"	參照儲存格左上角的值
"filename"	以字串表示所參照檔案的檔名，如果尚未存檔則回傳空字串
"format"	儲存格格式的字串，可以參考下列表 A
"parentheses"	如果儲存格格式設定將正值或全部值放在一組括號中則回傳 1，否則回傳 0
"prefix"	可以參考下列表 B
"protect"	如果儲存格未被鎖定保護則回傳 0，如果有鎖定保護則回傳 1
"row"	參照儲存格的列號
"type"	可以參考下列表 C
"width"	回傳欄寬，單位是預設字型的一個字元寬度

表 A：當 info_type 是 format，且 reference 設定是內建數值格式的儲存格，所回傳的文字。

格式	回傳值	格式	回傳值
通用格式	"G"	0.00E+--	"S2"
0	"F0"	#?/? 或 ??/??	"G"
#,##0	",0"	m/d/yy 或 mm/dd/yy	"D4"
0.00	"F2"	dd-mmm-yy	"D1"
#,##0.00	",2"	d-mmm 或 dd-mmm	"D2"
$#,##0_);($#,##0)	"C0"	mmm-yy	"D3"
$#,##0_);[Red]($#,##0)	"C0-"	mm/dd	"D5"
$#,##0.00_);($#,##0.00)	"C2"	h:mm AM/PM	"D7"
$#,##0.00_);[Red]($#,##0.00)	"C2-"	h:mm:ss AM/PM	"D6"
0%	"P0"	h:mm	"D9"
0.00%	"P2"	h:mm:ss	"D8"

表 B：當 info_type 是 prefix 時所回傳的文字的說明。

儲存格文字串	回傳值
靠左對齊	單引號 (')
靠右對齊	雙引號 (")
置中對齊	插入符號 (^)
填滿對齊	反斜線 (\)
其他資料	空字串 ("")

表 C：當 info_type 是 type 時，回傳值的說明。

儲存格的字串	回傳值
空白	"b" 代表 blank
文字串	"l" 代表 label
其他資料	"v" 代表 value

實例 ch8_48.xlsx：CELL 函數的基本應用。

1： 開啟 ch8_48.xlsx，將作用儲存格移至 C3。

2： 輸入公式 =CELL("address",B3)。

3： 在 C4 輸入公式 =CELL("col",B4)。

4： 在 C5 輸入公式 =CELL("row",B5)。

5：　在 C6 輸入公式 =CELL("filename",B6)。

C6		⋮ × ✓ *fx*	=CELL("filename",B6)

	A	B	C
1			
2			CELL函數
3		深智	$B$3
4		數位	2
5		股份	5
6		公司	D:\Excel函數庫\ch8\[ch8_48_out.xlsx]工作表1

實例 ch8_49.xlsx：查詢儲存格的格式代碼。

1：　開啟 ch8_49.xlsx，將作用儲存格移至 C4。

2：　輸入公式 =CELL("format",B4)。

3：　拖曳 C4 儲存格的填滿控點到 C8。

C4		⋮ × ✓ *fx*	=CELL("format",B4)		

	A	B	C	D	E
1					
2		Cell函數與format引數			
3		資料	回傳代碼		
4		12345	G		
5		21%	P0		
6		2022/5/5	D1		
7		22:00	D9		

8-12-1-2　建立半自動化的編輯列色彩

實例 ch8_50.xlsx：在 B4:D6 儲存格區間，建立半自動化的編輯列色彩，當滑鼠游標在此區間上下移動後，再按 F9 鍵，可以橫向顯示所建立的背景淺黃色色彩。

1：　開啟 ch8_50.xlsx。

2：　選取 B4:D6 儲存格區間。

3：　執行常用 / 樣式 / 條件式格式設定 / 新增規則。

4：　出現新增格式規則對話方塊，在選取規則類型欄位選擇使用公式來決定要格式化哪些儲存格，在格式化在此公式為 True 的值欄位，輸入下列公式：

=CELL("row")=ROW(B4)。

5：　按格式鈕，出現設定儲存格格式對話方塊，選填滿頁次，選淺黃色。

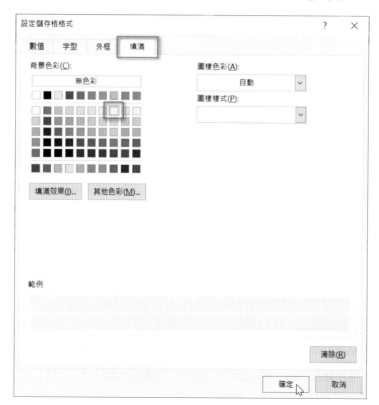

6: 按確定鈕，可以返回新增格式化規則對話方塊。

7: 按確定鈕，可以得到 B4:D4 有含淺黃色背景，當將作用儲存格移至 B5，再按 F9 鍵可以得到 B5:D5 有淺黃色背景。

	A	B	C	D	E
1					
2		資訊廣場			
3		商品編號	品項	細項編號	
4		ip-2021-01	iPhone	2021-01	
5		iw-2021-03	iWatch	2021-03	
6		an-2022-01	Acer NB	2022-01	

8-12-2　GET.CELL

語法英文：GET.CELL(info_type, [reference])

語法中文：GET.CELL(資訊類型, [參照])

❑ info_type：必要，這是指定回傳的資訊類型，其中 48 是查詢儲存格是否包含公式，63 是儲存格的填滿色彩，64 是前景色彩。

❑ [reference]：選用，這是指定所要回傳的儲存格，如果省略 info_type 會回傳所選取的儲存格。

這個函數可以依據第 1 個引數的資訊類型，回傳指定的資訊。

8-12-2-1　加總淺黃色背景的業績

實例 ch8_51.xlsx 和 ch8_51_out.xlsm：加總淺黃色背景的業績。

1：　開啟 ch8_51.xlsx，將作用儲存格放在 D4。

2：　執行公式 / 已定義名稱 / 定義名稱 / 定義名稱。

3：　出現新名稱對話方塊，在名稱欄位輸入 color，參照到欄位輸入下列公式：

=GET.CELL(63,C4)

上述公式相當於讀取 C4 儲存格的背景顏色。

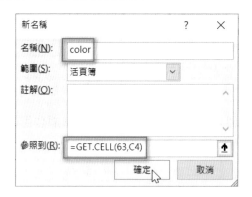

4：　按確定鈕。

5：　在 D4 儲存格輸入 =color。

6：　拖曳 D4 儲存格的填滿控點到 D8。

從上面可以看到，使用 GET.CELL 函數後，淺黃色底的回傳值是 19，我們可以利用這個特性執行業績加總。

7： 將作用儲存格移至 F3，輸入下列公式。

=SUMIF(D4:D8,19,C4:C8)

F3				×	✓	fx	=SUMIF(D4:D8,19,C4:C8)
	A	B	C	D	E	F	
1							
2		分店業績表				業績加總	
3		店名	業績			274000	
4		忠誠店	88000	0			
5		忠孝店	98000	19			
6		仁愛店	72000	0			
7		信義店	86000	19			
8		中山店	90000	19			

8-12-2-2 以淺灰色填滿含有公式的儲存格

實例 ch8_52.xlsx 和 ch8_52_out.xlsm：將含有公式的儲存格以淺灰色填滿。

1： 開啟 ch8_52.xlsx，將作用儲存格放在 A1。

2： 執行公式 / 已定義名稱 / 定義名稱 / 定義名稱。

3： 出現新名稱對話方塊，在名稱欄位輸入 equation，參照到欄位輸入下列公式：

=GET.CELL(48,A1)

上述公式引數是 48，相當於查詢儲存格是否有公式。

4： 選取 B4:F9 儲存格區間。

5： 執行常用 / 樣式 / 條件式格式設定 / 新增規則。

6： 出現新增格式規則對話方塊，在選取規則類型欄位選擇使用公式來決定要格式化哪些儲存格，在格式化在此公式為 True 的值欄位，輸入下列公式：

=equation

7： 按格式鈕，出現設定儲存格格式對話方塊，選填滿頁次，選淺灰色。

8： 按確定鈕，可以返回新增格式化規則對話方塊。

9：　按確定鈕。

10：取消選取 B4:F4，可以得到有含公式的儲存格背景以淺灰色顯示。

	A	B	C	D	E	F
1						
2			天母水果行			
3		品項	單價	數量	折扣	售價
4		香蕉	18	6	0.8	86.4
5		蘋果	45	3	0.7	94.5
6		柿子	12	5	0.9	54
7			小計			234.9
8			稅金			4.32
9			總價			239

註 這個執行結果儲存時，檔案類型是 Microsoft Excel 啟用巨集的工作表 (.xlsm)。

8-13 FORMULATEXT 取得儲存格參照公式

語法英文：FORMULATEXT(reference)

語法中文：FORMULATEXT (參照)

❑ reference：必要，參照的儲存格。

可以取得儲存格的參照公式。

實例 ch8_53.xlsx 和 ch8_53_out.xlsx：使用 FORMULATEXT 列出儲存格的公式內容。。

1：　開啟 ch8_53.xlsx，將作用儲存格放在 E4。

2：　輸入公式 =FORMULATEXT(D4)。

3：　拖曳 E4 的填滿控點到 E7，在 E 欄位可以得到 D 欄的公式。

E4		× ✓ fx	=FORMULATEXT(D4)		
	A	B	C	D	E	F
1						
2			大家門市累積銷售			
3		銷售日期	金額	累積金額		
4		2022/1/1	18000	18000	=C4	
5		2022/1/2	17800	35800	=C5+D4	
6		2022/1/3	16800	52600	=C6+D5	
7		2022/1/4	19000	71600	=C7+D6	

8-14 綜合應用

8-14-1 計算業績人數

實例 ch8_54.xlsx 和 ch8_54_out.xlsx：計算業績人數。

1：　開啟 ch8_54.xlsx。

2：　首先是在 E 欄建立有業績經紀人，連續編號的人次，將作用儲存格放在 E4。

3：　輸入公式 =IF(COUNTIF($C$4:C4,C4)=1,ROW(A1),"")。

當上述往下拖曳時， ROW(A1) 的引數會從 1 開始 2, 3, … 增加。

E4	▼	⋮	×	✓	*fx*	=IF(COUNTIF($C$4:C4,C4)=1,ROW(A1),"")	
	A	B	C	D	E	F	G	H
1								
2		保險經紀人業績表				業績人數		
3		日期	姓名	業績				
4		2022/5/1	張家生	50000	1			
5		2022/5/1	陳與榮	120000				
6		2022/5/3	張家生	220000				
7		2022/5/9	林超天	8000				
8		2022/5/9	林俊義	120000				
9		2022/5/11	林超天	60000				
10		2022/5/12	陳俊榮	88000				

3：　拖曳 E4 的填滿控點到 E10，在 E 欄位可以得到所有沒有重複的編號。

E4				f_x	=IF(COUNTIF($C$4:C4,C4)=1,ROW(A1),"")		

	A	B	C	D	E	F	G	H
1								
2		保險經紀人業績表				業績人數		
3		日期	姓名	業績				
4		2022/5/1	張家生	50000	1			
5		2022/5/1	陳與榮	120000	2			
6		2022/5/3	張家生	220000				
7		2022/5/9	林超天	8000	4			
8		2022/5/9	林俊義	120000	5			
9		2022/5/11	林超天	60000				
10		2022/5/12	陳俊榮	88000	7			

4： 將作用儲存格放在 F3。

5： 輸入 =COUNT(E4:E10)。

F3				f_x	=COUNT(E4:E10)

	A	B	C	D	E	F
1						
2		保險經紀人業績表				業績人數
3		日期	姓名	業績		5
4		2022/5/1	張家生	50000	1	
5		2022/5/1	陳與榮	120000	2	
6		2022/5/3	張家生	220000		
7		2022/5/9	林超天	8000	4	
8		2022/5/9	林俊義	120000	5	
9		2022/5/11	林超天	60000		
10		2022/5/12	陳俊榮	88000	7	

從上述可以得到業績是來自 5 個人。

8-14-2 列出有業績保險經紀人的姓名

實例 ch8_55.xlsx 和 ch8_55_out.xlsx：擴充前一個實例，列出有業績保險經紀人的姓名。

1： 開啟 ch8_55.xlsx，將作用儲存格放在 G3。

2： 輸入下列公式。

=IF(ROW(A1)<=$F$3,INDEX($C$4:$C$10,SMALL($E$4:$E$10,ROW(A1))),"")

上述公式的 IF 函數第 1 個引數是處理業績人數，所以當 ROW(A1) 大於 $F$3 儲存格的 5 時，就回應空字串。IF 函數的第 2 個引數是 INDEX 函數，這個是回應有業績的業務員名字，INDEX 函數的第 1 個引數是欄位，第 2 個引數是列數，SMALL 函數第 2 個引數是 ROW(A1)，當 ROW(A1) 是 1 時會從 $E$4:$E$10 區間取出最小的資料，此例是張家生。當向下複製後變成 ROW(A2)，這是取出第 2 小的資料。

=IF(ROW(A1)<=$F$3,INDEX($C$4:$C$10,SMALL($E$4:$E$10,ROW(A1))),"")

條件範圍　　　　　姓名資料區間　　　　　索引的列
檢查是否是有業績的人數　　　　　　　　可以分別取出最小1開始的列

3： 拖曳 G3 的填滿控點到 G10，在 G 欄位可以得到所有業績人員的姓名。

G3					fx	=IF(ROW(A1)<=$F$3,INDEX($C$4:$C$10,SMALL($E$4:$E$10,ROW(A1))),"")				
	A	B	C	D	E	F	G	H	I	J	K
1											
2		保險經紀人業績表				業績人數	業績人員				
3		日期	姓名	業績		5	張家生				
4		2022/5/1	張家生	50000	1		陳與榮				
5		2022/5/1	陳與榮	120000	2		林超天				
6		2022/5/3	張家生	220000			林俊義				
7		2022/5/9	林超天	8000	4		陳俊榮				
8		2022/5/9	林俊義	120000	5						
9		2022/5/11	林超天	60000							
10		2022/5/12	陳俊榮	88000	7						

8-14-3　列出有業績保險經紀人的業績加總

實例 ch8_56.xlsx 和 ch8_56_out.xlsx：擴充前一個實例，列出有業績保險經紀人的業績加總。

1：　開啟 ch8_56.xlsx，將作用儲存格放在 H3。

2：　輸入下列公式 =SUMIF($C$4:$C$10,G3,$D$4:$D$10)。

3：　拖曳 H3 的填滿控點到 H7，在 H 欄位可以得到有業績人員的業績加總。

H3		×	✓	fx	=SUMIF($C$4:$C$10,G3,$D$4:$D$10)			
	A	B	C	D	E	F	G	H
1								
2		保險經紀人業績表				業績人數	業績人員	業績加總
3		日期	姓名	業績		5	張家生	270000
4		2022/5/1	張家生	50000	1		陳與榮	120000
5		2022/5/1	陳與榮	120000	2		林超天	68000
6		2022/5/3	張家生	220000			林俊義	120000
7		2022/5/9	林超天	8000	4		陳俊榮	88000
8		2022/5/9	林俊義	120000	5			
9		2022/5/11	林超天	60000				
10		2022/5/12	陳俊榮	88000	7			

8-14-4　將員工姓名的序列反向列出

實例 ch8_57.xlsx 和 ch8_57_out.xlsx：將員工姓名的序列反向列出。

1：　開啟 ch8_57.xlsx，將作用儲存格放在 D3。

2：　輸入下列公式：

　　=INDIRECT(ADDRESS(ROW($B$7)-ROW(A1)+1,COLUMN($B$7)))

　　上述公式 ADDRESS 函數的第 1 個引數，主要是回傳列訊息以及往下複製時每次減 1 的效果。

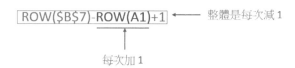

3： 拖曳 D3 的填滿控點到 D7，在 D 欄位可以得到人員姓名反向列出。

8-14-5 查詢是否是有效的儲存格參照

實例 ch8_58.xlsx 和 ch8_58_out.xlsx：查詢 B4:B8 內容是否是有效的儲存格參照，其中筆者有為商品表建立一個範圍名稱，工作表內沒有為商品清單建立範圍名稱。

1： 開啟 ch8_58.xlsx，將作用儲存格放在 C2。

2： 輸入公式 =ISREF(INDIRECT(B4))

3： 拖曳 C4 的填滿控點到 C9，在 C 欄位可以得到 B 欄的參照是否有效。

因為這個檔案有為商品表建立一個範圍名稱所以 C8 得到的是 TRUE，工作表內沒有為商品清單建立範圍名稱所以 C9 得到的是 FALSE。

第 9 章

Excel 在超連結上的應用

9-1 HYPERLINK

語法英文：HYPERLINK(link_location, [friendly_name])

語法中文：HYPERLINK(連結的路徑或檔名, [顯示名稱])

❏ link_location：必要，要連結或稱開啟的檔案，也可以是 Microsoft Word 的書籤。此檔案可以在硬碟、公司內部網路的檔案或 Internet 的檔案。

❏ [friendly_name]：選用，這是捷徑文字或數值，此部分會加上底線以藍色顯示。

　　HYPERLINK 函數主要目的是建立一個聯結路徑的字串，未來可以使用滑鼠點選方式連結或開啟此連接路徑的。

9-1-1　檔案在硬碟的應用

　　在講解實例 ch9_1.xlsx 前，筆者先在 d:\Excel 函數庫 \ch9\photo 資料夾內放置 4 個圖片檔案。

實例 ch9_1.xlsx 和 ch9_1_out.xlsx：建立超連結上述圖片的超連結。

1：　開啟 ch9_1.xlsx，將作用儲存格放在 D4。

2：　輸入 =HYPERLINK("d:\Excel 函數庫 \ch9\photo\"&B4&".jpg")。

3：　拖曳 D4 儲存格的填滿控點到 D7，可以在 D4:D7 儲存格內建立圖片的超連結。

D4			f_x	=HYPERLINK("d:\Excel函數庫\ch9\photo\"&B4&".jpg")		

	A	B	C	D	E	F
1						
2		南極大陸與北極海				
3		圖片名稱	景點	圖片連結		
4		sea1	南極	d:\Excel函數庫\ch9\photo\sea1.jpg		
5		sea2	南極	d:\Excel函數庫\ch9\photo\sea2.jpg		
6		sea3	北極海	d:\Excel函數庫\ch9\photo\sea3.jpg		
7		sea4	北極海	d:\Excel函數庫\ch9\photo\sea4.jpg		

建立圖片超連結完成後，點選 D4 儲存格的超連結，可以開啟顯示所點選的圖片。

9-1-2　檔案在 Internet 的應用

若是檔案在 Internet 上，如果我們知道網址，也可以連結與開啟。

實例 ch9_2.xlsx：連結在 Internet 上的圖片。

	A	B	C	D
1				
2			Internet圖片	
3		圖片名稱	景點	圖片連結
4		hung.jpg	洪錦魁	http://aaa.24ht.com.tw/hung.jpg
5		travel.jpg	南極大陸與北極海	http://aaa.24ht.com.tw/travel.jpg

若是點選 D5 儲存格的超連結可以得到下列結果。

9-1-3　其他超連結類型

Excel 也允許下表的超連結應用。

相關連結	實例
Internet 網址 (URL)	https://deepwisdom.com.tw
E-Mail	mailto:service@deepwisdom.com.tw
UNC 路徑	\\Excelsample\ex\exer.xlsx
其他活頁簿	[d:\Excelsample\ex\exer.xlsx] 工作表 1!D4

實例 ch9_3.xlsx：Excel 在 Internet 上的應用。

	A	B	C
1			
2		Excel超連結的應用	
3		相關連結	實例
4		URL	https://deepwisdom.com.tw
5		E-Mail	mailto:service@deepwisdom.com.tw

點選 C4 儲存格的超連結可以得到下列結果。

點選 C5 儲存格的超連結可以得到下列結果。

9-2 複製超連結字串但是解除超連結功能

使用 Excel 顯示超連結字串雖然方便，但是一個工作表部分儲存格是以超連結顯示不一定方便，我們可以使用 T 函數，將超連結字串複製成一般字串。

實例 ch9_4.xlsx 和 ch9_4_out.xlsx：將電子郵件地址的超連結字串複製成一般字串。

1： 開啟 ch9_4.xlsx，將作用儲存格放在 D4。

2： 輸入 =T(C4)。

4： 拖曳 D4 儲存格的填滿控點到 D6，可以在 D4:D6 儲存格內看到電子郵件地址的超連結字串轉成一般字串的結果。

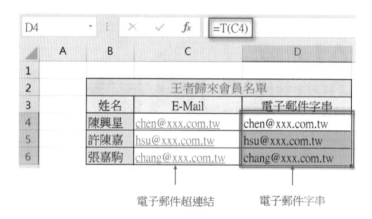

電子郵件超連結　　　　電子郵件字串

9-3 編輯列的切換

假設 8-12 超商有很多分店，一個頁面無法容納，使用 Excel 時為了要切換到特定分店要捲動頁面，非常不方便，這時可以使用編輯列切換方式處理。

實例 ch9_5.xlsx 和 ch9_5_out.xlsx：建立可以切換編輯列的超連結，這個實例假設要將作用儲存格移至花蓮縣。

1： 開啟 ch9_5.xlsx，將作用儲存格放在 F4。

2： 輸入花蓮縣。

3: 將作用儲存格放在 F5。

4: 輸入下列公式：

=HYPERLINK("#"&ADDRESS(ROW(B4)+MATCH(F4,B4:B23,0)-1,COLUMN(B4)))

要想可以切換到花蓮縣，必須建立 # 加上花蓮縣位址的儲存格，此例，使用 ADDRESS 函數檢索花蓮縣的位址。

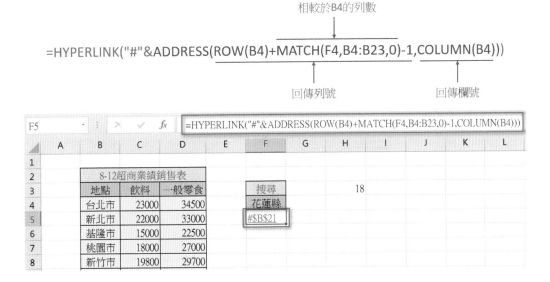

5: 點選 F5 儲存格，作用儲存格可以跳至 F5 儲存格所指的位址。

9-4 切換工作表

假設 8-12 超商有很多分店，每個分店使用一個工作表紀錄業績，使用 Excel 時為了要切換到特定分店工作表，如果使用傳統捲動工作表找尋非常不方便，這時可以使用切換工作表方式處理。

實例 ch9_6.xlsx 和 ch9_6_out.xlsx：建立可以切換工作表的超連結，這個實例另一個特色是筆者使用分店名當作 HYPERLINK 函數的第 2 個引數。

1： 開啟 ch9_6.xlsx，將作用儲存格放在 C4。

2： 輸入 =HYPERLINK("#"&B4&"!A1",B4)。

上述公式的 A1 是假設切換到新的工作表時作用儲存格的位置，第 2 個引數 B4，則是用分店名稱當作此超連結的字串。

3： 拖曳 C4 儲存格的填滿控點到 C7，可以在 C4:C7 儲存格內建立分店工作表的超連結。

上述只要點選 C4:C7 的超連結即可以切換到該工作表。

9-5 IMAGE 儲存格內插入網路圖片

語法英文：IMAGE(source, [alt_text], [sizing], [height], [width])

語法中文：IMAGE(圖片的URL, [替代文字], [大小], [高度], [寬度])

❑ source：必要，圖片的 URL。

❑ [alt_text]：選用，圖片的替代文字，用於描述圖片內容。

❑ [sizing]：選用，指定圖片的大小調整方式。可以是以下選項之一：

● 0：以原始大小插入圖片（預設）。

● 1：拉伸圖片以填充單元格，忽略寬高比。

- 2：保持寬高比並適應單元格大小。
- 3：在不超出單元格範圍的情況下保持寬高比。

❑ [height]：選用，圖片的高度，以像素為單位。僅在 sizing 設置為 0 時有效。

❑ [width]：選用，圖片的寬度，以像素為單位。僅在 sizing 設置為 0 時有效。

　　IMAGE 函數用於在單元格內插入圖片。這個函數允許將網絡上的圖片或本地資料夾中的圖片嵌入到工作表中的特定儲存格中。

實例 ch9_7.xlsx 和 ch9_7_out.xlsx：儲存格內建立含網址的圖片，本書 ch9 資料夾有 AI_Python-rb.png，如果此程式無法操作，可能是網址已經失效，讀者可以重新將此圖片上傳至「https://upload.cc」取得圖片的 URL。

1：　開啟 ch9_7.xlsx，將作用儲存格放在 D2。

2：　輸入 =IMAGE(B2,A2)，然後放大 D2 儲存格的高度，可以得到下列結果。

9-6　ENCODEURL 文字轉成 URL 編碼

語法英文：ENCODEURL(text)

語法中文：ENCODEURL(文字)

❑ text：必要，要進行 URL 編碼的文字。

　　ENCODEURL 函數可用於將 URL 編碼。URL 編碼是指將 URL 中的某些字串（如空格和特殊符號）轉換為 % 後跟兩位十六進制數字的形式。

　　筆者約 8 年前一個人到南極，登船往南極的港口是阿根廷的烏斯懷亞，當時使用 Google 地圖搜尋這個港口，得到下列結果。

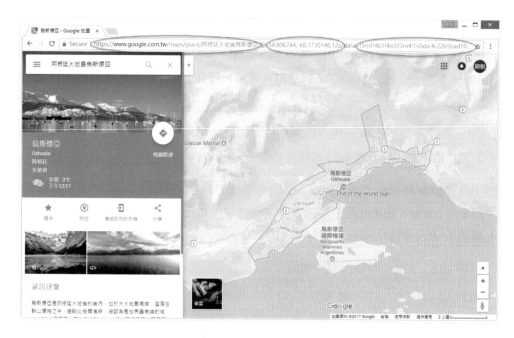

上述可將網址區分成 3 大塊：

1： https://www.google.com.tw/maps/place/ 阿根廷火地省烏斯懷亞

2： -54.806843,-68.3728428

3： 12z/data=!3m1!4b1!4m5!3m4!1s0xbc4c22b5bad109bf:0x5498473dba43ebfc!8m2
!3d-54.8019121!4d-68.3029511

　　其中第 2 區塊是地圖位置的地理經緯度資訊，第 3 塊是則是 Google 公司追蹤紀錄瀏覽者的一些資訊，基本上我們可以先忽略這 2-3 區塊。下列是使用 Google 地圖列出「台北市南京東路二段 98 號」地址的資訊的結果。

比對了烏斯懷亞與台北市南京東路地點的網頁,在第一塊中前半部分我們發現下列是 Google 地圖固定的內容。

https://www.google.com.tw/maps/place/

上述內容後面 (第一塊的後半部分) 是我們輸入的地址,由上述分析我們獲得了結論是如果我們將上述網址與地址相連接成一個字串,這樣就可以利用 Google 地圖瀏覽我們想要查詢的地點了。

實例 ch9_8.xlsx 和 ch9_8_out.xlsx:Google 地圖功能嵌入 Excel 儲存格。

1: 開啟 ch9_8.xlsx,將作用儲存格放在 B3,輸入 =ENCODEURL(B2),然後增加第 3 列儲存格的高度,可以得到下列結果。

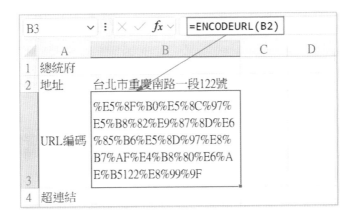

2: 將作用儲存格放在 B4,輸入下列字串。

=HYPERLINK("https://www.google.com/maps/place/"&B3,"Google 地圖 ")

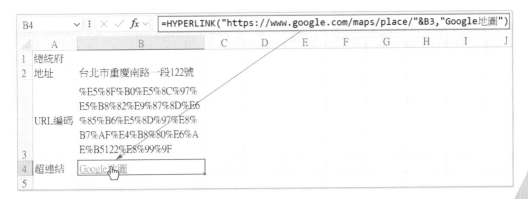

3：　「Google 地圖」字串是超連結，請點選此字串，可以得到下列結果。

9-7　FIELDVALUE 從結構化數據中擷取欄位值

這個函數用於從具有結構化數據（例如：JSON 格式）的文字中擷取特定欄位元素的值。這個函數在處理和分析包含結構化數據的文件時非常有用，特別是當數據來自外部來源或 API 時。

語法英文：FIELDVALUE(record, field_name)

語法中文：FIELDVALUE(數據, 欄位名稱)

❏ record：必要，包含結構化數據的文字（例如：JSON 字串）。

❏ field_name：必要，要擷取值的欄位名稱。

實例 ch9_9.xlsx 和 ch9_9_out.xlsx：擷取外部連結的 JSON 格式的欄位值，此例是處理外幣兌換。

1：　開啟 ch9_9.xlsx，將作用儲存格放在 B2，點選資料 / 資料類型 / 貨幣。

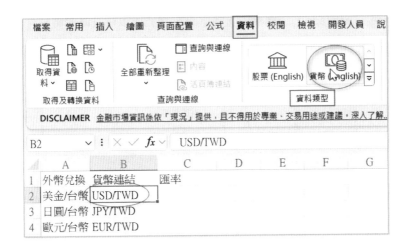

2： 可以在 B2 儲存格的「USD/TWD」字串左邊出現🏛圖示，相當於字串轉換成股票資料類型。

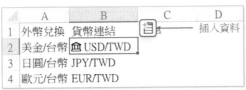

註　未來執行快顯功能表的資料類型 / 轉換為資料指令，可以將連結的資料轉成一般字串資料。

3： 按一下「USD/TWD」字串左側的🏛圖示，可以顯示連結資料的卡片，如下所示：

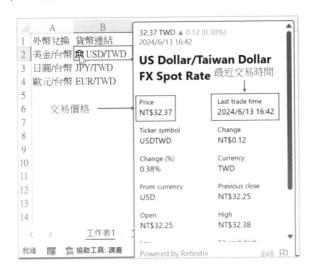

上述 Price、Lasttrade、... 稱欄位。接下來，我們可以建立匯率資料。

4： 點選插入資料 📋 圖示，可以出現欄位資料，如下所示：

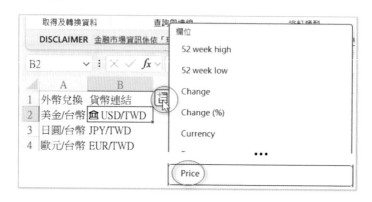

5： 點選 Price 可以得到美金兌換台幣的匯率。

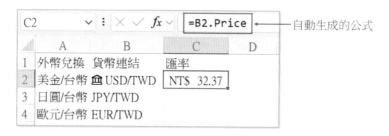

6： 參考步驟 1，分別將 B3:B4 轉換成股票資料類型，然後將 C2 的填滿控點拖曳到 C4，可以得到下列執行結果。

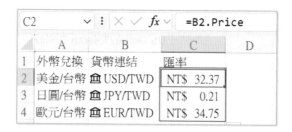

實例 ch9_10.xlsx 和 ch9_10_out.xlsx：使用 FIELDVALUE 函數重新執行 ch9_9.xlsx，擷取外部連結的 JSON 格式的欄位值，此例是處理外幣兌換。

1： 開啟 ch9_10.xlsx，分別將 B2:B4，處理成股票類型資料。

2： 將作用儲存格放在 C2，輸入 =FIELDVALUE(B2,"Price")，然後將 C2 的填滿控點拖曳到 C4，可以得到下列執行結果。

3： 將作用儲存格放在 D2，輸入 =FIELDVALUE(B2,"Last trade time")，然後將 D2 的填滿控點拖曳到 D4，可以得到下列執行結果。

註 上述因為是從網路取得的資料，數據會時時更新。

在 Excel 的資料 / 資料類型內有地理資訊，我們可以由此獲得各國地理資訊。

實例 ch9_11.xlsx 和 ch9_11_out.xlsx：使用 FIELDVALUE 函數取得國家資訊。

1： 開啟 ch9_11.xlsx，將作用儲存格放在 A2，點選資料 / 資料類型 / 地理。

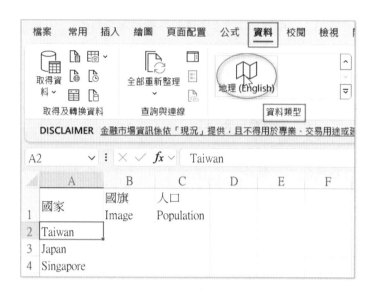

註　第一次使用時，會需要在 Excel 視窗右邊，點選輸入國別下方的選取鈕，此例是 Taiwan 下方的選取鈕。

2：　執行後可以看到下列畫面。

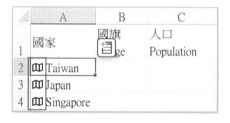

讀者可以按插入資料鈕，獲得完整地理資訊相關欄位訊息。

3：　將作用儲存格放在 B2，輸入 =FIELDVALUE(A2,"Image")，然後將 B2 的填滿控點拖曳到 B4，可以得到下列執行結果。

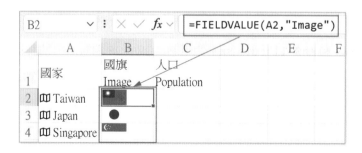

4： 將作用儲存格放在 C2，輸入 =FIELDVALUE(A2,"Population")，然後將 C2 的填滿控
點拖曳到 C4，可以得到下列執行結果。

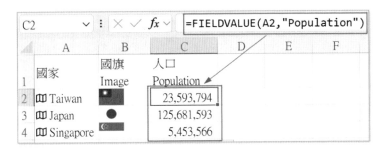

9-8　WEBSERVICE/FILTERXML 取得 WEB 服務訊息

WEBSERVICE 函數用於從指定的 URL 請求 Web 服務數據。這個函數可以用來從
API 或其他 Web 服務獲取動態數據，例如天氣信息、股票價格或匯率等。所獲得的數
據通常是 JSON、XML 或其他格式的文字。

語法英文：WEBSERVICE(url)

語法中文：WEBSERVICE(網址)

❑ url：必要，要請求的 URL 地址，應包括完整的 URL（例如，包含協議 http:// 或
https://）。

註　使用 WEBSERVICE 函數時，需注意，即使 url 正確，也常會有「#VALUE!」錯誤，
這是因為回傳的資料量超出 Excel 儲存格的容量造成。

FILTERXML 函數是用於從 XML 格式的數據中提取特定的數據。這個函數常與
WEBSERVICE 函數一起使用，從網頁服務或 API 獲取 XML 數據並進行解析。

實例 ch9_12.xlsx 和 ch9_12_out.xlsx：使用 WEBSERVICE 函數獲得歐洲央行匯率查詢
數據，然後用 FILTERXML 查詢歐元兌換美元的匯率。

1： 開啟 ch9_12.xlsx，將作用儲存格放在 B2。

2： 輸入 https://www.ecb.europa.eu/stats/eurofxref/eurofxref-daily.xml

3： 作用儲存格放在 B3，輸入 =WEBSERVICE(B2)。

4：　作用儲存格放在 B4。

5：　輸入 =FILTERXML(B3, "//*[local-name()='Cube'][@currency='USD']/@rate")。

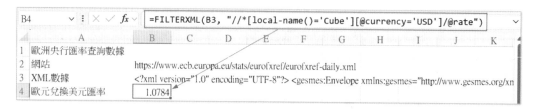

　　　上述 B3 是用 WEBSERVICE 函數，獲得 B2 歐洲央行的匯率資訊，此資訊是 XML 資料格式。B4 儲存格則是用 FILTERXML 函數解析歐元兌美元的匯率資訊，坦白說讀者需具有 XML 知識，才可以應用自如。B3 儲存格式一個長串的 XML 資訊，往右移動可以看到相關歐元兌換美元的資料格式，如下所示：

	AG	AH	AI	AJ	AK	AL	AM	AN	AO	AP
1										
2										
3	ler> <Cube> <Cube time='2024-06-13'>			<Cube currency='USD' rate='1.0784'/>				<Cube currency='JPY' rat		

　　　讀者可以參考相關 XML 書籍做更進一步學習。

第 10 章

Excel 函數在統計的
基礎應用

在前面章節筆者介紹了使用 Excel 常用的函數，例如：MAX、MIN、AVERAGE、COUNT、LARGE、SMALL，…，等，嚴格地說這些常用函數也算是統計函數的一部份，為了學習目的，筆者將上述函數先做說明，本章則是針對比較專業的統計函數作解說。

10-1　計算數據集中趨勢的相關函數

與數據集中趨勢有關的函數最常見的是求平均值 AVERAGE(可以參考 2-2-1 節) 和 AVERAGEA(2-2-2 節)，這一節將繼續說明與集中趨勢相關的中位數與眾數觀念，同時以函數實例做解說。

10-1-1　TRIMMEAN 去除某個比例資料後的平均值

語法英文：TRIMMEAN(array, percent)

語法中文：TRIMMEAN(array, 百分比)

❏ array：必要，資料陣列或是儲存格區間。

❏ percent：必要，這是要刪除資料的百分比，例如：如果有 20 筆資料，percent 是 0.2，代表要刪除 20% 資料再計算平均值，20*0.2=4，這表示要刪除 4 筆資料，也就是最前面 2 筆資料和最後面 2 筆資料會被刪除。如果要刪除的資料是奇數數目，則刪除的數目是向下捨去最接近 2 的倍數，例如：如果有 20 筆資料，percent 是 0.25，20*0.25=5，這表示要刪除 5 筆資料，此時要刪除的數目是向下捨去最接近 2 的倍數，也就是 4 筆資料，也就是最前面 2 筆資料和最後面 2 筆資料會被刪除。

這個函數通常是用在陣列數據中，有時候最小值會太小和最大值會太大，將這些特例的值刪除再取平均值，可以獲得較客觀的結果。

實例 ch10_1.xlsx 和 ch10_1_out.xlsx：使用 AVERAGE 函數計算年終獎金的平均數。

1：　開啟 ch10_1.xlsx，將作用儲存格放在 D14。

2：　輸入公式 =AVERAGE(D4:D13)。

上述實例在計算過程因為總經理的獎金太高，有一位新進員工獎金太低，所以若是將上述捨去可以獲得比較客觀的平均年終獎金金額。

實例 ch10_2.xlsx 和 ch10_2_out.xlsx：使用 TRIMMEAN 函數，計算年終獎金的平均數，在這個計算中將 TRIMMEAN 函數的第 2 個引數 percent 設 0.2。

1：　開啟 ch10_2.xlsx，將作用儲存格放在 D14。

2：　輸入公式 =TRIMMEAN(D4:D13,0.2)。

10-1-2　MEDIAN 計算中位數

語法英文：MEDIAN(number1, [number2], …)

語法中文：MEDIAN(數值1, [數值2], …)

❑ number1：必要，第一組數據以陣列或儲存格區間表示，如果陣列內含文字、邏輯以及空白儲存格，這些會被忽略。如果數據內有無法轉換成數字的文字，則會產生錯誤。

❑ [number2]：選用，第二組數據以陣列或儲存格區間表示。

　　MEDIAN 函數式計算中位數，所謂的中位數是指一組數據的中間數字，也就是有一半的數據會大於中位數，另有一半的數據是小於中位數。

　　在計算中位數過程，如果數據是偶數個，則中位數是最中間 2 個數值的平均值。如果數據是奇數個，則中位數是最中間的數字。

實例 ch10_3.xlsx 和 ch10_3_out.xlsx：數據是奇數，假設學生人數是 7 人，使用 MEDIAN 函數，計算一、二、三年級學生身高的中位數。

1：　開啟 ch10_3.xlsx，將作用儲存格放在 C11。

2：　輸入公式 =MEDIAN(C4:C10)。

3：　拖曳 C11 儲存格的填滿控點到 E11，可得各年級學生身高的中位數。

實例 ch10_4.xlsx 和 ch10_4_out.xlsx：數據是偶數，假設學生人數是 6 人，使用 MEDIAN 函數，計算男生與女生身高的中位數。

1： 開啟 ch10_4.xlsx，將作用儲存格放在 B10。

2： 輸入公式 =MEDIAN(B4:B10)。

3： 拖曳 B10 儲存格的填滿控點到 C10，可得女生與男生身高的中位數。

10-1-3 MODE 眾數

語法英文：MODE(number1, [number2], …)

語法中文：MODE(數值1, [數值2], …)

❑ number1：必要，第一組數據以陣列或儲存格區間表示，如果陣列內含文字、邏輯以及空白儲存格，這些會被忽略。如果數據內有是無法轉換成數字的文字，則會產生錯誤。

❑ [number2]：選用，第二組數據以陣列或儲存格區間表示。

　　這是早期 Excel 版本的計算眾數的函數，不過 Excel 仍繼續支援此函數，MODE 函數是計算眾數，所謂的眾數是指一組數據的出現最高次數的數字，如果數據內不包含重複的數據會出現 #N/A 錯誤。如果數據內存在多個眾數，只回傳第 1 個出現的眾數。

> 註 新版的眾數函數分成 MODE.SNGL 和 MODE.MULT，分別在 10-1-4 節和 10-1-5 節說明。

實例 ch10_5.xlsx 和 ch10_5_out.xlsx：計算新進人員的智力測驗分數的眾數，如果有多個眾數，只列出第一個眾數。

1：　開啟 ch10_5.xlsx，將作用儲存格放在 E3。

2：　輸入公式 =MODE(C4:C13)。

E3		▾	⋮	✕	✓	*fx*	=MODE(C4:C13)	

	A	B	C	D	E	F
1						
2		應徵人員智力測驗			眾數	
3		考生編號	分數		120	
4		1	120			
5		2	115			
6		3	120			
7		4	140			
8		5	135			
9		6	110			
10		7	105			
11		8	100			
12		9	115			
13		10	130			

實例 ch10_5_1.xlsx 和 ch10_5_1_out.xlsx：計算員工年資的中位數和眾數。

1：　開啟 ch10_5_1.xlsx，將作用儲存格放在 H4。

2：　輸入公式 =MEDIAN(E4:E11)。

H4		▾	⋮	✕	✓	*fx*	=MEDIAN(E4:E11)	

	A	B	C	D	E	F	G	H
1								
2		員工資料						
3		姓名	地區	性別	年資		員工年資	
4		洪冰儒	士林	男	15		中位數	10.5
5		洪雨星	中正	男	13		眾數	
6		洪星宇	信義	男	11			
7		洪冰雨	信義	女	6			
8		郭孟華	士林	女	9			
9		陳新華	信義	男	11			
10		謝冰	士林	女	7			
11		張東	北投	男	10			

3： 將作用儲存格放在 H5。

4： 輸入公式 =MODE(E4:E11)。

H5		▾	⋮	×	✓	fx	=MODE(E4:E11)	

	A	B	C	D	E	F	G	H
1								
2		員工資料						
3		姓名	地區	性別	年資		員工年資	
4		洪冰儒	士林	男	15		中位數	10.5
5		洪雨星	中正	男	13		眾數	11
6		洪星宇	信義	男	11			
7		洪冰雨	信義	女	6			
8		郭孟華	士林	女	9			
9		陳新華	信義	男	11			
10		謝冰	士林	女	7			
11		張東	北投	男	10			

10-1-4　MODE.SNGL 計算單一眾數

語法英文：MODE.SNGL(number1, [number2], …)

語法中文：MODE.SNGL(數值1, [數值2], …)

❑ number1：必要，第一組數據以陣列或儲存格區間表示，如果陣列內含文字、邏輯以及空白儲存格，這些會被忽略。如果數據內有是無法轉換成數字的文字，則會產生錯誤。

❑ [number2]：選用，第二組數據以陣列或儲存格區間表示。

　　MODE.SNGL 是新版計算眾數函數，所謂的眾數是指一組數據的出現最高次數的數字，如果數據內不包含重複的數據會出現 #N/A 錯誤。如果數據內存在多個眾數，只回傳第 1 個出現的眾數。

實例 ch10_6.xlsx 和 ch10_6_out.xlsx：計算新進人員的智力測驗分數的眾數，如果有多個眾數，只列出第一個眾數。

1： 開啟 ch10_6.xlsx，將作用儲存格放在 E3。

2： 輸入公式 =MODE.SNGL(C4:C13)。

10-1-5　MODE.MULT 計算多筆眾數

語法英文：MODE.MULT(number1, [number2], …)

語法中文：MODE.MULT(數值1, [數值2], …)

❏ number1：必要，第一組數據以陣列或儲存格區間表示，如果陣列內含文字、邏輯以及空白儲存格，這些會被忽略。如果數據內有是無法轉換成數字的文字，則會產生錯誤。

❏ [number2]：選用，第二組數據以陣列或儲存格區間表示。

　　MODE.MULT 是計算眾數函數，所謂的眾數是指一組數據的出現最高次數的數字，如果數據內不包含重複的數據會出現 #N/A 錯誤。如果數據內存在多個眾數，會回傳所有眾數。

實例 ch10_7.xlsx 和 ch10_7_out.xlsx：計算新進人員的智力測驗分數的眾數，如果有多個眾數，會回傳所有眾數。

1： 開啟 ch10_7.xlsx，將作用儲存格放在 E3。

2： 輸入公式 =MODE.MULT(C4:C13)。

10-1-6 GEOMEAN 計算幾何平均值

語法英文：GEOMEAN(number1, [number2], …)

語法中文：GEOMEAN(數值1, [數值2], …)

❑ number1：必要，第一組數據以陣列或儲存格區間表示，如果陣列內含文字、邏輯以及空白儲存格，這些會被忽略。如果數據內有是無法轉換成數字的文字，則會產生錯誤。如果有任何資料點小於或等於 0，會產生 #NUM! 錯誤。

❑ [number2]：選用，第二組數據以陣列或儲存格區間表示。

幾何平均值的觀念是假設有 n 筆資料，將 n 筆資料相乘，然後計算相乘結果的 n 次方根號，數學公式如下：

$$GEOMEAN(x_1 * x_2 * … * x_n) = \sqrt[n]{x_1 * x_2 * … * x_n}$$

常用於計算業績變化或是物價波動。

實例 ch10_8.xlsx 和 ch10_8_out.xlsx：計算天天公司業績的幾何平均值和平均成長率。

1： 開啟 ch10_8.xlsx，將作用儲存格放在 F2。

2：　輸入公式 =GEOMEAN(C4:C8)。

| F2 | ▾ : × ✓ *fx* | =GEOMEAN(C4:C8) |

	A	B	C	D	E	F
1						
2		天天公司業績表			幾何平均值	1.097354
3		年度	與上一年比值		平均成長率	
4		2021	1.06			
5		2022	1.15			
6		2023	1.11			
7		2024	1.12			
8		2025	1.05			

3：　將作用儲存格放在 F3。

4：　輸入公式 =F2-1，然後儲存格格式改為百分比 % 格式。

| F3 | ▾ : × ✓ *fx* | =F2-1 |

	A	B	C	D	E	F
1						
2		天天公司業績表			幾何平均值	1.097354
3		年度	與上一年比值		平均成長率	10%
4		2021	1.06			
5		2022	1.15			
6		2023	1.11			
7		2024	1.12			
8		2025	1.05			

10-1-7　HARMEAN 計算調和平均值

語法英文：HARMEAN(number1, [number2], …)

語法中文：HARMEAN(數值1, [數值2], …)

❑ number1：必要，第一組數據以陣列或儲存格區間表示，如果陣列內含文字、邏輯以及空白儲存格，這些會被忽略。如果數據內有是無法轉換成數字的文字，則會產生錯誤。如果有任何資料點小於或等於 0，會產生 #NUM! 錯誤。

❑ [number2]：選用，第二組數據以陣列或儲存格區間表示。

調和平均值的觀念是，假設有 n 筆資料，將 n 除以各數據的倒數總和，數學公式如下：

$$HARMEAN(x_1 * x_2 * ... * x_n) = \frac{n}{\left(\frac{1}{x_1} + \frac{1}{x_2} + \cdots + \frac{1}{x_n}\right)}$$

或是使用下列公式表達。

$$\frac{1}{HARMEAN(x_1 * x_2 * ... * x_n)} = \frac{1}{n} * \left(\frac{1}{x_1} + \frac{1}{x_2} + \cdots + \frac{1}{x_n}\right)$$

一般是用在計算單位時間的平均工作量或是平均速度的計算。

實例 ch10_9.xlsx 和 ch10_9_out.xlsx：計算平均速度，一架飛機起點是北京，計算北京到香港的平均速度。

1： 開啟 ch10_9.xlsx，將作用儲存格放在 C7。

2： 輸入公式 =HARMEAN(C4:C6)。

C7		fx	=HARMEAN(C4:C6)

	A	B	C	D	E
1					
2		平均速度計算			
3		地點	速度		
4		上海	500		
5		廈門	600		
6		香港	400		
7		調和平均速度	486.4865		
8		幾何平均速度			
9		算數平均速度			

3： 將作用儲存格放在 C8。

4： 輸入公式 =GEOMEAN(C4:C6)。

| C8 | | | ▾ | ⋮ | × | ✓ | *fx* | =GEOMEAN(C4:C6) |

	A	B	C	D	E
1					
2		平均速度計算			
3		地點	速度		
4		上海	500		
5		廈門	600		
6		香港	400		
7		調和平均速度	486.4865		
8		幾何平均速度	493.2424		
9		算數平均速度			

5：　將作用儲存格放在 C9。

6：　輸入公式 =AVERAGE(C4:C6)。

| C9 | | | ▾ | ⋮ | × | ✓ | *fx* | =AVERAGE(C4:C6) |

	A	B	C	D	E
1					
2		平均速度計算			
3		地點	速度		
4		上海	500		
5		廈門	600		
6		香港	400		
7		調和平均速度	486.4865		
8		幾何平均速度	493.2424		
9		算數平均速度	500		

10-1-8　STANDARDIZE 資料標準化

語法英文：STANDARDIZE(x, mean, standard_dev)

語法中文：STANDARDIZE(值, 平均值, 標準差)

❑ x：必要，要標準化的數值。

❑ mean：選用，數據集的平均值。

❑ standard_dev：選用，數據集的標準差。

STANDARDIZE 函數可對數據進行標準化處理，標準化是將數據值轉換為具有平均值為 0 和標準差為 1 的值，這有助於比較不同範圍內的數據或進行數據分析。此函數回傳一個標準化的數值，表示該值在數據集中的相對位置。此函數的計算公式如下：

$$z = \frac{x - \mu}{\sigma}$$

● z 是標準化後的值。
● x 是要標準化的數值。
● μ 是數據集的平均值。
● σ 是數據集的標準差。

實例 ch10_9_1.xlsx 和 ch10_9_1_out.xlsx：計算不同考科的標準化值。

1： 開啟 ch10_9_1.xlsx，將作用儲存格放在 F2。

2： 輸入公式 =STANDARDIZE(C2, D2, E2)。

3： 將 F2 儲存格的填滿控點拖曳到 F2。

	A	B	C	D	E	F
1	姓名	學科	成績	平均分	標準差	標準化值
2	洪錦魁	國文	65	50	10	1.5
3	張天宇	英文	70	60	8	1.25

F2 =STANDARDIZE(C2,D2,E2)

對於測試分數、銷售業績等，更高的標準化值可能代表更好的表現。那麼標準化值 1.5 比 1.25 更好，因為它表示該數據點在其數據集中更為突出。

10-2 FREQUENCY 數據的頻率分佈函數

語法英文：FREQUENCY(data_array, bins_array)

語法中文：FREQUENCY(數值, [數值2], …)

❑ data_array：必要，陣列或儲存格區間表示數值，數值以外的文字和空白儲存格，這些會被忽略。

❑ bin_array：必要，區間陣列。

FREQUENCY 會回傳區間的數值數，一般可以應用在計算某區間的考試分數、或是職棒比賽時用於計算某時段區間入場人數，所回傳的資料數會比區間陣列數多一個數字。

實例 ch10_10.xlsx 和 ch10_10_out.xlsx：計算智力測驗區間分數的人數，計算方式如下：

100(含) 以下的人數

101 ~ 110(含) 之間的人數

111 ~ 120(含) 之間的人數

121 ~ 130(含) 之間的人數

130 以上的人數

1： 開啟 ch10_10.xlsx，將作用儲存格放在 F3。

2： 輸入公式 =FREQUENCY(C4:C13,E3:E6)。

F3 =FREQUENCY(C4:C13,E3:E6)

應徵人員智力測驗	
考生編號	分數
1	120
2	115
3	120
4	140
5	135
6	110
7	105
8	100
9	115
10	130

智力測驗分數分佈	
100	1
110	2
120	4
130	1
130以上	2

上述雖然我們獲得了結果，坦白說 E 和 F 欄位關係不太清楚，碰上這類問題可以使用多一個數字，用區間數字處理。

實例 ch10_10_1.xlsx 和 ch10_10_1_out.xlsx：重新設計前一個實例，計算智力測驗區間分數的人數，計算方式如下：

> 60 ~ 100(含) 以下的人數
> 101 ~ 110(含) 之間的人數
> 111 ~ 120(含) 之間的人數
> 121 ~ 130(含) 之間的人數
> 131 ~ 180(含) 以上的人數

1： 開啟 ch10_10_1.xlsx，將作用儲存格放在 G3。

2： 輸入公式 =FREQUENCY(C4:C13,F4:F7)。因為所回傳的資料數會比區間陣列數多一個數字，所以這個公式第 2 個引數使用 F4:F7。

10-3 數據散佈相關函數

10-3-1 MAXA 與 MAX

語法英文：MAXA(number1, [number1])

語法中文：MAXA(數值1, [數值2], …)

❏ number1：必要，陣列、名稱參照或儲存格區間表示的數值，空白儲存格會被忽略，與 2-4-1 節的 MAX 不同的是邏輯值 TRUE 會被視為 1、FALSE 視為 0，文字串則被視為 0。

❏ number2：選用，數值觀念和 number1 相同。

最後回傳數值區間的最大值。

實例 ch10_11.xlsx 和 ch10_11_out.xlsx：計算業績的最大值：

1： 開啟 ch10_11.xlsx，將作用儲存格放在 C11。

2： 輸入公式 =MAXA(C4:C10)。

C11			fx	=MAXA(C4:C10)

	A	B	C	D	E
1					
2		業績表			
3		日期	業績		
4		2022/4/1	56000		
5		2022/4/2	73200		
6		2022/4/3	45000		
7		2022/4/4	77000		
8		2022/4/5	休假		
9		2022/4/6	59000		
10		2022/4/7	66000		
11		最高業績	77000		

上述 C11 儲存格的公式若是改為 MAX 函數結果相同。

實例 ch10_12.xlsx 和 ch10_12_out.xlsx：計算最高成功機率：

1： 開啟 ch10_12.xlsx，將作用儲存格放在 E2。

2： 輸入公式 =MAXA(B3:B7)。

E2			fx	=MAXA(B3:B7)

	A	B	C	D	E
1					
2		成功機率		最高成功機率MAXA	1
3		0.5		最高成功機率MAX	
4		TRUE			
5		FALSE			
6		0			
7		0.9			

3： 將作用儲存格放在 E3。

4： 輸入公式 =MAX(B3:B7)。

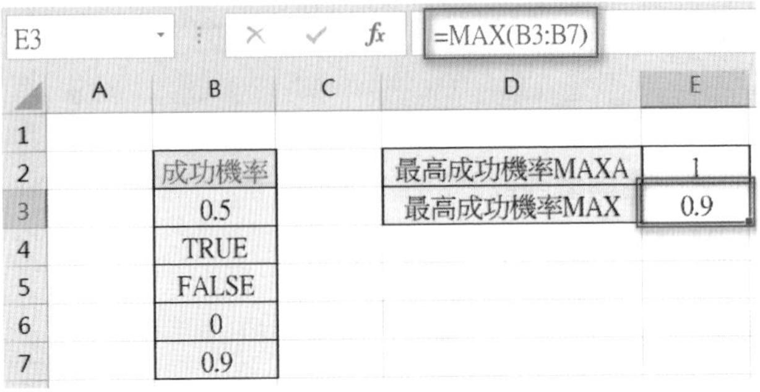

10-3-2 MINA 與 MIN

語法英文：MINA(number1, [number1])

語法中文：MINA(數值1, [數值2], …)

❏ number1：必要，陣列、名稱參照或儲存格區間表示的數值，空白儲存格會被忽略，與 2-4-2 節的 MIN 不同的是邏輯值 TRUE 會被視為 1，FALSE 視為 0，文字串被視為 0。

❏ number2：選用，數值觀念和 number1 相同。

最後回傳數值區間的最小值。

實例 ch10_13.xlsx 和 ch10_13_out.xlsx：計算業績的最小值：

1： 開啟 ch10_13.xlsx，將作用儲存格放在 C11。

2： 輸入公式 =MINA(C4:C10)。

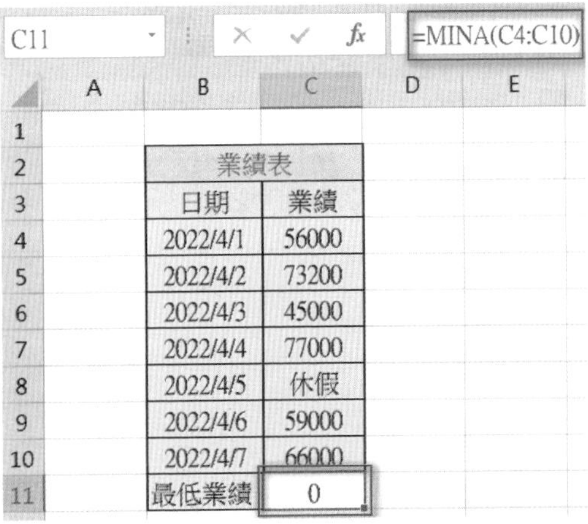

上述因為 C8 儲存格的內容休假被視為 0，所以得到最低業績是 0。

10-3-3　QUARTILE 四分位數

語法英文：QUARTILE(array, quart)

語法中文：QUARTILE(數值陣列, 四分位值)

❑ array：必要，陣列、名稱參照或儲存格區間表示的數值。

❑ quart：必要，四分位值。

quart	QUARTILE 回傳值
0	最小值
1	第 1 四分位，百分之 25 點的值
2	第 2 四分位，百分之 50 點的值
3	第 3 四分位，百分之 75 點的值
4	最大值

QUARTILE 函數會回傳指定四分位數的值，上述如果 array 是空值，quart<0 或 quart>4，QUARTILE 會回傳 #NUM! 錯誤。這個函數常可以用在銷售與市場調查，可以將樣本母體分成不同的群組，例如：可以用此了解台北市年收入前 25% 的所得，然後進行更進一步的分析。

實例 ch10_14.xlsx 和 ch10_14_out.xlsx：學生考試成績的四分位值實例。

1：　開啟 ch10_14.xlsx，將作用儲存格放在 H4。

2：　輸入公式 =QUARTILE($B$3:$E$8,G4)。

3：　拖曳 H4 的填滿控點到 H8，可以得到下列結果。

H4	▼	:	×	✓	fx	=QUARTILE($B$3:$E$8,G4)		
▲	A	B	C	D	E	F	G	H
1								
2		學生成績報告					QUARTILE	
3		90	73	55	41		quart	四分位值
4		65	65	81	55		0	30
5		77	52	91	63		1	61
6		82	80	73	92		2	71.5
7		66	77	66	80		3	80
8		30	74	70	47		4	92

　　上述計算結果讀者可能會覺得奇怪，數據上沒有 61 或 71.5，QUARTILE 函數是如何計算，下列將用簡單的數據說明 QUARTILE 函數計算的方式。

實例 ch10_15.xlsx 和 ch10_15_out.xlsx：樣本數據的四分位值實例。

1：　開啟 ch10_15.xlsx，將作用儲存格放在 F4。

2：　輸入公式 =QUARTILE($B$4:$B$9,E4)。

3：　拖曳 F4 的填滿控點到 F8，可以得到下列結果。

	A	B	C	D	E	F	G
				F4 =QUARTILE($B$4:$B$9,E4)			
1							
2		樣本數據					
3		數值	百分比		四分位數		
4		1	0%		0	1	
5		2	20%		1	2.5	
6		4	40%		2	5.5	
7		7	60%		3	7.75	
8		8	80%		4	10	
9		10	100%				

　　QUARTILE 函數是使用插值法計算四分位數，上述計算第 1 個四分位數的計算方式如下：

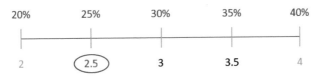

上述計算第 2 個四分位數的計算方式如下：

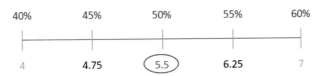

10-3-4　QUARTILE.INC 和 QUARTILE.EXC

自從 Excel 2010 版起，QUARTILE 函數的被函數 QUARTILE.INC 取代，然後又增加了 QUARTILE.EXC 函數，不過 QUARTILE 函數簡單好用所以在最新版本的 Excel 仍舊有支援，其實使用 Excel 多年的管理人員一般還是喜歡使用 QUARTILE 函數計算四分位數。

至於 QUARTILE.INC 函數和 QUARTILE.EXC 函數語法則是與 QUARTILE 相同，最大差異是 QUARTILE.EXC 函數的第 2 個引數 quart 值區間是 1 ~ 3，如果輸入 0 或 4 會產生 #NUM! 錯誤。

quart	QUARTILE	QUARTILE.INC	QUARTILE.EXC
0	最小值	最小值	#NUM!
1	第 1 四分位數值	第 1 四分位數值	第 1 四分位數值
2	第 2 四分位數值	第 2 四分位數值	第 2 四分位數值
3	第 3 四分位數值	第 3 四分位數值	第 3 四分位數值
4	最大值	最大值	#NUM!

此外，QUARTILE.INC 的四分位數計算方式與 QUARTILE 相同，QUARTILE.EXC 則使用不同的計算方式，所以會有不同的結果。

實例 ch10_16.xlsx 和 ch10_16_out.xlsx：樣本數據的四分位值實例。

1：　開啟 ch10_16.xlsx，將作用儲存格放在 E3。

2：　輸入公式 =QUARTILE($B$3:$B$8,D3)。

3：　拖曳 E3 的填滿控點到 E7。

4： 在 F3 儲存格輸入公式 =QUARTILE.INC($B$3:$B$8,D3)。

5： 拖曳 F3 的填滿控點到 F7。

	A	B	C	D	E	F	G
1							
2		陣列值		quart	QUARTILE	QUARTILE.INC	QUARTILE.EXC
3		2		0	2	2	
4		5		1	5.5	5.5	
5		7		2	8	8	
6		9		3	9.75	9.75	
7		10		4	14	14	
8		14					

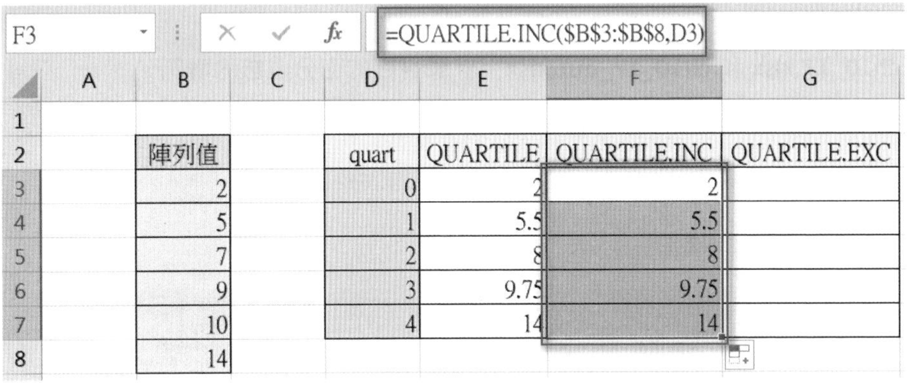

6： 在 G3 儲存格輸入公式 =QUARTILE.EXC($B$3:$B$8,D3)。

7： 拖曳 G3 的填滿控點到 G7。

	A	B	C	D	E	F	G
1							
2		陣列值		quart	QUARTILE	QUARTILE.INC	QUARTILE.EXC
3		2		0	2	2	#NUM!
4		5		1	5.5	5.5	4.25
5		7		2	8	8	8
6		9		3	9.75	9.75	11
7		10		4	14	14	#NUM!
8		14					

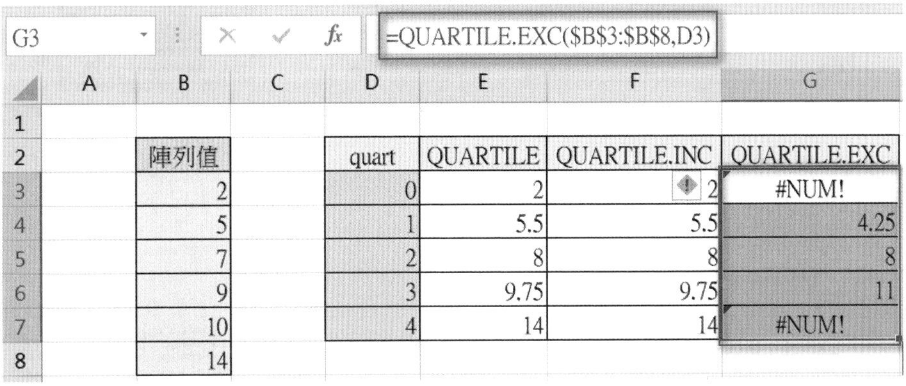

至於 QUARTILE.EXC 與 QUARTILE.INC 彼此計算四分位數的方式是有差異的，這則不在本書的討論範圍。

10-3-5 PERCENTILE

語法英文：PERCENTILE(array, k)

語法中文：PERCENTILE(數值陣列, 百分位數)

❑ array：必要，陣列、名稱參照或儲存格區間表示的數值。

❏ k：必要，0(含) ~ 1(含) 之間的百分位數。

　　PERCENTILE 函數可以回傳數值陣列間第 k 百分比的值，一般可以使用這個特性建立可以接受臨界點的值。

實例 ch10_17.xlsx 和 ch10_17_out.xlsx：計算身高的百分位數的實例。

1：　開啟 ch10_17.xlsx，將作用儲存格放在 H3。

2：　輸入公式 =PERCENTILE($B$3:$E$7,G3)。

3：　拖曳 H3 的填滿控點到 H7。

　　假設有 n 筆資料，k 不是 1/(n-1) 的倍數時，一樣使用插值法處理，可以參考 10-3-3 節的實例 ch10_15.xlsx。

10-3-6　PERCENTILE.INC 和 PERCENTILE.EXC

　　自從 Excel 2010 版起，PERCENTILE 函數被函數 PERCENTILE.INC 取代，然後又增加了 PERCENTILE.EXC 函數，不過 PERCENTILE 函數簡單好用所以在最新版本的 Excel 仍舊有支援，其實使用 Excel 多年的管理人員一般還是喜歡使用 PERCENTILE 函數計算百分位數。

　　至於 PERCENTILE.INC 函數和 PERCENTILE.EXC 函數語法則是與 PERCENTILE 相同，最大差異是 PERCENTILE.EXC 函數的第 2 個引數 quart 值區間如果輸入 0 或 1 會產生 #NUM! 錯誤。同時 PERCENTILE.INC 函數和 PERCENTILE.EXC 函數所使用的計算方式不一樣，所以結果會有差異。

實例 ch10_18.xlsx 和 ch10_18_out.xlsx：樣本數據的百分位值實例。

1： 開啟 ch10_18.xlsx，將作用儲存格放在 E3。

2： 輸入公式 =PERCENTILE($B$3:$B$8,D3)。

3： 拖曳 E3 的填滿控點到 E7。

E3		× ✓ fx	=PERCENTILE($B$3:$B$8,D3)		
	A	B	C	D	E	F	G

	A	B	C	D	E	F	G
1							
2		陣列值		quart	PERCENTILE	PERCENTILE.INC	PERCENTILE.EXC
3		2		0	2		
4		5		0.2	5		
5		7		0.4	7		
6		9		0.6	9		
7		10		1	14		
8		14					

4： 在 F3 儲存格輸入公式 =PERCENTILE.INC($B$3:$B$8,D3)。

5： 拖曳 F3 的填滿控點到 F7。

F3		× ✓ fx	=PERCENTILE.INC($B$3:$B$8,D3)		
	A	B	C	D	E	F	G

	A	B	C	D	E	F	G
1							
2		陣列值		quart	PERCENTILE	PERCENTILE.INC	PERCENTILE.EXC
3		2		0	2	2	
4		5		0.2	5	5	
5		7		0.4	7	7	
6		9		0.6	9	9	
7		10		1	14	14	
8		14					

6： 在 G3 儲存格輸入公式 =PERCENTILE.EXC($B$3:$B$8,D3)。

7： 拖曳 G3 的填滿控點到 G7。

| G3 | | ▼ | ⋮ | × | ✓ | f_x | =PERCENTILE.EXC($B$3:$B$8,D3) | |

	A	B	C	D	E	F	G
1							
2		陣列值		quart	PERCENTILE	PERCENTILE.INC	PERCENTILE.EXC
3		2		0	2	2	#NUM!
4		5		0.2	5	5	3.2
5		7		0.4	7	7	6.6
6		9		0.6	9	9	9.2
7		10		1	14	14	#NUM!
8		14					

10-3-7　PERCENTRANK 回傳特定值在數據集中的百分比

語法英文：PERCENTRANK(array, x, [significance])

語法中文：PERCENTRANK(數值陣列, 數值, [有效位數])

❑ array：必要，陣列、名稱參照或儲存格區間表示的數值。

❑ x：必要，排名的百分位數值。

❑ 有效位數：選用，排名的百分位數值，如果省略則用 3 位小數 (0.xxx)。

　　PERCENTRANK 可以回傳特定數值在全部樣本數據集的百分比排名，例如：有 100 個應徵工程師進行智力測驗，可以使用此函數計算每個成績在整體測驗中的百分比排名，回傳值在 0 ~ 1 之間，值越大代表百分比越高，如果是 1 則是最大值，如果是 0 則是最小值。

實例 ch10_19.xlsx 和 ch10_19_out.xlsx：計算明志科技大學學生身高的百分比值實例。

1： 開啟 ch10_19.xlsx，將作用儲存格放在 H3。

2： 輸入公式 =PERCENTRANK($B$3:$E$7,G3,2)，2 代表取 2 位小數 (0.xx)。

3： 拖曳 H3 的填滿控點到 H6。

> **註** 一般可以將執行結果以百分比格式顯示，可以參考 ch10_19_out2.xlsx。

10-3-8　PERCENTRANK.INC 和 PERCENTRANK.EXC

自從 Excel 2010 版起，PERCENTRANK 函數被函數 PERCENTRANK.INC 取代，然後又增加了 PERCENTRANK.EXC 函數，不過 PERCENTRANK 函數簡單好用所以在最新版本的 Excel 仍舊有支援，其實使用 Excel 多年的管理人員一般還是喜歡使用 PERCENTRANK 函數計算百分比。

至於 PERCENTRANK.INC 函 數 和 PERCENTRANK.EXC 函 數 語 法 則 是 與 PERCENTRANK 相同，最大差異是 PERCENTRANK.EXC 函數區間不是在 0 ~ 1 之間，計算方式如下：

$$PERCENTRANK.EXC = \frac{n + 1 - (大於或等於該點的數目)}{n + 1}$$

實例 ch10_20.xlsx 和 ch10_20_out.xlsx：樣本數據的百分比值實例。

1：　開啟 ch10_20.xlsx，將作用儲存格放在 E3。

2：　輸入公式 =PERCENTRANK($B$3:$B$8,D3)。

3：　拖曳 E3 的填滿控點到 E8。

▲	A	B	C	D	E	F	G
1							
2		陣列值		k	PERCENTRANK	PERCENTRANK.INC	PERCENTRANK.EXC
3		2		2	0		
4		5		5	0.2		
5		7		7	0.4		
6		9		9	0.6		
7		10		10	0.8		
8		14		14	1		

E3 　 fx =PERCENTRANK($B$3:$B$8,D3)

4：　在 F3 儲存格輸入公式 =PERCENTRANK.INC($B$3:$B$8,D3)。

5：　拖曳 F3 的填滿控點到 F8。

▲	A	B	C	D	E	F	G
1							
2		陣列值		k	PERCENTRANK	PERCENTRANK.INC	PERCENTRANK.EXC
3		2		2	0	0	
4		5		5	0.2	0.2	
5		7		7	0.4	0.4	
6		9		9	0.6	0.6	
7		10		10	0.8	0.8	
8		14		14	1	1	

F3 　 fx =PERCENTRANK.INC($B$3:$B$8,D3)

6：　在 G3 儲存格輸入公式 =PERCENTRANK.EXC($B$3:$B$8,D3)。

7：　拖曳 G3 的填滿控點到 G8。

| G3 | | : | × | ✓ | fx | =PERCENTRANK.EXC($B$3:$B$8,D3) | |

▲	A	B	C	D	E	F	G
1							
2		陣列值		k	PERCENTRANK	PERCENTRANK.INC	PERCENTRANK.EXC
3		2		2	0	0	0.142
4		5		5	0.2	0.2	0.285
5		7		7	0.4	0.4	0.428
6		9		9	0.6	0.6	0.571
7		10		10	0.8	0.8	0.714
8		14		14	1	1	0.857

讀者可以套上 PERCENTRANK.EXC 的公式計算，例如：計算 G3 儲存格方式如下，相當於 n = 6，k = 2 時，計算公式如下：

$$\frac{6+1-6}{6+1} = \frac{1}{7} = 0.142$$

10-3-9　VAR 與 VAR.S(新版本) 樣本變異數

語法英文：VAR.S(number1, [number2])

語法中文：VAR.S(數值1, [數值2], …)

❑ number1：必要，陣列、名稱參照或儲存格區間表示的數值，使用期間文字串、空白或邏輯值會被忽略。

❑ number2：選用，數值觀念和 number1 相同。

　　VAR 函數是舊版本，VAR.S 函數是新版本提供更精確的計算結果，這個函數是依照樣本計算樣本變異數 (variance)，變異數主要是計算數列中資料點的值與平均值之間的偏離程度，樣本變異數計算的公式如下：

$$VAR.S(x_1, x_2, ..., x_n) = \frac{1}{(n-1)} \sum_{i=1}^{n} (x_i - \bar{x})^2$$

註 1：總和結果除以 n-1。

註 2：$\bar{x}$ 表示數列資料點的平均值。

實例 ch10_21.xlsx 和 ch10_21_out.xlsx：計算明志科技大學學生智力測驗的樣本變異數。

1：　開啟 ch10_21.xlsx，將作用儲存格放在 H2。

2：　輸入公式 =VAR(B3:E5)。

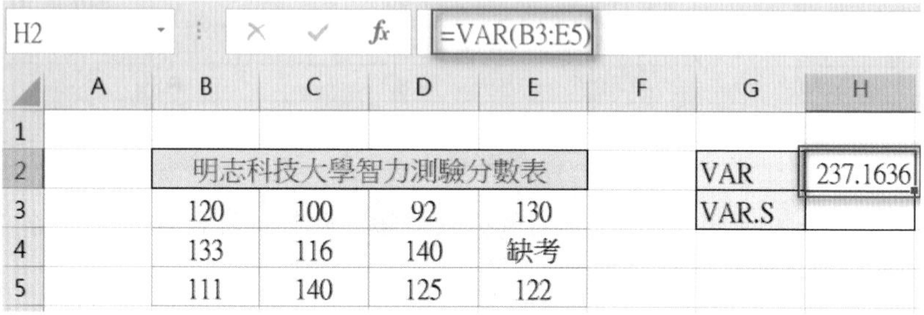

3：　將作用儲存格放在 H3。

4：　輸入公式 =VAR.S(B3:E5)。

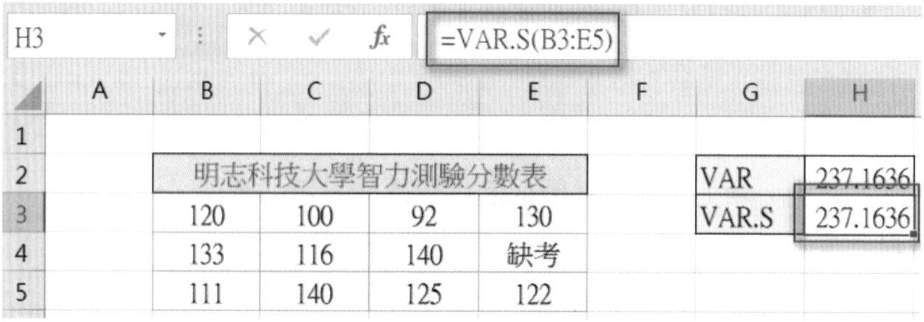

10-3-10　VARA 樣本變異數

語法英文：VARA(number1, [number2])

語法中文：VARA(數值1, [數值2], …)

❏ number1：必要，陣列、名稱參照或儲存格區間表示的數值。使用期間文字串、空白或邏輯值 FALSE 會被視為 0。邏輯值 TRUE 會被視為 1。

❏ number2：選用，數值觀念和 number1 相同。

實例 ch10_22.xlsx 和 ch10_22_out.xlsx：計算明志科技大學學生智力測驗的樣本變異數。

1： 開啟 ch10_22.xlsx，將作用儲存格放在 H2。

2： 輸入公式 =VARA(B3:E5)。

H2		⋮	×	✓	fx	=VARA(B3:E5)	
	A	B	C	D	E	F	G	H
1								
2		明志科技大學智力測驗分數表					VARA	1432.023
3		120	100	92	130			
4		133	116	140	缺考			
5		111	140	125	122			

上述雖然與 ch10_21.xlsx 使用相同的數據，但是因為 E4 的缺考字串會被視為 0，所以樣本變異數的結果有較大的偏離。

10-3-11　VARP 和 VAR.P 母體變異數

語法英文：VAR.P(number1, [number2])

語法中文：VAR.P(數值1, [數值2], …)

❑ number1：必要，陣列、名稱參照或儲存格區間表示的數值，使用期間文字串、空白或邏輯值會被忽略。

❑ number2：選用，數值觀念和 number1 相同。

VARP 函數是舊版本，VAR.P 函數是新版本提供更精確的計算結果，這個函數是依照樣本母體計算變異數 (variance)，母體變異數主要是計算數列中資料點的值與平均值之間的偏離程度，母體變異數計算的公式如下：

$$VAR.P(x_1, x_2, ..., x_n) = \frac{1}{n}\sum_{i=1}^{n}(x_i - \bar{x})^2$$

> 註　總和結果除以 n，這和 VAR.S 不同。

實例 ch10_23.xlsx 和 ch10_23_out.xlsx：計算明志科技大學學生智力測驗的母體變異數。

1：　開啟 ch10_23.xlsx，將作用儲存格放在 H2。

2：　輸入公式 =VARP(B3:E5)。

3：　將作用儲存格放在 H3。

4：　輸入公式 =VAR.P(B3:E5)。

10-3-12　VARPA 母體變異數

語法英文：VARPA(number1, [number2])

語法中文：VARPA(數值1, [數值2], …)

❑ number1：必要，陣列、名稱參照或儲存格區間表示的數值。與 VARP 的差異是，使用期間文字串、空白或邏輯值 FALSE 會被視為 0。邏輯值 TRUE 會被視為 1。

❑ number2：選用，數值觀念和 number1 相同。

實例 ch10_24.xlsx 和 ch10_24_out.xlsx：計算明志科技大學學生智力測驗的母體變異數。

1： 開啟 ch10_24.xlsx，將作用儲存格放在 H2。

2： 輸入公式 =VARPA(B3:E5)。

10-3-13　STDEV 和 STDEV.S 樣本標準差

語法英文：STDEV.S(number1, [number2])

語法中文：STDEV.S(數值1, [數值2], …)

❑ number1：必要，陣列、名稱參照或儲存格區間表示的數值，使用期間文字串、空白或邏輯值會被忽略。

❑ number2：選用，數值觀念和 number1 相同。

　　STDEV 函數是舊版本，STDEV.S 函數是新版本提供更精確的計算結果，這個函數是依照樣本計算樣本標準差 (Standard deviation)，樣本標準差主要是計算數列中的變異數，然後開平方根。也是反應數列內資料點的值與平均值之間的偏離程度，樣本標準差計算的公式如下：

$$STDEV.S(x_1, x_2, \ldots, x_n) = \sqrt{\frac{1}{(n-1)} \sum_{i=1}^{n}(x_i - \bar{x})^2}$$

註　根號內總和結果除以 n-1，這和 STDEV.P(10-3-15 節) 不同。

實例 ch10_25.xlsx 和 ch10_25_out.xlsx：計算明志科技大學學生智力測驗的樣本標準差。

1：　開啟 ch10_25.xlsx，將作用儲存格放在 H2。

2：　輸入公式 =STDEV(B3:E5)。

3：　將作用儲存格放在 H3。

4：　輸入公式 =STDEV.S(B3:E5)。

10-3-14　STDEVA 樣本標準差數

語法英文：STDEVA(number1, [number2])

語法中文：STDEVA(數值1, [數值2, …])

❑ number1：必要，陣列、名稱參照或儲存格區間表示的數值。與 STDEV 的差異是，使用期間文字串、空白或邏輯值 FALSE 會被視為 0。邏輯值 TRUE 會被視為 1。

❑ number2：選用，數值觀念和 number1 相同。

實例 ch10_26.xlsx 和 ch10_26_out.xlsx：計算明志科技大學學生智力測驗的樣本標準差。

1：　開啟 ch10_26.xlsx，將作用儲存格放在 H2。

2：　輸入公式 =STDEVA(B3:E5)。

H2	⋮	×	✓	fx	=STDEVA(B3:E5)		
	A	B	C	D	E	F	G	H
1								
2		明志科技大學智力測驗分數表					STDEVA	37.84208
3		120	100	92	130			
4		133	116	140	缺考			
5		111	140	125	122			

10-3-15　STDEVP 和 STDEV.P 母體標準差

語法英文：STDEV.P(number1, [number2])

語法中文：STDEV.P(數值1, [數值2], …)

❏ number1：必要，陣列、名稱參照或儲存格區間表示的數值，使用期間文字串、空白或邏輯值會被忽略。

❏ number2：選用，數值觀念和 number1 相同。

　　STDEVP 函數是舊版本，STDEV.P 函數是新版本提供更精確的計算結果，這個函數是依照樣本計算母體標準差 (Standard deviation)，母體標準差主要是計算數列中的變異數，然後開平方根。也是反應數列內資料點的值與平均值之間的偏離程度，母體標準差計算的公式如下：

$$STDEV.P(x_1, x_2, ..., x_n) = \sqrt{\frac{1}{n}\sum_{i=1}^{n}(x_i - \bar{x})^2}$$

註　根號內總和結果除以 n，這和 STDEV.S 不同。

實例 ch10_27.xlsx 和 ch10_27_out.xlsx：計算明志科技大學學生智力測驗的 母體標準差。

1： 開啟 ch10_27.xlsx，將作用儲存格放在 H2。

2： 輸入公式 =STDEVP(B3:E5)。

3： 將作用儲存格放在 H3。

4： 輸入公式 =STDEV.P(B3:E5)。

10-3-16　STDEVPA 母體標準差

語法英文：STDEVPA(number1, [number2])

語法中文：STDEVPA(數值1, [數值2], …)

❑ number1：必要，陣列、名稱參照或儲存格區間表示的數值。與 STDEVP 的差異是，使用期間文字串、空白或邏輯值 FALSE 會被視為 0。邏輯值 TRUE 會被視為 1。

❑ number2：選用，數值觀念和 number1 相同。

實例 ch10_28.xlsx 和 ch10_28_out.xlsx：計算明志科技大學學生智力測驗的母體標準差。

1： 開啟 ch10_28.xlsx，將作用儲存格放在 H2。

2： 輸入公式 =STDEVPA(B3:E5)。

H2				$\times$ $\checkmark$ fx	=STDEVPA(B3:E5)			
	A	B	C	D	E	F	G	H
1								
2		明志科技大學智力測驗分數表					STDEVPA	36.23103
3		120	100	92	130			
4		133	116	140	缺考			
5		111	140	125	122			

10-3-17　AVEDEV 絕對平均差的平均值

語法英文：AVEDEV(number1, [number2])

語法中文：AVEDEV(數值1, [數值2], …)

❑ number1：必要，陣列、名稱參照或儲存格區間表示的數值，使用期間文字串、空白或邏輯值會被忽略。

❑ number2：選用，數值觀念和 number1 相同。

　　AVEDEV 函數可以計算絕對平均差的平均值，這也是測量數據變化的函數，此函數計算的公式如下：

$$AVEDEV(x_1, x_2, \ldots, x_n) = \frac{1}{n} \sum_{i=1}^{n} |x_i - \bar{x}|$$

實例 ch10_29.xlsx 和 ch10_29_out.xlsx：計算明志科技大學學生智力測驗的絕對平均差的平均值。

1： 開啟 ch10_29.xlsx，將作用儲存格放在 H2。

2： 輸入公式 =AVEDEV(B3:E5)。

10-3-18　DEVSQ 計算資料點與平均值差異的平方和

語法英文：DEVSQ(number1, [number2])

語法中文：DEVSQ(數值1, [數值2], …)

❑ number1：必要，陣列、名稱參照或儲存格區間表示的數值，使用期間文字串、空白或邏輯值會被忽略。

❑ number2：選用，數值觀念和 number1 相同。

　　DEVSQ 函數主要是計算數列中資料點的值與平均值之間差異的平方和，這個公式也可以了解資料的偏離程度，此函數的計算公式如下：

$$DEVSQ(x_1, x_2, …, x_n) = \sum_{i=1}^{n} (x_i - \bar{x})^2$$

實例 ch10_30.xlsx 和 ch10_30_out.xlsx：計算明志科技大學學生智力測驗的 DEVSQ 值。

1：　開啟 ch10_30.xlsx，將作用儲存格放在 H2。

2：　輸入公式 =DEVSQ(B3:E5)。

10-3-19 SKEW/SKEW.P 計算資料的偏態

語法英文：SKEW(number1, [number1])

語法中文：SKEW(數值1, [數值2], …)

❏ number1：必要，陣列、名稱參照或儲存格區間表示的數值，使用期間文字串、空白或邏輯值會被忽略。

❏ number2：選用，數值觀念和 number1 相同。

　　偏態是統計數據分不偏斜方向和程度的測量，也可以說是以其平均值為中心的不對稱程度。正偏態也稱右偏分佈，是指有一個不對稱的尾端向正值方向延伸。負偏態也稱左偏分佈，是指有一個不對稱的尾端向負值方向延伸。

偏態 SKEW > 0　　　　　　偏態 SKEW = 0　　　　　　偏態 SKEW < 0

　　SKEW 函數主要是計算數列中資料點的樣本偏態值，計算公式如下：

$$\frac{n}{(n-1)(n-2)} \sum \left(\frac{x_i - \bar{x}}{s} \right)^3$$

- ● n 是樣本中的數據點數量。
- ● x_i 是樣本中的每個數據點。
- ● $\bar{x}$ 是樣本的平均值。
- ● s 是樣本標準差。

實例 ch10_31.xlsx 和 ch10_31_out.xlsx：計算簡單數據的樣本偏態，呈現正偏態的結果。

1： 開啟 ch10_31.xlsx，將作用儲存格放在 D3。

2： 輸入公式 =SKEW(B4:B13)。

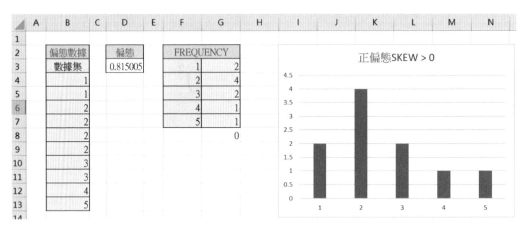

從上圖可以得到偏態值是 0.815005，我們可以使用 FREQUENCY 函數計算 1～5 之間的數目，最後使用直條圖就可以建立直方圖，由此直方圖可以看到數據呈現正偏態結果。下列是 ch10_31_out2.xlsx。

實例 ch10_32.xlsx 和 ch10_32_out.xlsx：計算簡單數據的偏態，呈現負偏態的結果。

1：　開啟 ch10_32.xlsx，將作用儲存格放在 D3。

2：　輸入公式 =SKEW(B4:B13)。

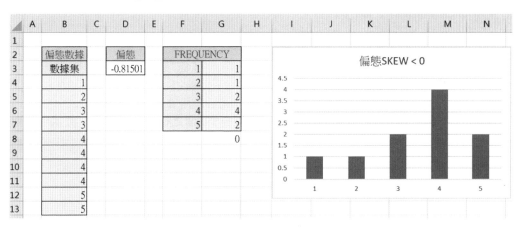

從上圖可以得到偏態值是 -0.815005，我們可以使用 FREQUENCY 函數計算 1 ～ 5 之間的數目，最後使用直條圖就可以建立直方圖，由此直方圖可以看到數據呈現負偏態結果。下列是 ch10_32_out2.xlsx。

SKEW.P 是函數計算總體偏態，其公式為：

$$\frac{1}{n}\sum\left(\frac{x_i-\mu}{\sigma}\right)^3$$

- n 是總體中的數據點數量。
- x_i 是總體中的每個數據點。
- μ 是總體的平均值。
- σ 是總體標準差。

SKEW 和 SKEW.P 差異如下：

❑　樣本 vs 總體：

- SKEW 用於數據樣本，考慮樣本數據的偏差校正。
- SKEW.P 用於數據總體，不需要偏差校正。

❑　公式

- SKEW 使用 $\dfrac{n}{(n-1)(n-2)}$ 當作校對因子。
- SKEW.P 直接使用 $\dfrac{1}{n}$。

10-3-20　KURT 計算資料的峰度值

語法英文：KURT(number1, [number2])

語法中文：KURT(數值1, [數值2], …)

❑　number1：必要，陣列、名稱參照或儲存格區間表示的數值，使用期間文字串、空白或邏輯值會被忽略。

❑　number2：選用，數值觀念和 number1 相同。

　　KURT 函數可以計算數據集的峰度值，所謂的峰度值是在常態分佈下，數據集相對尖峰集中或平坦分布的程度，正峰度值表示相對較尖峰集中突起，負峰度值表示相對尖峰較為平坦。

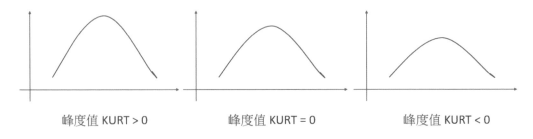

峰度值 KURT > 0　　　　　峰度值 KURT = 0　　　　　峰度值 KURT < 0

KURT 函數主要是計算數列中資料點的峰度值，計算公式如下：

$$KURT(x_1, x_2, \ldots, x_n) = \frac{n(n+1)}{(n-1)(n-2)(n-3)} \sum_{i=1}^{n} \left(\frac{x_i - \bar{x}}{S}\right)^4 - \frac{3(n-1)^2}{(n-2)(n-3)}$$

註 S 是數據的標準差。

實例 ch10_33.xlsx 和 ch10_33_out.xlsx：計算天氣數據的峰度值。

1： 開啟 ch10_33.xlsx，將作用儲存格放在 G2。

2： 輸入公式 =KURT(C4:C15)。

G2			×	✓	f_x	=KURT(C4:C15)	
	A	B	C	D	E	F	G
1							
2			KURT圖表			台北峰度值KURT	-1.2228
3		月份	台北均溫	黃刀鎮均溫		黃刀鎮峰度值KURT	
4		一月	15	-30			
5		二月	16	-22			
6		三月	20	-5			
7		四月	23	2			
8		五月	27	8			
9		六月	28	15			
10		七月	33	35			
11		八月	31	29			
12		九月	29	10			
13		十月	25	-8			
14		十一月	22	-19			
15		十二月	17	-33			

3： 將作用儲存格放在 G3。

4： 輸入公式 =KURT(D4:D15)。

10-4　綜合應用

10-4-1　業績考核 1

實例 ch10_34.xlsx 和 ch10_34_out.xlsx：業績成績考核，如果業績大於 60% 則回應優良，否則回應加油。

1：　首先計算 60% 的業績是多少，請開啟 ch10_34.xlsx，將作用儲存格放在 G4。

2：　輸入公式 =PERCENTILE.INC(C4:C13,F4)。

3：　將作用儲存格放在 D4。

4：　輸入公式 =IF(C4>$G$4," 優良 "," 加油 ")。

5：　拖曳 D4 儲存格的填滿控點到 D13。

10-4-2　業績考核 2

實例 ch10_35.xlsx 和 ch10_35_out.xlsx：業績成績考核，如果業績大於或等於 80% 則回應優良，否則回應 "-"。

1：　請開啟 ch10_35.xlsx，將作用儲存格放在 D4。

2：　輸入公式 =PERCENTRANK($C$4:$C$13,C4)。

3：　拖曳 D4 儲存格的填滿控點到 D13。

D4				f_x	=PERCENTRANK($C$4:$C$13,C4)		
	A	B	C	D	E	F	G
1							
2		2025年外銷業績表					
3		國家	業績	評比	年終考核		
4		洪冰儒	88000	77.70%			
5		洪雨星	66000	66.60%			
6		洪星宇	9000	11.10%			
7		洪冰雨	120000	88.80%			
8		郭孟華	35000	44.40%			
9		陳新華	22000	22.20%			
10		謝冰	800	0.00%			
11		張家華	150000	100.00%			
12		許允	50000	55.50%			
13		趙永	25000	33.30%			

4： 將作用儲存格放在 E4。

5： 輸入公式 =IF(D4>=0.8," 優良 ","-")。

6： 拖曳 E4 儲存格的填滿控點到 E13。

E4				f_x	=IF(D4>=0.8,"優良","-")	
	A	B	C	D	E	F
1						
2		2025年外銷業績表				
3		國家	業績	評比	年終考核	
4		洪冰儒	88000	77.70%	-	
5		洪雨星	66000	66.60%	-	
6		洪星宇	9000	11.10%	-	
7		洪冰雨	120000	88.80%	優良	
8		郭孟華	35000	44.40%	-	
9		陳新華	22000	22.20%	-	
10		謝冰	800	0.00%	-	
11		張家華	150000	100.00%	優良	
12		許允	50000	55.50%	-	
13		趙永	25000	33.30%	-	

第 11 章

Excel 函數應用在迴歸分析

本章所介紹建立迴歸直線或曲線，計算相關係數、甚至銷售數據預測的內容，也是當今顯學機器學習的基礎。

11-1　用 Excel 完成迴歸分析

當兩組數據呈現直線相關時，我們就可以使用 y = bx + a 的迴歸公式表示彼此的關係，這一節筆者將直接使用 Excel 的內建功能完成簡單的迴歸分析。

實例 ch11_1.xlsx 和 ch11_1_out.xlsx：這是一個冰鎮飲料在一定溫度條件下的營業額，讀者可以將溫度與營業額視為兩組數據，筆者將建立此兩組數據的散佈圖，同時建立迴歸直線，最後在圖表顯示此迴歸直線公式。

1：　開啟 ch11_1.xlsx。

2：　選取 C4:D13 儲存格區間。

3：　執行插入 / 圖表 / 散佈圖。

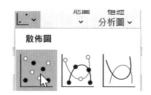

4：　圖表標題改為冰鎮飲料迴歸分析，可以得到下列結果。

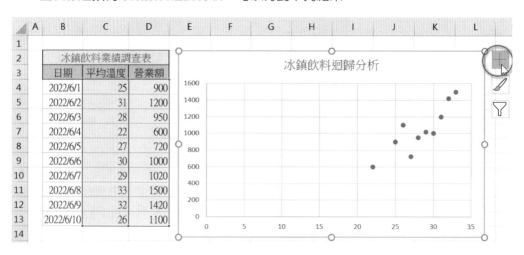

5： 點選圖表項目鈕 ╋ ，執行趨勢線 / 其他選項。

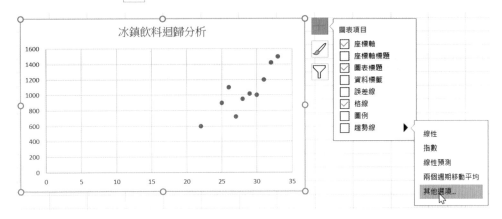

6： 在趨勢線選項欄位選擇線性，

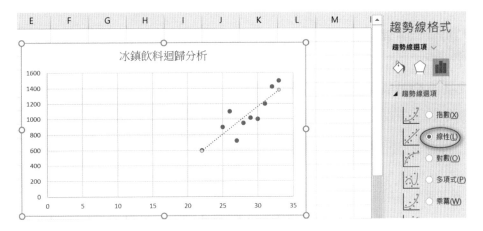

7： 往下捲動框選擇在圖表上顯示方程式。

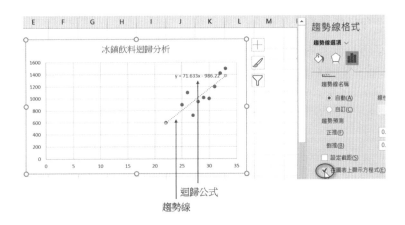

迴歸公式

趨勢線

8：　下列是筆者建立 X 和 Y 軸標題，同時將迴歸公式拖曳至比較明顯的地方的結果。

11-2　計算共變數

11-2-1　COVAR 計算母體共變數

語法英文：COVAR(array1, array2)

語法中文：COVAR(陣列1, 陣列2)

❑ array1：必要，陣列或儲存格區間表示數值，數值以外的文字和空白儲存格，這些會被忽略。

❑ array2：必要，陣列，與 array1 觀念相同。

註　使用上述函數時，如果 array1 和 array2 數據點數不同會產生 #N/A 錯誤，如果 array1 和 array2 是空值會產生 #DIV/0 的錯誤。

　　COVAR 函數是計算母體共變數，計算方式是兩組數據集的成對資料點差異成績的平均值，這可以判斷兩組數據集之間的關係，母體共變數的數學公式如下：

$$COVAR(X,Y) = S_{x,y} = \frac{1}{n}\sum (x - \bar{x})(y - \bar{y})$$

註　上述 $\bar{x}$ 代表 X 陣列的平均值，$\bar{y}$ 代表 Y 陣列的平均值，n 是樣本數，新版函數是 COVARIANCE.P 函數，實例可以參考 11-2-3 節。

11-2-2　COVARIANCE.P 母體共變數

語法英文：COVARIANCE.P(array1, array2)

語法中文：COVARIANCE.P(陣列1, 陣列2)

❏ array1：必要，陣列或儲存格區間表示數值，數值以外的文字和空白儲存格，這些會被忽略。

❏ array2：必要，陣列，與 array1 觀念相同。

🈺 使用上述函數時，如果 array1 和 array2 數據點數不同會產生 #N/A 錯誤，如果 array1 和 array2 是空值會產生 #DIV/0 的錯誤。

COVARIANCE.P 函數是 COVAR 函數的新版，主要是計算母體共變數。母體共變數會產生下列 2 種關係：

共變數	說明
正值	正向關係，一個變數隨另一個變數增加或減少
負值	負向關係，一個變數增加 (減少) 另一個變數減少 (增加)

實例可以參考 11-2-3 節。

11-2-3　COVARIANCE.S 樣本共變數

語法英文：COVARIANCE.S(array1, array2)

語法中文：COVARIANCE.S(陣列1, 陣列2)

❏ array1：必要，陣列或儲存格區間表示數值，數值以外的文字和空白儲存格，這些會被忽略。

❏ array2：必要，陣列，與 array1 觀念相同。

🈺 使用上述函數時，如果 array1 和 array2 數據點數不同會產生 #N/A 錯誤，如果 array1 和 array2 是空值會產生 #DIV/0 的錯誤。

COVARIANCE.S 函數是計算樣本共變數，計算方式是兩組數據集的成對資料點差異成績的平均值，這可以判斷兩組數據集之間的關係，樣本共變數的數學公式如下：

$$COVARIANCE.S(X,Y) = S_{x,y} = \frac{1}{n-1} \sum (x - \bar{x})(y - \bar{y})$$

實例 ch11_2.xlsx 和 ch11_2_out.xlsx：計算超商天氣溫度與飲料銷量的母體共變數與樣本共變數。

1：　開啟 ch11_2.xlsx，將作用儲存格放在 E2。

2：　輸入公式 =COVAR(B4:B9,C4:C9)。

E4			:	×	✓	fx	=COVAR(B4:B9,C4:C9)	
	A	B	C	D	E	F	G	
1								
2		超商飲料銷量						
3		溫度	營業額		COVAR	COVARIANCE.P	COVARIANCE.S	
4		15	600		2000			
5		18	700					
6		21	800					
7		24	1000					
8		27	1300					
9		30	1800					

3：　將作用儲存格放在 F3。

4：　輸入公式 =COVARIANCE.P(B4:B9,C4:C9)。

F4			:	×	✓	fx	=COVARIANCE.P(B4:B9,C4:C9)	
	A	B	C	D	E	F	G	
1								
2		超商飲料銷量						
3		溫度	營業額		COVAR	COVARIANCE.P	COVARIANCE.S	
4		15	600		2000	2000		
5		18	700					
6		21	800					
7		24	1000					
8		27	1300					
9		30	1800					

5：　將作用儲存格放在 G3。

6：　輸入公式 =COVARIANCE.S(B4:B9,C4:C9)。

G4		:	×	✓	fx	=COVARIANCE.S(B4:B9,C4:C9)	

	A	B	C	D	E	F	G
1							
2		超商飲料銷量					
3		溫度	營業額		COVAR	COVARIANCE.P	COVARIANCE.S
4		15	600		2000	2000	2400
5		18	700				
6		21	800				
7		24	1000				
8		27	1300				
9		30	1800				

> 註 上述共變數基本上是 2 組數據間的乘績，其實不能代表 2 組數據間的相關強度，如果要計算 2 組數據間相關強度必須使用 CORREL 函數。

11-3 計算相關係數函數

11-3-1 CORREL 計算兩變數的相關係數

語法英文：CORREL(array1, array2)

語法中文：CORREL(陣列1, 陣列2)

❑ array1：必要，陣列或儲存格區間表示數值，數值以外的文字和空白儲存格，這些會被忽略。

❑ array2：必要，陣列，與 array1 觀念相同。

> 註 使用上述函數時，如果 array1 和 array2 數據點數不同會產生 #N/A 錯誤，如果 array1 和 array2 是空值會產生 #DIV/0 的錯誤。
>
> CORREL 函數計算相關係數的數學公式如下：

$$CORREL(X,Y) = \frac{S_{x,y}}{\sigma_x * \sigma_y} = \frac{COVAR(X,Y)}{STDEV(X) * STDEV(Y)} = \frac{\sum(x-\bar{x})(y-\bar{y})}{\sqrt{\sum(x-\bar{x})^2 \sum(y-\bar{y})^2}}$$

> 註 上述 $\bar{x}$ 代表 X 陣列的平均值，$\bar{y}$ 代表 Y 陣列的平均值。

相關係數值是在 -1 (含) 和 1 (含) 之間，有下列 3 種情況：

1： >= 0，表示正相關。

2： = 0，表示無關。

3： <= 0，表示負相關。

如果相關係數的絕對值小於 0.3 表示低度相關，介於 0.3 和 0.7 之間表示中度相關，大於 0.7 表示高度相關。

實例 ch11_3.xlsx 和 ch11_3_out.xlsx：計算超商天氣溫度與飲料銷量的相關係數。

1：　開啟 ch11_3.xlsx，將作用儲存格放在 C10。

2：　輸入公式 =CORREL(B4:B9,C4:C9)。

	A	B	C	D	E	F
1						
2		超商飲料銷量				
3		溫度	營業額			
4		15	600			
5		18	700			
6		21	800			
7		24	1000			
8		27	1300			
9		30	1800			
10		相關係數	0.949871			

C10　fx =CORREL(B4:B9,C4:C9)

從上述計算結果可以得到，飲料銷售與天氣溫度有高度相關。

11-3-2　PEARSON 求皮爾森相關係數

語法英文：PEARSON(array1, array2)

語法中文：PEARSON(陣列1, 陣列2)

❑ array1：必要，陣列或儲存格區間表示數值，數值以外的文字和空白儲存格會被忽略。

❑ array2：必要，陣列，與 array1 觀念相同。

> 註 使用上述函數時，如果 array1 和 array2 數據點數不同會產生 #N/A 錯誤，如果 ar-ray1 和 array2 是空值會產生 #DIV/0 的錯誤。

PEARSON 函數計算相關係數的數學公式如下：

$$PEARSON(X,Y) = \frac{S_{x,y}}{\sigma_x * \sigma_y} = \frac{COVAR(X,Y)}{STDEV(X) * STDEV(Y)} = \frac{\sum(x-\bar{x})(y-\bar{y})}{\sqrt{\sum(x-\bar{x})^2 \sum(y-\bar{y})^2}}$$

因為數學公式與 CORREL 函數相同，所以計算結果也是相同。

> 註 上述 $\bar{x}$ 代表 X 陣列的平均值，$\bar{y}$ 代表 Y 陣列的平均值。

實例 ch11_4.xlsx 和 ch11_4_out.xlsx：計算超商天氣溫度與飲料銷量的 PEARSON 相關係數。

1： 開啟 ch11_4.xlsx，將作用儲存格放在 C11。

2： 輸入公式 =PEARSON(B4:B9,C4:C9)。

	超商飲料銷量	
	溫度	營業額
	15	600
	18	700
	21	800
	24	1000
	27	1300
	30	1800
相關係數	0.949871	
PEARSON	0.949871	

11-3-3　FISHER 求費雪轉換值

語法英文：FISHER(x)

語法中文：FISHER(x)

☐ x：必要，這是要轉換的數值，也就是相關係數，如果 x 是非數值會產生 #VALUE! 錯誤，如果 x 不是在 -1（含）和 1（含）之間會產生 #NUM! 錯誤。

FISHER 函數計算費雪轉換的數學公式如下：

$$FISHER(x) = \frac{1}{2} ln \left(\frac{1+x}{1-x} \right)$$

上述公式其實就是雙曲反正切函數 ATANH 函數，所以可以擴充上述數學公式如下：

$$FISHER(x) = \frac{1}{2} ln \left(\frac{1+x}{1-x} \right) = ATANH(x)$$

上述費雪轉換可以產生一個常態分佈函數，然後完成相關的假設檢驗。

實例 ch11_5.xlsx 和 ch11_5_out.xlsx：計算超商天氣溫度與飲料銷量的費雪轉換值。

1：　開啟 ch11_5.xlsx，將作用儲存格放在 C11。

2：　輸入公式 =FISHER(C10)。

C11		⋮	× ✓ *fx*	=FISHER(C10)	
	A	B	C	D	E
1					
2		超商飲料銷量			
3		溫度	營業額		
4		15	600		
5		18	700		
6		21	800		
7		24	1000		
8		27	1300		
9		30	1800		
10		相關係數	0.949871		
11		FISHER	1.830463		

11-3-4 FISHERINV 求費雪轉換的反函數值

語法英文：FISHERINV(y)

語法中文：FISHERINV(y)

☐ y：必要，這是要轉換的數值，也就是費雪轉換值，如果 y 是非數值會產生 #VALUE! 錯誤。

假設 y 是費雪轉換值，則 FISHERINV 函數計算費雪轉換反函數值的數學公式如下：

$$FISHERINV(y) = \frac{e^{2y} - 1}{e^{2y} + 1} = TANH(y)$$

上述費雪轉換反函數值的計算結果就是相關係數。

實例 ch11_6.xlsx 和 ch11_6_out.xlsx：使用費雪轉換的反函數值得到相關係數。

1： 開啟 ch11_6.xlsx，將作用儲存格放在 C12。

2： 輸入公式 =FISHERINV(C11)。

從上述 C10 與 C12 儲存格可以看到值相同，也就是證明了 FISHERINV 函數可以得到相關係數。

11-4 直線迴歸函數

11-4-1 SLOPE 計算線性迴歸直線的斜率

語法英文：SLOPE(known_y's, known_x's)

語法中文：SLOPE(已知y值, 已知x值)

❑ known_y's：必要，已知 y 值，數據以陣列或儲存格區間表示，數值以外的文字、邏輯值和空白儲存格會被忽略，如果數據內有無法轉換成數字的文字會產生錯誤。

❑ known_x's：必要，已知 x 值，數據以陣列或儲存格區間表示，數值以外的文字、邏輯值和空白儲存格會被忽略，如果數據內有無法轉換成數字的文字會產生錯誤。

註　使用上述函數時，如果 known_y's 和 known_x's 數據點數不同，以及如果 known_y's 和 known_x's 是空值會產生 #N/A 的錯誤。假設迴歸直線公式如下：

y = ax + b

對於上述公式而言，a 是斜率，b 是截距。SLOPE 函數可以計算直線迴歸的斜率，數學公式如下：

$$a = \frac{\sum(x - \bar{x})(y - \bar{y})}{\sum(x - \bar{x})^2}$$

註　上述 $\bar{x}$ 代表 X 陣列的平均值，$\bar{y}$ 代表 Y 陣列的平均值。

實例 ch11_7.xlsx 和 ch11_7_out.xlsx：使用與 ch11_1.xlsx 相同的數據計算斜率。這是一個冰鎮飲料在一定溫度條件下的營業額，讀者可以將溫度與營業額視為兩組數據，筆者將計算此兩組數據的斜率。

1： 開啟 ch11_7.xlsx，將作用儲存格放在 G2。

2： 輸入公式 =SLOPE(D4:D13,C4:C13)。

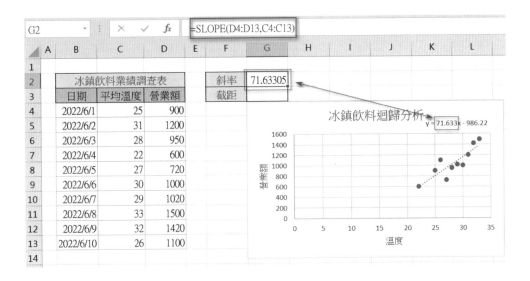

從上述可以得到斜率 71.63305，這個值與 ch11_1.xlsx 所得到的相同。

11-4-2 INTERCEPT 計算迴歸直線的截距

語法英文：INTERCEPT(known_y's, known_x's)

語法中文：INTERCEPT(已知y值, 已知x值)

❑ known_y's：必要，已知 y 值，數據以陣列或儲存格區間表示，數值以外的文字、邏輯值和空白儲存格會被忽略，如果數據內有無法轉換成數字的文字會產生錯誤。

❑ known_x's：必要，已知 x 值，數據以陣列或儲存格區間表示，數值以外的文字、邏輯值和空白儲存格會被忽略，如果數據內有無法轉換成數字的文字會產生錯誤。

註 使用上述函數時，如果 known_y's 和 known_x's 數據點數不同，以及如果 known_y's 和 known_x's 是空值會產生 #N/A 的錯誤。假設迴歸直線公式如下：

y = ax + b

對於上述公式而言，a 是斜率，b 是截距。SLOPE 函數可以計算直線迴歸的截距，斜率的數學公式如下：

$$a = \frac{\sum (x - \bar{x})(y - \bar{y})}{\sum (x - \bar{x})^2}$$

截距的數學公式如下：

$$b = \bar{y} - a\bar{x}$$

註 上述 $\bar{x}$ 代表 X 陣列的平均值，$\bar{y}$ 代表 Y 陣列的平均值。

實例 ch11_8.xlsx 和 ch11_8_out.xlsx：使用與 ch11_7.xlsx 相同的數據計算截距。這是一個冰鎮飲料在一定溫度條件下的營業額，讀者可以將溫度與營業額視為兩組數據，筆者將計算此兩組數據的截距。

1：　開啟 ch11_8.xlsx，將作用儲存格放在 G3。

2：　輸入公式 =INTERCEPT(D4:D13,C4:C13)。

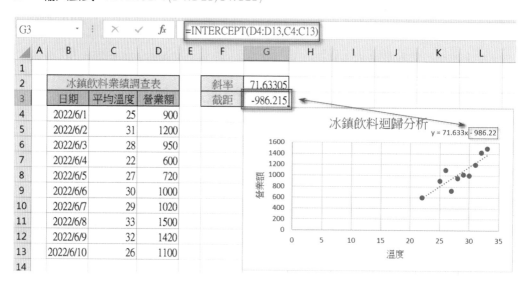

11-4-3　LINEST 計算迴歸直線的係數

語法英文：LINEST(known_y's, [known_x's], [const], [stats])

語法中文：LINEST(已知y值, [已知x值], [const], [stats])

❏ known_y's：必要，這是 y = mx + b 的已知 y 值，數據以陣列或儲存格區間表示，如果數據內有無法轉換成數字的文字會產生錯誤。

❏ [known_x's]：選用，這是 y = mx + b 的已知 x 值，數據以陣列或儲存格區間表示，如果數據內有無法轉換成數字的文字會產生錯誤。

❑ const：選用，這是 y = mx + b，設定是否常數項 b 等於 0 的邏輯值。如果 const 是 TRUE 或省略，b 是以正常方式計算。如果 const 是 FALSE，b 將設為 0，同時調整 y = mx。

❑ [stats]：選用，這是設定是否要回傳額外迴歸統計值的邏輯 TRUE 或 FALSE 設定。如果 stats 是 FALSE 或省略，則只回傳 m 係數和常數 b。如果是 TRUE，則回傳下列迴歸的統計值。

{mn, mn-1, ⋯, m1, b, sen, sen-1, ⋯, se1, seb, r^2, sey, F, df, ssreg, ssreid}

統計值	說明
se1, se2, ⋯, sen	係數 m1, m2, ⋯, ms 的標準差
seb	常數 b 的標準差，當 const 為 FALSE 時，seb=#N/A
r^2	決定係數，r 是 y 的估計值與實際值的比，值在 0～1 之間
sey	y 估計值的標準差
F	F 統計值可以決定自變數和因變數間的關係是否巧合
df	自由度，可以在表格中找出 F 臨界值
ssreg	迴歸平方和
ssresid	剩餘 (殘差) 平方和

下圖是迴歸統計值傳回的次序。

	A	B	C	D	E	F
1	mn	mn-1	⋯	m2	m1	b
2	sen	sen-1		se2	se1	seb
3	r^2	sey				
4	F	df				
5	ssreg	ssresid				

註 使用上述函數時，如果 known_y's 和 known_x's 數據點數不同，以及如果 known_y's 和 known_x's 是空值會產生 #N/A 的錯誤。假設迴歸直線公式如下：

y = mx + b

或

y = m1x1 + m2x2 + ⋯ + b

上述 x 是自變數，y 是因變數，m 是斜率也是對應每個 x 值的係數，b 是常數。LINEST 函數回傳的陣列是 {mn, mn-1, …, m1, b}。

11-4-3-1　LINEST 函數基礎應用

實例 ch11_9.xlsx 和 ch11_9_out.xlsx：使用與 ch11_8.xlsx 相同的數據計算迴歸直線係數。這是一個冰鎮飲料在一定溫度條件下的營業額，讀者可以將溫度與營業額視為兩組數據，筆者將計算此兩組數據的迴歸直線係數。

1：　開啟 ch11_9.xlsx，將作用儲存格放在 G5。

2：　輸入公式 =LINEST(D4:D13,C4:C13)。

11-4-3-2　簡單線性迴歸的數據預估

實例 ch11_10.xlsx 和 ch11_10_out.xlsx：有一組數據分別是 1 月至 6 月的實際業績，請預估 7 月份的業績。

1：　開啟 ch11_10.xlsx，將作用儲存格放在 F4。

2：　輸入公式 =SUM(LINEST(C4:C9,B4:B9)*{7,1})。

F4			✕ ✓ fx	=SUM(LINEST(C4:C9,B4:B9)*{7,1})		
	A	B	C	D	E	F	G

	A	B	C	D	E	F	G
1							
2		業績表				業績預估表	
3		月份	營業額			月份	預估業績
4		1	3000			7	9693.3333
5		2	4000				
6		3	4200				
7		4	5400				
8		5	7800				
9		6	8800				

11-4-3-3 迴歸直線係數

實例 ch11_11.xlsx 和 ch11_11_out.xlsx：使用 ch11_9.xlsx 的數據，回傳迴歸直線係數。

1： 開啟 ch11_11.xlsx，將作用儲存格放在 F9。

2： 輸入公式 =LINEST(D4:D13,C4:C13),TRUE,TRUE)。

F9			✕ ✓ fx	=LINEST(D4:D13,C4:C13,TRUE,TRUE)	

	A	B	C	D	E	F	G
1							
2		冰鎮飲料業績調查表				斜率	71.63304515
3		日期	平均溫度	營業額		截距	-986.2151777
4		2022/6/1	25	900		斜率	截距
5		2022/6/2	31	1200		斜率標準差	截距標準差
6		2022/6/3	28	950		決定係數	y估計值的標準差
7		2022/6/4	22	600		F值	自由度
8		2022/6/5	27	720		迴歸平方和	殘差平方和
9		2022/6/6	30	1000		71.63304515	-986.2151777
10		2022/6/7	29	1020		14.56717778	414.9217094
11		2022/6/8	33	1500		0.751406853	148.6280518
12		2022/6/9	32	1420		24.18109628	8
13		2022/6/10	26	1100		534167.6177	176722.3823

11-4-4　FORECAST 和 FORECAST.LINEAR 數據預測

語法英文：FORECAST.LINEAR(x, known_y's, [known_x's])

語法中文：FORECAST.LINEAR(x, 已知y值, [已知x值])

❑ x：必要，這是要預測的資料點。

❑ known_y's：必要，這是 y = mx + b 的已知 y 值，數據以陣列或儲存格區間表示，如果數據內有無法轉換成數字的文字會產生錯誤。

❑ [known_x's]：選用，這是 y = mx + b 的已知 x 值，數據以陣列或儲存格區間表示，如果數據內有無法轉換成數字的文字會產生錯誤。

　　FORECAST 是舊版函數，鼓勵讀者使用 FORECAST.LINEAR 函數取代，對這個函數而言，x 變數只有一個，所以線性公式如下：

　　y = ax + b

　　如果有多個變數，想要多個數據預測結果，建議使用 TREND 函數。

11-4-4-1　基礎數據預估

實例 ch11_12.xlsx 和 ch11_12_out.xlsx：有一組數據分別是 1 月至 6 月的實際業績，請預估 7 月至 12 月的業績。

1：　開啟 ch11_12.xlsx，將作用儲存格放在 F4。

2：　輸入公式 =FORECAST.LINEAR(E4,$C$4:$C$9,$B$4:$B$9)。

3：　拖曳 F4 的填滿控點到 F9，可以得到下列結果。

註　上述若是使用 FORECAST 函數也可以獲得一樣的結果，讀者可以參考 ch11_12_out2.xlsx。

11-4-4-2　數據預估與殘差值

在做迴歸分析時，將實際值減去預測值結果就是殘差值。

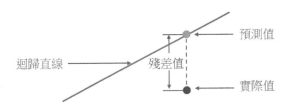

實例 ch11_13.xlsx 和 ch11_13_out.xlsx：有一組數據分別是 1 月至 6 月的實際業績，我們使用 FORECAST_LINEAR 函數建立此業績預估值，同時計算殘差值。

1：　開啟 ch11_13.xlsx，將作用儲存格放在 F4。

2：　輸入公式 =FORECAST.LINEAR(E4,$C$4:$C$9,$B$4:$B$9)。

3：　拖曳 F4 的填滿控點到 F9，可以得到下列結果。

F4		× ✓ fx	=FORECAST.LINEAR(E4,$C$4:$C$9,$B$4:$B$9)				
	A	B	C	D	E	F	G	H
1								
2		業績表				業績預估表		
3		月份	營業額		月份	預估業績	殘差值	
4		1	3000		1	2561.9048		
5		2	4000		2	3750.4762		
6		3	4200		3	4939.0476		
7		4	5400		4	6127.619		
8		5	7800		5	7316.1905		
9		6	8800		6	8504.7619		

4：　將作用儲存格放在 G4。

5：　輸入公式 =C4-F4。

6：　拖曳 G4 的填滿控點到 G9，可以得到下列結果。

11-4-5　FORECAST.ETS/FORECAST.ETS.STAT 平滑法線性預測

語法英文：FORECAST.ETS(target_date, values, timeline, [seasonality], [data_completion], [aggregation])

語法中文：FORECAST.ETS(目標日期, 值, 時間軸, [季節], [資料完成], [聚合方法])

❏ target_date：必要，要預測的將來的日期。

❏ values：必要，包含已知數值的陣列或範圍。

❏ timeline：必要，與 values 對應的日期或時間範圍。

❏ [seasonality]：選用，指示是否有季節性。自動（0）或指定週期（正整數）。

❏ [data_completion]：選用，處理缺失數據的方法。0 代表缺失值為零，1 代表使用插值法。

❏ [aggregation]：選用，多個相同時間戳的數據的聚合方法，預設為平均值。

　　FORECAST.ETS 函數以時間序列數據，使用三重指數平滑法（ETS）來預測未來的數值。它特別適合具有季節性模式的數據，並且可以自動檢測最佳的季節性周期。

實例 ch11_13_1.xlsx 和 ch11_13_1_out.xlsx：依據 1～4 月銷售數據，並希望預測下一個月的銷售額。

1：　開啟 ch11_13_1.xlsx，將作用儲存格放在 B6。

2：　輸入公式 =FORECAST.ETS(A6,B2:B5,A2:A5)。

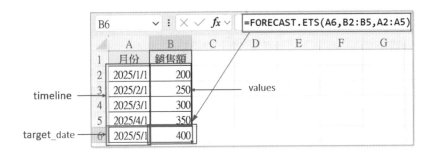

上述介紹了平滑法的線性預設，FORECAST.ETS.STAT 函數用於返回依據指數平滑法（ETS）模型計算的各種統計數據，這些統計數據可以幫助評估預測模型的質量和特徵。此函數的語法如下：

語法：FORECAST.ETS.STAT(values, timeline, statistic_type, [seasonality], [data_completion], [aggregation])

上述語法參數意義與 FORECASE.ETS 相同，但是少了 target_date 參數，同時需要增加 statistic_type 參數，意義如下：

- 1：Alpha 值，平滑常數，用於檢測數據中的趨勢。
- 2：Beta 值，平滑常數，用於檢測趨勢變化。
- 3：Gamma 值，平滑常數，用於檢測數據中的季節性變化。
- 4：MSE（均方誤差），預測值與實際值之間差異的平方的平均值。MSE 越小，模型預測效果越好。
- 5：RMSE（均方根誤差），MSE 的平方根，表示預測誤差的標準差。
- 6：MASE（平均絕對標準化誤差），標準化的平均絕對誤差，表示預測精度。
- 7：MAPE（平均絕對百分比誤差），預測誤差的平均百分比，表示預測值與實際值之間的百分比誤差。
- 8：SMAPE（對稱平均絕對百分比誤差），一種改進的 MAPE，減少了在數值較小時產生的誤差偏差。

函數會回傳指定類型的統計數據，用於評估 ETS 預測模型的質量和特徵。

實例 ch11_13_2.xlsx 和 ch11_13_2_out.xlsx：假設我們有以下銷售數據，並希望計算預測模型的 MSE（均方誤差）。

1：　開啟 ch11_13_2.xlsx，將作用儲存格放在 D2。

2：　輸入公式 =FORECAST.ETS.STAT(B2:B13,A2:A13,4)。

D2				f_x	=FORECAST.ETS.STAT(B2:B13,A2:A13,4)			
	A	B	C	D	E	F	G	H
1	月份	銷售金額		均方誤差				
2	2023/1/1	200		1.142544				
3	2023/2/1	250						
4	2023/3/1	300						
5	2023/4/1	350						
6	2023/5/1	400						
7	2023/6/1	450						
8	2023/7/1	300						
9	2023/8/1	200						
10	2023/9/1	150						
11	2023/10/1	100						
12	2023/11/1	250						
13	2023/12/1	300						

上述得到均方誤差是 1.142544，表示預測值與實際值之間的平方誤差的平均值為 1.142544。這是一個相對較小的 MSE 值，通常表示模型有不錯的預測精度。

11-4-6　FORECAST.ETS.SEASONALITY 季節性長度

語法英文：FORECAST.ETS.SEASONALITY(values, timeline, [data_completion])

語法中文：FORECAST.ETS.SEASONALITY(數值, 日期範圍, [方法])

❑ values：必要，包含已知數值的陣列或範圍，這些數值是您要進行季節性檢測的數據。

❑ timeline：必要，與 values 對應的日期或時間範圍，這些日期或時間應該具有一致的間隔。

❑ [data_completion]：選用，處理缺失數據的方法。0 表示缺失值為零，1 表示使用插值法。默認值為 1。

FORECAST.ETS.SEASONALITY 函數可返回根據給定時間序列自動檢測的季節性長度。

實例 ch11_13_3.xlsx 和 ch11_13_3_out.xlsx：檢測季節性周期。

1： 開啟 ch11_13_3.xlsx，將作用儲存格放在 D2。

2： 輸入公式 =FORECAST.ETS.SEASONALITY(B2:B13,A2:A13)。

	A	B	C	D	E	F	G	H
1	月份	銷售額		季節性週期				
2	2025/1/1	200		3				
3	2025/2/1	250						
4	2025/3/1	400						
5	2025/4/1	150						
6	2025/5/1	220						
7	2025/6/1	450						
8	2025/7/1	180						
9	2025/8/1	250						
10	2025/9/1	300						
11	2025/10/1	160						
12	2025/11/1	250						
13	2025/12/1	380						

公式列：=FORECAST.ETS.SEASONALITY(B2:B13,A2:A13)

註 此函數如果回傳是 0，表示數據不足檢測不出來。

11-4-7 FORECAST.ETS.CONFINT 計算預測值的信賴區間

語法英文：FORECAST.ETS.CONFINT(target_date, values, timeline, [confidence_level], [seasonality], [data_completion], [aggregation])

語法中文：FORECAST.ETS.CONFINT(未來日期, 數值, 日期範圍, [信賴區間], [季節性], [方法], [聚合方法])

❏ target_date：必要，要預測的未來日期。

❏ values：必要，包含已知數值的陣列或範圍。

❏ timeline：必要，與 values 對應的日期或時間範圍。

❏ [confidence_level]：選用，信賴區間，介於 0 到 1 之間的數值，預設為 0.95（95%）。

❏ [seasonality]：選用，指示是否有季節性。自動（0）或指定週期（正整數）。

❑ [data_completion]：選用，處理缺失數據的方法。0 表示缺失值為零，1 表示使用插值法。預設為 1。

❑ [aggregation]：選用，多個相同時間戳的數據的聚合方法。預設為平均值。

　　FORECAST.ETS.CONFINT 函數返回預測值的信賴區間，即預測值上下限的範圍。

實例 ch11_13_4.xlsx 和 ch11_13_4_out.xlsx：信賴區間。

1：　開啟 ch11_13_4.xlsx，將作用儲存格放在 F2。

2：　輸入預測銷售公式 =FORECAST.ETS(D2,B2:B25,A2:A25)。

3：　將作用儲存格放在 F5。

4：　輸入信賴區間公式 =FORECAST.ETS.CONFINT(D2,B2:B25,A2:A25)。

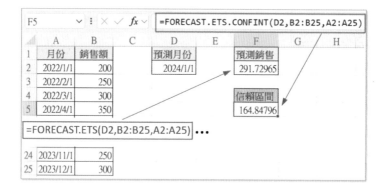

註　如果信賴區間回傳是 0，表示數據量不足，無法計算。

　　上述預測值為 291(省略小數部分)，而 FORECAST.ETS.CONFINT 返回的信賴區間為 164(省略小數部分)，這表示預測值的置信區間範圍是：

　　291 – 164 = 127

　　291 + 164 = 455

　　這意味著在 95%(這是預設) 的信賴水平下，實際值很可能落在 127 到 455 之間。

11-4-8　TREND 多數值的預測

語法英文：TREND(known_y's, known_x's, [new_x's], [const])

語法中文：TREND(已知y值, 已知x值, [新的x值], [const])

❑ known_y's：必要，這是 y = mx + b 的已知 y 值，數據以陣列或儲存格區間表示，如果數據內有是無法轉換成數字的文字會產生 #VALUE! 錯誤。

❑ known_x's：必要，這是 y = mx + b 的已知 x 值，數據以陣列或儲存格區間表示，如果數據內有無法轉換成數字的文字會產生 #VALUE! 錯誤。

❑ [new_x's]：選用，這是要預測新的資料點，如果省略則預設與 know_x's 相同，如果數據內有無法轉換成數字的文字會產生 #VALUE! 錯誤。

❑ [const]：選用，如果 const 是 TRUE 或省略，則使用正常方式計算 b。如果 const 是 FALSE，則 b 設為 0，因此線性函數變成 y = mx，這時 Excel 內部會自行調整 m 值。

實例 ch11_14.xlsx 和 ch11_14_out.xlsx：有一組數據分別是 1 月至 6 月的實際業績，我們使用 TREND 函數建立此業績預估值，同時計算 8、10、12 月的業績預估。

1： 開啟 ch11_14.xlsx，將作用儲存格放在 F4。

2： 輸入公式 =TREND($C$4:$C$9,$B$4:$B$9)。

	業績表			業績預估表			業績預估表	
	月份	營業額		月份	預估業績		月份	預估業績
	1	3000		1	2561.9048		8	
	2	4000		2	3750.4762		10	
	3	4200		3	4939.0476		12	
	4	5400		4	6127.619			
	5	7800		5	7316.1905			
	6	8800		6	8504.7619			

F4 = =TREND($C$4:$C$9,$B$4:$B$9)

3： 將作用儲存格放在 I4。

4： 輸入公式 =TREND($C$4:$C$9,$B$4:$B$9,H4:H6)。

11-4-9　RSQ 計算迴歸直線的決定係數

語法英文：RSQ(known_y's, known_x's)

語法中文：RSQ(已知y值, 已知x值)

❑ known_y's：必要，這是 y = mx + b 的已知 y 值，數據以陣列或儲存格區間表示，數值以外的文字、邏輯值和空白儲存格會被忽略，如果數據內有無法轉換成數字的文字會產生 #VALUE! 錯誤。

❑ known_x's：必要，這是 y = mx + b 的已知 x 值，數據以陣列或儲存格區間表示，數值以外的文字、邏輯值和空白儲存格會被忽略，如果數據內有無法轉換成數字的文字會產生 #VALUE! 錯誤。

　　迴歸直線的精準度稱決定係數，值的範圍是在 0 ～ 1 之間，如果決定係數越接近 1 代表精準度越高，越接近 0 代表精準度越低。RSQ 函數則可以計算此決定係數，計算方式其實就是皮爾森相關係數的平方。

實例 ch11_15.xlsx 和 ch11_15_out.xlsx：有一組數據分別是 1 月至 6 月的實際業績，計算決定係數。

1：　開啟 ch11_15.xlsx，將作用儲存格放在 E4。

2：　輸入公式 =RSQ(C4:C9,B4:B9)。

11-4-10　STEYX 計算迴歸直線的標準誤差

語法英文：STEYX(known_y's, known_x's)

語法中文：STEYX(已知y值, 已知x值)

❑ known_y's：必要，這是 y = mx + b 的已知 y 值，數據以陣列或儲存格區間表示，數值以外的文字、邏輯值和空白儲存格會被忽略，如果數據內有無法轉換成數字的文字會產生 #VALUE! 錯誤。

❑ known_x's：必要，這是 y = mx + b 的已知 x 值，數據以陣列或儲存格區間表示，數值以外的文字、邏輯值和空白儲存格會被忽略，如果數據內有無法轉換成數字的文字會產生 #VALUE! 錯誤。

　　STEYX 函數可以計算迴歸直線分析中，對每個 x 所預測 y 值的標準誤差，如果值越大表示誤差越大，值越小表示誤差越小。

實例 ch11_16.xlsx 和 ch11_16_out.xlsx：有一組數據分別是 1 月至 6 月的實際業績，計算標準誤差。

1：　開啟 ch11_16.xlsx，將作用儲存格放在 F4。

2：　輸入公式 =STEYX(C4:C9,B4:B9)。

11-5 指數迴歸曲線

11-5-1　GROWTH 預測指數的成長

語法英文：GROWTH(known_y's, [known_x's], [new_x's], [const])

語法中文：GROWTH(已知y值, 已知x值, [新的x值], [const])

❑ known_y's：必要，這是 $y = b * m^x$ 的已知 y 值，數據以陣列或儲存格區間表示，如果數據內有無法轉換成數字的文字會產生 #VALUE! 錯誤。

❑ known_x's：選用，這是 $y = b * m^x$ 的已知 x 值，數據以陣列或儲存格區間表示，如果數據內有無法轉換成數字的文字會產生 #VALUE! 錯誤。

❑ [new_x's]：選用，這是要預測新的資料點，如果省略則預設與 know_x's 相同，如果數據內有無法轉換成數字的文字會產生 #VALUE! 錯誤。

❑ [const]：選用，如果 const 是 TRUE 或省略，則使用正常方式計算 b。如果 const 是 FALSE，則 b 設為 1，因此線性函數變成 $y = m^x$，這時 Excel 內部會自行調整 m 值。

在樣本數據中，2 個數據的關係接近指數函數的曲線，可以將此稱為迴歸曲線，GROWTH 函數可以執行迴歸曲線的預測。

實例 ch11_17.xlsx 和 ch11_17_out.xlsx：有一組數據分別是第 1 年至第 5 年的企業獲利表，使用 GROWTH 函數計算第 6 年和第 7 年的獲利。

1： 開啟 ch11_17.xlsx，將作用儲存格放在 C9。

2： 輸入公式 =GROWTH(C4:C9,B4:B9)。

11-5-2 LOGEST 計算迴歸曲線的係數和底數

語法英文：LOGEST(known_y's, [known_x's], [const], [stats])

語法中文：LOGEST(已知y值, [已知x值], [const], [stats])

❏ known_y's：必要，這是 $y = b * m^x$ 或 $y = b * m1^{x1} * m2^{x2} * ...$ 的已知 y 值，數據以陣列或儲存格區間表示，如果數據內有無法轉換成數字的文字會產生錯誤。

❏ [known_x's]：選用，這是 $y = b * m^x$ 或 $y = b * m1^{x1} * m2^{x2} * ...$ 的已知 x 值，數據以陣列或儲存格區間表示，如果數據內有無法轉換成數字的文字會產生錯誤。

❏ const：選用，這是 $y = b * m^x$ 或 $y = b * m1^{x1} * m2^{x2} * ...$，設定是否常數項 b 等於 0 的邏輯值。如果 const 是 TRUE 或省略，b 是以正常方式計算。如果 const 是 FALSE，b 將設為 0，同時調整 $y = m^x$。

❏ [stats]：選用，這是設定是否要回傳額外迴歸統計值的邏輯 TRUE 或 FALSE 設定。如果 stats 是 FALSE 或省略，則只回傳 m 係數和常數 b。如果是 TRUE，則回傳下列迴歸的統計值。

{mn, mn-1, ⋯, m1, b, sen, sen-1, ⋯, se1, seb, r^2, sey, F, df, ssreg, ssreid}

統計值	說明
se1, se2, ⋯, sen	係數 m1, m2, ⋯, ms 的標準差
seb	常數 b 的標準差，當 const 為 FALSE 時，seb=#N/A
r^2	決定係數，r 是 y 的估計值與實際值的比，值在 0～1 之間
sey	y 估計值的標準差
F	F 統計值可以決定自變數和因變數間的關係是否巧合
df	自由度，可以在表格中找出 F 臨界值
ssreg	迴歸平方和
ssresid	剩餘 (殘差) 平方和

下圖是迴歸統計值傳回的次序。

	A	B	C	D	E	F
1	mn	mn-1	⋯	m2	m1	b
2	sen	sen-1		se2	se1	seb
3	r^2	sey				
4	F	df				
5	ssreg	ssresid				

註　使用上述函數時，如果 known_y's 和 known_x's 數據點數不同，以及如果 known_y's 和 known_x's 是空值會產生 #N/A 的錯誤。假設迴歸曲線公式如下：

$$y = b * m^x$$

或

$$y = b * m1^{x1} * m2^{x2} * ...$$

上述 x 是自變數，y 是因變數，m 是斜迴歸曲線的底數，b 是迴歸曲線的係數。LOGEST 函數回傳的陣列是 {mn, mn-1, ⋯, m1, b}。

實例 ch11_18.xlsx 和 ch11_18_out.xlsx：經由公司前 5 年的獲利回傳迴歸曲線係數。

1：　開啟 ch11_18.xlsx，將作用儲存格放在 E7。

2：　輸入公式 =LOGEST(C4:C8,B4:B8),TRUE,TRUE)。

E7			f_x	=LOGEST(C4:C8,B4:B8,TRUE,TRUE)		
	A	B	C	D	E	F	G

	A	B	C	D	E	F	G
1							
2		獲利調查表			底數	係數	
3		年度	獲利表		底數標準差	截距標準差	
4		1	2		決定係數	y估計值的標準差	
5		2	5		F值	自由度	
6		3	12		迴歸平方和	殘差平方和	
7		4	38		2.6510632	0.719577286	
8		5	95		0.025294136	0.083891158	
9					0.997984835	0.079987081	
10					1485.711852	3	
11					9.505484971	0.019193799	

第 12 章

機率分佈

在數據分析和統計學中，機率分佈是一個非常重要的概念。它描述了在給定條件下，各種可能結果的機率。Microsoft Excel 提供了一系列強大的函數來處理機率分佈，這些函數能夠幫助使用者進行數據分析、預測以及風險評估。

12-1 常態分佈

在統計學和數據分析中，常態分佈（Normal Distribution）是一種非常重要的機率分佈。它廣泛應用於各種領域，如自然科學、社會科學、經濟學和工程學等。常態分佈，也稱為高斯分佈，呈現一個對稱的鐘形曲線，描述了大量自然現象中的數據分佈情況。常態分佈的特徵是數據集中在均值附近，並且向兩端逐漸減少，可以參考下圖：

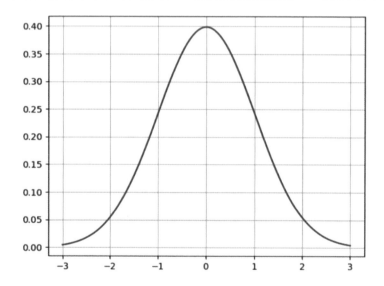

Microsoft Excel 提供了一系列強大的函數來處理和分析常態分佈數據，這些函數能夠幫助使用者進行數據分析、預測以及風險評估。Excel 中的常態分佈函數主要包括 NORM.DIST 和 NORM.INV ... 等，本節將分別解說。

透過這些函數，Excel 為我們提供了一個強大而靈活的工具，能夠幫助我們在各種應用場景中進行常態分佈的計算和分析。無論是描述數據的集中趨勢，還是進行風險評估，這些函數都能大大提高我們的工作效率和準確性。

12-1-1 NORM.DIST 常態分佈

語法英文：NORM.DIST(x, mean, standard_dev, cumulative)

語法中文：NORM.DIST(值, 平均值, 標準差, 邏輯值)

❏ x：必要，要計算的值。

❏ mean：必要，平均值。

❏ standard_dev：必要，標準差。

❏ cumulative：必要，一個邏輯值，決定函數返回累積分佈函數還是機率密度函數。
如果為 TRUE，返回累積分佈函數值；如果為 FALSE，返回機率密度函數值。

註 舊版函數是 NORMDIST(x, mean, standard_dev, cumulative)。

這個函數用於計算常態分佈（常態分佈）的累積分佈函數（Cumulative Distribution Function, CDF）或機率密度函數（Probability Density Function, PDF）值。這個函數可以幫助我們了解某個數據點在常態分佈中的位置和機率。下列是使用說明：

❏ 累積分佈函數：

- 當 cumulative 為 TRUE 時，函數返回小於或等於 x 值的累積機率。

- 例如：計算某個數據點落在常態分佈左側的累積機率。

❏ 機率密度函數：

- 當 cumulative 為 FALSE 時，函數返回 x 點的機率密度函數值。

- 例如：計算某個數據點的機率密度。

實例 ch12_1.xlsx 和 ch12_1_out.xlsx：考試成績分析。一家高中正在分析學生的數學考試成績，以了解成績的分佈情況並確定優秀學生的比例。假設學生的數學考試成績服從常態分佈，平均分為 75 分，標準差為 10 分。現在，學校希望計算成績高於 85 分的學生比例。註：此例，比例可以想成機率。

1： 開啟 ch12_1.xlsx，將作用儲存格放在 E2。

2： 輸入公式 =NORM.DIST(A2, A3, A4, TRUE)。

3： E2 得到低於或等於 85 分的比例。

4： 將作用儲存格放在 E3，輸入公式 =1-E2，就可以得到高於 85 分的比例。

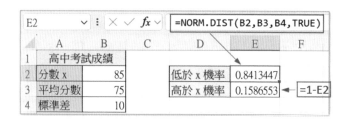

下列是上述實例的常態分佈圖形。

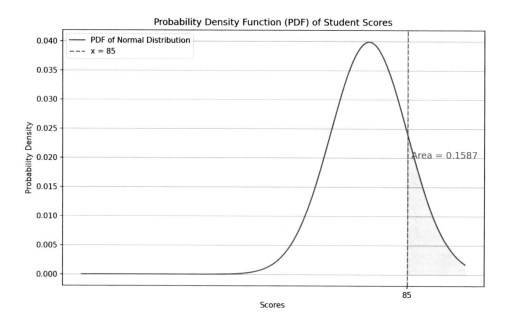

上述得到的結果是約 15.87，透過使用 NORM.DIST 函數，學校可以方便地計算出成績高於某個值的學生比例，這有助於識別優秀學生並制定獎勵計劃。這種分析方法不僅適用於教育領域，還可以應用於各種需要分析數據分佈的情況，如員工績效評估、產品質量控制等。

12-1-2　NORM.INV 常態分佈反函數

語法英文：NORM.INV(probability, mean, standard_dev)

語法中文：NORM.INV(累積機率, 平均值, 標準差)

❑ probability：必要，累積機率值（介於 0 到 1 之間的數值）。

❑ mean：必要，平均值。

❑ standard_dev：必要，標準差。

註　舊版函數是 NORMINV(probability, mean, standard_dev)。

NORM.INV 函數用於計算給定累積機率對應的常態分佈數值。這個函數是 NORM.DIST 的反函數，即根據累積機率來找出相應的數據點。

實例 ch12_2.xlsx 和 ch12_2_out.xlsx：考試成績分析。假設我們有一組數據，其均值為 75，標準差為 10。現在我們希望找到累積機率為 0.95 所對應的數據點，即計算 95% 信賴度的區間的上限。

1：　開啟 ch12_2.xlsx，將作用儲存格放在 A2。

2：　輸入公式 =NORM.INV(0.95, 75, 10)。

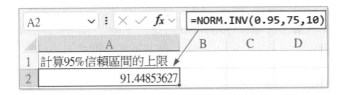

上述結果意味著在均值為 75，標準差為 10 的常態分佈中，對應於 95% 累積機率的數據點約為 91.45。換句話說，數據值小於或等於 91.45 的機率為 95%。這個函數的應用範圍很廣，其潛在應用如下：

● 風險管理

在金融分析中，NORM.INV 可用於計算一定信賴度下的投資組合價值風險。

　=NORM.INV(0.99, 投資組合平均回報 , 投資組合標準差)

● 品質控制

在製造業中，NORM.INV 可用於設定產品質量控制標準。

　=NORM.INV(0.01, 產品平均重量 , 產品重量標準差)

● 醫療研究

在醫學統計中，NORM.INV 可用於計算患者某種指標在特定信賴度下的正常範圍。

　=NORM.INV(0.95, 血壓平均值 , 血壓標準差)

12-1-3　NORM.S.DIST 標準常態分佈

語法英文：NORM.S.DIST(z, cumulative)

語法中文：NORM.S.DIST(z, 邏輯值)

❏ z：必要，要計算的標準常態分佈值。

❏ cumulative：必要，一個邏輯值，決定函數返回累積分佈函數還是機率密度函數。
如果為 TRUE，返回累積分佈函數值；如果為 FALSE，返回機率密度函數值。

註　舊版函數是 NORMSDIST(z)。

這個函數用於計算標準常態分佈（均值為 0，標準差為 1）的累積分佈函數（CDF）或機率密度函數（PDF）值。

實例 ch12_3.xlsx 和 ch12_3_out.xlsx：金融風險管理。一家投資公司希望評估其投資組合的風險水平。假設投資組合的收益率服從標準常態分佈（均值為 0，標準差為 1）。風險管理部門希望計算出收益率在特定標準分數（z 值）下的累積機率和機率密度，以便了解在極端市場情況下投資組合的風險。

1：　開啟 ch12_3.xlsx，將作用儲存格放在 B3。

2：　輸入公式 =NORM.S.DIST(A3, FALSE)。

3：　拖曳 B3 的填滿控點到 B3:B11。

4：　將作用儲存格放在 C3，輸入公式 =NORM.S.DIST(A3, TRUE)。

5：　拖曳 C3 的填滿控點到 C3:C11。

B3		✓ fx	=NORM.S.DIST(A3,FALSE)		
	A	B	C	D	E
1		金融風險管理			
2	z值	機率密度(PDF)	累積機率(CDF)		
3	-2	0.053990967	0.022750132	← =NORM.S.DIST(A3,TRUE)	
4	-1.5	0.129517596	0.066807201		
5	-1	0.241970725	0.158655254		
6	-0.5	0.352065327	0.308537539		
7	0	0.39894228	0.5		
8	0.5	0.352065327	0.691462461		
9	1	0.241970725	0.841344746		
10	1.5	0.129517596	0.933192799		
11	2	0.053990967	0.977249868		

下列是上述金融風險管理實例的標準常態分佈圖形。

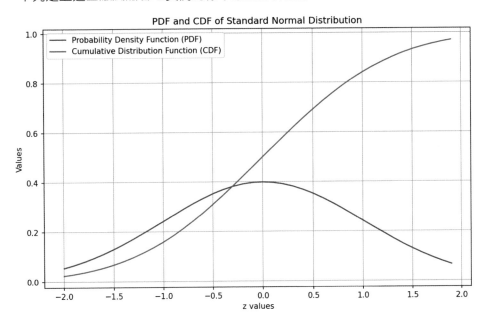

　　透過使用 NORM.S.DIST 函數，投資公司可以評估其投資組合在不同標準分數（z
值）下的累積機率和機率密度，從而更好地了解在不同風險水平下的投資情況。這些
計算結果有助於風險管理部門制定相應的風險控制措施，降低在不同市場情況下的潛
在損失。同時，這種方法也可以應用於其他需要評估風險的領域，如保險業、銀行業等。

12-1-4　NORM.S.INV 常態分佈反函數

語法英文：NORM.S.INV(probability)

語法中文：NORM.S.INV(累積機率)

❏ probability：必要，累積機率值（介於 0 到 1 之間的數值）。

註　舊版函數是 NORMSINV(probability)。

　　這個函數用於計算標準常態分佈（均值為 0，標準差為 1）的逆累積分佈函數
（Inverse Cumulative Distribution Function, ICDF）值。這個函數根據給定的累積機率，
返回對應的標準常態分佈的 z 值。

實例 ch12_4.xlsx 和 ch12_4_out.xlsx：品質控制。一家工廠生產的產品重量服從標準常態分佈。品管控制部門希望確定在 99% 信賴度下的重量上限，以便在質量檢查中設定標準。

1：　開啟 ch12_4.xlsx，將作用儲存格放在 B3。

2：　輸入公式 =NORM.S.INV(B2)。

上述計算結果為 2.326348，這意味著在標準常態分佈中，累積機率為 0.99 對應的 z 值為 2.326348。換句話說，有 99% 的數據點會落在 z 值 2.3263 及其左側。

12-1-5　CONFIDENCE.NORM 計算常態分佈樣本平均數的信賴區間

語法英文：CONFIDENCE.NORM(alpha, standard_dev, size)

語法中文：CONFIDENCE.NORM(機率, 標準差, 樣本大小)

❏ alpha：必要，顯著性水平，通常表示錯誤的機率。例如，對於 95% 的信賴度，alpha 為 0.05。計算公式如下：

信賴度 = 100 * (1 − alpha)%

alpha = 1 − 信賴度

❏ standard_dev：必要，樣本的標準差，表示數據的分散程度。

❏ size：必要，樣本的大小。

註　舊版函數是 CONFIDENCE(alpha, standard_dev, size)。

這個函數用於計算在常態分佈，特定信賴度下，樣本均值的信賴區間，也就是說它能幫助我們估算在一個特定信賴度（例如 95%）下，樣本均值的可能範圍。

實例 ch12_4_1.xlsx 和 ch12_4_1_out.xlsx：分析新飲料的平均受歡迎程度。一家飲料公司推出了一款新飲料，並希望了解消費者對這款新飲料的平均喜愛程度。公司在市場上隨機抽取了 30 名消費者進行品嚐，每位消費者給出了一個 1 到 10 分的評分。調查結果顯示，假設樣本均值是 8，這 30 個評分的標準差為 1.5。公司希望在 95% 的信賴度下，估算出消費者對新飲料的平均評分範圍。

1： 開啟 ch12_4_1.xlsx，將作用儲存格放在 E2。

2： 計算邊界幅度，輸入公式 =CONFIDENCE.NORM(1-B2, B3, B4)。

3： 將作用儲存格放在 E3，輸入 =B5 – E2，可以得到樣本均值信賴區間值下限。

4： 將作用儲存格放在 G3，輸入 =B5 – E2，可以得到樣本均值信賴區間值上限。

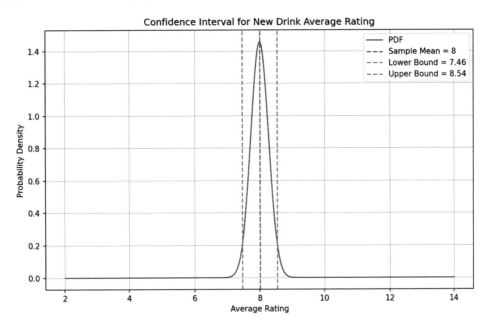

上述邊界幅度計算結果為 0.536758。這意味著在 95% 的信賴度下，新飲料的平均評分範圍為「平均評分 (8) ± 0.536758」。下列是此實例的圖表示意圖。

12-1-6　**Z.TEST** 單樣本 z 檢定

語法英文：Z.TEST(array, x, [sigma])

語法中文：Z.TEST(數據陣列, 均值, [標準差])

❏ array：必要，樣本數據的範圍或陣列。

❏ x：必要，假設的總體均值。

❏ [sigma]：選用，總體標準差（選用）。如果省略，則使用樣本標準差來計算。

註　舊版函數是 ZTEST(array, x, [sigma])。

　　此函數用於進行單樣本 z 檢定，檢驗一組樣本數據的平均值是否與假設的總體平均值有顯著差異。這個函數會返回一個 p 值，這個值用來判斷是否拒絕原假設。

- 如果 p 值 ≤ 0.05（或設置的顯著性水平），我們認為樣本數據的平均值與假設的總體平均值有顯著差異，因此拒絕原假設。

- 如果 p 值 > 0.05（或設置的顯著性水平），我們認為樣本數據的平均值與假設的總體平均值沒有顯著差異，因此不能拒絕原假設。

實例 ch12_4_2.xlsx 和 ch12_4_2_out.xlsx：咖啡店新飲品的平均銷售量分析。一家咖啡店推出了一款新飲品，並希望了解新飲品的平均銷售量是否達到目標值 50 杯 / 天。經過 10 天的試銷，收集到以下數據（每天的銷售量）：

　　52,48,49,51,53,47,50,54,46,49

　　咖啡店想使用 Z.TEST 函數來檢驗新飲品的平均銷售量是否顯著不同於目標值 50 杯 / 天。此例，假設的總體平均值（目標值）為 50。

1：　開啟 ch12_4_2.xlsx，將作用儲存格放在 C3。

2：　輸入公式 =Z.TEST(A3:A12,50)。

上述得到 p 值是約 0.548。

● 由於 p 值是約 0.548 大於顯著性水平 0.05，我們不能拒絕原假設。

● 這意味著在統計上，我們沒有足夠的證據認為新飲品的平均銷售量與目標值 50 杯 / 天有顯著差異。

12-1-7　PHI 計算標準常態分佈的機率密度 (PDF)

語法英文：PHI(x)

語法中文：PHI(數值)

❑ x：必要，要計算其標準常態分佈機率密度函數值的數值。

標準常態分佈是一個均值為 0，標準差為 1 的常態分佈。PHI 函數輸入一個數值，返回對應於該數值的標準常態分佈的機率密度函數值。

實例 ch12_4_3.xlsx 和 ch12_4_3_out.xlsx：分析股票價格變動的標準常態分佈。假設我們在分析一隻股票的每日價格變動，我們希望了解特定價格變動在標準常態分佈中的機率密度值。假設這隻股票的價格變動已知服從標準常態分佈，我們選擇一些價格變動值 (例如-2,-1, 0, 1, 2)，來計算其對應的機率密度函數值。

1：　開啟 ch12_4_3.xlsx，將作用儲存格放在 B3。

2：　輸入公式 =PHI(A3)，請將 B3 的填滿控點拖曳到 B7。

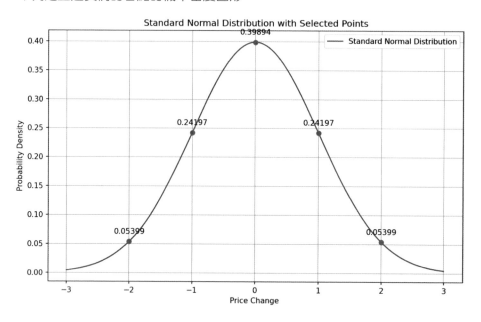

　　下列是上述實例的各點的機率密度圖形。

12-2　t 分佈

　　在統計學中，t 分佈（Student's t-distribution）是一種重要的分佈，特別是在樣本量較小且母體標準差未知的情況下。t 分佈由英國統計學家威廉·戈塞特（William Sealy Gosset）在 1908 年提出，並以筆名 "Student" 發表，故名 "Student's t-distribution"。

　　t 分佈廣泛應用於假設檢驗和估計信賴區間，特別是在處理小樣本數據時。與常態分佈相比，t 分佈的形狀更扁平且尾部更厚，這使得它能夠更好地處理樣本數少時數據的變異性。

12-2-1　**T.DIST 計算 t 分佈的機率密度與累積分佈 (左尾)**

語法英文：T.DIST(x, degrees_freedom, cumulative)

語法中文：T.DIST(x, 自由度, 邏輯值)

❏ x：必要，要計算的 t 值。

❏ degrees_freedom：必要，自由度。

❏ cumulative：必要，一個邏輯值，決定函數返回機率密度函數 (Probability Mass Function, PMF) 或是累積分佈函數 (Cumulative Distribution Function, CDF)。如果為 TRUE，返回累積分佈函數值；如果為 FALSE，返回機率密度函數值。

註 舊版函數是 TDIST(x, deg_freedom, tails)。

　　此函數用於計算 t 分佈的累積分佈函數（CDF）或機率密度函數（PDF）值。這個函數在小樣本數據分析中特別有用，因為它能夠更準確地描述數據的變異性。

實例 ch12_5.xlsx 和 ch12_5_out.xlsx：計算 t 分佈在 x 值從 -4 到 4，自由度為 10 的情況下的機率密度函數（PDF）和累積分佈函數（CDF）。

1： 開啟 ch12_5.xlsx，將作用儲存格放在 B4。

2： 輸入公式 =T.DIST(A4, $B$2, FALSE)，請將 B4 的填滿控點拖曳到 B12。

3： 將作用儲存格放在 C4。

4： 輸入公式 =T.DIST(A4, $B$2, TRUE)，請將 C4 的填滿控點拖曳到 C12。

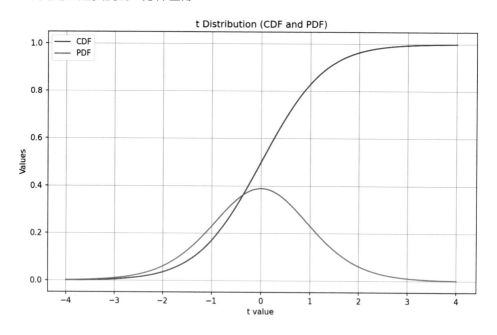

下列是上述實例的 t 分佈圖形。

這一節的 T.DIST 函數內有自由度參數，所謂的 自由度（Degrees of Freedom, df）在統計學中是衡量數據中獨立訊息量的一個參數。在 t 分佈中，自由度決定了分佈的形狀和特性。具體而言，自由度越小，t 分佈的尾部越厚，峰值越低；隨著自由度的增加，t 分佈會逐漸趨近於標準常態分佈，下列是此觀念的示意圖。

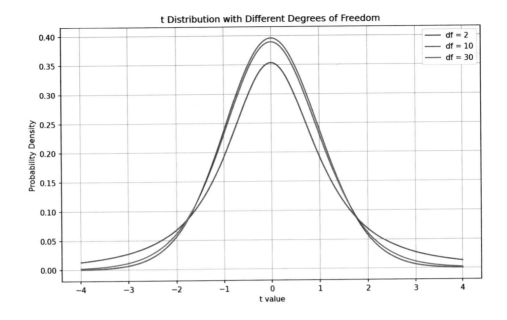

12-2-2　T.DIST.RT 計算 T 分佈右尾的機率

語法英文：T.DIST.RT(x, degrees_freedom)

語法中文：T.DIST.RT(x, 自由度)

❑ x：必要，要計算的 t 值。

❑ degrees_freedom：必要，自由度。

　　這個函數用於計算右尾的 t 分佈累積機率（即 t 值大於指定值的機率），這個函數在單尾 t 檢驗中特別有用。

實例 ch12_6.xlsx 和 ch12_6_out.xlsx：單尾 t 檢驗。一所學校正在評估新的教學方法是否能顯著提高學生的數學成績。假設樣本數為 11，自由度為 10，研究者希望計算 t 值為 1.5 的右尾累積機率。

1：　開啟 ch12_6.xlsx，將作用儲存格放在 A2。

2：　輸入公式 =T.DIST.RT(1.5, 10)。

A2	✓ : × ✓ fx ✓	=T.DIST.RT(1.5,10)

	A	B	C	D	E
1	單尾 t 檢驗				
2	0.082253663				

　　上述計算結果約為 0.082，此結果表示在自由度為 10 的 t 分佈中，有 8.2% 的數據點大於 t 值為 1.5。換句話說，這代表了在右尾的累積機率。下列是上述實例的示意圖。

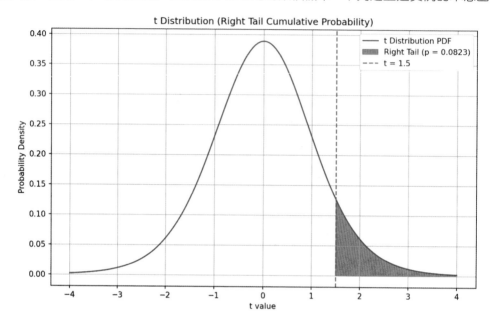

　　如果 x 值與自由度相同，T.DIST 所產生的累積機率 (左尾) 與 T.DIST.RT 所產生的右尾累積機率，相加結果會是 1。

12-2-3　**T.DIST.2T 計算 T 分佈雙尾的機率**

語法英文：T.DIST.2T(x, degrees_freedom)

語法中文：T.DIST.RT(x, degrees_自由度)

❑ x：必要，要計算的 t 值，因為是計算雙尾機率，所以必須是正數。

❑ degrees_freedom：必要，自由度。

　　這個函數用於計算雙尾的 t 分佈累積機率。這個函數在雙尾 t 檢驗中特別有用，幫助我們檢驗某一 t 值是否在預期的範圍內。

實例 ch12_7.xlsx 和 ch12_7_out.xlsx：雙尾 t 檢驗。計算自由度為 10，t 值為 1.5 的雙尾累積機率。

1：　開啟 ch12_7.xlsx，將作用儲存格放在 A2。

2： 輸入公式 =T.DIST.2T(1.5, 10)。

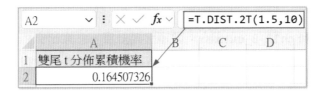

上述計算結果為 0.1645，此結果表示在自由度為 10 的 t 分佈中，t 值的絕對值大於 1.5 的累積機率為 16.45%。換句話說，這代表了雙尾的累積機率，下列是此觀念的示意圖。

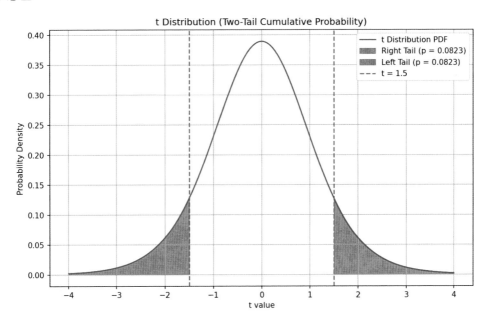

12-2-4　T.INV 依據累積機率計算 T 分佈的臨界值

語法英文：T.INV(probability, degrees_freedom)

語法中文：T.INV(機率, 自由度)

❑ probability：必要，累積機率值（介於 0 到 1 之間的數值）。

❑ degrees_freedom：必要，自由度。

註 舊版函數是 TINV(probability, deg_freedom)。

這個函數是 T.DIST 的反函數，用於計算給定累積機率對應的 t 分佈的臨界值（t 值）。這個函數在統計推斷中非常有用，特別是在計算信賴區間和進行假設檢驗時。

實例 ch12_8.xlsx 和 ch12_8_out.xlsx：信賴區間計算。一家研究機構正在分析某新藥對血壓的影響。假設我們有一組病人的血壓數據，樣本數為 11，自由度為 10。研究機構希望計算 95% 信賴度區間的上下限。

註　因為對於雙尾檢驗，95% 信賴度區間的每尾為 0.025，因此累積機率為 0.975。

1：　開啟 ch12_8.xlsx，將作用儲存格放在 A2。

2：　輸入公式 =T.INV(0.975, 10)。

上述計算結果約為 2.228，這意味著在自由度為 10 的 t 分佈中，有 97.5% 的數據點落在 t 值為 2.228 的左側。

12-2-5　T.INV.2T 依據 T 分佈的雙尾機率計算臨界值

語法英文：T.INV.2T(probability, degrees_freedom)

語法中文：T.INV.2T(雙尾累積機率, 自由度)

❑ probability：必要，一個介於 0 和 1 之間的機率值。它表示雙尾 t 分佈的累積分佈函數（CDF）的機率。

❑ degrees_freedom：必要，自由度。

這個函數是 T.DIST.2T 的反函數，用於計算給定累積機率對應的 t 分佈的臨界值（t 值）。

實例 ch12_9.xlsx 和 ch12_9_out.xlsx：假設你想計算雙尾 t 分佈的 t 值，其中累積機率為 0.16，自由度為 10。

1：　開啟 ch12_9.xlsx，將作用儲存格放在 A2。

2： 輸入公式 =T.INV(0.1645, 10)。

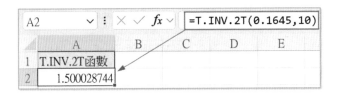

上述計算結果約為 1.5，這意味著對於一個雙尾檢驗，t 分佈在兩側累積分佈函數為 0.1645 的 t 值是 1.5。因此，如果你的檢驗統計量的絕對值大於 1.5，你可以拒絕零假設。

12-2-6　CONFIDENCE.T 計算 t 分佈樣本平均數的信賴區間

語法英文：CONFIDENCE.T(alpha, standard_dev, size)

語法中文：CONFIDENCE.T(信賴度, 標準差, 樣本大小)

❑ alpha：必要，顯著性水平，通常表示錯誤的機率。例如，對於 95% 的信賴度，alpha 為 0.05。計算公式如下：

　　信賴度 = 100 * (1 − alpha)%

　　alpha = 1 − 信賴度

❑ standard_dev：必要，樣本的標準差，表示數據的分散程度。

❑ size：必要，樣本的大小。

這個函數用於計算在 t 分佈，特定信賴度下，樣本比較少的情況下，樣本均值的信賴區間，也就是說它能幫助我們估算在一個特定信賴度（例如 95%）下，樣本均值的可能範圍。

實例 ch12_9_1.xlsx 和 ch12_9_1_out.xlsx：分析新手機電池壽命的平均時間。一家科技公司推出了一款新手機，並希望了解其電池壽命的平均時間。公司隨機選取了 25 個手機樣本進行測試，每個樣本的電池壽命時間是 11.76 小時，公司計算出這些樣本數據的標準偏差為 1.5，並希望在 95% 的信賴度下，估算電池壽命的平均時間範圍。

1： 開啟 ch12_9_1.xlsx，將作用儲存格放在 E2。

2： 計算邊界幅度，輸入公式 =CONFIDENCE.T(1-B2, B3, B4)。

3：　將作用儲存格放在 E3，輸入 =B5 － E2，可以得到樣本均值信賴區間值下限。

4：　將作用儲存格放在 G3，輸入 =B5 ＋ E2，可以得到樣本均值信賴區間值上限。

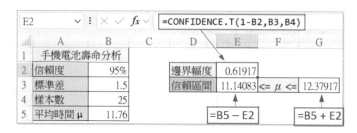

上述邊界幅度計算結果為 0.61917。這意味著在 95% 的信賴度下，手機電池壽命的平均時間範圍為「樣本均值 (11.76) ± 0.61917」。下列是此實例的圖表示意圖。

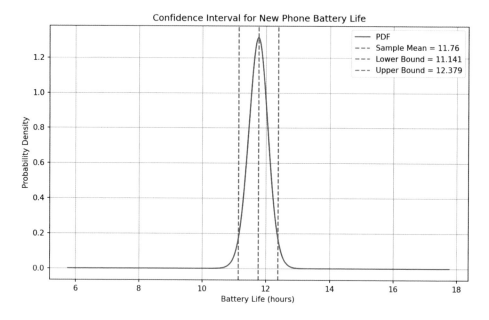

12-2-7　T.TEST 用 t 分佈檢定兩組樣本數據是否有顯著差異

語法英文：T.TEST(array1, array2, tails, type)

語法中文：T.TEST(陣列1, 陣列2, 檢定尾數, type)

❑　array1：必要，第一組樣本數據。

❑ array2：必要，第二組樣本數據。

❑ tails：必要，檢定的尾數。1 表示單尾檢定，2 表示雙尾檢定。

❑ type：必要，檢定的類型。1 表示配對樣本 t 檢定，2 表示雙樣本相同變異數，3 表示雙樣本不相同變異數。

註 舊版函數是 TTEST(array1, array2, tails, type)。

　　此函數檢驗兩組樣本數據的平均值是否有顯著差異。這種檢定適用於樣本數量較少且樣本標準差未知的情況。

實例 ch12_9_2.xlsx 和 ch12_9_2_out.xlsx：比較兩家咖啡店的平均銷售量。我們想比較兩家咖啡店（店 A 和店 B）的平均每日銷售量，看看是否有顯著差異。我們收集了每家咖啡店一週的銷售數據（單位：杯），數據如下：

● 店 A 的銷售量：45,50,55,60,65,70,75

● 店 B 的銷售量：50,55,60,65,70,75,80

　　我們使用雙尾 t 檢定來檢驗這兩組數據的平均值是否有顯著差異。這個實例，相當於 tails 是 2，type 也是 2。

1：　開啟 ch12_9_2.xlsx，將作用儲存格放在 D3。

2：　輸入公式 =T.TEST(A3:A9,B3:B9,2,2)。

　　上述得到 p 值是約 0.40346。

- 由於 p 值是約 0.40346 大於顯著性水平 0.05，我們不能拒絕原假設。
- 這意味著我們認為店 A 和店 B 的平均銷售量沒有顯著差異。

實例 ch12_9_3.xlsx 和 ch12_9_3_out.xlsx：比較同一批學生的考試成績變化。一所學校希望了解一批學生在兩次不同考試中的成績是否有顯著變化。這些學生在期中考試和期末考試中進行了測試，成績如下：

- 期中考試成績：78,85,92,88,76,81,95,89,77,84
- 期末考試成績：82,87,91,90,79,83,97,88,80,85

我們使用配對樣本 t 檢定（type=1）來檢驗這兩組成績的平均值是否有顯著差異。

1： 開啟 ch12_9_3.xlsx，將作用儲存格放在 D3。

2： 輸入公式 =T.TEST(A3:A12,B3:B12,2,1)。

	A	B	C	D	E	F
1	考試成績分析					
2	期中考	期末考		配對t檢定		
3	78	82		0.009450496		
4	85	87				
5	92	91				
6	88	90				
7	76	79				
8	81	83				
9	95	97				
10	89	88				
11	77	80				
12	84	85				

D3 のfx =T.TEST(A3:A12,B3:B12,2,1)

上述得到 p 值是約 0.00945。

- 由於 p 值是約 0.00945 小於顯著性水平 0.05，我們拒絕原假設。
- 這意味著我們認為期中考試和期末考試的平均成績有顯著差異。

實例 ch12_9_4.xlsx 和 ch12_9_4_out.xlsx：比較不同地區的平均降雨量。我們希望比較兩個不同地區在同一月份的平均降雨量，看看是否有顯著差異。假設我們收集了兩個地區各自 10 天的降雨量數據（單位：毫米），數據如下：

● 地區 A 的降雨量：30,25,28,35,40,32,31,29,27,34

● 地區 B 的降雨量：45,50,48,52,55,49,53,47,51,50

我們使用雙樣本不同變異數，t 檢定（type=3）來檢驗這兩組數據的平均值是否有顯著差異。

1： 開啟 ch12_9_4.xlsx，將作用儲存格放在 D3。

2： 輸入公式 =T.TEST(A3:A12,B3:B12,2,3)。

D3	∨	:	× ✓ *fx* ∨	=T.TEST(A3:B12,B3:B12,2,3)

	A	B	C	D
1	降雨量分析			
2	地區A降雨量	地區B降雨量		不同變異數 t 檢定
3	30	45		5.67157E-09
4	25	50		
5	28	48		
6	35	52		
7	40	55		
8	32	49		
9	31	53		
10	29	47		
11	27	51		
12	34	50		

上述得到 p 值是約 0.00000000567。

● 由於 p 值是約 0.0000000567 小於顯著性水平 0.05，我們拒絕原假設。

● 這意味著我們認為地區 A 和地區 B 的平均降雨量有顯著差異。

12-3 卡方分佈

在統計學中，卡方分佈（Chi-Square Distribution）是一種重要的分佈，用於檢驗變異數、評估擬合度和獨立性檢驗等。卡方分佈由卡爾·皮爾森（Karl Pearson）於 1900 年提出，廣泛應用於各種統計檢驗方法。卡方分佈主要特色是，他是一種右偏分佈，所有值均為非負數 (即 >= 0)。

12-3-1　CHISQ.DIST 計算左尾卡方分佈機率值

語法英文：CHISQ.DIST(x, degrees_freedom, cumulative)

語法中文：CHISQ.DIST(x, 自由度, 邏輯值)

❏ x：必要，要計算的卡方分佈值。

❏ degrees_freedom：必要，自由度。

❏ cumulative：必要，一個邏輯值，決定函數返回機率密度函數 (Probability Mass Function, PMF) 或是累積分佈函數 (Cumulative Distribution Function, CDF)。如果為 TRUE，返回累積分佈函數值；如果為 FALSE，返回機率密度函數值。

註 舊版函數是 CHIDIST(x, degrees_freedom)。

此函數用於計算卡方分佈的累積分佈函數（CDF）或機率密度函數（PDF）值，當 cumulative 設置為 TRUE 時，函數返回小於或等於 x 的卡方值的累積機率。

實例 ch12_10.xlsx 和 ch12_10_out.xlsx：計算卡方分佈在 x 值從 0 到 5，自由度為 5 的情況下的機率密度函數（PDF）和累積分佈函數（CDF）。

1： 開啟 ch12_10.xlsx，將作用儲存格放在 B4。

2： 輸入公式 =CHISQ.DIST(A4, $B$2, FALSE)，請將 B4 的填滿控點拖曳到 B4:B9。

3： 將作用儲存格放在 C4。

4： 輸入公式 =CHISQ.DIST(A4, $B$2, TRUE)，請將 C4 的填滿控點拖曳到 C4:C9。

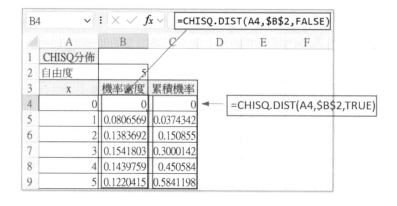

下列是上述實例的卡方分佈圖形。

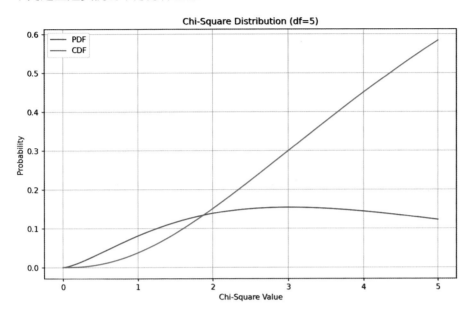

12-3-2　CHISQ.DIST.RT 計算卡方分佈右尾的機率

語法英文：CHISQ.DIST.RT(x, degrees_freedom)

語法中文：CHISQ.DIST.RT(x, 自由度)

❑ x：必要，卡方檢驗值（必須為正數）。

❑ degrees_freedom：必要，自由度。

　　這個函數用於計算右尾的卡方分佈累積機率，即卡方值大於或等於指定值的機率。這個函數在進行卡方檢驗時非常有用，特別是用於檢驗獨立性或適合度時。

實例 ch12_11.xlsx 和 ch12_11_out.xlsx：卡方獨立性檢驗。一家研究機構正在檢查某模型對數據的適合度。假設觀察數據和預期數據的自由度為 5，卡方檢驗值為 4，研究者希望計算這個檢驗值的右尾累積機率，以確定數據是否顯著偏離預期。

1：　開啟 ch12_11.xlsx，將作用儲存格放在 A2。

2：　輸入公式 =CHISQ.DIST.RT(4, 5)。

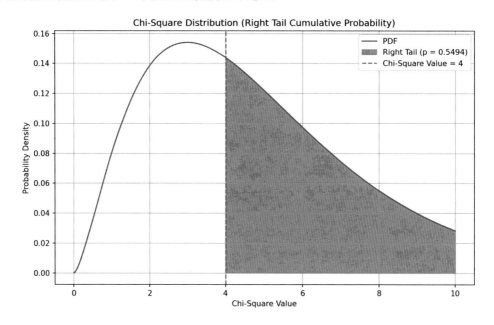

計算結果約為 0.549，這意味著在自由度為 5 的卡方分佈中，卡方值大於或等於 4 的機率為 54.9%。這表明觀察到的結果在卡方分佈中的位置，並幫助我們判斷數據是否與預期值有顯著差異。下列是上述實例的示意圖。

12-3-3　CHISQ.INV 依據左尾機率計算卡方分佈的臨界值

語法英文：CHISQ.INV(probability, degrees_freedom)

語法中文：CHISQ.INV(機率, 自由度)

❑ probability：必要，累積機率值（介於 0 到 1 之間的數值）。

❑ degrees_freedom：必要，自由度。

註　舊版函數是 CHIINV(x, degrees_freedom)。

這個函數是 CHISQ.DIST 的反函數,用於計算給定累積機率對應的卡方分佈臨界值。

實例 ch12_12.xlsx 和 ch12_12_out.xlsx:卡方檢驗中的臨界值計算。一家研究機構正在使用卡方檢驗來檢查某模型對數據的適合度。假設觀察數據的自由度為 5,研究者希望計算 95% 信賴度下的卡方臨界值,以判斷數據是否顯著偏離預期。

1: 開啟 ch12_12.xlsx,將作用儲存格放在 A2。

2: 輸入公式 =CHISQ.INV(0.95, 5)。

A2	⌄ : × ✓ ƒx ⌄	=CHISQ.INV(0.95,5)		
	A	B	C	D
1	卡方檢驗臨界值計算			
2	11.07049769			

上述計算結果約為 11.07,這意味著在自由度為 5 的卡方分佈中,有 95% 的數據點落在卡方值為 11.07 的左側。這個臨界值可以用於判斷觀察結果是否顯著。如果觀察到的卡方值大於 11.07,則可以認為觀察結果顯著偏離預期。

12-3-4 CHISQ.INV.RT 依據卡方分佈的右尾機率計算臨界值

語法英文:CHISQ.INV.RT(probability, degrees_freedom)

語法中文:CHISQ.INV.RT(probability, degrees_freedom)

❑ probability:必要,右尾累積機率值(介於 0 到 1 之間的數值)。

❑ degrees_freedom:必要,自由度。

這個函數是 CHISQ.DIST.RT 的反函數,用於計算右尾的卡方分佈臨界值,即對應於給定累積機率的卡方值。

實例 ch12_13.xlsx 和 ch12_13_out.xlsx:假設我們希望計算自由度為 5,右尾累積機率為 0.05 對應的卡方臨界值。

1: 開啟 ch12_13.xlsx,將作用儲存格放在 A2。

2: 輸入公式 =CHISQ.INV.RT(0.05, 5)。

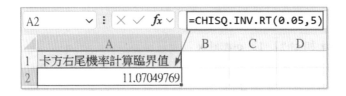

計算結果為 11.07，這意味著在自由度為 5 的卡方分佈中，有 5% 的數據點落在卡方值為 11.07 的右側。這個臨界值可以用於判斷觀察結果是否顯著。如果觀察到的卡方值大於 11.070，則可以認為觀察結果顯著偏離預期。下列是此實例的示意圖。

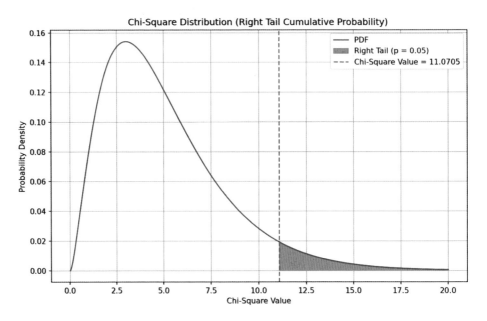

12-3-5　CHISQ.TEST 卡方檢定

語法英文：CHISQ.TEST(actual_range, expected_range)

語法中文：CHISQ.TEST(觀察值陣列, 期望值陣列)

❑ actual_range：必要，實際觀察值的範圍或陣列。

❑ expected_range：必要，期望值的範圍或陣列。

註　舊版函數是 CHITEST(actual_range, expected_range)。

此函數用於卡方檢定，以檢驗觀察值與期望值之間的差異是否顯著。這種檢定通常用於檢驗分類數據，例如檢驗不同類別之間的關聯性。

實例 ch12_13_1.xlsx 和 ch12_13_1_out.xlsx：顧客購買行為分析。一家超市希望了解顧客購買行為是否符合預期。他們對 200 名顧客進行了調查，記錄了購買水果和蔬菜的顧客數量。根據市場調查，他們預計會有以下結果。

實際觀察值（觀察到的購買行為）：

● 購買水果的顧客數量：120

● 購買蔬菜的顧客數量：80

期望值（預期的購買行為）：

● 預計購買水果的顧客數量：100

● 預計購買蔬菜的顧客數量：100

我們使用卡方檢定來檢驗實際觀察值是否與期望值有顯著差異。

1： 開啟 ch12_13_1.xlsx，將作用儲存格放在 D3。

2： 輸入公式 =CHISQ.TEST(B2:B3,B5:B6)。

上述得到 p 值是約 0.00468。

● 由於 p 值是約 0.00468 小於顯著性水平 0.05，我們拒絕原假設。

● 這意味著實際觀察值與期望值之間有顯著差異。

12-4　F 分佈

　　在統計學中，F 分佈（F-Distribution）是一種重要的分佈，主要用於變異數分析，特別是在比較兩個樣本的變異數時。F 分佈由英國統計學家羅納德·費雪（Ronald Fisher）在 20 世紀初提出，並以他的名字命名。F 分佈在各種統計檢驗中發揮著關鍵作用，如 ANOVA（方差分析）和迴歸分析中的方差比率檢驗。

　　F 分佈是一種右偏分佈，數值範圍從 0 到正無窮。隨著自由度的增加，分佈逐漸趨近於對稱，但仍保持右偏。

12-4-1　F.DIST 計算左尾 F 分佈機率值

語法英文：F.DIST(x, degrees_freedom1, degrees_freedom2, cumulative)

語法中文：F.DIST(x, 分子自由度, 分母自由度, 邏輯值)

❑ x：必要，要計算的 F 值。

❑ degrees_freedom1：必要，分子自由度。

❑ degrees_freedom2：必要，分母自由度。

❑ cumulative：必要，一個邏輯值，決定函數返回機率密度函數 (Probability Mass Function, PMF) 或是累積分佈函數 (Cumulative Distribution Function, CDF)。如果為 TRUE，返回累積分佈函數值；如果為 FALSE，返回機率密度函數值。

註　舊版函數是 FDIST(x, deg_freedom1, deg_freedom2)。

　　此函數用於計算 F 分佈的累積分佈函數（CDF）或機率密度函數（PDF）值。這個函數在變異數分析（ANOVA）和其他統計檢驗中非常有用。

實例 ch12_14.xlsx 和 ch12_14_out.xlsx：計算卡方分佈在 x 值從 0 到 5，分子自由度為 5，分母自由度為 10，以上情況下的機率密度函數（PDF）和累積分佈函數（CDF）。

1：　開啟 ch12_14.xlsx，將作用儲存格放在 B5。

2：　輸入公式 =CHISQ.DIST(A5, $B$2, $B$3, FALSE)，請將 B5 的填滿控點拖曳到 B5:B10。

3：　將作用儲存格放在 C5。

4： 輸入公式 =CHISQ.DIST(A4, \$B\$2, \$B\$3, TRUE)，請將 C5 的填滿控點拖曳到 C5:C10。

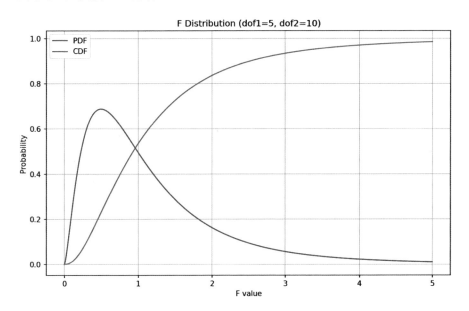

下列是上述實例的 F 分佈圖形。

12-4-2　F.DIST.RT 計算 F 分佈右尾的機率

語法英文：F.DIST.RT(x, degrees_freedom1, degrees_freedom2)

語法中文：F.DIST.RT(x, 分子自由度, 分母自由度)

❑ x：必要，卡方檢驗值（必須為正數）。

❑ degrees_freedom1：必要，分子自由度。

❑ degrees_freedom2：必要，分母自由度。

　　這個函數用於計算右尾的 F 分佈累積機率，即 F 值大於或等於指定值的機率。

實例 ch12_15.xlsx 和 ch12_15_out.xlsx：變異數分析。有一所學校正在評估三種不同的教學方法對學生數學成績的影響。每種教學方法下都有不同數量的學生樣本，研究者希望計算 F 值的右尾累積機率，以判斷不同教學方法對成績的影響是否顯著。

1：　開啟 ch12_15.xlsx，將作用儲存格放在 A2。

2：　輸入公式 =F.DIST.RT(2, 5, 10)。

　　上述計算結果約為 0.162，這意味著在分子自由度為 5，分母自由度為 10 的 F 分佈中，F 值大於或等於 2 的機率為 16.2%。這表明觀察到的結果在 F 分佈中的位置，幫助我們判斷數據是否與預期值有顯著差異。下列是此實例的示意圖。

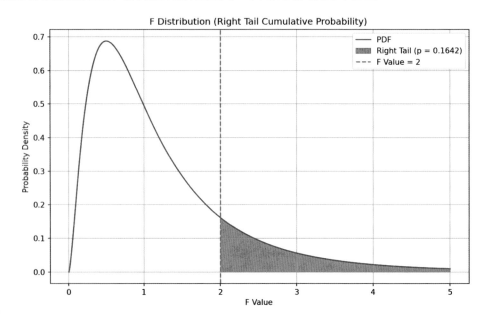

12-4-3 F.INV 依據左尾機率計算卡方分佈的臨界值

語法英文：F.INV(probability, degrees_freedom1, degrees_freedom2)

語法中文：F.INV(機率, 分子自由度, 分母自由度)

❑ probability：必要，累積機率值（介於 0 到 1 之間的數值）。

❑ degrees_freedom1：必要，分子自由度。

❑ degrees_freedom2：必要，分母自由度。

註 舊版函數是 FINV(probability, deg_freedom1, deg_freedom2)。

這個函數是 F.DIST 的反函數，用於計算給定累積機率對應的 F 分佈臨界值。

實例 ch12_16.xlsx 和 ch12_16_out.xlsx：假設我們希望計算分子自由度為 5，分母自由度為 10，累積機率為 0.95 對應的 F 分佈臨界值。

1： 開啟 ch12_16.xlsx，將作用儲存格放在 A2。

2： 輸入公式 =F.INV(0.95, 5, 10)。

上述計算結果約為 3.326，這意味著在分子自由度為 5，分母自由度為 10 的 F 分佈中，有 95% 的數據點落在 F 值為 3.326 的左側。這個臨界值可以用於判斷觀察結果是否顯著。如果觀察到的 F 值大於 3.325，則可以認為觀察結果顯著偏離預期。

12-4-4 F.INV.RT 依據 F 分佈的右尾機率計算臨界值

語法英文：F.INV.RT(probability, degrees_freedom1, degrees_freedom2)

語法中文：F.INV.RT(機率, 分子自由度, 分子自由度)

❑ probability：必要，右尾累積機率值（介於 0 到 1 之間的數值）。

❑ degrees_freedom1：必要，分子自由度。

❑ degrees_freedom2：必要，分母自由度。

這個函數是 F.DIST.RT 的反函數，用於計算右尾的 F 分佈臨界值，即對應於給定右尾累積機率的 F。

實例 ch12_17.xlsx 和 ch12_17_out.xlsx：假設我們希望計算分子自由度為 5，分母自由度為 10，右尾累積機率為 0.05 對應的 F 分佈臨界值。

1： 開啟 ch12_17.xlsx，將作用儲存格放在 A2。

2： 輸入公式 =F.INV.RT(0.05, 5, 10)。

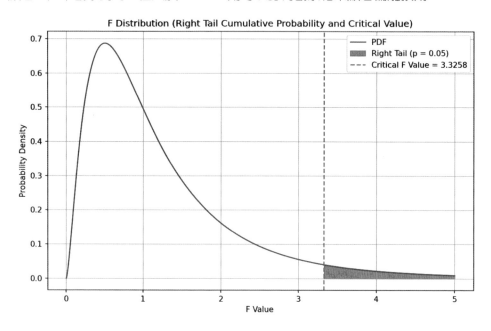

上述計算結果約為 3.326，這意味著在分子自由度為 5，分母自由度為 10 的 F 分佈中，有 5% 的數據點落在 F 值為 3.326 的右側。這個臨界值可以用於判斷觀察結果是否顯著。如果觀察到的 F 值大於 3.326，則可以認為觀察結果顯著偏離預期。

12-4-5 F.TEST 檢定兩組數據變異數是否有差異

語法英文：F.TEST(array1, array2)

語法中文：F.TEST(array1, array2)

❑ array1：必要，第一組樣本數據。

❑ array2：必要，第二組樣本數據。

註 舊版函數是 FTEST(array1, array2)。

此函數用於檢驗兩組樣本數據的方差是否有顯著差異。這種檢定通常用於比較兩組數據的變異性。

實例 ch12_17_1.xlsx 和 ch12_17_1_out.xlsx：比較兩家工廠的產品重量變異性。我們希望比較兩家工廠在生產同一產品時的重量變異性，看看是否有顯著差異。我們收集了兩家工廠各自 10 件產品的重量數據（單位：克），數據如下：

● 工廠 A 的產品重量：101,102,100,99,98,97,103,104,105,99

● 工廠 B 的產品重量：110,108,109,107,111,112,106,105,113,109

我們使用 F 檢定來檢驗這兩組數據的方差是否有顯著差異。

1： 開啟 ch12_17_1.xlsx，將作用儲存格放在 D3。

2： 輸入公式 =F.TEST(B2:B3,B5:B6)。

D3		f_x	=F.TEST(A3:A12,B3:B12)	
	A	B	C	D	E
1	兩家產品重量分析				
2	工廠A	工廠B		f 檢定	
3	101	110		0.932255147	
4	102	108			
5	100	109			
6	99	107			
7	98	111			
8	97	112			
9	103	106			
10	104	105			
11	105	113			
12	99	109			

上述得到 p 值是約 0.932。

- 由於 p 值是約 0.932 大於顯著性水平 0.05，我們不能拒絕原假設。
- 這意味著我們認為工廠 A 和工廠 B 的產品重量變異性沒有顯著差異。

12-5 離散型分佈函數

在數據分析和統計學中，離散分佈是用於描述離散型隨機變數的一種重要工具。離散型隨機變數只能取特定的值，每個值有相應的機率。在現實生活中，許多現象都可以用離散分佈來建模和分析，如投擲硬幣的結果、擲骰子的點數、顧客在某個時間段內到達的數量等。

Microsoft Excel 提供了一系列強大的函數來處理和分析離散分佈數據，這些函數能夠幫助使用者進行機率計算、統計分析和預測。以下是一些常用的 Excel 離散分佈函數：

- BINOM.DIST：計算二項分佈的機率。二項分佈適用於每次試驗只有兩個可能結果（成功或失敗）的情況，例如，測試某產品的合格率、某種療法的有效率、或某個廣告活動中消費者的反應等。在現實生活中，二項分佈廣泛應用於品質控制、藥物試驗、市場調查等領域。如拋硬幣和產品質量檢查。

- POISSON.DIST：計算波式分佈的機率。波式分佈適用於單位時間或空間內事件發生次數的情況，如電話呼叫數量和交通事故數量。

- HYPGEOM.DIST：計算超幾何分佈的機率。超幾何分佈適用於不放回抽樣的情況，如從一批產品中抽取樣本進行質量檢查。

- NEGBINOM.DIST：計算負二項分佈的機率。負二項分佈適用於在達到指定成功次數前，失敗次數的情況，例如：電話銷售中成功下單的次數。

透過這些函數，Excel 為我們提供了一個靈活而強大的工具，能夠幫助我們在各種應用場景中進行離散分佈的計算和分析。無論是描述隨機事件的機率，還是進行品質控制和風險評估，這些函數都能大大提高我們的工作效率和準確性。

在統計學和機率理論中，二項分佈是一種描述二項試驗中成功次數的機率分佈。二項試驗是一系列只有兩個可能結果（成功或失敗）的獨立試驗，每次試驗的成功機率相同。

12-5-1　BINOM.DIST 計算實驗的成功機率

語法英文：BINOM.DIST(number_s, trials, probability_s, cumulative)

語法中文：BINOM.DIST(成功次數, 試驗次數, 成功機率, 累積的邏輯值)

❏ number_s：必要，要計算機率的成功次數。

❏ trials：必要，試驗的總次數。

❏ probability_s：必要，每次試驗成功的機率。

❏ cumulative：必要，一個邏輯值，決定函數返回機率密度函數 (Probability Mass Function, PMF) 或是累積分佈函數 (Cumulative Distribution Function, CDF)。如果為 TRUE，返回累積分佈函數值；如果為 FALSE，返回機率密度函數值。

註 舊版函數是 BINOMDIST(number_s, trials, probability_s, cumulative)。

　　這個函數可用於計算在給定試驗次數和成功機率下，特定成功次數的機率。這個函數可以返回機率密度函數（PMF）或累積分佈函數（CDF）值。透過 BINOM.DIST 函數，我們可以了解某個特定事件發生的精確機率，這對於決策制定和風險評估非常重要。

實例 ch12_18.xlsx 和 ch12_18_out.xlsx：硬幣投擲分析，我們進行了一次實驗，投擲一枚均勻的硬幣 5 次。我們想知道單次以及累積 0～5 次硬幣正面朝上的機率。

1： 開啟 ch12_18.xlsx，將作用儲存格放在 B2。

2： 輸入公式 =BINOM.DIST(A2, 5, 0.5, FALSE)，請將 B2 的填滿控點拖曳到 B2:B7。

3： 將作用儲存格放在 C2。

4： 輸入公式 =BINOM.DIST(A2, 5, 0.5, TRUE)，請將 C2 的填滿控點拖曳到 C2:C7。

	fx	=BINOM.DIST(A2,5,0.5,TRUE)

	A	B	C	D	E	F	G
1	正面次數	機率	累積機率				
2	0	0.03125	0.03125				
3	1	0.15625	0.1875				
4	2	0.3125	0.5	=BINOM.DIST(A2,5,0.5,FALSE)			
5	3	0.3125	0.8125				
6	4	0.15625	0.96875				
7	5	0.03125	1				

透過上述硬幣投擲的實例，我們演示了如何使用 BINOM.DIST 函數來計算二項分佈中的特定情況機率。這種方法不僅可以應用於硬幣投擲，還可以應用於其他需要計算成功與失敗次數的情況，例如產品質量檢測、市場調查等。在實際應用中，熟練掌握這些函數將幫助我們更準確地進行數據分析和決策制定。

實例 ch12_19.xlsx 和 ch12_19_out.xlsx：郵件行銷案例分析。一家電子商務公司正在策劃一次電子郵件行銷活動。他們計劃向 1000 名潛在客戶發送促銷郵件。根據歷史數據，預計每封郵件被點擊的機率是 0.02（2%）。現在，行銷部門想要計算以下幾種情況的機率：

● 恰好 10、20、30、40、50 人點擊郵件的機率。

● 最多 10、20、30、40、50 人點擊郵件的機率。

1： 開啟 ch12_19.xlsx，將作用儲存格放在 B3。

2： 輸入公式 =BINOM.DIST(A3, 1000, 0.02, FALSE)，請將 B3 的填滿控點拖曳到 B7。

3： 將作用儲存格放在 C3。

4： 輸入公式 =BINOM.DIST(A3, 1000, 0.02, TRUE)，請將 C3 的填滿控點拖曳到 C7。

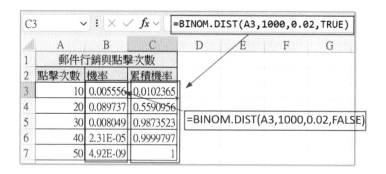

這個機率計算了在 1000 次試驗（發送 1000 封郵件）中，恰好 10、20、30、40、50 次成功（10、20、30、40、50 人點擊郵件）的可能性，以及累積的機率。這樣的分析可以幫助行銷部門評估和預測行銷活動的效果，從而更好地制定策略和進行資源分配。

12-5-2 BINOM.DIST.RANGE 指定範圍累積的機率

語法英文：BINOM.DIST.RANGE(trials, probability_s, number_s, [number_s2])

語法中文：BINOM.DIST.RANGE(次數, 成功機率, 次數下限, [次數上限])

❑ trials：必要，試驗的總次數。

❑ probability_s：必要，每次試驗成功的機率。

❑ number_s：必要，成功次數的下限。

❑ [number_s2]：選用，成功次數的上限。如果省略，則函數計算恰好 number_s 次成功的機率。

這個函數用於計算在指定範圍內的成功次數的累積二項分佈機率。這個函數擴展了 BINOM.DIST 函數的功能，允許計算一個範圍內成功次數的機率，而不僅僅是單一成功次數。

實例 ch12_20.xlsx 和 ch12_20_out.xlsx：郵件行銷案例分析。一家電子商務公司正在策劃一次電子郵件行銷活動。他們計劃向 1000 名潛在客戶發送促銷郵件。根據歷史數據，預計每封郵件被點擊的機率是 0.02（2%）。現在，行銷部門想要計算以下幾種情況的機率：

● 恰好 20 人點擊郵件的機率。

● 點擊人數介於 15 到 25 人之間的機率。

1： 開啟 ch12_20.xlsx，將作用儲存格放在 B3。

2： 輸入公式 =BINOM.DIST.RANGE(1000, 0.02, 20)。

3： 將作用儲存格放在 C3，輸入公式 =BINOM.DIST.RANGE(1000, 0.02, 15, 25)。

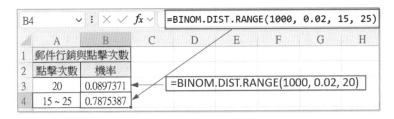

上述執行結果告訴我們，在向 1000 名潛在客戶發送促銷郵件的情況下，有
78.75% 的機率點擊人數會介於 15 到 25 人之間。這樣的分析有助於市場部門了解行銷
活動的效果範圍，從而進行更準確的預測和決策。這個實例擴展了單一成功次數的計
算範圍，允許我們計算一個範圍內成功次數的機率，這在很多實際應用中非常有價值。
例如，在市場調查、品質控制和金融分析中，我們經常需要知道在一定範圍內的成功
次數機率，以便做出更準確的預測和決策。

實例 ch12_21.xlsx 和 ch12_21_out.xlsx：產品測試中的不良品機率。一家工廠生產電
子產品，根據過去的數據，每個產品有 2% 的機率是不良品。現在，質量控制部門從生
產線上隨機抽取 100 個產品進行檢查。他們希望計算以下幾種情況的機率：

● 恰好有 5 個不良品的機率。

● 不良品數量介於 3 到 7 個之間的機率。

1：　開啟 ch12_21.xlsx，將作用儲存格放在 C3。

2：　輸入公式 =BINOM.DIST.RANGE(100, 0.02, 5)。

3：　將作用儲存格放在 C4，輸入公式 =BINOM.DIST.RANGE(100, 0.02, 3, 7)。

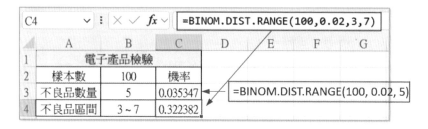

上述計算結果幫助質量控制部門了解在 100 個產品樣本中不良品數量的分佈情況：

● 恰好有 5 個不良品的機率約為 3.53%，這意味著在隨機抽取的 100 個產品中，
有 5 個產品是不良品的可能性很小，但仍有一定的發生機率。

● 不良品數量介於 3 到 7 個之間的機率約為 32.24%，這意味著在隨機抽取的 100
個產品中，不良品數量在這個範圍內的可能性約為三分之一，這是一個較高的
機率，可以幫助質量控制部門評估生產過程中的質量水平。

這樣的分析對於質量控制和改進生產流程具有重要意義。透過這些數據，管理層
可以採取適當的措施來減少不良品率，提高產品質量。

12-5-3 BINOM.INV 累積機率最小成功的反函數

語法英文：BINOM.INV(trials, probability_s, alpha)

語法中文：BINOM.INV(試驗次數, 成功率, 累積機率)

❏ trials：必要，試驗的總次數。

❏ probability_s：必要，每次試驗成功的機率。

❏ alpha：必要，目標累積機率，0 到 1 之間的數值。

註 舊版函數是 CRITBINOM(trials, probability_s, alpha)。

　　這個函數用於返回累積二項分佈的反函數，即在給定的試驗次數和成功機率下，找出最小的成功次數，使得累積機率大於或等於指定的機率值。這個函數在品質控制、風險評估和統計分析中有著廣泛的應用。

實例 ch12_22.xlsx 和 ch12_22_out.xlsx：產品測試中的不良品檢測。一家工廠生產電子產品，根據過去的數據，每個產品有 2% 的機率是不良品。質量控制部門希望了解在抽取 100 個產品進行檢查時，不良品數量至少達到 50% 的累積機率對應的最小成功次數，即需要檢測到多少個不良品才能使得累積機率達到或超過 50%。

1： 開啟 ch12_22.xlsx，將作用儲存格放在 A2。

2： 輸入公式 =BINOM.INV(100, 0.02, 0.5)。

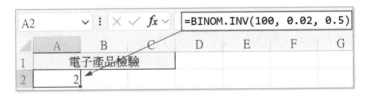

　　上述結果說明在進行 100 次試驗（抽取 100 個產品）中，每次成功（不良品）的機率為 2% 的情況下，至少需要檢測到 2 個不良品，才能使累積機率達到或超過 50%。這種分析在質量控制中非常有用，幫助管理層了解在進行產品檢測時，需要檢測到多少不良品才能達到一定的信賴度，從而更好地制定質量標準和改進措施。

　　前一章筆者有介紹信賴區間的觀念，我們可以使用 BINOM.INV 函數來計算在給定信賴度下，二項分佈的成功次數範圍，從而應用於信賴區間的估計。假設我們有一個樣本，觀察到一定數量的成功次數，我們希望估計這個成功次數的範圍，以涵蓋母體的真實比例。

實例 ch12_23.xlsx 和 ch12_23_out.xlsx：應用於產品不良品率的信賴區間估計。一家工廠生產的電子產品，每個產品有 2% 的機率是不良品。質量控制部門從生產線上隨機抽取 100 個產品進行檢查。觀察到有 5 個不良品，現在希望在 95% 的信賴度下，估計這些不良品數量的範圍。

1：　開啟 ch12_23.xlsx，將作用儲存格放在 B4。

2：　輸入公式 =BINOM.INV(100, 0.02, 0.025)。

3：　將作用儲存格放在 C4，輸入公式 =BINOM.INV(100, 0.02, 0.975)。

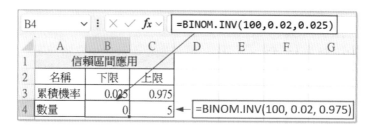

這意味著在 95% 的信賴度下，100 個產品中不良品數量的信賴區間為 [0,5]。換句話說，我們有 95% 的信心相信，在隨機抽取的 100 個產品中，不良品的數量會介於 0 到 5 之間。

12-5-4　NEGBINOM.DIST 負二項分佈

語法英文：NEGBINOM.DIST(number_f, number_s, probability_s, cumulative)

語法中文：NEGBINOM.DIST(失敗次數, 成功次數, 成功機率, 累積邏輯值)

❏ number_f：必要，失敗的次數。

❏ number_s：必要，成功的次數。

❏ probability_s：必要，每次試驗成功的機率。

❏ cumulative：必要，一個邏輯值，決定函數返回累積分佈函數還是機率密度函數。
　　如果為 TRUE，返回累積分佈函數值；如果為 FALSE，返回機率密度函數值。

註　舊版函數是 NEGBINOMDIST(number_f, number_s, probability_s)

這個函數用於計算負二項分佈的機率。負二項分佈是一種離散機率分佈，描述的是在進行一系列伯努利試驗（即每次試驗只有兩個可能結果：成功或失敗）中，達到指定次數的成功所需的失敗次數。負二項分佈適用於以下情境：

● 計算某個事件發生指定次數之前，另一事件發生的次數。

● 例如，計算在銷售員成功簽下 10 單之前需要經歷多少次失敗的機率。

實例 ch12_24.xlsx 和 ch12_24_out.xlsx：銷售員的成功率。一個銷售員每次打電話的成功率是 5%。公司希望知道這個銷售員在成功簽下 5 單之前，需要經歷恰好 15 次失敗的機率。

1： 開啟 ch12_24.xlsx，將作用儲存格放在 A2。

2： 輸入公式 =NEGBINOM.DIST(15, 5, 0.05, FALSE)。

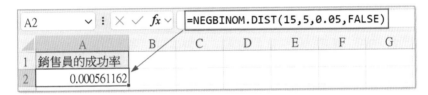

上述計算出在成功簽下 5 單之前，經歷恰好 15 次失敗的機率為 0.000561162，這意味著這種情況的機率約為 0.0561162%。

實例 ch12_25.xlsx 和 ch12_25_out.xlsx：累積機率的計算。如果我們希望計算在成功簽下 5 單之前，經歷不超過 15 次失敗的累積機率，可以將 cumulative 設置為 TRUE。

1： 開啟 ch12_25.xlsx，將作用儲存格放在 A2。

2： 輸入公式 =NEGBINOM.DIST(15, 5, 0.05, TRUE)。

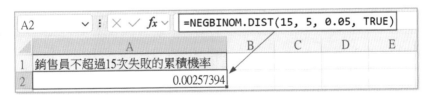

這意味著在成功簽下 5 單之前，經歷 15 次或更少失敗的可能性約為 0.257394%。這是一個相對較小的機率，表明在這種情況下成功的難度較高。

12-5-5　HYPGEOM.DIST 超幾何分佈的機率

語法英文：HYPGEOM.DIST(sample_s, number_sample, population_s, number_pop, cumulative)

語法中文：HYPGEOM.DIST(成功數量, 抽樣總數, 成功數, 樣本總數, 累積邏輯值)

❑ number_s：必要，樣本中成功的數量。

❑ number_sample：必要，抽取的樣本總數。

❑ probability_s：必要，總體中成功的數量。

❑ number_pop：必要，總體中的總數量。

❑ cumulative：必要，一個邏輯值，決定函數返回累積分佈函數還是機率密度函數。如果為 TRUE，返回累積分佈函數值；如果為 FALSE，返回機率密度函數值。

註　舊版函數是 HYPGEOMDIST(sample_s,number_sample,population_s,number_pop)

　　這個函數用於計算超幾何分佈的機率。超幾何分佈描述的是從有限的總體中不放回抽取若干樣本時，取得特定成功次數的機率。超幾何分佈適用於以下情境：

● 計算從有限總體中抽取樣本時，樣本中成功次數的機率。

● 例如，從一批產品中抽樣檢查次品數量。

實例 ch12_26.xlsx 和 ch12_26_out.xlsx：抽獎問題。假設有 7 支籤，其中 2 支是中獎籤。如果從中隨機抽取 2 次，我們想計算在這 2 次抽取中恰好中獎 0 次、1 次和 2 次的機率。

1：　開啟 ch12_26.xlsx，將作用儲存格放在 E2。

2：　輸入公式 =HYPGEOM.DIST(D2, $B$4, $B$3, $B$2, FALSE)。

3：　拖曳 E2 的填滿控點到 E4。

E2		✓ : × ✓ fx ✓		=HYPGEOM.DIST(D2, $B$4, $B$3, $B$2, FALSE)					
	A	B	C	D	E	F	G	H	I
1	抽獎問題			中獎次數	機率				
2	籤總數	10		0	0.622222				
3	中獎籤數	2		1	0.355556				
4	抽籤數	2		2	0.022222				

12-5-6　PROB 計算給定範圍的機率

語法英文：PROB(x_range, prob_range, [lower_limit], [upper_limit])

語法中文：PROB(數值範圍, 機率範圍, [範圍的下限], [範圍的上限])

☐ x_range：必要，數值範圍的陣列或區域，這些數值代表隨機變數的可能取值。

☐ prob_range：必要，與 x_range 中數值對應的機率陣列或區域。

☐ [lower_limit]：選用，感興趣數值範圍的下限。如果省略，計算 x_range 中等於 upper_limit 的機率。

☐ [upper_limit]：選用，感興趣數值範圍的上限。如果省略，計算等於 lower_limit 的機率。

　　這個函數用於計算在給定數值範圍內的機率。這個函數根據給定的數值範圍和相應的機率，計算隨機變數落在指定範圍內的累積機率。此函數適用於以下情境：

● 計算隨機變數在特定範圍內的累積機率。

● 分析和預測隨機事件的機率分佈。

實例 ch12_27.xlsx 和 ch12_27_out.xlsx：學生考試成績分析。一群學生參加數學考試，分數範圍為 0 到 100 分。老師收集了一些學生的考試成績，並記錄了每個分數區間的機率。現在老師希望計算成績在 60 到 80 分之間的學生比例。

1： 開啟 ch12_27.xlsx。

2： 將作用儲存格放在 E2，輸入 60。

3： 將作用儲存格放在 E3，輸入 80。

4： 輸入公式 =PROB(A2:A7, B2:B7, 60, 80)。

12-5-7　POISSON.DIST 計算波式分佈機率

語法英文：POISSON.DIST(x, mean, cumulative)

語法中文：POISSON.DIST(次數, 平均次數, 邏輯值)

❑ x：必要，事件發生的次數（非負整數）。

❑ mean：必要，某段時間或空間範圍內事件發生的平均次數（正數）。

❑ cumulative：必要，一個邏輯值，決定函數返回累積分佈函數還是機率密度函數。
如果為 TRUE，返回累積分佈函數值；如果為 FALSE，返回機率密度函數值。

📝 **註** 舊版函數是 POISSON(x, mean, cumulative)

　　波式分佈通常用於描述在固定時間或空間範圍內，某事件發生的次數。例如，可以用來計算某個時段內接收到的電話數量，或某段街道上的車禍次數。波式分佈適用於以下情境：

● 計算在給定時間或空間範圍內，某事件發生特定次數的機率。

● 用於描述隨機事件的發生，例如：顧客服務中心的電話來電次數、網站的訪問次數、街道上的交通事故等。

實例 ch12_28.xlsx 和 ch12_28_out.xlsx：客服中心來電數量分析。一家客服中心在高峰時段每小時平均接到 6 通電話。經理希望知道在一個小時內接到恰好 0～8 通電話的機率，以及接到不超過 0～8 通電話的累積機率。

1： 開啟 ch12_28.xlsx，將作用儲存格放在 B3。

2： 輸入公式 =POISSON.DIST(A3, 6, FALSE)。

3： 拖曳 B3 的填滿控點到 B11。

4： 將作用儲存格放在 C3，輸入公式 =POISSON.DIST(A3, 6, TRUE)。

5： 拖曳 C3 的填滿控點到 C11。

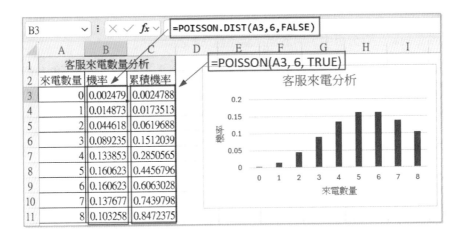

上述記錄在一個小時內,客服中心恰好接到 0 ~ 8 通電話的機率,以及累積機率。這樣的分析可以幫助客服中心管理層了解在高峰時段電話來電的分佈情況,從而更好地進行資源和人力配置。

12-6 其它分佈函數

在數據分析和統計學中,除了離散分佈和常態分佈外,還有許多其他重要的分佈函數,它們在不同的應用場景中發揮著關鍵作用。這些分佈函數可以幫助我們進行機率計算、數據建模和風險評估。Microsoft Excel 提供了一系列強大的分佈函數,這些函數能夠幫助使用者進行多種分佈的計算和分析。以下是一些常用的 Excel 分佈函數,除了離散分佈和常態分佈之外,它們涵蓋了其他重要的統計分佈:

- EXPON.DIST:計算指數分佈的機率。指數分佈通常用於描述隨機事件之間的時間間隔,如顧客服務電話的到達時間。

- LOGNORM.DIST:計算對數常態分佈的機率。對數常態分佈適用於描述非負數據的分佈,如股票價格和收入分佈。

- GAMMA.DIST:計算 Gamma 分佈的機率。Gamma 分佈適用於建模持續時間和等候時間,如客戶排隊等待時間。

- BETA.DIST:計算 Beta 分佈的機率。Beta 分佈廣泛應用於貝葉斯統計和項目管理中,用於描述事件成功的機率。

● WEIBULL.DIST：計算 Weibull(韋伯) 分佈的機率。Weibull 分佈廣泛應用於可靠性工程和生存分析中，用於描述產品壽命和故障時間。

透過這些函數，Excel 為我們提供了一個靈活而強大的工具，能夠幫助我們在各種應用場景中進行分佈的計算和分析。無論是描述隨機事件的機率、建模數據分佈，還是進行風險評估和決策分析，這些函數都能大大提高我們的工作效率和準確性。

12-6-1　EXPON.DIST 計算指數分佈的機率

語法英文：EXPON.DIST(x, lambda, cumulative)

語法中文：EXPON.DIST(x, 速率, 邏輯值)

❑ x：必要，要計算的指數分佈值（必須為正數）。

❑ lambda：必要，指數分佈的參數，即事件發生的速率（必須為正數）。

❑ cumulative：必要，一個邏輯值，決定函數返回累積分佈函數還是機率密度函數。如果為 TRUE，返回累積分佈函數值；如果為 FALSE，返回機率密度函數值。

註　舊版函數是 EXPONDIST(x, lambda, cumulative)

此函數可用於計算指數分佈的累積分佈函數（CDF）或機率密度函數（PDF）值。指數分佈常用於描述隨機事件之間的時間間隔，例如顧客到達商店的時間間隔、機器的故障間隔時間等。

實例 ch12_29.xlsx 和 ch12_29_out.xlsx：顧客到達時間分析。一家商店希望了解顧客到達的間隔時間，以便更好地管理人力資源。假設顧客到達的平均速率為每分鐘0.5次。研究者希望計算顧客在 0 ~ 3 分鐘內到達的累積機率和 0 ~ 3 分鐘的機率密度。

1： 開啟 ch12_29.xlsx，將作用儲存格放在 B3。

2： 輸入公式 =EXPON.DIST(A4, $B$2, FALSE)。

3： 拖曳 B4 的填滿控點到 B10。

4： 將作用儲存格放在 C3，輸入公式 =EXPON.DIST(A4, $B$2, TRUE)。

5： 拖曳 C4 的填滿控點到 C10。

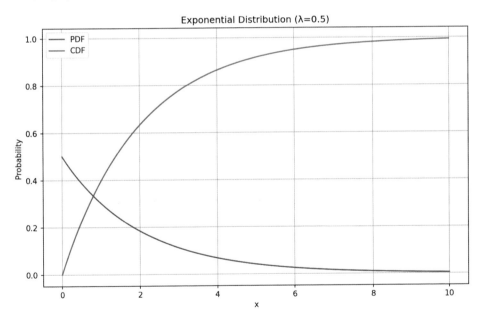

在上述執行結果中，可以看到計算顧客在 2 分鐘內到達的累積機率，結果約為
0.632，這意味著顧客在 2 分鐘內到達的機率為 63.2%。下列是上述執行結果的示意圖。

12-6-2　LOGNORM.DIST 計算對數常態分佈的機率

語法英文：LOGNORM.DIST(x, mean, standard_dev, cumulative)

語法中文：LOGNORM.DIST(x, 平均值, 標準差, 邏輯值)

❏ x：必要，要計算的對數常態分佈值。

❏ mean：必要，對數值的平均值。

❏ standard_dev：必要，對數值的標準差。

❏ cumulative：必要，一個邏輯值，決定函數返回累積分佈函數還是機率密度函數。如果為 TRUE，返回累積分佈函數值；如果為 FALSE，返回機率密度函數值。

註 舊版函數是 LOGNORMDIST(x, mean, standard_dev)

　　此函數可用於計算對數常態分佈的累積分佈函數（CDF）或機率密度函數（PDF）值。對數常態分佈是一種連續機率分佈，其對數值服從常態分佈。這個函數在分析數據的對數變換值時非常有用，特別是在金融數據和生物數據的分析中。

實例 ch12_30.xlsx 和 ch12_30_out.xlsx：股票收益分析。一位金融分析師正在研究某隻股票的日收益率，假設收益率的對數值服從常態分佈。分析師希望計算該股票收益率從 0 ～ 10 範圍內的累積機率和機率密度。

1：　開啟 ch12_30.xlsx，將作用儲存格放在 B6。

2：　輸入公式 =LOGNORM.DIST(A6, $B$2, $B$3, FALSE)。

3：　拖曳 B6 的填滿控點到 B11。

4：　將作用儲存格放在 C6，輸入公式 =LOGNORM.DIST(A6, $B$2, $B$3, TRUE)。

5：　拖曳 C6 的填滿控點到 C6:C11。

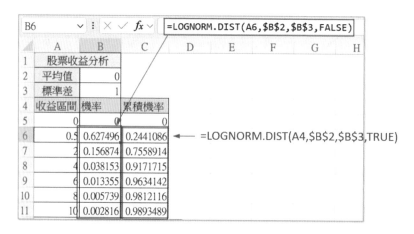

上述計算結果收益率等於 2，累積機率約為 0.756，這意味著收益率小於或等於 2
的累積機率為 75.6%。下列是上述執行結果的示意圖。

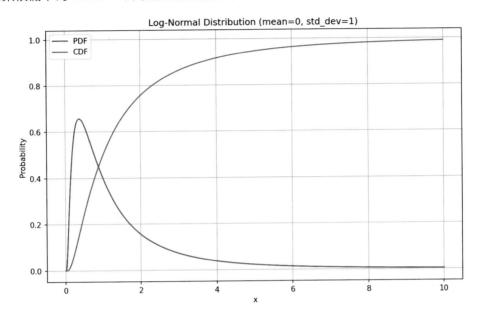

12-6-3　LOGNORM.INV 依據累積機率計算對數常態分佈值

語法英文：LOGNORM.INV(probability, mean, standard_dev)

語法中文：LOGNORM.INV(機率, 平均值, 標準差)

❏ probability：必要，累積機率值（介於 0 到 1 之間的數值）。

❏ mean：必要，對數值的平均值。

❏ standard_dev：必要，對數值的標準差。

註　舊版函數是 LOGINV(probability, mean, standard_dev)

　　這個函數用於計算對數常態分佈（Log-Normal Distribution）的逆累積分佈函數值，
即給定累積機率對應的對數常態分佈值。這個函數可以應用在金融數據分析、風險管
理以及生物數據分析中。

實例 ch12_31.xlsx 和 ch12_31_out.xlsx：金融風險管理。一位金融分析師正在研究某
隻股票的價格波動，假設該股票價格的對數值服從常態分佈。假設平均值是 0，標準差
是 1，分析師希望計算在 95% 信賴度下，股票價格對應的臨界值。

1： 開啟 ch12_31.xlsx，將作用儲存格放在 A2。

2： 輸入公式 =LOGNORM.INV(0.95, 0, 1)。

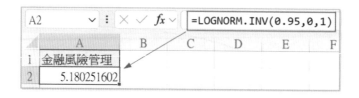

上述計算結果約為 5.18，這意味著在 95% 的信賴度下，股票價格將不超過 5.18。

12-6-4　GAMMA.DIST 計算 Gamma 分佈的機率

語法英文：GAMMA.DIST(x, alpha, beta, cumulative)

語法中文：GAMMA.DIST(x, 形狀參數, 尺度參數, 邏輯值)

❑ x：必要，要計算的 Gamma 分佈值（必須為正數）。

❑ alpha：必要，形狀參數（必須為正數）。

❑ beta：必要，尺度參數（必須為正數）。

❑ cumulative：必要，一個邏輯值，決定函數返回累積分佈函數還是機率密度函數。如果為 TRUE，返回累積分佈函數值；如果為 FALSE，返回機率密度函數值。

註　舊版函數是 GAMMADIST(x, alpha, beta, cumulative)

　　此函數可用於計算 Gamma 分佈（Gamma Distribution）的累積分佈函數（CDF）或機率密度函數（PDF）值。Gamma 分佈廣泛應用於隨機事件的建模，例如保險理賠、氣象數據和排隊理論等。

實例 ch12_32.xlsx 和 ch12_32_out.xlsx：保險理賠分析。一家保險公司希望分析理賠金額的分佈情況，假設理賠金額服從 Gamma 分佈。假設理賠金額單位是千元，形狀參數 alpha 為 2，尺度參數 beta 為 2，公司希望計算理賠金額介於 0 元～10000 元之間的機率密度值和累積機率值。同時特別解釋理賠 5000 元以下的機率是多少。註：此例 x 值乘以 1000，就是理賠金額。

1： 開啟 ch12_32.xlsx，將作用儲存格放在 B5。

2： 輸入公式 =GAMMA.DIST(A5, $B$2, $B$3, FALSE)。

3： 拖曳 B5 的填滿控點到 B11。

4： 將作用儲存格放在 C5，輸入公式 =GAMMA.DIST(A5, $B$2, $B$3, TRUE)。

5： 拖曳 C5 的填滿控點到 C11。

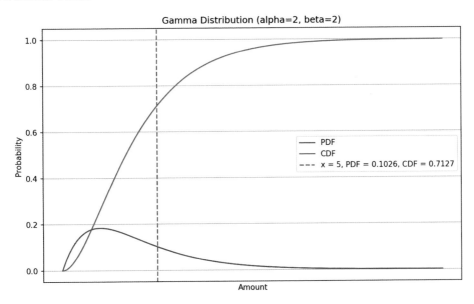

從上述看到理賠 5000 千元以下的累積機率是 0.7127，這意味著理賠金額在 5000元以下的機率是 71.27%。至於 5000 元的機率密度值是約 0.1026，這表示理賠 5000元可能的機率是約 10.26%。下列是上述執行結果的示意圖。

12-6-5　GAMMA.INV 依據累積機率計算 GAMMA 分佈值

語法英文：GAMMA.INV(probability, alpha, beta)

語法中文：GAMMA.INV(機率, 形狀參數, 尺度參數)

❑ probability：必要，累積機率值（介於 0 到 1 之間的數值）。

❑ alpha：必要，形狀參數（必須為正數）。

❑ beta：必要，尺度參數（必須為正數）。

註　舊版函數是 GAMMAINV(probability, alpha, beta)

　　這個函數可用於計算給定累積機率對應的 Gamma 分佈值。這個函數在統計推斷和風險管理中非常有用，特別是在保險理賠、排隊理論和生物統計等領域。

實例 ch12_33.xlsx 和 ch12_33_out.xlsx：保險理賠管理。一家保險公司希望分析理賠金額的分佈情況，假設理賠金額服從 Gamma 分佈。假設形狀參數為 2，尺度參數為 2，公司希望計算在 95% 信賴度下，對應的理賠金額臨界值。註：參考前一節實例，理賠金額會乘以 1000。

1：　開啟 ch12_33.xlsx，將作用儲存格放在 A2。

2：　輸入公式 =GAMMA.INV(0.95, 2, 2)。

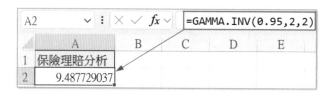

　　上述計算結果為約 9.4877，這意味著在 95% 的信賴度下，理賠金額不超過 9847.7 元。

12-6-6　BETA.DIST 計算 Beta 分佈的機率

語法英文：BETA.DIST(x, alpha, beta, cumulative, [A], [B])

語法中文：BETA.DIST(x, 形狀參數, 形狀參數, 邏輯值, [A], [B])

❑ x：必要，要計算的 Beta 分佈值（介於 A 和 B 之間）。

❑ alpha：必要，形狀參數（必須為正數）。

☐ beta：必要，形狀參數（必須為正數）。

☐ cumulative：必要，一個邏輯值，決定函數返回累積分佈函數還是機率密度函數。如果為 TRUE，返回累積分佈函數值；如果為 FALSE，返回機率密度函數值。

☐ [A]：選用，可選參數，分佈的下界（預設為 0）。

☐ [B]：選用，可選參數，分佈的上界（預設為 1）。

註　舊版函數是 BETADIST(x, alpha, beta, [A], [B])

此函數用於計算 Beta 分佈（Beta Distribution）的累積分佈函數（CDF）或機率密度函數（PDF）值。Beta 分佈通常用於描述在固定範圍內的隨機變數，尤其適用於機率和百分比的建模。

實例 ch12_34.xlsx 和 ch12_34_out.xlsx：市場滲透率分析。一家公司正在分析其產品的市場滲透率，假設市場滲透率服從 Beta 分佈。形狀參數設置為 2 和 5，範圍在 0 到 1 之間，公司希望計算市場滲透率 0 ~ 1 之間的機率密度與累積機率，同時特別標記說明在 50% 累積機率和在 50% 時的機率密度。

1：　開啟 ch12_34.xlsx，將作用儲存格放在 B5。

2：　輸入公式 =BETA.DIST(A5, $B$2, $B$3, FALSE)。

3：　拖曳 B6 的填滿控點到 B5:B11。

4：　將作用儲存格放在 C5，輸入公式 =BETA.DIST(A5, $B$2, $B$3, TRUE)。

5：　拖曳 C5 的填滿控點到 C11。

上述計算結果累積機率為 0.8906，這意味著市場滲透率在 50% 以下的機率為 89.06%。下列是上述執行結果的示意圖。

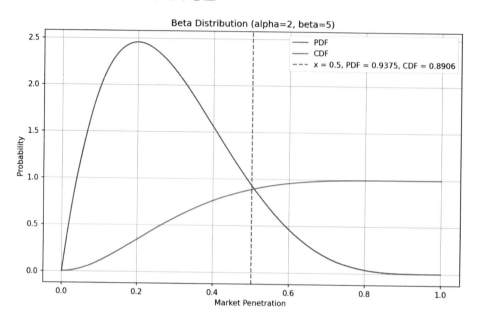

12-6-7　BETA.INV 依據累積機率計算 Beta 分佈值

語法英文：BETA.INV(probability, alpha, beta, [A], [B])

語法中文：BETA.INV(機率, 形狀參數, 形狀參數, [A], [B])

❑ probability：必要，累積機率值（介於 0 到 1 之間的數值）。

❑ alpha：必要，形狀參數（必須為正數）。

❑ beta：必要，形狀參數（必須為正數）。

❑ [A]：選用，可選參數，分佈的下界（預設為 0）。

❑ [B]：選用，可選參數，分佈的上界（預設為 1）。

註　舊版函數是 BETAINV(probability, alpha, beta, [A], [B])

　　這個函數用於計算給定累積機率對應的 Beta 分佈值。這個函數在統計推斷、風險管理和品質控制中非常有用，特別是在建模和分析機率和百分比的數據時。

實例 ch12_35.xlsx 和 ch12_35_out.xlsx：市場滲透率分析。一家公司正在分析其產品的市場滲透率，假設市場滲透率服從貝塔分佈。形狀參數設置分別為 2 和 5，範圍在 0 到 1 之間，公司希望計算在 95% 信賴度下，市場滲透率的臨界值。

1：　開啟 ch12_35.xlsx，將作用儲存格放在 A2。

2：　輸入公式 =BETA.INV(0.95, 2, 5)。

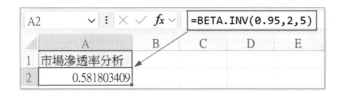

　　上述計算結果約為 0.5818，這意味著在 95% 的信賴度下，市場滲透率不超過 58.18%。

12-6-8　WEIBULL.DIST 計算韋伯分佈的機率

語法英文：WEIBULL.DIST(x, alpha, beta, cumulative)

語法中文：WEIBULL.DIST(分佈值, 形狀參數, 尺度參數, 邏輯性)

❑ x：必要，要計算的韋伯分佈值。

❑ alpha：必要，形狀參數（必須為正數）。

❑ beta：必要，尺度參數（必須為正數）。

❑ cumulative：必要，一個邏輯值，決定函數返回累積分佈函數還是機率密度函數。如果為 TRUE，返回累積分佈函數值；如果為 FALSE，返回機率密度函數值。

註　舊版函數是 WEIBULL(x, alpha, beta, cumulative)

　　此函數用於計算韋伯分佈（Weibull Distribution）的累積分佈函數（CDF）或機率密度函數（PDF）值。韋伯分佈常用於可靠性分析和壽命數據建模，例如設備故障時間、產品壽命和風速分佈等。

實例 ch12_36.xlsx 和 ch12_36_out.xlsx：設備故障時間分析。一家公司正在分析其設備的故障時間，假設故障時間服從韋伯分佈。形狀參數 alpha 設置為 1.5，尺度參數 beta 設置為 500，請計算 0 ~ 1000 小時的機率密度與累積機率。同時解說設備在 300 小時內故障的累積機率和在 300 小時時的機率密度。

1：　開啟 ch12_36.xlsx，將作用儲存格放在 B5。

2：　輸入公式 =WEIBULL.DIST(A5, $B$2, $B$3, FALSE)。

3：　拖曳 B6 的填滿控點到 B11。

4：　將作用儲存格放在 C5，輸入公式 =WEIBULL.DIST(A5, $B$2, $B$3, TRUE)。

5：　拖曳 C5 的填滿控點到 C11。

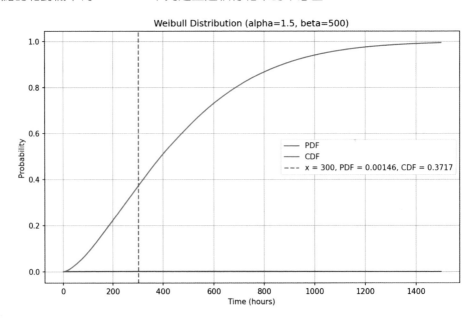

上述計算 300 小時的累積機率結果約為 0.3717，這意味著設備在 300 小時內故障的累積機率為 37.17%。而在 300 小時的故障時間處，機率密度為 0.00146，表示在這一點的相對機率為 0.146%。下列是上述執行結果的示意圖。

對於初學者可能覺得 PDF 是接近 0 的水平線，和一般看到的韋伯線條不相符，下列是另一個實例分析。

實例 ch12_37.xlsx 和 ch12_37_out.xlsx：材料斷裂分析。假設我們正在分析某種新型材料的斷裂壽命，這種材料的壽命服從韋伯分佈。透過實驗得出形狀參數 alpha 為 2，尺度參數 beta 設置為 1，我們希望了解該材料在 0 ~ 5 單位時間內的壽命分佈情況。同時解說設備在 2 單位時間內故障的累積機率和機率密度。

1：　開啟 ch12_37.xlsx，將作用儲存格放在 B5。

2：　輸入公式 =WEIBULL.DIST(A5, $B$2, $B$3, FALSE)。

3：　拖曳 B5 的填滿控點到 B10。

4：　將作用儲存格放在 C5，輸入公式 =WEIBULL.DIST(A5, $B$2, $B$3, TRUE)。

5：　拖曳 C5 的填滿控點到 C10。

B5				fx	=WEIBULL.DIST(A5,$B$2,$B$3,FALSE)		
	A	B	C	D	E	F	G
1	材料斷裂時間分析						
2	alpha	2					
3	beta	1					
4	故障時間	機率	累積機率				
5	0	0	0	← =WEIBULL.DIST(A5,$B$2,$B$3,TRUE)			
6	1	0.735759	0.6321206				
7	2	0.073263	0.9816844				
8	3	0.00074	0.9998766				
9	4	9E-07	0.9999999				
10	5	1.39E-10	1				

上述計算 2 單位時間的累積機率結果約為 0.9817，這意味著設備在 2 單位時間內材料斷裂的累積機率為 98.17%。而在 2 單位時間點的材料斷裂，機率密度約為 0.07326，表示在這一點的相對機率為 7.326%。下列是上述執行結果的示意圖。

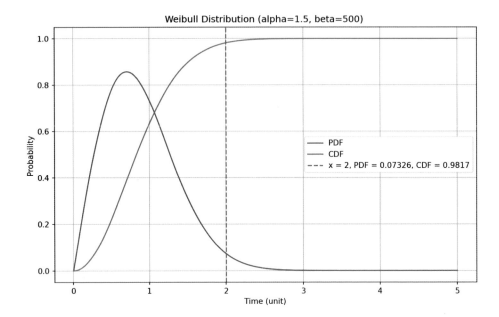

第 13 章

Excel 在財務上的應用

13-1 利率的計算

13-1-1 RATE 計算各期利率

語法英文：RATE(nper, pmt, pv, [fv], [type], [guess])

語法中文：RATE(付款期數, 每期付款金額, [貸款總額], [餘額], [給付時點], [猜測率])

❏ nper：必要，總付款期數。

❏ pmt：必要，每期給付的金額，而且不可以在期限內變更。

❏ pv：必要，若以貸款觀念而言是貸款總金額，可以參考 ch13_1.xlsx。若以存款或投資觀念而言是稱現在價值，可以參考 ch13_2.xlsx。

❏ [fv]：選用，預設是 0，若以貸款觀念而言是最後一次付款後的餘額。若以存款觀念而言是最後總金額，也可稱未來值。

❏ [type]：選用，0 或省略是期末，1 是期初。若以貸款觀念而言，這個引數是 0 所以可以省略。若以存款觀念而言是期初金額，所以這個引數是 1。

❏ [guess]：選用，若是省略預設值是 10%。

　　RATE 函數主要是計算每一期的利率，如果每一期是一個月則稱月利率，如果要轉成年利率需要乘以 12。在 RATE 函數的使用過程中，每月還款金額必須輸入負號，例如：如果每個月支付 60000 元，必須輸入 -60000。貸款金額因為是收入，所以是正值。

實例 ch13_1.xlsx 和 ch13_1_out.xlsx：依照 3 年還款期限、每期 60000 元還款金額與 200 萬貸款總金額，計算貸款的年利率。

1：　開啟 ch13_1.xlsx，將作用儲存格放在 D6。

2：　輸入公式 =RATE(D3*12,D4,D5)*12。

上述貸款因為還款後，未來價值是 0，所以可以省略第 4 個引數 [fv]，因為房貸的繳款時間是期末，所以也可以省略。

> 註　在函數應用中，處理貸款問題，貸款是流入現金所以金額是正值，還款是流出現金所以金額是負值。如果你不想在表格中出現負值，可以在輸入 RATE 函數時，在第 2 個引數位置增加負號，相當於每月還款金額的引數改為 –D4。

實例 ch13_2.xlsx 和 ch13_2_out.xlsx：定期定額每個月存 25000 元，目標是 3 年內要達到 100 萬元，年利率必須是多少。因為是存款，所以 RATE 的第 3 個引數是 0。

1：　開啟 ch13_2.xlsx，將作用儲存格放在 D6。

2：　輸入公式 =RATE(D3*12,D4,0,D5,1)*12。

D6		✕	✓	fx	=RATE(D3*12,D4,0,D5,1)*12		
	A	B		C	D	E	F
1							
2		定期定額存款					
3		定期定額期限(年)		nper	3		
4		每月存款金額		pmt	-25000		
5		期滿可領金額		fv	1000000		
6		年利率		RATE	6.74%		

> 註　在函數應用中，處理存款問題，期滿可領現金，所以是流入現金因此金額是正值，存款是流出現金所以金額是負值。

13-1-2　EFFECT 計算實際的年利率

語法英文：EFFECT(nominal_rate, npery)

語法中文：EFFECT(名義的利率, 複利計算的期數)

❑ nominal_rate：必要，名義的利率。

❑ npery：必要，每年以複利計算的期數，如果有小數，小數部分會被捨去。

依據名義的利率，以及每一年複利計算次數，計算實際的年利率，下列是此函數的數學公式。

$$EFFECT = \left(1 + \frac{nominal\_rate}{npery}\right)^{npery} - 1$$

實例 ch13_3.xlsx 和 ch13_3_out.xlsx：給予名義年利率，然後分成一年複利 1、2、3、12 次，最後計算這些複利一年計算多次的實際年利率。

1：　開啟 ch13_3.xlsx，將作用儲存格放在 C8。

2：　輸入公式 =EFFECT($C$3,C7)。

3：　拖曳 C8 儲存格的填滿控點到 F8。

13-1-3　NOMINAL 計算名義的年利率

語法英文：NOMINAL(effect_rate, npery)

語法中文：NOMINAL(實質的利率, 複利計算的期數)

❏ effect_rate：必要，實質的利率。

❏ npery：必要，每年以複利計算的期數，如果有小數，小數部分會被捨去。

　　依據實質的利率，以及一年複利週期的期數，計算實際的年利率，有關 NOMINAL 函數與 EFFECT 之間關係的數學公式讀者可以參考前一小節。

實例 ch13_4.xlsx 和 ch13_4_out.xlsx：給予名義上的年利率，然後分成一年複利 1、2、3、12 次，最後計算這些複利一年計算多次的實際年利率。

1：　開啟 ch13_4.xlsx，將作用儲存格放在 C5。

2：　輸入公式 =NOMINAL(C3,C4)。

13-1-4 RRI 計算年化報酬率

語法英文：RRI(nper, pv, fv)

語法中文：RRI(總期數, 投資金額, 目標金額)

❑ nper：必要，投資期間的總期數。

❑ pv：必要，現值（Present Value），即初始投資額。

❑ fv：必要，未來值（Future Value），即投資在 nper 期後的目標金額。

這個函數（RRI Function）用於計算一定期間內的等效年利率。這個函數非常適合用來計算投資的年化回報率或資本增值的年化增長率，例如：長期投資回報的分析。

實例 ch13_4_1.xlsx 和 ch13_4_1_out.xlsx：假設你有一筆投資，起始金額為 100 萬，5 年後增值至 200 萬，請計算這筆投資的年化回報率。

1： 開啟 ch13_4_1.xlsx，將作用儲存格放在 C6。

2： 輸入公式 =RRI(C3, C4, C5)。

13-1-5　PDURATION 計算在特定利率下達到指定值所需的期間

語法英文：PDURATION(rate, pv, fv)

語法中文：PDURATION(利率, 投資金額, 目標金額)

❑　rate：必要，利率，即每期的利率（以小數形式表示，例如 5% 表示為 0.05）。

❑　pv：必要，現值（Present Value），即初始投資額。

❑　fv：必要，未來值（Future Value），即投資目標金額。

　　這個函數（PDURATION Function）用於計算投資在特定利率下達到指定未來值所需的期間。這個函數在財務規劃中非常有用，尤其是當你想知道需要多長時間才能達到某個財務目標時。例如：儲蓄計劃、退休金計劃等。

實例 ch13_4_2.xlsx 和 ch13_4_2_out.xlsx：假設你有一筆初始投資 100 萬，你希望這筆投資在年利率 5% 下增值到 200 萬，則可以使用以下公式來計算需要的年數。

1：　開啟 ch13_4_2.xlsx，將作用儲存格放在 C6。

2：　輸入公式 =PDURATION(C3, C4, C5)。

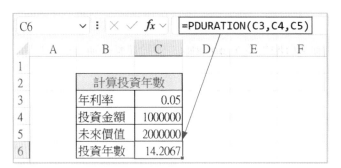

13-2　計算未來值

13-2-1　FV 未來值

語法英文：FV(rate, nper, pmt, [pv], [type])

語法中文：FV(各期利率, 付款期數, 每期付款金額, [貸款總額], [給付時點])

❑ rate：必要，各期利率。

❑ nper：必要，總付款期數。

❑ pmt：必要，每期給付的金額，而且不可以在期限內變更。

❑ [pv]：選用，若以貸款觀念而言是貸款總金額，可以參考 ch13_1.xlsx。若以存款或投資觀念而言是稱現在價值，可以參考 ch13_2.xlsx。若以基金投資而言是稱第一筆金額。

❑ [type]：選用，0 或省略是期末，1 是期初。若以貸款觀念而言，這個引數是 0 所以可以省略。若以存款觀念而言是期初金額，所以這個引數是 1。

13-2-1-1　基礎貸款餘額計算

實例 ch13_5.xlsx 和 ch13_5_out.xlsx：房屋貸款金額是 300 萬，假設年利率是 3%，每個月還款 30000 元，繳款期間是 3 年，3 年後計算貸款餘額。

1：　開啟 ch13_5.xlsx，將作用儲存格放在 C7。

2：　輸入公式 =FV(C3/12,C4*12,C5,C6)。

C7		⋮	× ✓ fx	=FV(C3/12,C4*12,C5,C6)	
	A	B	C	D	E
1					
2		房屋貸款餘額計算			
3		年利率	3%		
4		還款期間(年)	3		
5		每月還款金額	-30000		
6		貸款金額	3000000		
7		貸款餘額	-$2,153,537.39		

13-2-1-2　定期定額存款期滿計算

實例 ch13_6.xlsx 和 ch13_6_out.xlsx：定期定額存款，假設年利率是 3%，每個月存款 30000 元，計算 3 年後存款總金額。

1：　開啟 ch13_6.xlsx，將作用儲存格放在 C7。

2：　輸入公式 =FV(C3/12,C4*12,C5,1)。

13-2-1-3　存款半年複利期滿計算

實例 ch13_7.xlsx 和 ch13_7_out.xlsx：假設年利率是 3%，半年複利，存款 300 萬元，計算 3 年後存款總金額。

1：　開啟 ch13_7.xlsx，將作用儲存格放在 C7。

2：　輸入公式 =FV(C3/2,C4*2,0,C5,1)。

13-2-2　FVSHEDULE 複利計算的未來值

語法英文：FVSCHEDULE(principal, schedule)

語法中文：FVSCHEDULE(現值, 利率陣列)

❏ principal：必要，現值。

❏ schedule：必要，利率陣列。

　　　FVSHEDULE 函數可以計算資金在經過一系列的複利後未來的資金總金額，這個函數最大特色是可以計算一系列不同複利率後的總金額。

實例 ch13_8.xlsx 和 ch13_8_out.xlsx：假設最初存款金額是 300 萬元，每一年複利率皆不同，計算 5 年後存款總金額。

1： 開啟 ch13_8.xlsx，將作用儲存格放在 F2。

2： 輸入公式 =FVSHEDULE(C2, C5:C9)。

13-3 計算支付次數

13-3-1　NPER

語法英文：NPER(rate, pmt, pv, [fv], [type])

語法中文：NPER(利率, 每期付款金額, 總額, [餘額], [給付時點])

❑ rate：必要，各期利率。

❑ pmt：必要，每期給付的金額，而且不可以在期限內變更。

❑ pv：必要，若以貸款觀念而言是貸款總金額，可以參考 ch13_1.xlsx。若以存款或投資觀念而言是稱現在價值，可以參考 ch13_2.xlsx。

❑ [fv]：選用，預設是 0，若以貸款觀念而言是最後一次付款後的餘額。若以存款觀念而言是最後總金額，也可稱是未來值。

❑ [type]：選用，0 或省略是期末，1 是期初。若以貸款觀念而言，這個引數是 0 所以可以省略。若以存款觀念而言是期初金額，所以這個引數是 1。

　　假設有一筆貸款，可以使用 NPER 函數計算每個月定期定額還款，所需要還款期數。

實例 ch13_9.xlsx 和 ch13_9_out.xlsx：假設最初貸款金額是 300 萬元，年利率是 3%，每個月還款 30000 元，需要還款多少個月。

1：　開啟 ch13_9.xlsx，將作用儲存格放在 C6。

2：　輸入公式 =NPER(C3/12,C4,C5)。

C6	·	:	×	✓	*fx*	=NPER(C3/12,C4,C5)

	A	B	C	D	E
1					
2		計算還款期數			
3		年利率	3%		
4		每個月還款金額	-30000		
5		貸款金額	3000000		
6		還款期數	115.21661		

上述有小數點，我們可以進位為 116 期。

13-3-2　COUPNUM

語法英文：COUPNUM(settlement, maturity, frequency, [basis])

語法中文：COUPNUM(債券結算日, 債券到期日, 次數, [日計數類型])

❑ settlement：必要，債券結算日，相當於債券購買日期。如果輸入是日期以外數值，會產生 #VALUE! 錯誤。

❑ maturity：必要，債券到期日期。如果輸入是日期以外數值，會產生 #VALUE! 錯誤。

❑ frequency：必要，每年付息次數。

❑ [basis]：選用，日計數基礎類型，可以有下列選項。

basis	日計數基礎類型
0 或省略	US(NASD) 30/360
1	實際值 / 實際值
2	實際值 /360

| 3 | 實際值 /365 |
| 4 | European 30/360 |

　　購買債券是一種理財方法，通常債券會每年支付多次利息，使用 COUPNUM 函數可以計算購買債券成交日期與到期日期間可以領取利息的次數。

實例 ch13_10.xlsx 和 ch13_10_out.xlsx：假設有一個債券公告每年付息 4 次，請計算一段期間需要付息的總次數。

1： 開啟 ch13_10.xlsx，將作用儲存格放在 E3。

2： 輸入公式 =COUPNUM(C3,C4,C5)。

E3			fx	=COUPNUM(C3,C4,C5)	

	A	B	C	D	E
1					
2		計算支付利息次數			
3		成交日期	2021/5/1	利息支付次數	18
4		到期日期	2025/10/1		
5		年付利息次數	4		
6		基準(basis)	0		

13-4 計算支付金額

13-4-1 PMT 計算貸款每月償還金額

語法英文：PMT(rate, nper, pv, [fv], [type])

語法中文：PMT(利率, 付款期數, 總額, [餘額], [給付時點])

❑ rate：必要，各期利率。

❑ nper：必要，付款期數。

❑ pv：必要，若以貸款觀念而言是貸款總金額，可以參考 ch13_1.xlsx。若以存款或投資觀念而言是稱現在價值，可以參考 ch13_2.xlsx。

❑ [fv]：選用，預設是 0，若以貸款觀念而言是最後一次付款後的餘額。若以存款觀念而言是最後總金額，也可稱是未來值。

❑ [type]：選用，0 或省略是期末，1 是期初。若以貸款觀念而言，這個引數是 0 所以可以省略。若以存款觀念而言是期初金額，所以這個引數是 1。

13-4-1-1　基礎房貸計算還款金額

實例 ch13_11.xlsx 和 ch13_11_out.xlsx：有一個房貸金額是 300 萬元，年利率是 3%，還款期限是 20 年，請計算每個月的還款金額。

1：　開啟 ch13_11.xlsx，將作用儲存格放在 C6。

2：　輸入公式 =PMT(C3/12,C4*12,C5)。

13-4-1-2　房貸計算多元條件的還款金額

實例 ch13_12.xlsx 和 ch13_13_out.xlsx：有一個房貸金額是 500 萬元，年利率是 3%，還款期限是 10、15、20 年，請分別計算每個月的還款金額。

1：　開啟 ch13_12.xlsx，將作用儲存格放在 D4。

2：　輸入公式 =PMT($B$4/12,C4*12,$B$6)。

13-4-1-3　房貸計算經過大額還款後的每個月還款金額

實例 ch13_13.xlsx 和 ch13_13_out.xlsx：有一個房貸金額是 1000 萬元，年利率是 3%，還款期限是 20 年，請計算每個月的還款金額。假設經過 5 年後執行大額還款 300 萬，請計算之後每個月的還款金額。

1：　開啟 ch13_13.xlsx，將作用儲存格放在 F7。

2：　輸入公式 =PMT(C3/12,C4*12,C5)。

	A	B	C	D	E	F
					=PMT(C3/12,C4*12,C5)	

	A	B	C	D	E	F
1						
2					房貸金額計算	
3		年利率	3%		大額還款金額	-2000000
4		償還期限(年)	20		已經還款期數	60
5		貸款金額	10000000		剩餘還款期數	180
6						
7					每個月還款金額	-$55,459.76
8					大額還款前的房貸餘額	
9					大額還款後的房貸餘額	
10					大額還款後每個月的還款金額	

3：　將作用儲存格放在 F8，輸入公式 =FV(C3/12,F4,F7,C5)。

	A	B	C	D	E	F
					=FV(C3/12,F4,F7,C5)	

	A	B	C	D	E	F
1						
2					房貸金額計算	
3		年利率	3%		大額還款金額	-2000000
4		償還期限(年)	20		已經還款期數	60
5		貸款金額	10000000		剩餘還款期數	180
6						
7					每個月還款金額	-$55,459.76
8					大額還款前的房貸餘額	-$8,030,876.66
9					大額還款後的房貸餘額	
10					大額還款後每個月的還款金額	

4： 將作用儲存格放在 F9，輸入公式 =-F8+F3。

| | F9 | | fx | =-F8+F3 |

	A	B	C	D	E	F
1						
2			房貸金額計算			
3		年利率	3%	大額還款金額		-2000000
4		償還期限(年)	20	已經還款期數		60
5		貸款金額	10000000	剩餘還款期數		180
6						
7				每個月還款金額		-$55,459.76
8				大額還款前的房貸餘額		-$8,030,876.66
9				大額還款後的房貸餘額		$6,030,876.66
10				大額還款後每個月的還款金額		

5： 將作用儲存格放在 F10，輸入公式 =PMT(C3/12,F5,F9)。

| | F10 | | fx | =PMT(C3/12,F5,F9) |

	A	B	C	D	E	F
1						
2			房貸金額計算			
3		年利率	3%	大額還款金額		-2000000
4		償還期限(年)	20	已經還款期數		60
5		貸款金額	10000000	剩餘還款期數		180
6						
7				每個月還款金額		-$55,459.76
8				大額還款前的房貸餘額		-$8,030,876.66
9				大額還款後的房貸餘額		$6,030,876.66
10				大額還款後每個月的還款金額		-$41,648.13

13-4-1-4 房貸計算經過大額還款後可以減少還款的次數

實例 ch13_14.xlsx 和 ch13_14_out.xlsx：有一個房貸金額是 1000 萬元，年利率是 3%，還款期限是 20 年，請計算每個月的還款金額。假設經過 5 年後執行大額還款 300 萬，請計算之後可以減少的還款次數，相當於可以了解可縮短多少時間完成還清所有貸款金額。

1： 開啟 ch13_14.xlsx，將作用儲存格放在 F6。

2： 輸入公式 =PMT(C3/12,C4*12,C5)。

F6　=PMT(C3/12,C4*12,C5)

	A	B	C	D	E	F
1						
2					房貸金額計算	
3		年利率	3%		大額還款金額	-3000000
4		償還期限(年)	20		已經還款期數	60
5		貸款金額	10000000			
6					每個月還款金額	-$55,459.76
7					大額還款前的房貸餘額	
8					大額還款後的房貸餘額	
9					大額還款後的還款次數	
10					減少的還款次數	

3：　將作用儲存格放在 F7，輸入公式 =FV(C3/12,F4,F6,C5)。

F7　=FV(C3/12,F4,F6,C5)

	A	B	C	D	E	F
1						
2					房貸金額計算	
3		年利率	3%		大額還款金額	-3000000
4		償還期限(年)	20		已經還款期數	60
5		貸款金額	10000000			
6					每個月還款金額	-$55,459.76
7					大額還款前的房貸餘額	-$8,030,876.66
8					大額還款後的房貸餘額	
9					大額還款後的還款次數	
10					減少的還款次數	

4：　將作用儲存格放在 F8，輸入公式 =-F7+F3。

F8　=-F7+F3

	A	B	C	D	E	F
1						
2					房貸金額計算	
3		年利率	3%		大額還款金額	-3000000
4		償還期限(年)	20		已經還款期數	60
5		貸款金額	10000000			
6					每個月還款金額	-$55,459.76
7					大額還款前的房貸餘額	-$8,030,876.66
8					大額還款後的房貸餘額	$5,030,876.66
9					大額還款後的還款次數	
10					減少的還款次數	

5：　將作用儲存格放在 F9，輸入公式 =NPER(C3/12,F6,F8)。

| | F9 | | ▼ | : | × | ✓ | fx | =NPER(C3/12,F6,F8) |

	A	B	C	D	E	F
1						
2		房貸金額計算				
3		年利率	3%	大額還款金額		-3000000
4		償還期限(年)	20	已經還款期數		60
5		貸款金額	10000000			
6				每個月還款金額		-$55,459.76
7				大額還款前的房貸餘額		-$8,030,876.66
8				大額還款後的房貸餘額		$5,030,876.66
9				大額還款後的還款次數		103.0054638
10				減少的還款次數		

6：　將作用儲存格放在 F10，輸入公式 =C4*12-F4-F9。

| | F10 | | ▼ | : | × | ✓ | fx | =C4*12-F4-F9 |

	A	B	C	D	E	F
1						
2		房貸金額計算				
3		年利率	3%	大額還款金額		-3000000
4		償還期限(年)	20	已經還款期數		60
5		貸款金額	10000000			
6				每個月還款金額		-$55,459.76
7				大額還款前的房貸餘額		-$8,030,876.66
8				大額還款後的房貸餘額		$5,030,876.66
9				大額還款後的還款次數		103.0054638
10				減少的還款次數		76.99453623

13-4-1-5　2 個階段房貸計算

實例 ch13_15.xlsx 和 ch13_15_out.xlsx：有的銀行處理房貸是採用 2 階段利率，也就是先低後高的利率政策。

　　有一個房貸金額是 1000 萬元，還款期限是 20 年，前 5 年的借款的年利率是 3%，請計算前 5 年每個月的還款金額，以及房貸餘額。

後 15 年借款的年利率是 4%，然後計算後 15 年每個月的還款金額。

1： 開啟 ch13_15.xlsx，將作用儲存格放在 G8。

2： 輸入公式 =PMT(G4/12,C3*12,C4)。

3： 將作用儲存格放在 G9，輸入公式 =-FV(G4/12,G3*12,G8,C4)。

4： 將作用儲存格放在 G10，輸入公式 =PMT(G6/12,G5*12,G9)。

| G10 | ⋮ | × | ✓ | *fx* | =PMT(G6/12,G5*12,G9) |

階段型房貸金額計算

償還期限(年)	20	前5年	期間(年)	5
貸款金額	10000000		年利率	3%
		後15年	期間(年)	15
			年利率	4%
		前5年	每個月還款金額	-$55,459.76
			房貸餘額	$8,030,876.66
		後15年	每月還款金額	-$59,403.42

13-4-1-6　第一桶金存款計畫書

實例 ch13_16.xlsx 和 ch13_16_out.xlsx：假設目前銀行存款的年利率是 1%，期待可以在 3 年達成存款 100 萬的目標，請計算每個月的存款金額。

1：　開啟 ch13_16.xlsx，將作用儲存格放在 C6。

2：　輸入公式 =-PMT(C3/12,C4*12,0,C5,1)。

| C6 | ⋮ | × | ✓ | *fx* | =-PMT(C3/12,C4*12,0,C5,1) |

定期定額第一桶金計畫

年利率	1%
定期定額存款期限(年)	3
第一桶金金額	1000000
每個月的存款金額	$27,351.97

13-4-2　PPMT 計算特定期數本金償還的金額

語法英文：PPMT(rate, per, nper, pv, [fv], [type])

語法中文：PPMT(利率, 付款期數, 總額, [餘額], [給付時點])

❑　rate：必要，各期利率。

❑ per：必要，特定期數，此值必須是在 1 和 nper 間。

❑ nper：必要，付款期數。

❑ pv：必要，若以貸款觀念而言是貸款總金額，可以參考 ch13_1.xlsx。若以存款或投資觀念而言是稱現在價值，可以參考 ch13_2.xlsx。

❑ [fv]：選用，預設是 0，若以貸款觀念而言是最後一次付款後的餘額。若以存款觀念而言是最後總金額，也可稱是未來值。

❑ [type]：選用，0 或省略是期末，1 是期初。若以貸款觀念而言，這個引數是 0 所以可以省略。若以存款觀念而言是期初金額，所以這個引數是 1。

　　在定期定額、利率固定的償還貸款條件下，計算特定期數還款金額實際上所還款本金的金額。

實例 ch13_17.xlsx 和 ch13_17_out.xlsx：有一個房貸金額是 1000 萬元，年利率是 3%，還款期限是 20 年，請計算每個月的還款金額。請計算在第 60 期時實際所還的本金金額。

1： 開啟 ch13_17.xlsx，將作用儲存格放在 C7。

2： 輸入公式 =PMT(C3/12,C4*12,C5)。

	A	B	C	D
1				
2		還款金額與攤還本金金額的比較		
3		年利率	3%	
4		還款期限(年)	20	
5		貸款金額	10000000	
6		期數	60	
7		還款金額	-$55,459.76	
8		該期攤還本金金額		

C7 的公式為 =PMT(C3/12,C4*12,C5)

3：　將作用儲存格放在 C8，輸入公式 =PPMT(C3/12,C6,C4*12,C5)。

C8			:	×	✓	fx	=PPMT(C3/12,C6,C4*12,C5)

	A	B	C	D	E
1					
2		還款金額與攤還本金金額的比較			
3		年利率	3%		
4		還款期限(年)	20		
5		貸款金額	10000000		
6		期數	60		
7		還款金額	-$55,459.76		
8		該期攤還本金金額	-$35,294.33		

13-4-3　IPMT 計算特定期數償還的利息金額

語法英文：IPMT(rate, per, nper, pv, [fv], [type])

語法中文：IPMT(利率, 特定期數, 付款期數, 總額, [餘額], [給付時點])

❑ rate：必要，各期利率。

❑ per：必要，計算特定期數的利息，此值必須是在 1 和 nper 間。

❑ nper：必要，付款期數。

❑ pv：必要，若以貸款觀念而言是貸款總金額，可以參考 ch13_1.xlsx。若以存款或投資觀念而言是稱現在價值，可以參考 ch13_2.xlsx。

❑ [fv]：選用，預設是 0，若以貸款觀念而言是最後一次付款後的餘額。若以存款觀念而言是最後總金額，也可稱是未來值。

❑ [type]：選用，0 或省略是期末，1 是期初。若以貸款觀念而言，這個引數是 0 所以可以省略。若以存款觀念而言是期初金額，所以這個引數是 1。

　　在定期定額、利率固定的償還貸款條件下，計算特定期數還款金額實際上所還款的利息。

實例 ch13_18.xlsx 和 ch13_18_out.xlsx：有一個房貸金額是 1000 萬元，年利率是 3%，還款期限是 20 年，請計算每個月的還款金額。請計算在第 60 期時實際所還的利息。

1：　開啟 ch13_18.xlsx，將作用儲存格放在 C7。

2： 輸入公式 =PMT(C3/12,C4*12,C5)。

C7			×	✓	f_x	=PMT(C3/12,C4*12,C5)	
	A	B			C	D	E
1							
2		還款金額與攤還本金利息的計算					
3		年利率			3%		
4		還款期限(年)			20		
5		貸款金額			10000000		
6		期數			60		
7		還款金額			-$55,459.76		
8		該期攤還本金利息					

3： 將作用儲存格放在 C8，輸入公式 =IPMT(C3/12,C6,C4*12,C5)。

C8			×	✓	f_x	=IPMT(C3/12,C6,C4*12,C5)	
	A	B			C	D	E
1							
2		還款金額與攤還本金利息的計算					
3		年利率			3%		
4		還款期限(年)			20		
5		貸款金額			10000000		
6		期數			60		
7		還款金額			-$55,459.76		
8		該期攤還本金利息			-$20,165.43		

13-4-4　ISPMT 計算特定期間需要支付的利息

語法英文：ISPMT(rate, per, nper, pv)

語法中文：ISPMT(利率, 特定期數, 付款期數, 總額)

❏ rate：必要，各期利率。

❏ per：必要，計算特定期數的利息，此值必須是在 1 和 nper 間。

❏ nper：必要，總付款期數。

❏ pv：必要，若以貸款觀念而言是貸款總金額，可以參考 ch13_1.xlsx。若以存款或投資觀念而言是稱現在價值，可以參考 ch13_2.xlsx。

ISPMT 函數是由 Investment(貸款或投資) + Specific(特定的) + Payment(付款) 等三個單字所組成。如果應用在貸款表示特定期數所支付的利息，如果應用在投資代表是投資期數可以收取的利息。

實例 ch13_19.xlsx 和 ch13_19_out.xlsx：有一個房貸金額是 1000 萬元，年利率是 3%，還款期限是 20 年，請計算第一個月的利息以及第一年的利息。

1：　開啟 ch13_19.xlsx，將作用儲存格放在 G4。

2：　輸入公式 =ISPMT(C3/12,F4,C4*12,C5)。

3：　將作用儲存格放在 G5，輸入公式 =ISPMT(C3,F5,C4,C5)。

13-5　計算累積金額

13-5-1　CUMPRINC 計算一段時間累計本金攤還的總和

語法英文：CUMPRINC(rate, nper, pv, start_period, end_period, type)

語法中文：CUMPRINC(利率, 付款期數, 總額, 起始時間, 結束時間, 時間類型)

❑ rate：必要，各期利率。

❑ nper：必要，總付款期數。

❑ pv：必要，若以貸款觀念而言是貸款總金額，可以參考 ch13_1.xlsx。若以存款或投資觀念而言是稱現在價值，可以參考 ch13_2.xlsx。

❑ start_period：必要，計算第一個週期。

❑ end_period：必要，計算最後一個週期。

❑ type：必要，0 或省略是期末給付，1 是期初給付。

　　CUMPRINC 函數可以計算某一段期間貸款所償還的本金金額。

實例 ch13_20.xlsx 和 ch13_20_out.xlsx：有一個房貸金額是 1000 萬元，年利率是 3%，還款期限是 20 年，請計算第 13 期到第 24 期所償還的本金。

1：　開啟 ch13_20.xlsx，將作用儲存格放在 C6。

2：　輸入公式 =CUMPRINC(C3/12,C4*12,C5,13,24,0)。

13-5-2　CUMIPMT 計算利息支付總和

語法英文：CUMIPMT(rate, nper, pv, start_period, end_period, type)

語法中文：CUMIPMT(利率, 付款期數, 總額, 起始時間, 結束時間, 時間類型)

❑ rate：必要，各期利率。

❑ nper：必要，總付款期數。

❑ pv：必要，若以貸款觀念而言是貸款總金額，可以參考 ch13_1.xlsx。若以存款或投資觀念而言是稱現在價值，可以參考 ch13_2.xlsx。

❏ start_period：必要，計算第一個週期。

❏ end_period：必要，計算最後一個週期。

❏ type：必要，0 或省略是期末給付，1 是期初給付。

　　CUMPRINC 函數可以計算某一段期間貸款所償還的利息金額。

實例 ch13_21.xlsx 和 ch13_21_out.xlsx：有一個房貸金額是 1000 萬元，年利率是 3%，還款期限是 20 年，請計算第 13 期到第 24 期所償還的利息。

1：　開啟 ch13_21.xlsx，將作用儲存格放在 C6。

2：　輸入公式 =CUMIPMT(C3/12,C4*12,C5,13,24,0)。

	A	B	C	D
1				
2		計算一段期間償還的利息		
3		年利率	3.00%	
4		還款期限(年)	20	
5		貸款金額	10000000	
6		第13期至24期的利息總金額	-283660.3206	

C6 ｜ ✕ ✓ fx　=CUMIPMT(C3/12,C4*12,C5,13,24,0)

13-6　計算現值

13-6-1　PV 計算現值

語法英文：PV(rate, nper, pmt, [fv], [type])

語法中文：PV(利率, 付款期數, 每期付款額, [餘額], [給付時點])

❏ rate：必要，各期利率。

❏ nper：必要，總付款期數。

❏ pmt：必要，每期給付的金額，而且不可以在期限內變更。

❏ [fv]：選用，預設是 0，若以貸款觀念而言是最後一次付款後的餘額。若以存款觀念而言是最後總金額，也可稱是未來值。

❑ [type]：選用，0 或省略是期末，1 是期初。

PV 函數可以用於計算貸款上限。

13-6-1-1 計算房貸金額的上限

實例 ch13_22.xlsx 和 ch13_22_out.xlsx：有一個房貸年利率是 3%，還款期限是 20 年，每期付款是 2 萬元，請計算貸款的上限金額。

1： 開啟 ch13_22.xlsx，將作用儲存格放在 C6。

2： 輸入公式 =PV(C3/12,C4*12,C5)。

	A	B	C	D	E
C6			=PV(C3/12,C4*12,C5)		
1					
2		計算可貸款金額			
3		年利率	3.00%		
4		還款期限(年)	20		
5		每期還款金額	-20000		
6		可貸款總金額	$3,606,218.29		

13-6-1-2 計算存款金額的第一筆大額存款

實例 ch13_23.xlsx 和 ch13_23_out.xlsx：假設年利率是 3%，定期定額存款期限是 3 年，每期存款是 3 萬元，3 年期滿可以領到 150 萬，請計算第一筆大額存款金額。

1： 開啟 ch13_23.xlsx，將作用儲存格放在 C7。

2： 輸入公式 =PV(C3/12,C4*12,C5,C6,1)。

	A	B	C	D	E
C7			=PV(C3/12,C4*12,C5,C6,1)		
1					
2		計算第一筆大額存款金額			
3		年利率	1.00%		
4		定期定額期限(年)	3		
5		每期存款金額	-30000		
6		期滿可領金額	$1,500,000.00		
7		第一筆大額存款金額	-$391,275.88		

13-6-2　NPV

語法英文：NPV(rate, value1, [value2])

語法中文：NPV(貼現率, 值1, [值2])

☐ rate：必要，貼現率。所謂的貼現率是一種貨幣政策，貼現率又稱門檻比率，銀行辦理票據貼現業務時，依照一定比率計算利息，這個利率就是貼現率。企業所有應收票據在到期前需要資金周轉時，可用票據向銀行申請貼現或借款，銀行若是同意會按一定利率從票據面值中扣除貼現或借款日到票據日止的利息而給付餘額。

☐ value1：必要，代表支出及收入，支出是負號，收入是正號。在時間上各 value 間必須有相同的間隔，同時在期末。如果是空白儲存格、邏輯值、數字的文字格式、錯誤值、或是無法轉成數字的文字會被忽略。

☐ [value2]：選用，可以參考 value1。

NPV 函數可以使用貼現率以及未來各期收入 (正值) 或支出 (負值) 來計算投資的淨現值，此淨現值是現金流量的結果。

實例 ch13_24.xlsx 和 ch13_24_out.xlsx：假設年貼現率是 6%，期初投資是 100 萬，預設未來 4 年收益是 10 萬、30 萬、50 萬、70 萬，請依據這些現金收入計算淨現值。

1：　開啟 ch13_24.xlsx，將作用儲存格放在 G4。

2：　輸入公式 =NPV(E4,C4:C8)。

13-6-3　XNPV 不定期現金流量的淨現值

語法英文：XNPV(rate, values, dates)

語法中文：XNPV(貼現率, 值, 日期)

❑ rate：必要，貼現率。所謂的貼現率是一種貨幣政策，貼現率又稱門欄比率，銀行辦理票據貼現業務時，依照一定比率計算利息，這個利率就是貼現率。企業所有應收票據在到期前需要資金周轉時，可用票據向銀行申請貼現或借款，銀行若是同意會按一定利率從票據面值中扣除貼現或借款日到票據日止的利息而給付餘額。

❑ value：必要，代表支出及收入，支出是負號，收入是正號。在時間上各 value 間必須有相同的間隔，同時在期末。如果是空白儲存格、邏輯值、數字的文字格式、錯誤值、或是無法轉成數字的文字會被忽略。

❑ dates：選用，與現金流對應的付款日期，第一次付款日期是一系列付款的開始日期，所有其他日期必須比這個日期晚。

　　XNPV 函數可以使用貼現率以及未來各期收入 (正值) 或支出 (負值) 來計算投資的淨現值，此淨現值是現金流量的結果。與 NPV 函數最大的差異是，這個函數可以接受不定期的現金流。

實例 ch13_25.xlsx 和 ch13_25_out.xlsx：假設年貼現率是 5%，期出投資是 100 萬，預設未來 4 次收益是 10 萬 30 萬、50 萬、70 萬，收益日期可以參考實例，請依據這些現金收入計算淨現值。

1： 開啟 ch13_25.xlsx，將作用儲存格放在 G4。

2： 輸入公式 =XNPV(E4,C4:C8,B4:B8)。

13-7　計算內部收益率

13-7-1　IRR 內部報酬率

語法英文：IRR(values, [guess])

語法中文：IRR(值, [猜測值])

❑ values：必要，代表支出及收入，支出是負號，收入是正號。在時間上各 value 間必須有相同的間隔，同時在期末。如果是空白儲存格、邏輯值、數字的文字格式、錯誤值、或是無法轉成數字的文字會被忽略。

❑ guess：選用，如果省略則使用預設值 0.1(10%)，這是猜測接近 IRR 結果的數字，IRR 是根據此估計值開始反覆運算直到誤差小於 0.00001%，如果計算 20 次後仍無法計算結果會回傳 #NUM! 錯誤，這時可以使用不同的 guess 值重新測試。

　　IRR 函數可以計算一系列現金流量的報酬率，這些現金流量金額不一定是均等，不過現金流量發生時間必須是定期的。

實例 ch13_26.xlsx 和 ch13_26_out.xlsx：假設期初投資是 100 萬，在投資 A 預設未來 4 次收益是 20 萬、30 萬、40 萬、60 萬，收益日期可以參考實例。在投資 B 預設未來 4 次收益是 0 萬、10 萬、40 萬、100 萬，收益日期可以參考實例。投資 A 與投資 B 總收益相同，請依據這些現金收入計算投資 A 與投資 B 的內部報酬率。

1：　開啟 ch13_26.xlsx，將作用儲存格放在 C9。

2：　輸入公式 =IRR(C4:C8)。

3：　拖曳 C9 的填滿控點到 D9。

13-7-2　XIRR 不定期現金流的內部報酬率

語法英文：XIRR(values, dates, [guess])

語法中文：XIRR(值, 日期, [猜測值])

- values：必要，代表支出及收入，支出是負號，收入是正號。在時間上各 value 間必須有相同的間隔，同時在期末。如果是空白儲存格、邏輯值、數字的文字格式、錯誤值、或是無法轉成數字的文字會被忽略。

- dates：必要，與現金流對應的日期。

- guess：選用，如果省略則使用預設值 0.1(10%)，這是猜測接近 XIRR 結果的數字，XIRR 是根據此估計值開始反覆運算直到誤差小於 0.00001%，如果計算 20 次後仍無法計算結果會回傳 #NUM! 錯誤，這時可以使用不同的 guess 值重新測試。

　XIRR 函數觀念與 IRR 觀念相同，唯一不同是收益是不定期。

實例 ch13_27.xlsx 和 ch13_27_out.xlsx：假設期初投資是 100 萬，在投資 A 預設未來 4 次收益是 20 萬、30 萬、40 萬、60 萬，收益日期可以參考實例。在投資 B 預設未來 4 次收益是 0 萬、10 萬、40 萬、100 萬，收益日期可以參考實例。投資 A 與投資 B 總收益相同，請依據這些不定期的現金收入計算投資 A 與投資 B 的內部報酬率。

1：　開啟 ch13_27.xlsx，將作用儲存格放在 C9。

2：　輸入公式 =XIRR(C4:C8,$B$4:$B$8)。

3：　拖曳 C9 的填滿控點到 D9。

13-7-3　MIRR 計算修正的內部報酬率

語法英文：MIRR(values, finance_rate, reinvest_rate)

語法中文：MIRR(值, 融資利率, 投資報酬率)

❑ values：必要，代表支出及收入，支出是負號，收入是正號。在時間上各 value 間必須有相同的間隔，同時在期末。如果是空白儲存格、邏輯值、數字的文字格式、錯誤值、或是無法轉成數字的文字會被忽略。

❑ finance_rate：必要，投入資金的融資利率，也可稱借款利率，簡單的說就是支出 (負現金流) 的利率。

❑ reinvest：選用，各期收入淨額的轉投資報酬率，簡單的說就是收入 (正現金流) 的利率。

　　XIRR 函數觀念基本上是 IRR 觀念的擴充，必須同時考慮資金成本 (可想成融資利率) 和現金轉投資的利息。

實例 ch13_28.xlsx 和 ch13_28_out.xlsx：假設期初投資是 100 萬，預設未來 4 次收益是 20 萬、30 萬、40 萬、60 萬，收益日期可以參考實例。假設借款利率是 5%，獲利的轉投資利率是 7%，請依據這些現金收入計算內部報酬率。

1：　開啟 ch13_28.xlsx，將作用儲存格放在 F4。

2： 輸入公式 =MIRR(C4:C8,F2,F3)。

F4		▾	:	×	✓	*fx*	=MIRR(C4:C8,F2,F3)	

	A	B	C	D	E	F
1						
2		XIRR內部報酬率計算			借款利率	5%
3		時間	收益		投資利率	7%
4		期初投資	-100		修正報酬率	13%
5		第一年	20			
6		第二年	30			
7		第三年	40			
8		第四年	60			

13-8 計算折舊

13-8-1 DB 折舊金額計算

語法英文：DB(cost, salvage, life, period, [month])

語法中文：DB(成本, 殘餘值, 折舊期數, 折舊期間, 月份數)

❑ cost：必要，資產的原始成本。

❑ salvage：必要，資產折舊最後的殘餘價值，此值可以是 0。

❑ life：必要，資產的使用年限，也可以稱資產折舊期數。

❑ period：必要，折舊期間，單位必須與 life 相同。

❑ month：選用，第一年的月份數，如果省略表示 12。

DB(Declining Balance) 函數可以計算資產在指定時間使用固定比率遞減法的折舊金額。

實例 ch13_29.xlsx 和 ch13_29_out.xlsx：假設資產原價值是 100 萬，使用 6 年後資產殘值是 10 萬，請使用 DB 函數計算每年折舊金額。

1： 開啟 ch13_29.xlsx，將作用儲存格放在 G3。

2： 輸入公式 =DB($C$3, $C$4, $C$5, F3)。

3： 拖曳 G3 的填滿控點到 G7。

13-8-2　DDB

語法英文：DDB(cost, salvage, life, period, [factor])

語法中文：DDB(成本, 殘餘值, 折舊期數, 折舊期間, 遞減速率)

❏ cost：必要，資產的原始成本。

❏ salvage：必要，資產折舊最後的殘餘價值，此值可以是 0。

❏ life：必要，資產的使用年限，也可以稱資產折舊期數。

❏ period：必要，折舊期間，單位必須與 life 相同。

❏ factor：選用，資產殘餘價值遞減的速率，如果省略表示 2。

　　DDB(Double Declining Balance) 函數可以計算資產在指定時間使用倍率遞減法或其他方法的折舊金額。

實例 ch13_30.xlsx 和 ch13_30_out.xlsx：假設資產原價值是 100 萬，使用 6 年後資產殘值是 10 萬，請使用預設資產殘餘價值遞減的速率，使用 DDB 函數計算每年折舊金額。

1：　開啟 ch13_30.xlsx，將作用儲存格放在 G3。

2：　輸入公式 =DDB($C$3, $C$4, $C$5, F3)。

3：　拖曳 G3 的填滿控點到 G7。

實例 ch13_31.xlsx 和 ch13_31_out.xlsx：假設資產原價值是 100 萬，使用 6 年後資產殘值是 10 萬，請使用 1.5 倍資產殘餘價值遞減的速率，使用 DDB 函數計算每年折舊金額。

1： 開啟 ch13_31.xlsx，將作用儲存格放在 G3。

2： 輸入公式 =DDB($C$3, $C$4, $C$5, F3, 1.5)。

3： 拖曳 G3 的填滿控點到 G7。

13-8-3　VDB

語法英文：VDB(cost, salvage, life, start_period, end_period, [factor], [no_switch])

語法中文：VDB(成本, 殘餘值, 折舊期數, 折舊開始, 折舊結束, [遞減速率], [切換])

❑ cost：必要，資產的原始成本。

❏ salvage：必要，資產折舊最後的殘餘價值，此值可以是 0。

❏ life：必要，資產的使用年限，也可以稱資產折舊期數。

❏ start_period：必要，折舊開始期間，單位必須與 life 相同。

❏ end_period：必要，折舊結束期間，單位必須與 life 相同。

❏ factor：選用，資產殘餘價值遞減的速率，如果省略表示 2。

❏ no_switch：選用，當折舊大於遞減餘額計算時，是否切換到直線折舊。TRUE 時不
切換，省略或是 FALSE 時切換。

　　VDB(Variable Declining Balance) 函數可以計算資產在指定時間的折舊金額，同時
折舊是採用倍率遞減或是你所指定的遞減方法。

實例 ch13_32.xlsx 和 ch13_32_out.xlsx：假設資產原價值是 100 萬，使用 6 年後資產
殘值是 10 萬，請使用預設資產殘餘價值遞減的速率，使用 VDB 函數計算每年折舊金額。

1：　開啟 ch13_32.xlsx，將作用儲存格放在 G3。

2：　輸入公式 =VDB($C$3, $C$4, $C$5, E3, F3)。

3：　拖曳 G3 的填滿控點到 G5。

　　起始與結束時間也可以增加月份資料，可以參考下列實例。

實例 ch13_33.xlsx 和 ch13_33_out.xlsx：假設資產原價值是 100 萬，使用 6 年後資產
殘值是 10 萬，請使用預設資產殘餘價值遞減的速率，使用 VDB 函數計算每年折舊金額。

1：　開啟 ch13_33.xlsx，將作用儲存格放在 I3。

2：　輸入公式 =VDB($C$3, $C$4, $C$5, E3+F3/12, G3+G4/12)。

3： 拖曳 I3 的填滿控點到 I5。

| I3 | | × ✓ fx | =VDB($C$3,$C$4,$C$5,E3+F3/12,G3+G4/12) |

	A	B	C	D	E	F	G	H	I
1									
2		資產折舊計算			起始年	起始月	結束年	結束月	折舊金額
3		資產原價值	1000000		0	3	2	6	$520,576.13
4		資產殘值	100000		2	6	4	9	$205,761.32
5		使用年限	6		4	7	6	3	$55,574.61

13-8-4　SLN 直線折舊法

語法英文：SLN(cost, salvage, life)

語法中文：SLN(成本, 殘餘值, 折舊期數)

❑ cost：必要，資產的原始成本。

❑ salvage：必要，資產折舊最後的殘餘價值，此值可以是 0。

❑ life：必要，資產的使用年限，也可以稱資產折舊期數。

　　SLN 函數是使用直線折舊法計算每一期的折舊金額。

實例 ch13_34.xlsx 和 ch13_34_out.xlsx：假設資產原價值是 100 萬，使用 6 年後資產殘值是 10 萬，請使用 SLN 函數計算每年折舊金額。

1： 開啟 ch13_34.xlsx，將作用儲存格放在 G3。

2： 輸入公式 =SLN($C$3, $C$4, $C$5)。

3： 拖曳 G3 的填滿控點到 G8。

| G3 | | × ✓ fx | =SLN($C$3,$C$4,$C$5) |

	A	B	C	D	E	F	G
1							
2		資產折舊計算			說明	年度	折舊金額
3		資產原價值	1000000		第1年折舊	1	$150,000.00
4		資產殘值	100000		第2年折舊	2	$150,000.00
5		使用年限	6		第3年折舊	3	$150,000.00
6					第4年折舊	4	$150,000.00
7					第5年折舊	5	$150,000.00
8					第6年折舊	6	$150,000.00

13-8-5　SYD 年數合計法

語法英文：SYD(cost, salvage, life, per)

語法中文：SYD(成本, 殘餘值, 折舊期數)

❑ cost：必要，資產的原始成本。

❑ salvage：必要，資產折舊最後的殘餘價值，此值可以是 0。

❑ life：必要，資產的使用年限，也可以稱資產折舊期數。

❑ per：必要，這是週期，單位和 life 相同。

　　SYD 函數是在指定期間依年數合計法計算折舊金額。

實例 ch13_35.xlsx 和 ch13_35_out.xlsx：假設資產原價值是 3 萬，使用 5 年後資產殘值是 7500，請使用 SLN 函數計算每年折舊金額。

1：　開啟 ch13_35.xlsx，將作用儲存格放在 G3。

2：　輸入公式 =SYD($C$3, $C$4, $C$5, F3)。

3：　拖曳 G3 的填滿控點到 G7。

13-9　綜合應用 - 購屋 / 購車 / 退休 / 保單 / 保險

13-9-1　購屋計畫書

　　購屋是每個人的人生歷程，這一小節的專案是真實計算購屋總金額。

實例 ch13_36.xlsx 和 ch13_36_out.xlsx：有一個建商在銷售房屋時，告訴你可以協助取得 1.5% 年利率的貸款，採用下列頭期款的貸款計畫：

方案一：頭期款 200 萬，還款期限 20 年，每月還款金額是 4 萬元。

方案二：頭期款 400 萬，還款期限 20 年，每月還款金額是 3 萬元。

方案三：頭期款 600 萬，還款期限 20 年，每月還款金額是 2 萬元。

請計算每個方案的房屋總價。

1： 開啟 ch13_36.xlsx，將作用儲存格放在 C8。

2： 輸入公式 =ROUND(PV(C5/12,C6*12,C7),0)，使用 ROUND 函數在個位數使用四捨五入，所以第 2 個引數是 0。

3： 拖曳 C8 的填滿控點到 E8。

C8		⋮	×	✓	fx	=ROUNDUP(PV(C5/12,C6*12,C7),0)	
	A	B		C	D	E	
1							
2		購屋計畫					
3				方案一	方案二	方案三	
4		頭期款		2000000	4000000	6000000	
5		年利率		1.5%	1.5%	1.5%	
6		還款期限(年)		20	20	20	
7		每期還款金額		-40000	-30000	-20000	
8		貸款總額		$8,289,376	$6,217,032	$4,144,688	
9		購屋總價					

4： 將作用儲存格放在 C9。

5： 輸入公式 =C4+C8。

6： 拖曳 C9 的填滿控點到 E9。

C9		▼	:	×	✓	f_x	=C4+C8	

▲	A	B	C	D	E
1					
2			購屋計畫		
3			方案一	方案二	方案三
4		頭期款	2000000	4000000	6000000
5		年利率	1.5%	1.5%	1.5%
6		還款期限(年)	20	20	20
7		每期還款金額	-40000	-30000	-20000
8		貸款總額	$8,289,376	$6,217,032	$4,144,688
9		購屋總價	$10,289,376	$10,217,032	$10,144,688

從上述我們可以得到原來採用方案三自備款 600 萬購屋總價是最便宜。若是我們採用相同條件，修改還款期限是 15 年，可以得到下列 ch13_36_out2.xlsx 的執行結果，我們可以看到方案一自備款 200 萬購屋總價是最便宜。

▲	A	B	C	D	E
1					
2			購屋計畫		
3			方案一	方案二	方案三
4		頭期款	2000000	4000000	6000000
5		年利率	1.5%	1.5%	1.5%
6		還款期限(年)	15	15	15
7		每期還款金額	-40000	-30000	-20000
8		貸款總額	$6,443,891	$4,832,918	$3,221,946
9		購屋總價	$8,443,891	$8,832,918	$9,221,946

13-9-2　儲蓄型保單的報酬率計算

銀行理專非常喜歡鼓勵投資者購買儲蓄型保單，這類型保單最大特色是一開始需要繳交龐大金額頭期款，在保險期間每年可領回一部份獲利（一般是每月領回），期滿可以領回比全部多一點的金額。這類題目看似複雜，但是當我們學會 Excel 的財務函數後，可以輕鬆求解。

實例 ch13_37.xlsx 和 ch13_37_out.xlsx：有一個儲蓄型保單頭期款需繳 588 萬，每年可以領回部份收益，第 7 年可以領回 600 萬，最後計算報酬率。

1: 開啟 ch13_37.xlsx，將作用儲存格放在 C11。

2: 輸入公式 =IRR(C3:C10)。

C11	▼ : × ✓ fx	=IRR(C3:C10)

	A	B	C	D	E
1					
2		大家開心儲蓄保單			
3		頭期繳款	-5880000		
4		第1年領回	80000		
5		第2年領回	80000		
6		第3年領回	90000		
7		第4年領回	90000		
8		第5年領回	100000		
9		第6年領回	100000		
10		第7年領回	6000000		
11		報酬率	1.60%		

13-9-3 購買機車計畫書

常常可以看到廣告免頭期，每個月多少錢就可以將機車帶回家，這一節筆者將分析購買此類機車的實質年利率。

實例 ch13_38.xlsx 和 ch13_38_out.xlsx：有一輛機車定價是 8 萬元，每個月繳 3000 元，3 年後機車就是屬於客戶的，請計算購買此車的年利率。

1: 開啟 ch13_38.xlsx，將作用儲存格放在 C6。

2: 輸入公式 =RATE(C3*12,C4,C5)*12。

C6	▼ : × ✓ fx	=RATE(C3*12,C4,C5)*12

	A	B	C	D	E	F
1						
2		購機車計畫書				
3		還款期限(年)	3			
4		每期還款金額	-3000			
5		車價	80000			
6		年利率	20.66%			

13-9-4　退休計畫書

實例 ch13_39.xlsx 和 ch13_39_out.xlsx：假設方案一是退休時勞保可以一次領取 200 萬，領取後放到銀行做定存。方案二是可以分成 10 年領取，每個月領取 2 萬，一樣領取後放到銀行做定存。目前年利率是 1%，請計算 10 年後上述 2 個方案的收益。

1： 開啟 ch13_39.xlsx，將作用儲存格放在 C8。

2： 輸入公式 =ROUND(FV(C5/12,C6*12,C7,C4,1),0)。

C8	▼ : × ✓ *fx*	=ROUND(FV(C5/12,C6*12,C7,C4,1),0)			
	A	B	C	D	E	F
1						
2		退休金計劃書				
3		項目	方案一	方案二		
4		期初存款	0	-2000000		
5		年利率	1%	1%		
6		領取期限(年)	10	10		
7		每個月存款	-20000	0		
8		總金額	$2,525,100			

3： 將作用儲存格放在 C8。

4： 輸入公式 =ROUND(FV(D5/12,D6*12,D7,D4,1),0)。

D8	▼ : × ✓ *fx*	=ROUND(FV(D5/12,D6*12,D7,D4,1),0)			
	A	B	C	D	E	F
1						
2		退休金計劃書				
3		項目	方案一	方案二		
4		期初存款	0	-2000000		
5		年利率	1%	1%		
6		領取期限(年)	10	10		
7		每個月存款	-20000	0		
8		總金額	$2,525,100	$2,210,250		

從上述可以得到每個月領取 2 萬元，比一次領取會有較好的收益。

13-9-5 儲蓄保險計畫書

實例 ch13_40.xlsx 和 ch13_40_out.xlsx：有一個儲蓄保單每年繳交 1 萬元，年利率是 2%，30 年後給付，請計算 30 年後此保險總金額。

1： 開啟 ch13_40.xlsx，將作用儲存格放在 C6。

2： 輸入公式 =ROUND(FV(C3,C4,C5,1),0)。

C6	▾	⋮	×	✓	*fx*	=ROUND(FV(C3,C4,C5,1),0)	
	A	B		C	D	E	F
1							
2		儲蓄保險計劃書					
3		年利率		2.0%			
4		保險年限(年)		30			
5		每年繳款金額		-10000			
6		保險總金額		$405,679			

13-10 股市資訊 - STOCKHISTORY

Microsoft 365 內有 STOCKHISTORY 函數，這個函數可以用於從網路上提取歷史股票數據。此函數可以用來獲取特定股票在指定時間範圍內的價格變化，並將其顯示在 Excel 工作表中。這對於進行投資分析和研究非常有幫助。

語法英文：STOCKHISTORY(stock, start_date, [end_date], [interval], [headers], [properties])

語法中文：STOCKHISTORY(stock, start_date, [end_date], [interval], [headers], [properties])

❑ stock：必要，股票代碼，如「TSM」代表「台積電 ADR」，以下是幾個著名公司股票代號：

「AAPL」：Apple 「MSFT」：Microsoft 「AMZN」：Amazon
「NVDA」：Nvidia

❑ start_date：必要，開始日期，格式為 YYYY-MM-DD。

☐ [end_date]：選用，結束日期，格式為 YYYY-MM-DD。如果省略，預設為當天。

☐ [interval]：選用，數據的時間間隔，可選 "0"（每日）、"1"（每周）或 "2"（每月）。預設為每日。

☐ [headers]：選用，是否包含標題列，"0" 為無標題，"1" 為顯示標題。預設為顯示標題。

☐ [proterties]：選用，一系列可選的數據列，如日期、開盤價、最高價、最低價、收盤價、成交量等。使用數字編碼指定：

- 0- 日期
- 1- 收盤價（預設）
- 2- 開盤價
- 3- 最高價
- 4- 最低價
- 5- 成交量。

實例 ch13_41.xlsx 和 ch13_41_out.xlsx：列出台積電 ADR，2024 年 6 月 3 日到 7 日的開盤價、最高價、最低價、收盤價與成交量資訊。

1： 開啟 ch13_41.xlsx，將作用儲存格放在 B1，輸入 TSM。

2： 將作用儲存格放在 A3。

3： 輸入公式 =STOCKHISTORY("TSM","2024-6-3","2024-6-7",0,1,0,1,2,3,4,5)。

A3		fx	=STOCKHISTORY(B1,"2024-6-3","2024-6-7",0,1,0,1,2,3,4,5)						
	A	B	C	D	E	F	G	H	I	J
1	股票名稱	TSM							
2									
3	日期	收盤	開盤	最高	最低	成交量			
4	2024/6/3	$154.95	$155.12	$157.15	$152.46	12,924,395			
5	2024/6/4	$152.47	$153.40	$153.79	$150.99	10,066,743			
6	2024/6/5	$162.92	$158.59	$163.73	$157.95	23,192,572			
7	2024/6/6	$162.07	$164.52	$164.70	$160.36	14,819,056			
8	2024/6/7	$164.39	$163.57	$166.12	$161.96	14,023,335			

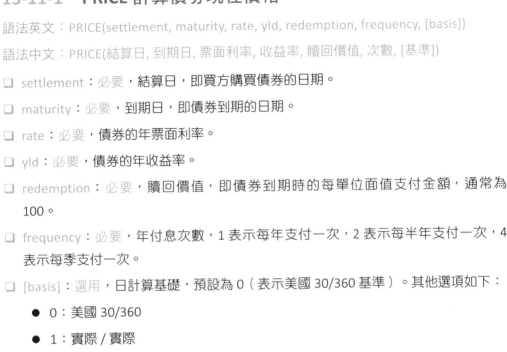

13-11 債券投資分析

13-11-1 PRICE 計算債券現在價格

語法英文：PRICE(settlement, maturity, rate, yld, redemption, frequency, [basis])

語法中文：PRICE(結算日, 到期日, 票面利率, 收益率, 贖回價值, 次數, [基準])

❑ settlement：必要，結算日，即買方購買債券的日期。

❑ maturity：必要，到期日，即債券到期的日期。

❑ rate：必要，債券的年票面利率。

❑ yld：必要，債券的年收益率。

❑ redemption：必要，贖回價值，即債券到期時的每單位面值支付金額，通常為 100。

❑ frequency：必要，年付息次數，1 表示每年支付一次，2 表示每半年支付一次，4 表示每季支付一次。

❑ [basis]：選用，日計算基礎，預設為 0（表示美國 30/360 基準）。其他選項如下：

- 0：美國 30/360
- 1：實際 / 實際
- 2：實際 /360
- 3：實際 /365
- 4：歐洲 30/360。

　　這個函數用於計算定期付息債券的價格。這個函數在財務分析中非常有用，特別是當你需要計算債券在不同市場條件下的價格時。

實例 ch13_42.xlsx 和 ch13_42_out.xlsx：魔法學校債券。假設我們要計算一個魔法學校發行的債券的價格。這所學校需要資金來修建新的魔法實驗室，因此發行了一批債券，提供給願意投資的巫師和巫婆們。債券面值為 100，年票面利率為 5%，年收益率為 6%，贖回價值為 100，年付息次數為 2，結算日為 2024 年 1 月 1 日，到期日為 2029 年 1 月 1 日，使用美國 30/360 基準。請計算這張債券的價格。

1：　開啟 ch13_42.xlsx，將作用儲存格放在 G3。

2：　輸入公式 =PRICE(B3, C3, D3, E3, A3, F3)。

	A	B	C	D	E	F	G
G3			fx	=PRICE(B3,C3,D3,E3,A3,F3)			
1				計算債券價格 - 使用PRICE			
2	贖回價格	結算日	到期日	票面利率	年收益率	付款次數	現在價格
3	100	2024/1/1	2029/1/1	5%	6%	2	95.734899

上述計算結果是約 95.73，這表示在年收益率 6% 的情況下，這張面值為 100 的債券的現價為 95.73。

13-11-2　PRICEDISC 計算折價債券現在價格

語法英文：PRICEDISC(settlement, maturity, discount, redemption, [basis])

語法中文：PRICEDISC(結算日, 結算日, 折現率, 贖回價值, [基準])

❑ settlement：必要，結算日，即買方購買債券的日期。

❑ maturity：必要，到期日，即債券到期的日期。

❑ discount：必要，年折現率（以小數表示，如 5% 表示為 0.05）。

❑ redemption：必要，贖回價值，即債券到期時的每單位面值支付金額，通常為 100。

❑ [basis]：選用，日計算基礎，可參考 13-11-1 節的 PRICE 函數。

這個函數用於計算折價債券（不支付利息，只在到期時支付面值）的價格。折價債券的價格與其票面價值之間的差額代表投資者的收益。

實例 ch13_43.xlsx 和 ch13_43_out.xlsx：假設你有一張面值為 100 的折價債券，年折現率為 5%，贖回價值為 100，結算日為 2024 年 1 月 1 日，到期日為 2025 年 1 月 1 日，使用美國 30/360 基準，請計算這張貼現債券的價格。

1：　開啟 ch13_43.xlsx，將作用儲存格放在 E3。

2：　輸入公式 =PRICEDISC(B3, C3, D3, A3)。

上述計算結果是 95，這表示這張面值為 100 的折價債券在 5% 的年折現率下，其價格為 95。

13-11-3　PRICEMAT 計算到期付息債券現在價格

語法英文：PRICEMAT(settlement, maturity, issue, rate, yld, [basis])

語法中文：PRICEMAT(結算日, 到期日, 發行日, 利率, 收益率, [基準])

❏ settlement：必要，結算日，即買方購買債券的日期。

❏ maturity：必要，到期日，即債券到期的日期。

❏ issue：必要，發行日，即債券最初發行的日期。

❏ rate：必要，債券的年票面利率。

❏ yld：必要，債券的年收益率。

❏ [basis]：選用，日計算基礎，可參考 13-11-1 節的 PRICE 函數。

　　這個函數用於計算定期付息債券的到期價格。這個函數特別適合於那些在到期日支付最後一次利息的債券。

實例 ch13_44.xlsx 和 ch13_44_out.xlsx：假設你有一張債券，發行日為 2020 年 1 月 1 日，結算日為 2023 年 1 月 1 日，到期日為 2025 年 1 月 1 日，年票面利率為 5%，年收益率為 6%，使用美國 30/360 基準，請計算這張債券的到期價格。

1：　開啟 ch13_44.xlsx，將作用儲存格放在 F3。

2：　輸入公式 =PRICEMAT(A3, B3, C3, D3, E3)。

　　計算結果是約 96.61，這表示在年收益率 6% 的情況下，這張面值為 100 的債券的到期價格為 96.61。

13-11-4　YIELD 債券收益率

語法英文：YIELD(settlement, maturity, rate, pr, redemption, frequency, [basis])

語法中文：YIELD(結算日, 到期日, 利率, 價格, 贖回價值, 次數, [基準])

❑ settlement：必要，結算日，即買方購買債券的日期。

❑ maturity：必要，到期日，即債券到期的日期。

❑ rate：必要，債券的年票面利率。

❑ pr：必要，債券的價格（每 100 單位面值）。

❑ redemption：必要，贖回價值，即債券到期時的每單位面值支付金額，通常為 100。

❑ frequency：必要，年付息次數，1 表示每年支付一次，2 表示每半年支付一次，4 表示每季支付一次。

❑ [basis]：選用，可參考 13-11-1 節的 PRICE 函數。

　　這個函數用於計算定期付息債券的年收益率，這個函數在投資分析中非常重要，特別是當你需要評估債券投資的回報率時。

實例 ch13_45.xlsx 和 ch13_45_out.xlsx：科幻城市的能源債券。假設我們來到了一個未來的科幻城市，這個城市正在開發一種新型的清潔能源技術，為了籌集資金，他們發行了一批能源債券，吸引來自全球的投資者。條件是債券一張面值為 100，年票面利率為 5%，價格為 95，贖回價值為 100，年付息次數為 2，結算日為 2024 年 1 月 1 日，到期日為 2025 年 1 月 1 日，使用美國 30/360 基準。請計算這張債券的年收益率。

1：　開啟 ch13_45.xlsx，將作用儲存格放在 G3。

2：　輸入公式 =YIELD(C3, D3, E3, A3, B3, F3)，G3 需轉為百分比樣式。

G3		∨	:	×	✓	fx ∨	=YIELD(C3,D3,E3,A3,B3,F3)

	A	B	C	D	E	F	G
1			計算債券年收益率 - 使用 YIELD				
2	現在價格	贖回價格	結算日	到期日	票面利率	付款次數	年收益率
3	95	100	2024/1/1	2029/1/1	5%	2	6.18%

上述計算結果是約 0.0618，這表示這張債券的年收益率為 6.18%。

13-11-5　YIELDDISC 折價債券年收益率

語法英文：YIELDDISC(settlement, maturity, pr, redemption, [basis])

語法中文：YIELDDISC(結算日, 到期日, 價格, 贖回價值, [基準])

❑ settlement：必要，結算日，即買方購買債券的日期。

❑ maturity：必要，到期日，即債券到期的日期。

❑ pr：必要，債券的價格（每 100 單位面值）。

❑ redemption：必要，贖回價值，即債券到期時的每單位面值支付金額，通常為 100。

❑ [basis]：選用，可參考 13-11-1 節的 PRICE 函數。

　　這個函數用於計算折價債券的年收益率。折價債券是以低於其面值的價格發行，到期時按面值贖回，投資者的收益來自於折價購買和面值贖回之間的差額。

實例 ch13_46.xlsx 和 ch13_46_out.xlsx：假設你有一張面值為 100 的貼現債券，價格為 95，贖回價值為 100，結算日為 2023 年 1 月 1 日，到期日為 2025 年 1 月 1 日，使用美國 30/360 基準，你可以使用以下公式計算這張貼現債券的年收益率。

1：　開啟 ch13_46.xlsx，將作用儲存格放在 E3。

2：　輸入公式 =YIELDDISC(C3, D3, A3, B3)，E3 需轉為百分比樣式。

上述計算結果是約 0.0263，這表示這張債券的年收益率為 2.63%。

13-11-6　YIELDMAT 到期付息債券收益率

語法英文：YIELDMAT(settlement, maturity, issue, rate, pr, [basis])

語法中文：YIELDMAT(結算日, 到期日, 發行日, 利率, 價格, [基準])

❑ settlement：必要，結算日，即買方購買債券的日期。

❑ maturity：必要，到期日，即債券到期的日期。

❑ issue：必要，即債券最初發行的日期。

❑ rate：必要，債券的年票面利率。

❑ pr：必要，債券的價格（每 100 單位面值）。

❑ [basis]：選用，可參考 13-11-1 節的 PRICE 函數。

　　用於計算在到期日支付利息的定期付息債券的年收益率。這個函數特別適用於那些在到期日支付最後一次利息的債券。

實例 ch13_47.xlsx 和 ch13_47_out.xlsx：假設你有一張債券，發行日為 2020 年 1 月 1 日，結算日為 2023 年 1 月 1 日，到期日為 2025 年 1 月 1 日，年票面利率為 5%，價格為 95，使用美國 30/360 基準，請計算這張債券的年收益率。

1：　開啟 ch13_47.xlsx，將作用儲存格放在 F3。

2：　輸入公式 =YIELDMAT(B3, C3, D3, E3, A3)，F3 需轉為百分比樣式。

上述計算結果是約 0.0682，這表示這張債券的年收益率為 6.82%。

13-11-7　ACCRINT 定期付息債券結帳日累計應付利息

語法英文：ACCRINT(issue, first_interest, settlement, rate, par, frequency, [basis], [calc_method])

語法中文：ACCRINT(發行日, 第一次利息日, 結算日, 利率, 面值, 次數, [基準], [calc_method])

❑ issue：必要，即債券最初發行的日期。

❑ first_interest：必要，第一次支付利息的日期。

❑ settlement：必要，結算日，即買方購買債券的日期。

❑ rate：必要，債券的年票面利率。

❑ par：必要，面值，即債券到期時的面值，一般為 100。

❑ frequency：必要，年付息次數，1 表示每年支付一次，2 表示每半年支付一次，4 表示每季度支付一次。

❑ [basis]：選用，可參考 13-11-1 節的 PRICE 函數。

❑ [calc_method]：選用，計算方法，預設為 TRUE。TRUE 表示包括結算日的應計利息，FALSE 表示不包括結算日的應計利息。

此函數用於計算定期支付利息的債券在結算日累計應計利息。這個函數非常適用於那些定期支付利息（如每半年或每年支付一次）的債券。

實例 ch13_48.xlsx 和 ch13_48_out.xlsx：仙境農場的水果債券。假設我們來到了一個魔幻仙境農場，這個農場以生產魔法水果聞名，為了籌集資金擴大種植面積，他們發行了一批水果債券。投資者們可以購買這些債券，並在魔法水果收穫時期獲得利息。此債券的條件是一張面值為 100，年票面利率為 3%，發行日為 2024 年 7 月 1 日，第一次支付利息的日期為 2025 年 1 月 1 日，結算日為 2026 年 7 月 1 日，年付息次數為 2（每半年支付一次），使用美國 30/360 基準，請計算這張債券累計應計利息。

1： 開啟 ch13_48.xlsx，將作用儲存格放在 E3。

2： 輸入公式 =ACCRINT(A3, B3, C3, D3, E3, F3, 0, TRUE)。

	A	B	C	D	E	F	G
	G3		fx	=ACCRINT(A3,B3,C3,D3,E3,F3,0,TRUE)			
1	計算到期債券應付利息 - 使用ACCRINT						
2	發行日	第一次付息日	結算日	票面利率	面值	付款次數	應付利息
3	2024/7/1	2025/1/1	2026/7/1	3.0%	100	2	6

計算結果是 6，這表示從 2024 年 7 月 1 日到 2026 年 7 月 1 日之間，這張面值為 100 的債券應計的利息為 6 元。

13-11-8　ACCRINTM 到期債券應付利息

語法英文：ACCRINTM(issue, settlement, rate, par, [basis])

語法中文：ACCRINTM(發行日期, 結算日, 利率, 面值, [基準])

❏ issue：必要，即債券最初發行的日期。

❏ settlement：必要，結算日，即買方購買債券的日期。

❏ rate：必要，債券的年票面利率。

❏ par：必要，面值，即債券到期時的面值，一般為 100。

❏ [basis]：選用，可參考 13-11-1 節的 PRICE 函數。

　　此函數用於計算到期債券的應計利息，這個函數適用於不定期支付利息的債券，即只有在到期時才支付利息。

實例 ch13_49.xlsx 和 ch13_49_out.xlsx：假設你有一張面值為 100 的債券，年票面利率為 5%，發行日為 2024 年 1 月 1 日，結算日為 2026 年 1 月 1 日，使用美國 30/360 基準，請計算這張債券的應計利息。

1：　開啟 ch13_49.xlsx，將作用儲存格放在 E3。

2：　輸入公式 =ACCRINTM(A3, B3, C3, D3)。

　　計算結果是 10，這表示從 2024 年 1 月 1 日到 2026 年 1 月 1 日之間，這張面值為 100 的債券應計的利息為 10 元。

13-11-9　RECEIVED 折價債券到期日金額

語法英文：RECEIVED(settlement, maturity, investment, discount, [basis])

語法中文：RECEIVED(結算日, 到期日, 投資額, 折現率, [基準])

❏ settlement：必要，結算日，即買方購買債券的日期。

❏ maturity：必要，到期日，即債券到期的日期。

❏ investment：必要，投資額，即購買債券的金額。

❏ discount：必要，年折現率（以小數表示，如 5% 表示為 0.05）。

❏ [basis]：選用，可參考 13-11-1 節的 PRICE 函數。

此函數用於計算在到期時支付利息債券的到期金額，這個函數特別適用於一次性支付全部利息的折現債券。

實例 ch13_50.xlsx 和 ch13_50_out.xlsx：假設你有一張投資額為 90 美元的貼現債券，年貼現率為 5%，結算日為 2023 年 1 月 1 日，到期日為 2026 年 1 月 1 日，使用美國 30/360 基準，請計算這張債券的到期金額。

1： 開啟 ch13_50.xlsx，將作用儲存格放在 E3。

2： 輸入公式 =RECEIVED(A3, B3, C3, D3)。

假設計算結果是約 105.88，這表示在 2026 年 1 月 1 日，到期時將收到的總金額為 105.88 美元。

13-11-10　DISC 折價債券的折現率

語法英文：DISC(settlement, maturity, pr, redemption, [basis])

語法中文：DISC(結算日, 到期日, 債券價格, 贖回價值, [基準])

❏ settlement：必要，結算日，即買方購買債券的日期。

❏ maturity：必要，到期日，即債券到期的日期。

❏ pr：必要，債券的價格（每 100 單位面值的價格）。

❏ redemption：必要，贖回價值，即債券到期時的每單位面值支付金額，通常為 100。

❑ [basis]：選用，可參考 13-11-1 節的 PRICE 函數。

　　此函數用於計算折現債券（折價債券）的折現率。折現率是債券價格與其面值之間的差異，以年百分比表示。這個函數非常適用於計算短期債券或國庫券的折現率。

實例 ch13_51.xlsx 和 ch13_51_out.xlsx：未來城市的太空探險債券。假設我們來到了一個未來城市，這個城市正在計劃一個太空探險項目，為了籌集資金，他們發行了一批太空探險債券。這些債券以折價方式發行，吸引投資者。折現債券條件是一張面值為 100，價格為 95，贖回價值為 100，結算日為 2023 年 1 月 1 日，到期日為 2024 年 1 月 1 日，使用美國 30/360 基準，請計算這張貼現債券的年折現率。

1：　開啟 ch13_51.xlsx，將作用儲存格放在 E3。

2：　輸入公式 =RECEIVED(A3, B3, C3, D3)。

	A	B	C	D	E
1	計算折價債券的折現率 - 使用DISC				
2	結算日	到期日	現在價格	贖回金額	折現率
3	2023/1/1	2026/1/1	90	100	3.33%

13-11-11　COUPNUM 計算兩個日期之間的付息次數

　　13-3-2 節已經有解釋此函數了，下列將用創意實例解說。。

實例 ch13_52.xlsx 和 ch13_52_out.xlsx：規劃城市基礎設施建設債券的付息安排。假設你是一位財政規劃師，負責為一個城市的基礎設施建設項目進行資金規劃。這個項目將會發行一系列的市政債券，用於資助新建的地鐵線路和道路擴建。你需要計算從債券發行日至到期日之間的付息次數，以便更好地安排每年的預算和財務報表。此債券結算日為 2023 年 3 月 15 日，到期日為 2030 年 3 月 15 日，年付息次數為 2（每半年支付一次），使用美國 30/360 基準，請計算這段時間內的付息次數。

1：　開啟 ch13_52.xlsx，將作用儲存格放在 D3。

2：　輸入公式 =COUPNUM(A3, B3, C3, D3)。

上述計算結果是 14，這表示從結算日到到期日期間，這些市政債券將有 14 次付息。

13-11-12 COUPDAYS 計算債券付息期間內的天數

語法英文：COUPDAYS(settlement, maturity, frequency, [basis])

語法中文：COUPDAYS (結算日, 到期日, 次數, [基準])

❑ settlement：必要，結算日，即買方購買債券的日期。

❑ maturity：必要，到期日，即債券到期的日期。

❑ frequency：必要，年付息次數，1 表示每年支付一次，2 表示每半年支付一次，4 表示每季度支付一次。

❑ [basis]：選用，可參考 13-11-1 節的 PRICE 函數。

此函數用於計算債券付息期間內的天數，這個函數在債券分析中非常有用，特別是在計算債券付息期間的天數時。

實例 ch13_53.xlsx 和 ch13_53_out.xlsx：假設你有一張債券，結算日為 2024 年 7 月 1 日，到期日為 2026 年 7 月 1 日，年付息次數為 2（每半年支付一次），使用美國 30/360 基準，請計算這段期間內的天數。

1： 開啟 ch13_53.xlsx，將作用儲存格放在 D3。

2： 輸入公式 =COUPDAYS(A3, B3, C3)。

	A	B	C	D	E
	D3		f_x	=COUPDAYS(A3,B3,C3)	
1	計算債券付息期間天數 - 使用COUPDAYS				
2	結算日	到期日	年付息次數	付息期間天數	
3	2023/1/1	2026/1/1	2	180	

上述計算結果是 180，這表示每次付息期間內的天數為 180 天。

13-11-13　COUPDAYBS 債券結算日到上一次付利息之間的天數

語法英文：COUPDAYBS(settlement, maturity, frequency, [basis])

語法中文：COUPDAYBS(結算日, 到期日, 次數, [基準])

❑ settlement：必要，結算日，即買方購買債券的日期。

❑ maturity：必要，到期日，即債券到期的日期。

❑ frequency：必要，年付息次數，1 表示每年支付一次，2 表示每半年支付一次，4 表示每季度支付一次。

❑ [basis]：選用，可參考 13-11-1 節的 PRICE 函數。

此函數用於計算從結算日到上一次付息日期之間的天數。

實例 ch13_54.xlsx 和 ch13_54_out.xlsx：假設你有一張債券，結算日為 2023 年 5 月 1 日，到期日為 2025 年 1 月 1 日，年付息次數為 2（每半年支付一次），使用美國 30/360 基準，請計算從結算日到上一次付息日期之間的天數。

1：　開啟 ch13_54.xlsx，將作用儲存格放在 D3。

2：　輸入公式 =COUPDAYBS(A3, B3, C3)。

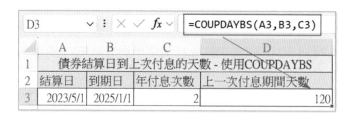

上述計算結果是 120，這表示從結算日到上一次付息日期之間的天數為 120 天。

13-11-14　COUPDAYSNC 債券結算日到下一次付息之間的天數

語法英文：COUPDAYSNC(settlement, maturity, frequency, [basis])

語法中文：COUPDAYSNC(結算日, 到期日, 次數, [基準])

- ❑ settlement：必要，結算日，即買方購買債券的日期。

- ❑ maturity：必要，到期日，即債券到期的日期。

- ❑ frequency：必要，年付息次數，1 表示每年支付一次，2 表示每半年支付一次，4 表示每季度支付一次。

- ❑ [basis]：選用，可參考 13-11-1 節的 PRICE 函數。

  此函數用於計算從結算日到下一次付息日期之間的天數。

實例 ch13_55.xlsx 和 ch13_55_out.xlsx：假設你有一張債券，結算日為 2023 年 5 月 1 日，到期日為 2025 年 1 月 1 日，年付息次數為 2（每半年支付一次），使用美國 30/360 基準，請計算從結算日到下一次付息日期之間的天數。

1：　開啟 ch13_55.xlsx，將作用儲存格放在 D3。

2：　輸入公式 =COUPDAYBS(A3, B3, C3)。

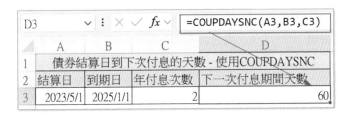

上述計算結果是 60，這表示從 2023 年 5 月 1 日到下一次付息日期之間的天數為 60 天。

13-11-15　COUPPCD 債券結算日之前的最後一次付息日期

語法英文：COUPPCD(settlement, maturity, frequency, [basis])

語法中文：COUPPCD(結算日, 到期日, 次數, [基準])

- ❑ settlement：必要，結算日，即買方購買債券的日期。

- ❑ maturity：必要，到期日，即債券到期的日期。

- ❑ frequency：必要，年付息次數，1 表示每年支付一次，2 表示每半年支付一次，4 表示每季度支付一次。

- ❑ [basis]：選用，可參考 13-11-1 節的 PRICE 函數。

此函數用於計算結算日之前的最後一次付息日期，這個函數在債券分析中非常有用，特別是在確定應計利息或其他與付息日期相關的計算時。

實例 ch13_56.xlsx 和 ch13_56_out.xlsx：假設你有一張債券，結算日為 2023 年 5 月 15 日，到期日為 2025 年 1 月 1 日，年付息次數為 2（每半年支付一次），使用美國 30/360 基準。你可以使用以下公式計算結算日之前的最近一次付息日期。

1：　開啟 ch13_56.xlsx，將作用儲存格放在 D3。

2：　輸入公式 =COUPPCD(A3, B3, C3)，需將 D3 結果轉成日期格式。

上述計算結果是 2023/1/1，這表示結算日的前一次付息日期是 2023 年 1 月 1 日。

13-11-16　COUPNCD 債券結算日之後的下一次付息日期

語法英文：COUPNCD(settlement, maturity, frequency, [basis])

語法中文：COUPNCD(結算日, 到期日, 次數, [基準])

❑ settlement：必要，結算日，即買方購買債券的日期。

❑ maturity：必要，到期日，即債券到期的日期。

❑ frequency：必要，年付息次數，1 表示每年支付一次，2 表示每半年支付一次，4 表示每季度支付一次。

❑ [basis]：選用，可參考 13-11-1 節的 PRICE 函數。

此函數用於計算結算日之後的下一次付息日期，這個函數在債券分析中非常有用，特別是在確定應計利息或其他與付息日期相關的計算時。

實例 ch13_57.xlsx 和 ch13_57_out.xlsx：假設你有一張債券，結算日為 2023 年 5 月 15 日，到期日為 2025 年 1 月 1 日，年付息次數為 2（每半年支付一次），使用美國 30/360 基準。你可以使用以下公式計算結算日之前的最近一次付息日期。

1： 開啟 ch13_57.xlsx，將作用儲存格放在 D3。

2： 輸入公式 =COUPNCD(A3, B3, C3)，需將 D3 結果轉成日期格式。

上述計算結果是 2023/7/1，這表示結算日後的下一次付息日期是 2023 年 7 月 1 日。

13-11-17 DURATION 債券存續期

語法英文：DURATION(settlement, maturity, coupon, yld, frequency, [basis])

語法中文：DURATION(結算日, 到期日, 利率, 收益率, 次數, [基準])

❑ settlement：必要，結算日，即買方購買債券的日期。

❑ maturity：必要，到期日，即債券到期的日期。

❑ coupon：必要，年票面利率（以小數表示，如 5% 表示為 0.05）

❑ yld：必要，年收益率（以小數表示，如 5% 表示為 0.05）

❑ frequency：必要，年付息次數，1 表示每年支付一次，2 表示每半年支付一次，4 表示每季度支付一次。

❑ [basis]：選用，可參考 13-11-1 節的 PRICE 函數。

此函數用於計算債券的持續期，這是一種衡量債券價格對利率變動敏感性的指標。持續期是未來現金流（如票息和本金）按現值加權平均的時間。

實例 ch13_58.xlsx 和 ch13_58_out.xlsx：魔法森林的綠色債券。假設我們來到了一個神奇的魔法森林，這個森林中的精靈們決定發行一批綠色債券來保護森林和推動可持續發展項目。投資者們對這個有趣的投資機會非常感興趣。債券條件是一張面值為 100，年票面利率為 5%，年收益率為 6%，結算日為 2023 年 6 月 15 日，到期日為 2025 年 1 月 1 日，年付息次數為 2（每半年支付一次），使用美國 30/360 基準。請計算這張債券的持續期。

1：　開啟 ch13_58.xlsx，將作用儲存格放在 F3。

2：　輸入公式 =DURATION(A3, B3, C3, D3, E3)。

上述計算結果是約 1.47，這表示該債券的持續期為 1.47 年。

13-11-18　MDURATION 債券修正存續期

語法英文：MDURATION(settlement, maturity, coupon, yld, frequency, [basis])

語法中文：MDURATION(結算日, 到期日, 利率, 收益率, 次數, [基準])

❑ settlement：必要，結算日，即買方購買債券的日期。

❑ maturity：必要，到期日，即債券到期的日期。

❑ coupon：必要，年票面利率（以小數表示，如 5% 表示為 0.05）

❑ yld：必要，年收益率（以小數表示，如 5% 表示為 0.05）

❑ frequency：必要，年付息次數，1 表示每年支付一次，2 表示每半年支付一次，4 表示每季度支付一次。

❑ [basis]：選用，可參考 13-11-1 節的 PRICE 函數。

　　此函數用於計算債券的修正持續期（Modified Duration），這是一種衡量債券價格對利率變動敏感性的指標。修正持續期是根據持續期（Macaulay Duration）進行調整後得到的，可以更準確地反映利率變動對債券價格的影響。

實例 ch13_59.xlsx 和 ch13_59_out.xlsx：假設你有一張面值為 100 的債券，年票面利率為 5%，年收益率為 6%，結算日為 2023 年 1 月 1 日，到期日為 2025 年 1 月 1 日，年付息次數為 2（每半年支付一次），使用美國 30/360 基準。你可以使用以下公式計算這張債券的持續期。

1：　開啟 ch13_59.xlsx，將作用儲存格放在 F3。

2： 輸入公式 =MDURATION(A3, B3, C3, D3, E3)，需將 F3 結果轉成日期格式。

F3	⌄ : × ✓ fx ⌄	=MDURATION(A3, B3, C3, D3, E3)

	A	B	C	D	E	F	G
1	債券修正存續期間 - 使用MDURATION						
2	結算日	到期日	利率	收益率	年付息次數	存續期間	
3	2023/6/15	2025/1/1	5%	6%	2	1.4288157	

上述計算結果是約 1.43，這表示該債券修正的持續期為 1.43 年。

修正持續期（Modified Duration）衡量的是債券價格對利率變動的敏感性，具體而言：

- 修正持續期越長，債券價格對利率變動越敏感。
- 修正持續期越短，債券價格對利率變動越不敏感。
- 修正持續期是基於持續期（Macaulay Duration）進行調整，以考慮收益率的變化對債券現值的影響。

13-11-19 ODDFPRICE 計算不規則的第一個付息的債券價格

語法英文：ODDFPRICE(settlement, maturity, issue, first_coupon, rate, yld, redemption, frequency, [basis])

語法中文：ODDFPRICE(結算日, 到期日, 發行日, 第一次付息日, 利率, 年收益率, 贖回價值, 次數, [基準])

❑ settlement：必要，結算日，即買方購買債券的日期。

❑ maturity：必要，到期日，即債券到期的日期。

❑ issue：必要，發行日，即債券最初發行的日期。

❑ first_coupon：必要，第一次付息日期。

❑ rate：必要，債券的年票面利率。

❑ yld：必要，債券的年收益率。

❑ redemption：必要，贖回價值，即債券到期時的每單位面值支付金額，通常為100。

❑ frequency：必要，年付息次數，1 表示每年支付一次，2 表示每半年支付一次，4
表示每季支付一次。

❑ [basis]：選用，選用，可參考 13-11-1 節的 PRICE 函數。

這個函數用於不規則的第一個付息的債券價格。

實例 ch13_60.xlsx 和 ch13_60_out.xlsx：投資於新發行的環保債券。假設你是一位環
保投資者，對新發行的綠色債券感興趣。這些債券由一家可再生能源公司發行，用於
資助其新的風力發電項目。債券具有不規則的第一個付息期，因為發行日和第一次付
息日期不在典型的週期內，計算基礎是美國 30/360。此債券詳情如下：

● 結算日：2023 年 11 月 15 日（你購買債券的日期）

● 到期日：2028 年 3 月 1 日

● 發行日：2023 年 7 月 1 日

● 第一次付息日期：2024 年 3 月 1 日

● 年票面利率：4%（即 0.04）

● 年收益率：5%（即 0.05）

● 贖回價值：100（即債券到期時每單位面值的支付金額）

● 年付息次數：2（每半年支付一次）

1： 開啟 ch13_60.xlsx，將作用儲存格放在 G3。

2： 輸入公式 =ODDFPRICE(A3, B3, C3, D3, E3, F3, G3, H3)。

D5			f_x	=ODDFPRICE(A3,B3,C3,D3,E3,F3,G3,H3)				
	A	B	C	D	E	F	G	H
1	第一次付息的債券價格 - 使用ODDFPRICE							
2	結算日	到期日	發行日	首次付息日	票面利率	年收益率	贖回價值	次數
3	2023/11/15	2028/3/1	2023/7/1	2024/3/1	4%	5%	100	2
4								
5	第一次付息的債券價格			96.16236799				

上述計算結果是約 96.16，這表示你需要以每單位 96.16 的價格購買這些債券，才
能在年收益率 5% 的條件下實現投資目標。

13-11-20　ODDLPRICE 計算不規則的最後付息的債券價格

語法英文：ODDLPRICE(settlement, maturity, last_coupon, rate, yld, redemption, frequency, [basis])

語法中文：ODDLPRICE(結算日, 到期日, 最後付息日, 利率, 年收益率, 贖回價值, 次數, [基準])

❏ settlement：必要，結算日，即買方購買債券的日期。

❏ maturity：必要，到期日，即債券到期的日期。

❏ last_coupon：必要，最後付息日期。

❏ rate：必要，債券的年票面利率。

❏ yld：必要，債券的年收益率。

❏ redemption：必要，贖回價值，即債券到期時的每單位面值支付金額，通常為 100。

❏ frequency：必要，年付息次數，1 表示每年支付一次，2 表示每半年支付一次，4 表示每季支付一次。

❏ [basis]：選用，選用，可參考 13-11-1 節的 PRICE 函數。

　　這個函數用於不規則最後一個付息的債券價格。

實例 ch13_61.xlsx 和 ch13_61_out.xlsx：投資於高科技公司的債券。假設你是一位投資者，對一家高科技公司的債券感興趣。這些債券的最後一個付息期是不規則的，因為債券在最後一個付息期之前進行了再融資。你希望計算這些債券在不規則的最後一個付息期間的價格，計算基礎是美國 30/360。此債券詳情如下：

● 結算日：2023 年 11 月 15 日（你購買債券的日期）

● 到期日：2028 年 3 月 1 日

● 最後一次付息日期：2023 年 3 月 1 日

● 年票面利率：3.5%（即 0.035）

● 年收益率：4%（即 0.04）

● 贖回價值：100（即債券到期時每單位面值的支付金額）

● 年付息次數：2（每半年支付一次）

1：　開啟 ch13_61.xlsx，將作用儲存格放在 G3。

2：　輸入公式 =PRICE(B3, C3, D3, E3, A3, F3)。

C5		✓ ⋮ × ✓ ƒx ✓	=ODDLPRICE(A3,B3,C3,D3,E3,F3,G3)				
	A	B	C	D	E	F	G
1	最後付息的債券價格 - 使用ODDLPRICE						
2	結算日	到期日	最後付息日	票面利率	年收益率	贖回價值	次數
3	2023/11/15	2028/3/1	2023/3/1	3.5%	4%	100	2
4							
5	最後一次付息的債券價格		97.80554133				

上述計算結果是約 97.81，這表示你需要以每單位 97.81 美元的價格購買這些債券，才能在年收益率 4% 的條件下實現投資目標。

13-11-21　ODDFYIELD 首次付息不規則債券收益率

語法英文：ODDFYIELD(settlement, maturity, issue, first_coupon, rate, pr, redemption, frequency, [basis])

語法中文：ODDFYIELD(結算日, 到期日, 發行日, 首次付息日, 利率, 債券價格, 贖回價值, 次數, [基準])

❑ settlement：必要，結算日，即買方購買債券的日期。

❑ maturity：必要，到期日，即債券到期的日期。

❑ issue：必要，發行日，即債券最初發行的日期。

❑ first_coupon：必要，第一次付息日期。

❑ rate：必要，債券的年票面利率。

❑ pr：必要，債券的價格（每 100 單位面值）。

❑ redemption：必要，贖回價值，即債券到期時的每單位面值支付金額，通常為 100。

❑ frequency：必要，年付息次數，1 表示每年支付一次，2 表示每半年支付一次，4 表示每季支付一次。

❑ [basis]：選用，可參考 13-11-1 節的 PRICE 函數。

這個函數用於計算具有不規則第一個付息期的債券的年收益率。這個函數特別適合於那些發行日期與第一次付息日期之間的間隔不同於正常付息週期的債券。

實例 ch13_62.xlsx 和 ch13_62_out.xlsx：藝術家的債券投資。假設你是一位熱愛藝術的投資者，對一個新興藝術基金會發行的債券感興趣。這個基金會專注於支持新興藝術家的創作，並且剛剛發行了一批新債券。由於基金會希望在短期內籌集資金來支持即將到來的藝術展覽，他們設計了具有不規則第一個付息期的債券，計算基礎是美國 30/360，你希望計算這些債券的年收益率，以確定這項投資是否值得。此債券詳情如下：

- 結算日：2023 年 5 月 1 日（你購買債券的日期）
- 到期日：2026 年 4 月 1 日
- 發行日：2023 年 4 月 1 日
- 第一次付息日期：2023 年 10 月 1 日
- 票面年利率：4.5%（即 0.045）
- 債券價格：98（每 100 單位面值的價格）
- 贖回價值：100（即債券到期時每單位面值的支付金額）
- 年付息次數：2（每半年支付一次）

1： 開啟 ch13_62.xlsx，將作用儲存格放在 I3。

2： 輸入 =ODDFYIELD(A3, B3,C3, D3, E3, F3, G3, H3)，I3 需轉為百分比樣式。

I3			fx	=ODDFYIELD(A3,B3,C3,D3,E3,F3,G3,H3)				
	A	B	C	D	E	F	G	H	I
1	計算不規則付息債券收益率 - 使用ODDFYIELD								
2	結算日	到期日	發行日	首次付息期日	票面利率	債券價格	贖回價格	付款次數	年收益率
3	2023/5/1	2026/4/1	2023/2/1	2023/10/1	4.5%	98	100	2	5.24%

上述計算結果是約 0.0524，表示這張債券的年收益率為 5.24%。

13-11-22 ODDLYIELD 最後一次付息不規則債券收益率

語法英文：ODDLYIELD(settlement, maturity, last_interest, rate, pr, redemption, frequency, [basis])

語法中文：ODDLYIELD(結算日, 到期日, 最後付息日, 利率, 債券價格, 贖回價值, 次數, [基準])

❑ settlement：必要，結算日，即買方購買債券的日期。

❑ maturity：必要，到期日，即債券到期的日期。

❑ last_interest：必要，最後付息日期。

❑ rate：必要，債券的年票面利率。

❑ pr：必要，債券的價格（每 100 單位面值）。

❑ redemption：必要，贖回價值，即債券到期時的每單位面值支付金額，通常為 100。

❑ frequency：必要，年付息次數，1 表示每年支付一次，2 表示每半年支付一次，4 表示每季支付一次。

❑ [basis]：選用，可參考 13-11-1 節的 PRICE 函數。

　　這個函數用於計算具有不規則最後一個付息期的債券的年收益率。這個函數特別適合於那些最後一個付息期長度不同於正常付息週期的債券。

實例 ch13_63.xlsx 和 ch13_63_out.xlsx：教育科技創新的債券投資。假設你是一位致力於推動教育科技創新的投資者，對一家專注於開發在線學習平台的科技公司發行的債券感興趣。這家公司剛剛發行了一批新債券，這些債券的最後一個付息期與正常付息週期不同，形成了一個不規則的最後一個付息期，計算基礎是美國 30/360，你希望計算這些債券的年收益率，以確定這項投資是否值得。此債券詳情如下：

● 結算日：2023 年 8 月 1 日（你購買債券的日期）

● 到期日：2024 年 10 月 15 日

● 最後一次付息日期：2023 年 4 月 1 日

● 票面年利率：3.0%（即 0.03）

● 債券價格：購買價格，97（每 100 單位面值的價格）

● 贖回價值：100（即債券到期時每單位面值的支付金額）

● 年付息次數：2（每半年支付一次）

1： 開啟 ch13_63.xlsx，將作用儲存格放在 H3。

2： 輸入 =ODDLYIELD(A3, B3,C3, D3, E3, F3, G3)，H3 需轉為百分比樣式。

H3			f_x	=ODDLYIELD(A3,B3,C3,D3,E3,F3,G3)				
	A	B	C	D	E	F	G	H
1	最後一次付息不規則債券收益率 - 使用ODDLYIELD							
2	結算日	到期日	最後一次付息期日	票面利率	債券價格	贖回價格	付款次數	年收益率
3	2023/8/1	2024/10/15	2023/4/1	3.0%	97	100	2	5.60%

上述計算結果是約 0.0560，表示這張債券的年收益率為 5.60%。

第 14 章

數學與三角函數

14-1 基礎數學

14-1-1　GCD/LCM 最大公約數與最小公倍數

GCD（Greatest Common Divisor）是計算最大公約數，LCM 是計算最小公倍數，兩者語法相同。將 GCD 改為 LCM 就是計算最小公倍數。

語法：GCD(number1, [number2], ...)

語法：LCM(number1, [number2], ...)

❑ number1：必要，需要計算最大公約數的第一個正整數。

❑ number2：選用，要計算最大公約數的其他正整數（最多可以包含 255 個數字）。

實例 ch14_1.xlsx 和 ch14_1_out.xlsx：調整工廠生產批次。假設你是一位生產經理，負責一個生產多種產品的工廠。你需要將生產批次大小調整到能夠同時滿足多種產品的需求，以提高生產效率並減少切換生產線的次數。你可以使用 GCD 函數來計算多種產品需求的最大公約數，從而確定合適的生產批次大小。

- 產品 A 的需求量：1200 件
- 產品 B 的需求量：1500 件
- 產品 C 的需求量：2100 件

1：　開啟 ch14_1.xlsx，將作用儲存格放在 D3。

2：　輸入公式 =GCD(A3, B3, C3)。

上述計算結果是 300，這表示這三種產品需求量的最大公約數是 300 件。這意味著你可以將生產批次設置為 300 件，減少生產線的切換次數，節省生產成本，並提高整體生產效率。

實例 ch14_2.xlsx 和 ch14_2_out.xlsx：安排機器維護計劃。假設你是一位工廠經理，負責工廠內多台機器的維護計劃。不同的機器有不同的維護週期，你希望能找到一個共同的時間點，讓所有機器同時進行維護，以減少停機時間並提高生產效率。你可以使用 LCM 函數來計算這些維護週期的最小公倍數，從而確定最佳的維護計劃。

- 機器 A 的維護週期：6 個月
- 機器 B 的維護週期：8 個月
- 機器 C 的維護週期：12 個月

1： 開啟 ch14_2.xlsx，將作用儲存格放在 D3。

2： 輸入公式 =LCM(A3, B3, C3)。

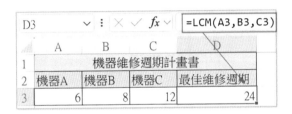

上述計算結果是 24，這表示這三台機器維護週期的最小公倍數是 24 個月，這意味著每隔 24 個月，你可以安排所有機器同時進行維護，從而減少生產的中斷，提高工廠的整體效率。

14-1-2 FACT/FACTDOUBLE 計算階乘與雙階乘

FACT 函數用於計算給定數字的階乘（Factorial），階乘是指一個正整數與所有小於它的正整數相乘的結果。FACTDOUBLE 函數用於計算給定數字的雙階乘（Double Factorial），雙階乘是指一個正整數與小於它的所有同樣奇偶性的正整數相乘的結果。雙階乘的定義如下：

- 如果 n 是奇數，則 n!! = n * (n-2) * (n-4) * ... * 3 * 1
- 如果 n 是偶數，則 n!! = n * (n-2) * (n-4) * ... * 4 * 2

語法：FACT(number)

語法：FACTDOUBLE(number)

❑ number：必要，要計算階乘的非負整數。

兩者語法相同，下列語法將 FACT 改為 FACTDOUBLE 就是計算雙階乘。

實例 ch14_3.xlsx 和 ch14_3_out.xlsx：計算可能的排列方式。假設你是一位活動策劃師，負責安排一場大型的晚宴，並需要決定桌子的排列方式。你有 3(或 5) 張桌子，希望計算出所有可能的排列方式數量，從而找到最佳的安排方案。

1：　開啟 ch14_3.xlsx，將作用儲存格放在 B3。

2：　輸入公式 =FACT(A3)，拖曳 B3 的填滿控點到 B4。

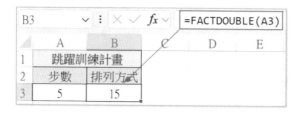

上述計算結果是 6(120)，這表示 3(5) 張桌子的排列方式有 6(120) 種。

實例 ch14_4.xlsx 和 ch14_4_out.xlsx：計算奇數步數的跳躍排列。假設你是一位體育教練，負責設計一個跳躍訓練計劃。你希望你的運動員能夠在一個特定的奇數步數內完成多種跳躍動作。你可以使用 FACTDOUBLE 函數來計算運動員能夠完成這些跳躍的排列方式。

1：　開啟 ch14_4.xlsx，將作用儲存格放在 B3。

2：　輸入公式 =FACTDOUBLE(A3)。

上述計算結果是 15，這表示 5 步的雙階乘為 15，也就是說，運動員可以有 15 種不同的跳躍排列方式。

14-1-3　LOG/LOG10/LN 對數函數

LOG 函數用於計算給定數字的對數。LOG10 函數專門用於計算數字以 10 為基數的對數。LN 函數用於計算給定數字的自然對數（Natural Logarithm），自然對數是以數學常數 e（約等於 2.71828）為底的對數。

語法：LOG(number, [base])

語法：LOG10(number)

語法：LN(number)

❑ number：必要，要計算自然對數的正數。

❑ base：選用，對數的基數。如果省略，則預設為 10。

實例 ch14_5.xlsx 和 ch14_5_out.xlsx：計算細菌增長模式。你作為一位生物學家，希望透過對數運算來分析細菌的增長模式。透過計算每個時間點的細菌數量對數，你可以更清晰地了解細菌的增長率，並將其應用於後續的研究和實驗設計中。實驗數據如下：

● 初始細菌數量：1,000

● 1 小時後的細菌數量：8,000

● 2 小時後的細菌數量：64,000

1：　開啟 ch14_5.xlsx，將作用儲存格放在 B3。

2：　輸入公式 =LOG(B3)，拖曳 C3 的填滿控點到 C5，可以參考下方左圖。

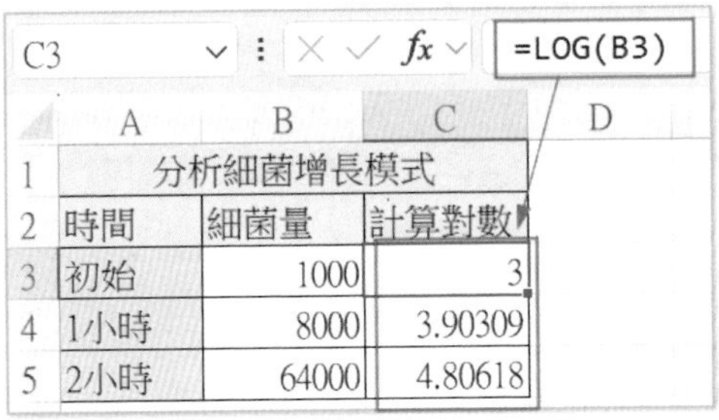

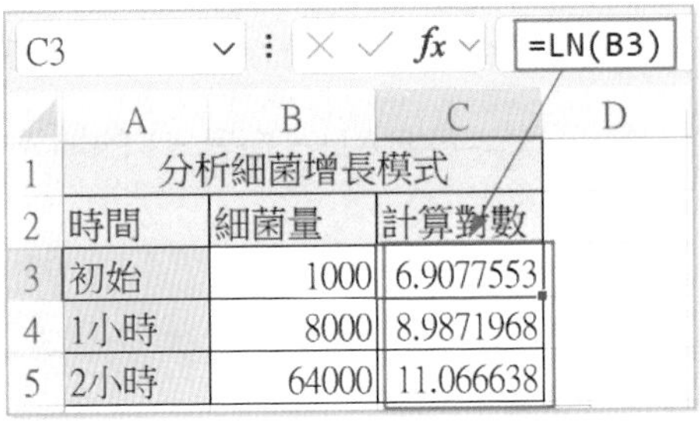

註　上述實例也可以將 LOG 函數改為 LN，可以由此了解細菌增長模式，細節可以參考 ch14_5_1.py，可以參考上方右圖。

實例 ch14_6.xlsx 和 ch14_6_out.xlsx：分析地震強度。地震震級的計算通常以里氏震級（Richter scale）為基準，這是一種對數尺度。里氏震級用來測量地震釋放的能量。它計算地震波的最大振幅，並以對數形式表示。簡單來說，每增加一級，而地震波的振幅約增加 10 倍。假設你是一位地震學家，正在研究幾次地震的強度。你測量到的地震波振幅分別為 1000、10000 和 100000。這些振幅是相對於某個標準振幅 A0 的。為了簡化計算，我們假設標準振幅 A0 為 1。

1：　開啟 ch14_6.xlsx，將作用儲存格放在 B3。

2：　輸入公式 =LOG10(A3)，拖曳 B3 的填滿控點到 B5。

14-1-4　EXP 計算 e 的次冪

語法：EXP(number)

❑　number：必要，要計算 e 的次冪的數字。

實例 ch14_7.xlsx 和 ch14_7_out.xlsx：基礎數學常數 e 的次冪實例。

1：　開啟 ch14_7.xlsx，將作用儲存格放在 B1。

2：　輸入公式 =EXP(A1)，拖曳 B1 的填滿控點到 B3。

實例 **ch14_8.xlsx** 和 **ch14_8_out.xlsx**：計算放射性物質的衰變。假設你是一位物理學家，正在研究放射性物質的衰變。放射性衰變是一種指數衰減過程，可以用 EXP 函數來表示。放射性物質的衰變可以用以下公式計算。

$$N(t) = N_0 \times e^{-\lambda t}$$

- $N(t)$是時間 t 時刻剩餘的物質量。
- N_0是初始物質量。
- λ 是衰變常數。
- t 是時間。

1：　開啟 ch14_8.xlsx，將作用儲存格放在 E3。

2：　輸入公式 =$B$2 * EXP(-$B$3*D3)，拖曳 E3 的填滿控點到 E7。

E3			fx	=$B$2 * EXP(-$B$3*D3)	
	A	B	C	D	E	F
1	計算500克放射性物質衰變					
2	初始物質量	500		時間	剩餘質量	
3	衰變常數	0.05		1	475.61471	
4				2	452.41871	
5				3	430.35399	
6				4	409.36538	
7				5	389.40039	

14-1-5　PI 圓周率

這個函數可以回傳圓周率，可以參考下列 ch14_9.xlsx。

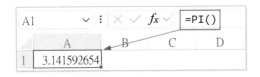

A1			fx	=PI()
	A	B	C	D
1	3.141592654			

14-2　多項式係數與級數

14-2-1　MULTINOMIAL 計算組合數

MULTINOMIAL 函數用於計算多項式係數，這是一種組合數，用於計算從一組物品中選出若干個不同組合的總數。該函數特別適合於計算多種分類的機率和統計問題。

語法：MULTINOMIAL(number1, [number2], ...)

❑ number1, [number2], ... : 必要，代表每個類別的物品數量。最多可以包含 255 個數字。

實例 ch14_9.xlsx 和 ch14_9_out.xlsx：計算不同顏色球的排列方式，假設你是一位數學老師，正在設計一個機率問題。你有 3 種不同顏色的球（紅色、藍色和綠色），每種顏色的球數量分別為 2、3 和 4。你希望計算這些球的所有可能排列方式。

1： 開啟 ch14_9.xlsx，將作用儲存格放在 D3。

2： 輸入公式 =MULTINOMIAL(A3,B3,C3)。

D3		✓ : × ✓ fx	=MULTINOMIAL(A3,B3,C3)		
	A	B	C	D	E	F
1	3種顏色球的排列方式					
2	紅球數量	藍球數量	綠球數量	排列方式		
3	2	3	4	1260		

上述計算結果是 1260，這表示從 2 個紅色球、3 個藍色球和 4 個綠色球中選出所有不同排列方式的總數為 1260，這個結果是透過多項式係數公式計算的：

$$\text{Multinomial}(n_1, n_2, ..., n_k) = \frac{(n_1+n_2+...+n_k)!}{n_1! \times n_2! \times ... \times n_k!}$$

此實例相當於下列公式：

$$\text{Multinomial}(2, 3, 4) = \frac{(2+3+4)!}{2! \times 3! \times 4!} = \frac{9!}{2! \times 3! \times 4!}$$

所以上述計算得到的值為 1260。

14-2-2 SERIESSUM 計算冪級數的和

語法：SERIESSUM(x, n, m, coefficients)

❑ x：必要，冪級數中的輸入值。

❑ n：必要，冪級數中的初始指數。

❑ m：必要，指數的增量。

❑ coefficients：必要，用於冪級數計算的係數陣列。

此函數原始公式如下，參數意義可以參考上述語法說明。

$$\text{SERIESSUM}(x, n, m, \text{coefficients}) = \sum_{i=0}^{k}(\text{coefficients}_i \cdot x^{n+i \cdot m})$$

實例 ch14_9_1.xlsx 和 ch14_9_1_out.xlsx：計算公司收益的預測增長。假設我們有一家科技公司，正在預測未來幾年的收益增長。我們假設收益的增長可以用一個冪級數來表示，我們希望使用 SERIESSUM 函數來計算未來的收益增長。我們假設增長模型如下：

$$收益 = a_0 \cdot x^n + a_1 \cdot x^{n+m} + a_2 \cdot x^{n+2m} + \ldots$$

當前年份收益為 1000 萬美元，年增長係數為 [2, 3, 4]。我們希望計算未來三年的收益。

1： 開啟 ch14_9_1.xlsx，將作用儲存格放在 H2。

2： 輸入公式 =$D$1 * (1 + SERIESSUM(G2, $D$2, $D$3, $A$2:$A$4))。

	A	B	C	D	E	F	G	H	I
	年增長係數		前年收益	1000		年份	x	預測收益	
2	2		初始指數	0		1	1	10000	
3	3		指數增量	1		2	2	25000	
4	4					3	3	48000	

H2 의 fx =$D$1 * (1 + SERIESSUM(G2, $D$2, $D$3, $A$2:$A$4))

14-3　陣列運算

14-3-1　SUMX2PY2 計算兩陣列對應元素的平方和

語法：SUMX2PY2(array_x, array_y)

❏ array_x：必要，第 1 個陣列或範圍。

❏ array_y：必要，第 2 個陣列或範圍。

SUMX2PY2 函數將計算兩個陣列對應元素的平方和，公式如下：

$$\text{SUMX2PY2} = \sum (x_i^2 + y_i^2)$$

其中 x_i 和 y_i 是陣列 array_x 和 array_y 中的對應元素。下列是此函數實作，可以參考下列 ch14_10.xlsx。

	A	B	C	D	E	F
	陣列1	陣列2		91		
2	1	4				
3	2	5				
4	3	6				

D1　=SUMX2PY2(A2:A4,B2:B4)

14-3-2　SUMX2MY2 計算兩陣列對應元素的平方差之和

語法：SUMX2MY2(array_x, array_y)

❏ array_x：必要，第 1 個陣列或範圍。

❏ array_y：必要，第 2 個陣列或範圍。

SUMX2MY2 函數將計算兩個陣列對應元素的平方差之和，公式如下：

$$\text{SUMX2MY2} = \sum (x_i^2 - y_i^2)$$

其中 x_i 和 y_i 是陣列 array_x 和 array_y 中的對應元素。下列是此函數實作，可以參考下列 ch14_11.xlsx。

14-3-3　SUMXMY2 計算兩陣列對應元素的差之平方和

語法：SUMXMY2(array_x, array_y)

❑ array_x：必要，第 1 個陣列或範圍。

❑ array_y：必要，第 2 個陣列或範圍。

　　SUMXMY2 函數將計算兩個陣列對應元素的差之平方和，公式如下：

$$SUMXMY2 = \sum (x_i - y_i)^2$$

　　其中 x_i 和 y_i 是陣列 array_x 和 array_y 中的對應元素。下列是此函數實作，可以參考下列 ch14_12.xlsx。

14-4　矩陣運算

14-4-1　MUNIT 生成單位矩陣

語法：MUNIT(dimension)

❑ dimension：必要，單位矩陣的大小（列數和行數），這是大於等於 1 的整數。

　　下列是生成 3 x 3 單位矩陣的實例，可以參考下列 ch14_13.xlsx。

14-4-2　MINVERSE 生成反矩陣

語法：MINVERSE(array)

❑ array：必要，要生成反矩陣的陣列。

反矩陣在數學和線性代數中非常重要，尤其在解聯立方程式和進行矩陣變換時。只有方陣（列數和行數相等）且行列式不為零的矩陣才有反矩陣。

實例 ch14_14.xlsx 和 ch14_14_out.xlsx：生成 3 x 3 反矩陣的實例。

1：　開啟 ch14_14.xlsx，將作用儲存格放在 E2。

2：　輸入公式 =MINVERSE(A2:C4)。

14-4-3　MMULT 矩陣相乘

語法：MMULT(array1, array2)

❑ array1：必要，第 1 個矩陣範圍的陣列。

❑ array2：必要，第 2 個矩陣範圍的陣列。

用於計算兩個矩陣的乘積。矩陣乘法在數學、工程和科學計算中非常常見，特別是在線性代數中。矩陣乘法的前提是：

- 第 1 個矩陣的行數必須等於第 2 個矩陣的列數。
- 乘積矩陣的列數等於第 1 個矩陣的列數，行數等於第 2 個矩陣的行數。

實例 ch14_15.xlsx 和 ch14_15_out.xlsx：矩陣 A(2 x 3) 乘以矩陣 B(3 x 2) 的實例。

1： 開啟 ch14_15.xlsx，將作用儲存格放在 H2。

2： 輸入公式 =MMULT(A2:C3,E2:F4)。

H2		f_x =MMULT(A2:C3,E2:F4)							
	A	B	C	D	E	F	G	H	I
1	矩陣A				矩陣B			矩陣A x B	
2	1	2	3		7	8		58	64
3	4	5	6		9	10		139	154
4					11	12			

實例 ch14_16.xlsx 和 ch14_16_out.xlsx：矩陣乘以它的反矩陣可以得到單位矩陣。

1： 開啟 ch14_16.xlsx，將作用儲存格放在 H2。

2： 輸入公式 =MMULT(A2:C4,E2:G4)。

I2		f_x =MMULT(A2:C4,E2:G4)								
	A	B	C	D	E	F	G	H	I	J	K
1	3 x 3 矩陣				反矩陣				單位矩陣		
2	1	2	3		-4	3	1		1	0	0
3	0	1	4		4	-3	-0.8		0	1	0
4	5	5	0		-1	1	0.2		0	0	1

14-4-4　MDETERM 計算方陣的行列式 (Determinant)

語法：MDETERM(array)

❑ array：必要，列數與行數相等的陣列，也可以稱方陣。

　　行列式在線性代數中具有重要意義，尤其在解方程組和進行矩陣變換時。對於 3x3 矩陣，行列式計算公式為：

$$\det(A) = a(ei - fh) - b(di - fg) + c(dh - eg)$$

下列是計算方陣的行列式實例，可以參考下列 ch14_17.xlsx。

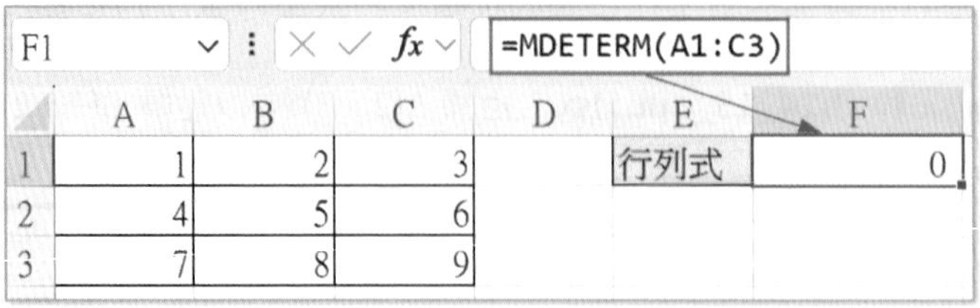

14-5 位元運算

14-5-1 BITAND/BITOR/BITXOR 位元邏輯運算

語法：BITAND(number1, number2)

計算兩個數字的按位 "AND" 運算。對應位都為 1 時，結果位為 1，否則為 0。可以參考下列 ch14_18.xlsx。

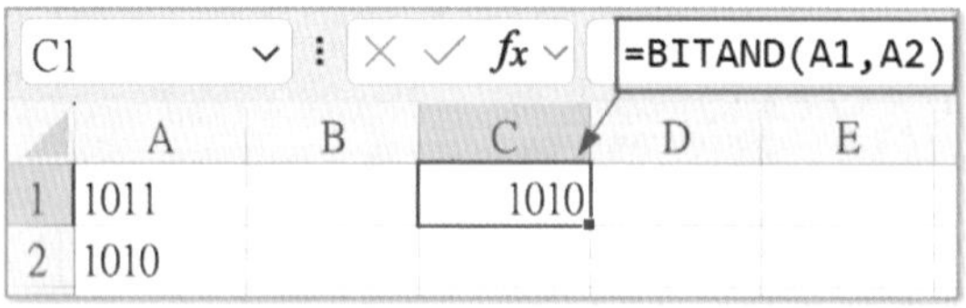

語法：BITOR(number1, number2)

計算兩個數字的按位 "OR" 運算。只要有一個對應位為 1，結果位為 1。可以參考下列 ch14_19.xlsx。

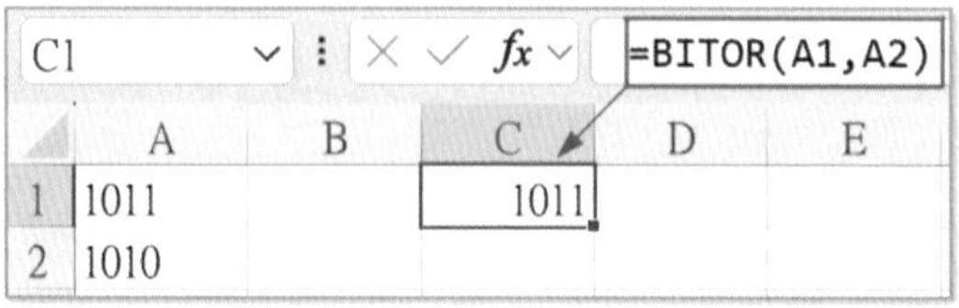

語法：BITXOR(number1, number2)

計算兩個數字的按位 " 互斥 " 運算。對應位不同時，結果位為 1，相同時為 0。可以參考下列 ch14_20.xlsx。

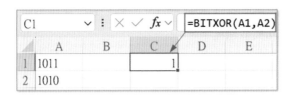

14-5-2 BITLSHIFT/BITRSHIFT 位元左移 / 右移

語法：BITLSHIFT(number, shift_amount)

將數字的二進制表示向左移動指定的位數（位移量），右側填充 0。

BITLSHIFT(5,1)，相當於「0101」轉成「1010」，可以得到 10。

BITLSHIFT(5,2)，相當於「0101」轉成「10100」，可以得到 20。

語法：BITRSHIFT(number, shift_amount)

將數字的二進制表示向右移動指定的位數（位移量），左側填充 0。

BITRSHIFT(5,1)，相當於「0101」轉成「0010」，可以得到 2。

BITRSHIFT(5,2)，相當於「0101」轉成「0001」，可以得到 1。

14-6 BESSEL 系列 /GAMMA

14-6-1 BESSEL 系列

Excel 提供了四種物理和工程應用的 BESSE 函數：BESSELI、BESSELJ、BESSELK 和 BESSELY，這些函數可以解波動方程和熱傳導方程應用的微分方程。

語法：BESSELI(x, n)

語法：BESSELJ(x, n)

語法：BESSELK(x, n)

語法：BESSELY(x, n)

上述參數說明如下：

● x：函數的自變量。

● n：Bessel 函數的階數，必須是正整數。

BESSELI 函數功能是計算修正的 Bessel 函數 $I_n(x)$，常用於解決某些類型的微分方程，特別是在熱傳導和擴散過程中。

$$I_n(x) = \sum_{k=0}^{\infty} \frac{1}{k!\,\Gamma(n+k+1)} \left(\frac{x}{2}\right)^{2k+n}$$

BESSELJ 函數功能是計算第一類 Bessel 函數 $J_n(x)$，常用於解決波動方程、電磁波的傳播和振動分析。

$$J_n(x) = \sum_{k=0}^{\infty} \frac{(-1)^k}{k!\,\Gamma(k+n+1)} \left(\frac{x}{2}\right)^{2k+n}$$

BESSELK 函數功能是計算第二類修正 Bessel 函數 $K_n(x)$，常用於解決解決涉及指數衰減的問題，如某些類型的熱傳導和流體動力學問題。

$$K_n(x) = \frac{\pi}{2} \frac{I_{-n}(x) - I_n(x)}{\sin(n\pi)}$$

BESSELY 函數功能是計算第二類 Bessel 函數 $Y_n(x)$，用於解決涉及邊界條件的問題，如波在圓柱形結構中的傳播。

$$Y_n(x) = \frac{J_n(x)\cos(n\pi) - J_{-n}(x)}{\sin(n\pi)}$$

下列是計算實例：

- =BESSELI(1.5,2) 可以得到 0.337835。
- =BESSELJ(1.5,2) 可以得到 0.232088。

14-6-2　GAMMA

GAMMA 函數用於計算伽瑪函數的值。伽瑪函數是階乘函數的一種擴展，適用於實數和複數，但在 Excel 中主要用於正實數。

語法：GAMMA(number)

上述 number 必須大於 0，伽瑪函數的數學定義如下：

$$\Gamma(n) = \int_0^{\infty} t^{n-1} e^{-t}\, dt$$

下列是計算實例：

● =GAMMA(5) 可以得到 24。

● =GAMMA(2.5) 可以得到 1.32934。

14-6-2　GAMMALN

GAMMALN 函數用於計算數值的伽瑪函數的自然對數。

語法：GAMMALN(x)

上述 x 必須大於 0，伽瑪函數的自然對數定義如下：

$$\ln(\Gamma(x)) = \int_0^\infty ((x-1)\ln(t) - t)\, e^{-t}\, dt$$

下列是計算實例：

● =GAMMALN(5) 可以得到 3.178054。

● =GAMMALN(2.5) 可以得到 0.284683。

14-6-3　GAMMALN.PRECISE

GAMMALN.PRECISE 函數用於計算數值的伽瑪函數的自然對數，這是更精確的版本。

語法：GAMMALN.PRECISE(x)

上述 x 必須大於 0，伽瑪函數的自然對數定義如下：

$$\ln(\Gamma(x)) = \int_0^\infty ((x-1)\ln(t) - t)\, e^{-t}\, dt$$

下列是計算實例：

● =GAMMALN.PRECISE(5) 可以得到 3.178054。

● =GAMMALN.PRECISE(2.5) 可以得到 0.284683。

14-7　角度與弧度轉換函數

角度與弧度的關係如下：

- 180 度 = π 弧度
- 360 度 = 2 π 弧度
- 1 度 = π /180 弧度
- 1 弧度 = 180/ π 度

14-8 節會介紹三角函數，我們必須將生活上熟知的角度轉成弧度。

14-7-1　RADIANS 角度轉成弧度

語法：RADIANS(angle)

❑ angle：必要，以度數表示的角度。

實例 ch14_21.xlsx 和 ch14_21_out.xlsx：系列角度轉成弧度的實例。

1： 開啟 ch14_21.xlsx，將作用儲存格放在 B2。

2： 輸入公式 =RADIANS(A2)，拖曳 B2 的填滿控點到 B5。

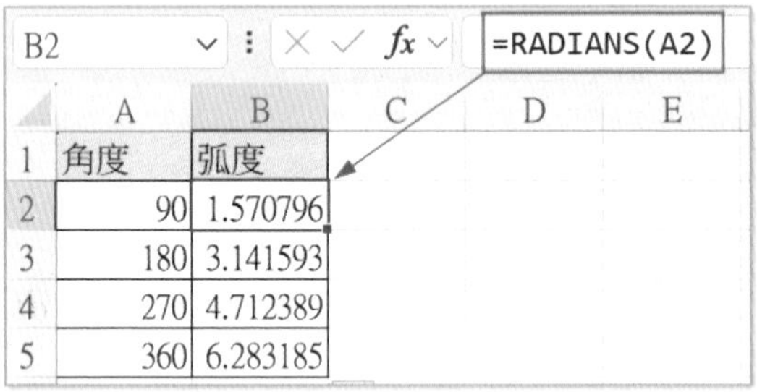

14-7-2　DEGREES 弧度轉成角度

語法：DEGREES(angle)

❑ angle：必要，弧度。

實例 ch14_22.xlsx 和 ch14_22_out.xlsx：系列弧度轉成角度的實例。

1： 開啟 ch14_22.xlsx，將作用儲存格放在 B2。

2： 輸入公式 =DEGREES(A2)，拖曳 B2 的填滿控點到 B5。

註 上述 A2 儲存格可以用「=PI( )」產生。

14-8 三角函數

這一節將敘述，我們過去在國中、高中學數學常見的三角函數做解說。

14-8-1 SIN 計算給定角度的正弦值

語法：SIN(number)

❏ number：必要，角度（以弧度為單位）。

　SIN 函數用於計算給定角度的正弦值，回傳值範圍是在 -1 和 1 之間。角度以弧度為單位輸入，如果你的角度是以度數表示的，需要先將其轉換為弧度。SIN 函數在數學、物理學和工程學中應用廣泛，例如，在物理學中，可以使用正弦值來計算波動的振幅；在建築學中，可以用來計算斜坡的高度。

實例 ch14_23.xlsx 和 ch14_23_out.xlsx：正弦值的實例。

1： 開啟 ch14_23.xlsx，將作用儲存格放在 B2。

2： 輸入公式 =SIN(A2)，拖曳 B2 的填滿控點到 B6。

14-8-2 COS 計算給定角度的餘弦值

語法：COS(number)

❑ number：必要，角度（以弧度為單位）。

COS 函數用於計算給定角度的餘弦值，回傳值範圍是在 -1 和 1 之間。角度以弧度為單位輸入，如果你的角度是以度數表示的，需要先將其轉換為弧度。COS 函數在數學、物理學和工程學中應用廣泛，例如，在物理學中，可以使用餘弦值來計算波動的相位；在建築學中，可以用來計算斜坡的水平距離。

實例 ch14_24.xlsx 和 ch14_24_out.xlsx：餘弦值的實例。

1： 開啟 ch14_24.xlsx，將作用儲存格放在 B2。

2： 輸入公式 =COS(A2)，拖曳 B2 的填滿控點到 B6。

14-8-3　TAN 計算給定角度的正切值

語法：TAN(number)

❑ number：必要，角度（以弧度為單位）。

　　TAN 函數用於計算給定角度的正切值。角度以弧度為單位輸入，如果你的角度是以度數表示的，需要先將其轉換為弧度。TAN 函數在數學、物理學和工程學中應用廣泛，例如，在物理學中，可以使用正切值來計算斜坡的斜率；在建築學中，可以用來設計屋頂的坡度。有關 TAN 的回傳值，說明如下：

● TAN 函數的返回值可以是任何實數。

● 但在某些特定角度，正切值趨於無窮大或負無窮大。

實例 ch14_25.xlsx 和 ch14_25_out.xlsx：正切值的實例。

1：　開啟 ch14_25.xlsx，將作用儲存格放在 B2。

2：　輸入公式 =TAN(A2)，拖曳 B2 的填滿控點到 B6。

14-8-4　ASIN 計算反正弦

語法：ASIN(number)

❑ number：必要，正弦值（範圍在-1 到 1 之間）。

　　ASIN 函數其實就是 SIN 函數的反函數，所以參數 number 就是正弦值，回傳的是弧度，範圍在 -π/2 到 π/2 之間。

實例 ch14_26.xlsx 和 ch14_26_out.xlsx：擴充 ch14_23.py，將正弦值當作參數，回傳弧度。

1：　開啟 ch14_26.xlsx，將作用儲存格放在 C2。

2：　輸入公式 =ASIN(B2)，拖曳 C2 的填滿控點到 C6。

C2			f_x	=ASIN(B2)	
	A	B	C	D	E
1	弧度	SIN	ASIN		
2	1	0.841471	1		
3	0.5	0.479426	0.5		
4	0	0	0		
5	-0.5	-0.47943	-0.5		
6	-1	-0.84147	-1		

14-8-5　ACOS 計算反餘弦

語法：ACOS(number)

❏ number：必要，餘弦值（範圍在-1 到 1 之間）。

ACOS 函數其實就是 COS 函數的反函數，所以參數 number 就是餘弦值，回傳的是弧度，範圍在 0 到 π 之間。

實例 ch14_27.xlsx 和 ch14_27_out.xlsx：擴充 ch14_24.py，將餘弦值當作參數，回傳弧度。

1：　開啟 ch14_27.xlsx，將作用儲存格放在 C2。

2：　輸入公式 =ACOS(B2)，拖曳 C2 的填滿控點到 C6。

C2			f_x	=ACOS(B2)	
	A	B	C	D	E
1	弧度	COS	ACOS		
2	1	0.540302	1		
3	0.5	0.877583	0.5		
4	0	1	0		
5	-0.5	0.877583	0.5		
6	-1	0.540302	1		

14-8-6　ATAN 計算反正切值

語法：ATAN(number)

❑ number：必要，正切值。

　　ATAN 函數用於計算給定弧度的反正切（反正切值），此函數返回的是弧度，範圍在 -π/2 到 π/2 之間。

實例 ch14_28.xlsx 和 ch14_28_out.xlsx：擴充 ch14_25.py，將正切值當作參數，回傳弧度。

1：　開啟 ch14_28.xlsx，將作用儲存格放在 C2。

2：　輸入公式 =ATAN(B2)，拖曳 C2 的填滿控點到 C6。

	A	B	C	D	E
			=ATAN(B2)		
1	弧度	TAN	ATAN		
2	1	1.557408	1		
3	0.5	0.546302	0.5		
4	0	0	0		
5	-0.5	-0.5463	-0.5		
6	-1	-1.55741	-1		

14-8-7　ATAN2 計算 x 座標和 y 座標的反正切值

語法：ATAN2(x_num, y_num)

❑ x_num：必要，點的 x 座標。

❑ y_num：必要，點的 y 座標。

　　此函數用於計算給定 x 座標和 y 座標的反正切值，並返回點 (x, y) 和原點之間的角度（以弧度為單位）。ATAN2 函數特別適合於需要考慮象限的情況，因為它能夠正確地處理 x 和 y 座標的符號，返回的角度範圍在 -π 到 π 之間。

實例 ch14_29.xlsx 和 ch14_29_out.xlsx：計算幾個點與原點之間的角度。

1：　開啟 ch14_29.xlsx，將作用儲存格放在 C3。

2：　輸入公式 =DEGREES(ATAN2(A3,B3))，拖曳 C3 的填滿控點到 C6。

| C3 | | | ✓ | ⋮ | × ✓ | f_x ✓ | =DEGREES(ATAN2(A3,B3)) |

	A	B	C	D	E	F
1		ATAN2				
2	x座標	y座標	角度			
3	1	1	45			
4	-1	1	135			
5	-1	-1	-135			
6	1	-1	-45			

14-8-8　雙曲函數 SINH/COSH/TANH

語法：SINH(number)

語法：COSH(number)

語法：TANH(number)

❑ number：必要，需要計算雙曲函數的數值，可以是任意實數。

SINH 函數用於計算給定數值的雙曲正弦值。雙曲正弦函數在數學、物理學和工程學中有廣泛的應用，特別是在解決涉及雙曲線的問題時，例如，在熱傳導問題中，雙曲正弦函數可以用來描述溫度分佈；在電子學中，雙曲正弦函數可以用來計算電流和電壓的關係。它的回傳值範圍是所有實數，其數學定義如下：

$$\sinh(x) = \frac{e^x - e^{-x}}{2}$$

COSH 函數用於計算給定數值的雙曲餘弦值。雙曲餘弦函數在數學、物理學和工程學中有廣泛的應用，特別是在解決涉及雙曲線的問題時，例如，在結構工程中，雙曲餘弦函數可以用來描述懸鏈線問題；在電磁學中，雙曲餘弦函數可以用來計算電場和磁場的分佈。當輸入值為非負數，返回值範圍是「1 ~ ∞」。當輸入值為負數時，返回值範圍是「-∞ ~ 1」。這個函數的數學定義如下：

$$\cosh(x) = \frac{e^x + e^{-x}}{2}$$

TANH 函數用於計算給定數值的雙曲正切值。雙曲正切函數在數學、物理學和工程學中有廣泛的應用，特別是在解決涉及雙曲線的問題時，例如，在熱傳導問題中，雙曲正切函數可以用來描述溫度分佈；在電子學中，雙曲正切函數可以用來計算電流和電壓的關係。TANH 函數的返回值範圍是 (-1, 1)，雙曲正切值在無限大處趨近於 1，在無限小處趨近於-1。這個函數的數學定義如下：

$$\tanh(x) = \frac{\sinh(x)}{\cosh(x)} = \frac{e^x - e^{-x}}{e^x + e^{-x}}$$

實例 ch14_30.xlsx 和 ch14_30_out.xlsx：計算雙曲線函數的值。

1： 開啟 ch14_30.xlsx，將作用儲存格放在 B3，輸入公式 =SINH(A3)。

2： 將作用儲存格放在 C3，輸入公式 =COSH(A3)。

3： 將作用儲存格放在 D3，輸入公式 =TANH(A3)。

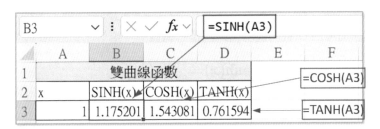

14-8-9　反雙曲函數 ASINH/ACOSH/ATANH

語法：SINH(number)

語法：ACOSH(number)

語法：TANH(number)

❑ number：必要，需要計算反雙曲函數的數值。

　　ASINH 函數用於計算給定數值的反雙曲正弦值。反雙曲正弦函數在數學、物理學和工程學中有應用，特別是在涉及雙曲線的問題中，例如，在熱傳導問題中，反雙曲正弦函數可以用來描述溫度分佈；在電子學中，反雙曲正弦函數可以用來計算電流和電壓的關係。它的回傳值範圍是所有實數，其數學定義如下：

$$\text{asinh}(x) = \ln(x + \sqrt{x^2 + 1})$$

　　ACOSH 函數用於計算給定數值的反雙曲餘弦值。反雙曲餘弦函數在數學、物理學和工程學中有應用，特別是在涉及雙曲線的問題中，例如，在結構工程中，反雙曲餘弦函數可以用來描述材料的應力分佈；在熱傳導問題中，反雙曲餘弦函數可以用來計算溫度分佈。

　　使用此函數需確保輸入的參數是大於或等於 1 的數值，否則會返回錯誤。ACOSH 函數的返回值範圍是「0 ~ ∞」。這個函數的數學定義如下：

$$\mathrm{acosh}(x) = \ln(x + \sqrt{x^2 - 1})$$

　　ASINH 函數用於計算給定數值的反雙曲正弦值。反雙曲正弦函數在數學、物理學和工程學中有應用，特別是在涉及雙曲線的問題中，例如，在熱傳導問題中，反雙曲正切函數可以用來描述溫度分佈；在電子學中，反雙曲正切函數可以用來計算電流和電壓的關係。

　　使用此函數需確保輸入的參數是在「-1 ~ 1」之間的數值（但不包括-1 和 1），否則會返回錯誤。ATANH 函數的返回值範圍是所有實數。這個函數的數學定義如下：

$$\mathrm{atanh}(x) = \tfrac{1}{2}\ln\left(\tfrac{1+x}{1-x}\right)$$

實例 ch14_31.xlsx 和 ch14_31_out.xlsx：計算反雙曲線函數的值。

1：　開啟 ch14_31.xlsx，將作用儲存格放在 C3，輸入公式 =ASINH(B3)。

2：　將作用儲存格放在 C4，輸入公式 =ACOSH(B4)。

3：　將作用儲存格放在 D5，輸入公式 =ATANH(B5)。

14-9 其它三角函數

這一節將敘述,我們過去在國中、高中學數學不常見的三角函數做解說。

❏ COT 計算角度餘切值

語法:COT(number)

number 是以弧度表示的角度,返回值是所有實數。數學定義如下:

$$\cot(x) = \frac{1}{\tan(x)} = \frac{\cos(x)}{\sin(x)}$$

實例:「=COT(RADIANS(45))」,回傳 1。

❏ ACOT 計算角度反餘切值

語法:ACOT(number)

number 是任意數,返回值是「$0 \leq ACOT(number) \leq \pi$」弧度。數學定義如下:

$$\cot(x) = \frac{1}{\tan(x)} = \frac{\cos(x)}{\sin(x)}$$

實例:「=DEGREES(ACOT(1))」,回傳 45。

雙曲餘切值

❏ COTH 計算雙曲餘切值

語法:ACOT(number)

number 是數值。數學定義如下:

$$\coth(x) = \frac{\cosh(x)}{\sinh(x)} = \frac{e^x + e^{-x}}{e^x - e^{-x}}$$

實例:「=COTH(1)」,回傳 1.313035。

❏ ACOTH 計算反雙曲餘切值

語法：ACOTH(number)

number 是數值。數學定義如下：

$$\mathrm{acoth}(x) = \tfrac{1}{2} \ln\left(\tfrac{x+1}{x-1}\right)$$

實例：「=ACOTH(2)」，回傳 0.549306。

❏　CSC 計算餘割值（cosecant）

語法：CSC(number)

number 是實數不可為 0。數學定義如下：

$$\csc(x) = \tfrac{1}{\sin(x)}$$

實例：「=CSC(1)」，回傳 1.188395。

❏　CSCH 計算雙曲餘割值（cosecant hyperbolic）

語法：CSCH(number)

number 是實數。數學定義如下：

$$\mathrm{csch}(x) = \tfrac{1}{\sinh(x)}$$

實例：「=CSCH(1)」，回傳 0.85918。

❏　SECH 計算雙曲線正割值（secant hyperbolic）

語法：SECH(number)

number 是實數。數學定義如下：

$$\mathrm{sech}(x) = \tfrac{2}{e^{x}+e^{-x}} = \tfrac{1}{\cosh(x)}$$

實例：「=SECH(1)」，回傳 1.850816。

第 15 章

CUBE 函數家族

CUBE 函數家族可用於從多維數據集中擷取成員數據。這個函數主要在連接到 SQL Server Analysis Services (SSAS) 或其他多維數據庫時使用，幫助用戶從 OLAP 多維數據集中檢索數據。

由於連線 SQL 比較複雜，這一章將用樞紐分析表模擬 SQL，講解此 CUBE 家族的基礎函數應用。

15-1 建立 ThisWorkbookDataModel

要使用 Excel 模擬 SQL，需建立 ThisWorkbookDataModel 資料模型，步驟與建立樞紐分析表相同，但是須設定「新增此資料至資料模型」。至於所建立的樞紐分析表，可以很單純，資料模型會自動串接成多維數據。ch15_1.xlsx 的銷售表，是本章要模擬多維數據，處理成樞紐分析表的工作表。

	A	B	C	D	E	F	G
1			白松飲料公司銷售表				
2	業務員	年度	產品	單價	數量	銷售額	地區
3	白冰冰	2021	白松沙士	10	200	2000	台北市
4	白冰冰	2021	白松綠茶	8	220	1760	台北市
5	白冰冰	2022	白松沙士	10	250	2500	台北市
6	白冰冰	2022	白松綠茶	8	300	2400	台北市
7	周慧敏	2021	白松沙士	10	400	4000	台北市
8	周慧敏	2022	白松沙士	10	420	4200	台北市
9	豬哥亮	2021	白松沙士	10	390	3900	高雄市
10	豬哥亮	2021	白松綠茶	8	420	3360	高雄市
11	豬哥亮	2022	白松沙士	10	450	4500	高雄市
12	豬哥亮	2022	白松綠茶	8	480	3840	高雄市

< 　 > 　 銷售表 　 工作表2 　 工作表3 　 +

實例 ch15_1.xlsx 和 ch15_1_out.xlsx：利用建立簡單的樞紐分析表，自動建立可以模擬多維數據的 ThisWorkbookDataModel。

1： 開啟 ch15_1.xlsx，將作用儲存格放在 A2。

2： 執行插入 / 表格 / 樞紐分析表。

3： 出現「來自表格或範圍的樞紐分析表」對話方塊，請設定「新增此資料至資料模型」，可以參考下圖。

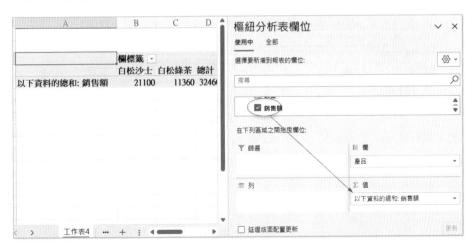

4： 請按確定鈕，Excel 工作表右半部可以看到樞紐分析表欄位，請拖曳「產品」到欄，拖曳「銷售額」到值欄位。

經過上述操作，此活頁簿就已經內含 ThisWorkbookDataModel 資料模型了，現在可以關閉上述樞紐分析表欄位。

15-2　CUBEMEMBER 從多維數據擷取成員

語法英文：CUBEMEMBER(connection, member_expression, [caption])

☐ connection：必要，包含數據源連接的字串，此例就是 ThisWorkbookDataModel。

☐ member_expression：必要，一個多維表達式 (MDX)，用於從 cube 中擷取成員或集合。

☐ [caption]：選用，要顯示在儲存格中的標題（標籤）。

活頁簿 ch15_2.xlsx 是由 ch15_1.xlsx 擴充而成，主要是增加成員工作表，在此增加基礎表格設計。

實例 ch15_2.xlsx 和 ch15_2_out.xlsx：取得資料模型成員「白松沙士」。

1： 開啟 ch15_2.xlsx。

2： 將作用儲存格放在 B2，輸入 =CUBEMEMBER(B1,"[地區].[台北市]")。

3： 將作用儲存格放在 B3，輸入 =CUBEMEMBER(B1,"[業務員].[白冰冰]")。

3： 將作用儲存格放在 B4，輸入 =CUBEMEMBER(B1,"[產品].[白松沙士]")。

B4	∨ : × ✓ *fx* ∨	=CUBEMEMBER(B1,"[產品].[白松沙士]")				
	A	B	C	D	E	F
1	資料模型	ThisWorkbookDataModel				
2	地區	台北市				
3	業務員	白冰冰				
4	產品	白松沙士				
5	銷售額					

上述執行結果，也複製到 ch15_3.xlsx。

15-3 CUBEVALUE 檢索特定成員的值

語法英文：CUBEVALUE(connection, member_expression1, [member_expression2], …)

❑ connection：必要，包含數據源連接的字串，此例就是 ThisWorkbookDataModel。

❑ member_expression1, [member_expression2]：選用，一個或多個多維表達式
(MDX)，用於指定多維數據集中的一個或多個成員。

實例 ch15_3.xlsx 和 ch15_3_out.xlsx：取得資料模型成員「白松沙士」的銷售總量。

1： 開啟 ch15_3.xlsx。將作用儲存格放在 B5。

2： 輸入 =CUBEVALUE(B1,B4,"[Measures].[以下資料的總和 : 銷售額]")。

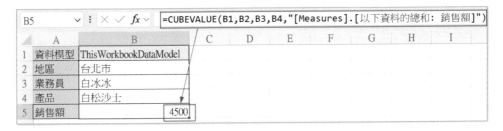

實例 ch15_4.xlsx 和 ch15_4_out.xlsx：取得資料模型成員「台北市」、「白冰冰」、「白
松沙士」的銷售總量。

1： 開啟 ch15_4.xlsx。將作用儲存格放在 B5。

2： 輸入 =CUBEVALUE(B1,B2,B3,B4,"[Measures].[以下資料的總和 : 銷售額]")。

15-4　CUBESET 建立集合

語法英文：CUBESET(connection, set_expression, [caption], [sort_order], [sort_by])

❑ connection：必要，包含數據源連接的字串，此例就是 ThisWorkbookDataModel。

❑ set_expression：必要，一個多維表達式 (MDX)，用於定義集合。

❑ [caption]：選用，集合的顯示名稱。

❑ [sort_order]：選用，指定如何對集合中的成員進行排序。可使用的值如下：

- 0：不排序
- 1：按升序排序
- 2：按降序排序

❑ [sort_by]：選用，用於排序的度量值或成員。如果省略，則按默認排序。

實例 ch15_5.xlsx 和 ch15_5_out.xlsx：建立「飲料名稱」集合，此集合依據銷售額，降冪排序。

1：　開啟 ch15_5.xlsx。將作用儲存格放在 B3。

2：　輸入 =CUBEVALUE(B1,"[產品].Children"," 飲料名稱 ",2,"[Measures].[以下資料的總和 : 銷售額]")。

上述幾個重點解釋如下：

- "[產品].Children"：可以獲得所有產品內容。
- " 飲料名稱 "：自行定義的集合名稱。
- 2：表示降冪排序。
- "[Measures].[以下資料的總和 : 銷售額]"：排序的依據。

15-5　CUBESETCOUNT 集合的元素數量

語法英文：CUBESETCOUNT(set)

❏ set：必要，一個集合表達式，通常由 CUBESET 函數生成。

實例 ch15_6.xlsx 和 ch15_6_out.xlsx：計算「飲料名稱」集合的元素數量。

1：　開啟 ch15_6.xlsx。將作用儲存格放在 D4。

2：　輸入 =CUBESETCOUNT(B3)。

上述飲料名稱的元素只有「白松沙士」和「白松綠茶」。

15-6　CUBERANKEDMEMBER 依據排名回傳產品

語法英文：CUBERANKEDMEMBER(connection, set_expression, rank, [caption])

❏ connection：必要，包含數據源連接的字串，此例就是 ThisWorkbookDataModel。

❏ set_expression：必要，一個多維表達式 (MDX)，用於定義集合。

❏ rank：選用，排名。

❏ [caption]：選用，要顯示在儲存格中的標題（標籤）。

實例 ch15_7.xlsx 和 ch15_7_out.xlsx：輸出排名。

1：　開啟 ch15_7.xlsx。將作用儲存格放在 B4。

2：　輸入 =CUBERANKEDMEMBER($B$1,$B$3,A4)。

3：　拖曳 B4 儲存格的填滿控點到 B5。

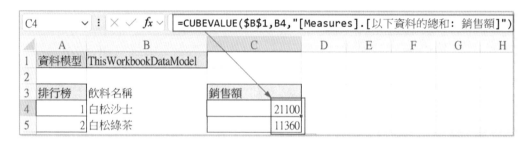

實例 ch15_8.xlsx 和 ch15_8_out.xlsx：輸出銷售額。

1：　開啟 ch15_7.xlsx。將作用儲存格放在 C4。

2：　輸入 =CUBEVALUE($B$1,B4,"[Measures].[以下資料的總和 : 銷售額]")。

3：　拖曳 C4 儲存格的填滿控點到 C5。

15-7　其它函數成員

最後筆者介紹另外 2 個 CUBE 函數成員：

CUBEKPIMEMBER

此函數用於從多維數據集中返回關鍵績效指標 (KPI) 的屬性。

語法英文：CUBEKPIMEMBER(connection, kpi_name, kpi_property, [caption])

CUBEMEMBERPROPERTY

此函數用於從多維數據集中返回指定成員屬性。

語法英文：CUBEMEMBERPROPERTY(connection, member_expression, property)

附錄 A

函數索引表

Note